항공보안학
Aviation Security

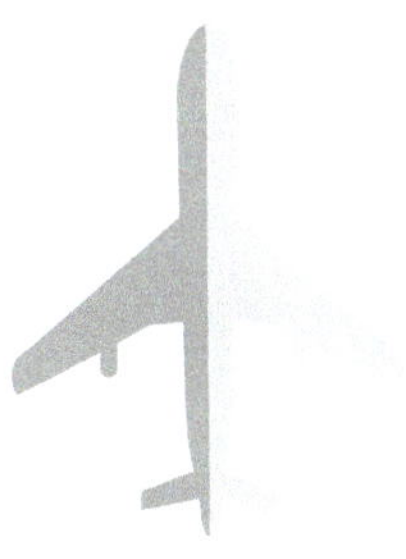

한국항공보안학회

이강석 · 김준혁 · 이창무 · 정태황 · 황호원

박영사

머 리 말

항공우주 과학기술의 급속한 발전으로, 최근에는 우주발사체에서 무인항공기의 실용화에 이르는 항공환경이 새롭게 급변하고 있음에 따라, 이에 적응하기 위한 제반 항공 활동이나 이의 법규제 체제도 변화하지 않을 수 없게 되었다.

국제민간항공기구(ICAO)에서는 항공보안(Aviation Security)이란 민간항공을 불법적인 방해행위로부터 보호하기 위하여 인적·물적 자원을 결합한 대책으로 규정하고 있다. 특히 항공보안에 대한 ICAO Annex17에서는 각 체약국은 불법방해행위로부터 민간항공의 보호와 관련된 모든 문제에 있어서 승객, 승무원, 지상요원 및 일반 국민의 안전을 주요목표로 하고 있다.

항공보안에 관한 국제협약의 변천과정은 첫째, 1963년의 동경협약으로 항공기와 여객에 대하여 항공기 내에서 범한 범죄 및 기타행위에 관한 협약이다. 둘째, 1970년의 헤이그협약으로 항공기 불법납치 억제를 위한 협약이다, 셋째, 1971년의 몬트리올협약은 민간항공의 안전에 대한 불법적 행위의 억제를 위한 협약이며 헤이그협약에서 항공범죄에 항공시설파괴행위를 추가하였으며 1988년 몬트리올의 추가협약에서는 국제항공에서 불법적인 폭력행위진압행위가 추가되었다. 넷째, 1990년에는 미국에서 항공보안증진법을 제정하여 항공보안을 강화하였으며 1991년에는 플라스틱 폭발물의 제조·표시·탐지기술협약을 체결하였으며 2001년 9월 11일 미국의 항공기를 이용한 테러사건 이후에는 기내반입물품의 엄격한 제한, 기내반입물품의 정밀보안검색, 승객 및 위탁수하물에 대한 보안검색 강화 및 항공보안요원의 배치 등이 이루어졌다.

이와 같은 시대적인 환경과 변화를 반영하기 위하여 항공보안 분야의 이론적인 토대를 가지고 항공보안학이라는 본서를 저자들이 대학교 및 연구소의 항공보안 분야에서 강의한 경험과 현장에서 오랫동안 근무한 실무경험을 접목하여 집필하였으며 독자들이 항공보안에 대한 이론과 실무를 가장 쉽게 이해할 수 있도록 노력하였다.

본서를 자세히 살펴보면, PART I 항공보안 이론에서는 1장 항공보안의 개념, 2장 항공보안의 기능, 3장 항공보안의 책임, 4장 항공보안 이론을 설명하였다.

PART II 항공보안관련법규에서는 5장 국제협약 규정, 6장 국내 항공법 관련법규, 7장 국제항공기구, 8장 국가 중요시설 경비관련법규를 담았다.

PARTⅢ 항공보안관리에서는 9장 항공보안관리 조직, 10장 항공기에 대한 폭발물(위해물품) 위협의 구분 및 대응, 11장 국가우발계획 및 위기관리, 12장 심리적 요인과 항공보안, 13장 범죄와 항공보안, 14장 불법방해행위 및 항공기 테러를 설명하였다.

PARTⅣ 항공사 보안운영에서는 15장 항공사 보안, 16장 항공화물보안으로 내용을 정리하였다.

PARTⅤ 공항보안에서는 17장 공항보안의 의의, 18장 공항시설경비, 19장 공항보안을 위한 경비시스템 운용, 20장 보안검색, 21장 공항보안을 위한 IT보안의 내용을 설명하였다.

PARTⅥ 항공보안 정책 관련에서는 22장 법적·제도적·기술적 발전방안, 23장 항공보안 전문인력 양성, 24장 항공보안장비 인증제도, 25장 항공보안산업의 비즈니스 모델을 담았다.

본서는 항공분야를 전공하는 학생은 물론 항공보안이나 항공보안관련 산업계 근무자, 또한 항공보안관련 직업에 종사하고자 하고자 하는 학생이나 직업인에게 더 없는 지침서가 되리라 생각한다.

한편의 책으로 위의 모든 방대한 내용을 수록하고자 욕심을 냈으나 깊이 있는 이론, 학설, 판례 및 사례들을 충분히 포함하지 못한 점을 아쉽게 생각하며, 이 점은 계속해서 가능한 한 보완해 나갈 것을 다짐한다. 본서를 준비하는 과정에서 필자는 많은 분들로부터 조언과 지도 및 협조의 은혜를 받았으며, 모든 분들에게 깊이 감사드린다.

특히, 한국항공보안학회의 김석기 회장님을 비롯하여 학회 임원여러분들에게 감사의 마음을 전해드리며 본서가 출판되도록 늘 독려해 주신 박영사의 임원 및 직원 여러분께도 깊은 감사를 드린다.

따라서, 본서는 위 여러분의 조언과 격려 및 협조 없이는 불가능했을 것이다. 그러나 내용상 어떠한 과오가 있다면 물론 저자들의 책임일 것이다.

2015년 2월 1일

저자 일동

차 례

• 1부 항공보안 이론 •

1장 항공보안의 개념 3

2장 항공보안의 기능 17

3장 항공보안의 책임 33

16장 항공화물보안 260

• 5부 공항보안 •

17장 공항보안의 의의 289

18장 공항시설경비 293

19장 공항보안을 위한 경비시스템 운용 311

20장 보안검색 327

21장 공항보안을 위한 IT보안 343

• 6부 항공보안 정책 관련 •

22장 법적 · 제도적 · 기술적 발전방안 357

23장 항공보안 전문인력 양성 367

24장 항공보안장비 인증제도 376

25장 항공보안산업의 비즈니스 모델 381

제 1 부

항공보안 이론

1장 항공보안의 개념

1. 항공보안의 개념

1) 항공의 개념

인간은 태고(太古)이래 새처럼 하늘을 날고 싶은 욕망을 불태워왔다. 항공의 영어 단어인 'aviation'은 '새'라는 뜻의 라틴어 'avis'에서 유래한다. 그리스신화에 나오는 다이달로스의 아들 이카로스는 새의 깃털과 밀랍으로 날개를 만들어 하늘을 날다가 너무 하늘 높이 날지 말라는 아버지의 경고를 무시하고 지나치게 높이 날다가 태양열에 밀랍이 녹아 바다로 떨어져 죽었다.

르네상스시대 이탈리아의 레오나르도 다빈치는 오늘날 헬리콥터와 비행선 등과 비슷한 항공기 모양을 고안했다. 1783년 6월 프랑스의 몽골피에 형제가 열기구를 만들었다. 그리고 피라토르 드로제가 이 기구를 타고 비행한 것이 역사상 실제로 비행기구로 하늘을 난 최초의 경우라 할 수 있다. 1890년에는 독일의 오토 릴리엔탈이 글라이더를 만들어 하늘을 나는 데 성공하였다. 그리고 1903년 12월에 미국의 라이트 형제가 인류역사상 최초로 동력을 이용한 비행기를 만들어 59초 동안 260m를 비행하여 본격적인 항공시대로 접어들게 했다.[1]

항공의 역사가 이처럼 짧지 않기 때문에 항공이 무엇을 의미하는지 모르는 사람은 거의 없다. 그럼에도 '항공'을 학술적인 개념으로 설명하기는 쉽지 않다. 학술적 의미에서 용어의 개념이란 다른 용어와 중복되지 않으면서 그 용어가 담고 있는 의미를 모두 포함해야 하기 때문이다. 용어의 개념이란 이른바 배타성(exclusiveness)과 포괄성(exhaustiveness)을 함께 충족해야 한다. 그래서 항공을 단순히 '하늘을 나는 것'으로 전제해서는 미흡할 수밖에 없다.

항공의 개념을 가장 쉽게 정의하는 방법은 사전적 의미로 살펴보는 것이다.

1 두산동아, (2013), 「두산백과」, 두산동아출판사.

국어사전에서 항공은 "비행기로 공중을 날아다님"으로 정의되고 있다.[2] 조금 더 자세하게 용어 정의를 하고 있는 백과사전에서는 항공을 "어떤 기구 또는 기계에 사람이나 물건을 태우고 공중을 비행하는 일"로 구체적으로 정의하고 있으며,[3] 항공우주공학용어사전은 항공을 "(1) 항공기로 여객 및 화물을 운송하는 행위 (2) 공기 속을 비행하는 기계의 운용부분을 취급하는 과학, 사업, 시설 및 보급, 항공교통 또는 기술 분야"로 공학 기술적 측면을 강조하고 있다.[4] 위키피디아 사전 역시 비행기의 개발, 생산, 운항과 사용 등을 의미한다고 정의하고 있다.

항공의 개념은 우선 비행의 개념과 구분되어야 한다. 비행(飛行)이 '공중을 날아다님'이라고 정의된다는 점을 고려할 때 항공은 비행의 부분적 개념임을 알 수 있다. 즉, 단순히 몸이 공중에 떠서 나는 것을 넘어서 기계나 기구와 같은 유형의 실체를 통해 공중을 나는 행위가 '항공'의 개념이 되는 것이다. 따라서 항공의 개념이란 항공기와 같은 인위적인 장치를 통해 사람이나 물건을 태우고 공중을 비행하는 일로 정의하는 것이 적절하다고 볼 수 있다.

또 운항과 항행도 구분되어 사용되어야 한다. 항공보안법 제2조 1항은 '운항중이란 승객이 탑승한 후 항공기의 모든 문이 닫힌 때부터 내리기 위하여 문을 열 때까지를 말한다'고 규정하고 있다. 반면 항공법 제157조 1항에서 항행은 배나 비행기를 타고 항로 또는 궤도를 다니는 것으로 규정되어 있다. 항공기의 문이 닫힌 후 아직 항행에 이르기 전까지는 운항의 개념에 속하고 착륙 후 아직 문이 열리기 전까지도 항행이 아닌 운항의 개념으로 인식되어야 하는 것이다. 즉, 항행이란 항공기가 이륙한 뒤 착륙할 때까지 비행하는 개념으로 운항의 개념보다 적용 범위가 좁다고 볼 수 있다.

항공을 사용 주체에 따라 분류하면, 크게 공공항공과 민간항공으로 구분할 수 있다. 공공항공이란 정부와 같은 공공기관이 국방, 구난경비, 조사 감시 등 공공의 목적을 위해 항공기를 사용하는 것을 의미하며, 민간항공이란 기업이나 개인이 영리사업이나 개인 편의를 위해 항공기를 사용하는 것을 뜻한다.

또 항공을 위해 사용하는 동력이라는 관점에서, 기류를 타고 비행하는 글라이

2 http://krdic.naver.com/search.nhn?dicQuery=%ED%95%AD%EA%B3%B5&query=%ED%95%AD%EA%B3%B5&target=krdic&ie=utf8&query_utf=&isOnlyViewEE=&x=0&y=0, 2014년 7월 3일 검색.

3 두산동아, (2013), 「두산백과」, 두산동아출판사.

4 이태규, (2012), 「항공우주공학용어사전」, 새녘출판사.

더나 수소가스나 헬륨가스 등 공기보다 가벼운 물질을 이용해 비행하는 기구 등 무동력 항공과 제트 엔진이나 로켓 엔진 등 동력 기관을 이용해 비행하는 동력 항공으로 구분할 수 있다. 주지하는 바와 같이 현대 항공의 주축은 엔진을 장착한 동력 항공이며 고속성과 쾌적성을 갖춘 제트기가 주로 사용되고 있다. 로켓추진기관은 대기권 밖을 비행하는 우주선에 대부분 사용되고 있으며 우주항공이 새로운 영역으로 개발되고 있다.

2) 보안의 개념

보안 역시 광범위하게 사용되고 있지만 명확한 개념이 확립되어 있다고 보기 어렵다. 무엇보다도 최근까지 보안을 학문적 관점에서 이론적으로 설명하고자 하는 시도가 많지 않았기 때문이다. 게다가 보안 개념이 갖는 중첩성, 다양성, 모호성 등으로 인해 보안의 모든 속성을 포함하면서 다른 개념과 명확한 차이를 갖는 개념 정립이 마련되어 있지 못하다. 때문에 보안을 심지어 "정의할 수 없는 용어"라고까지 말하는 학자마저 있다.[5]

사전적 개념으로 보안을 '안전을 유지하거나 사회 안녕과 질서를 지키는 것'으로 정의한다면 보안은 그 영역이 매우 넓어지게 된다. 치안을 비롯하여 국방과 방재, 해상안전은 물론이고, 금융 감독까지 사실상 정부 활동 대부분이 보인의 영역에 속하게 되는 것이다. 뿐만 아니라 기업의 손실과 피해가 결국 국가 손실과 피해로 연결되고 다시 국민들의 피해로 이어진다는 점에서 기업의 안전을 지키는 활동 역시 보안의 영역에 속한다. 아울러 국가와 기업뿐만 아니라 개인이 스스로 안전을 지키려는 자구 노력(self-help) 역시 궁극적으로 사회 안녕과 질서와 연결된다는 측면에서 넓게 보아 보안의 영역에 포함된다고 볼 수 있다.[6]

이와 같이 보안은 매우 넓은 영역을 갖고 있으며, 다양하다. 정부와 민간 영역 모든 부문과 관련 없는 곳이 없으며, 모든 영역에서 반드시 고려해야 하는 필수 요소이기도 하다. 이러한 포괄성과 모호성으로 인해 각 부문마다 영역의 특수성을 강조하기 위해 군사보안, 산업보안, 금융보안, 정보보안 등 구체적 명칭을 사용한다.

---

5 P. W. Tate (1997), Report on the Security Industry Training: Case Study of an Emerging Industry, Perth, Western Australian Government Publishing.

6 이창무 · 김민지, (2013), 「산업보안이론」, 서울: 법문사, p.14.

보안의 개념을 설명할 때 반드시 언급해야 하는 것이 '안전' 개념과의 차별성이다. 왜냐하면, 영어 단어로 '보안(security)'과 '안전(safety)'의 개념은 명확하게 구분되지만, 국어사전적인 '보안'의 개념이란 '안전'을 유지하고 지키는 하위 개념이기 때문이다. 다시 말해 영미권에서 'security'란 의도적인(intentional) 불법행위로부터 인명과 자산을 지키는 행위를 의미하고, 'safety'가 의도하지 않은(unintentional) 행위로부터 인명과 자산을 지키는 것을 의미하기 때문에 명확하게 구분되는 개념이다. 반면에 우리나라에서 보안은 용어 자체 의미로 '안전을 보호'하는 개념이기 때문에 중복될 뿐 아니라 궁극적으로 '안전'이라는 개념의 하위 개념이 되는 것이다.

보안과 안전을 구분하는 중요한 요소가 '법을 위반하는 행위' 곧 '범죄'라고 할 수 있다. 의도적인 행동으로 인해 피해가 발생하는 경우 범죄와 연결되기 때문이다. 항공기 납치나 폭파, 기내 난동 모두 명백한 범죄라는 점에서 항공보안이란 범죄와 연결되어 있는 것이다. 사람의 잘못이 전혀 개입되지 않은 순수한 자연재해와 사고라면 안전(safety)의 영역이지만 범죄와 같은 인위적인 잘못이 개입하면 보안(security)의 영역이 되는 것이다. 이러한 측면에서 일부 학자는 안전은 '우연한 피해(accidental harm)'를 방지하고, 탐지하고, 대응하는 노력과 관련되는 데 반해 보안은 '악의적 피해(malicious harm)'를 방지하고, 탐지하고, 대응하는 노력이라고 구분하기도 한다.[7]

아울러 사전적 정의에서도 보안과 안전을 구분하여 사용하면서 보안의 범죄 관련성을 강조하는 경향이 늘고 있다. 인터넷 백과사전은 보안을 '위험, 손실 및 범죄가 발생하지 않도록 방지하는 상태'로 정의하면서 "보안은 피해발생의 원인이 '인간의 행위'라는 점에서 '안전'이라는 개념과 구분된다"고 명시하고 있다.[8] 이런 관점에서 '보안'이란 "범죄로부터 인명과 자산을 보호하고 사회의 안녕과 질서를 지키는 제반 활동"이라고 정의할 수 있다.[9]

---

7 Donald G. Firesmith, Common Concepts Underlying Safety, Security, and Survivability Engineering, Pittsburgh, PA: Carnegie Mellon University, 2003, p. viii.

8 http://en.wikipedia.org/wiki/Security

9 이창무 · 김민지, (2013), 「산업보안이론」, 서울: 법문사, p.17.

3) 항공보안의 개념

항공 및 보안의 개념을 종합해보면, 항공보안이란 항공기와 같은 인위적인 장치를 통해 사람이나 물건을 태우고 공중을 비행하는 일을 범죄로부터 보호하는 것으로 생각할 수 있다. 쉽게 요약하면, 항공보안이란 항공범죄로부터 인명과 자산을 보호하는 것이다.

이미 위에서 설명한 것처럼, 의도하지 않은(unintentional) 실수나 오류에 의한 사고는 '항공안전'이란 용어를 사용하고, 의도적인(intentional) 범죄에 의한 사고와 관련해서는 "항공보안"이란 용어를 사용한다. 항공안전이란 항공기 운항과 관련하여 운항활동에 장애를 유발하는 각종 사고로부터 인적·물적 자산에 피해를 보호하기 위한 목적으로 수행되는 제반 조치로 목적이 달성된다는 점에서 항공보안과 유사한 개념이다. 그러나 항공안전의 대상은 항공기 운항에 따른 사고(accident)나 안전을 저해할 수 있는 사건(events) 등을 유발하는 수많은 환경과 요인을 모두 포함한다. 즉 항공안전의 문제는 의도적인(intentional) 범죄로 발생하는 사고뿐만 아니라 단순한 실수나 의도하지 않은(unintentional) 행위로 인한 항공사고를 모두 포함한다. 반면에 항공보안은 의도적인 범죄행위로 인해 발생하는 항공관련 각종 사건을 대상으로 한다.[10]

즉 항공보안은 항공과 관련한 활동이 항공기 납치, 파괴 등 범죄로부터 손실과 피해를 입지 않도록 하는 대책을 의미한다. 항공보안(aviation security)이란 항공기의 운항활동을 저해하는 각종 범죄행위로부터 항공운송을 보호하기 위해 인적, 물적 자원을 동원해서 수행하는 모든 대책을 의미하는 것이다.[11]

이런 측면에서 국제민간항공기구(ICAO)는 국제민간항공협약 부속서 17에서 항공보안을 "불법적인 방해 행위로부터 승객, 승무원, 지상근무자, 일반인의 안전과 민간항공 및 항공관련시설을 보호하기 위한 대책 및 인적, 물적 결합(A combination of measures and human and material resources intended to safeguard

---

10 이강석, (2007), "세계 각국의 항공보안 관련 법 및 정책 연구", 「항공진흥」 제45호, p.108.

11 천정이 · 신태섭, (2011), "미국의 대테러 항공보안 전략에서 얻은 시사점 연구,-미국 TSA 점검 대비 및 항공보안 계획 보완", 「한국항공경영학회 2011년 추계학술발표대회 발표논문집」, 2011. 11. 18, p.457.

international civil aviation against acts of unlawful interference)"[12]으로 정의하고 있다. 그래서 항공보안은 불법적인 위해행위로부터 항공관련 인명 및 재산을 지키기 위해 노력하는 일체의 활동과 업무를 의미한다.

국가항공보안계획 역시 '항공보안'을 "불법방해행위로부터 민간항공을 보호하기 위한 인적·물적 요소가 결합된 대책"으로 규정하고 있다.[13] 또 항공보안법 제2조 제8항에 따르면, '불법방해 행위'란 항공기의 안전운항을 저해할 우려가 있거나 운항을 불가능하게 하는 행위로서 다음 행위를 포함한다.

① 지상에 있거나 운항중인 항공기를 납치하거나 납치를 시도하는 행위
② 항공기 또는 공항에서 사람을 인질로 삼는 행위
③ 항공기, 공항 및 항행안전시설을 파괴하거나 손상시키는 행위
④ 항공기, 항행안전시설 및 보호구역에 무단침입하거나 운영을 방해하는 행위
⑤ 범죄의 목적으로 항공기 또는 보호구역 내로 무기 등 위해물품(危害物品)을 반입하는 행위
⑥ 지상에 있거나 운항중인 항공기의 안전을 위협하는 거짓 정보를 제공하는 행위 또는 공항 및 공항시설 내에 있는 승객, 승무원, 지상근무자의 안전을 위협하는 거짓 정보를 제공하는 행위
⑦ 사람을 사상(死傷)에 이르게 하거나 재산 또는 환경에 심각한 손상을 입힐 목적으로 항공기를 이용하는 행위
⑧ 그 밖에 이 법에 따라 처벌받는 행위

반면에 미국은 항공보안에 위협이 되는 요소들을 미 대통령 훈령 16호에 의해 다음과 같이 규정하고 있다.[14]

① 항공기 자체를 이용한 자살공격 또는 항공기를 사용한 화생방 및 폭발물 공격
② 휴대 미사일 또는 MANPADS[15] 공격

---

12 ICAO Annex 17, Chapter 1. Definition.
13 국가항공보안계획 2.1.
14 미대통령훈령 16호(HSPD: Homeland Security Presidential Directive), 2006. 6. 20.
15 MANPADS: Man Portable Air Defence System.

③ 항공기내 폭발물 장치 또는 항공기를 겨냥한 재래/비 재래식 공격

④ 하이재킹 또는 공중 해적행위

⑤ 항공 기간시설이나 설비에 대한 물리적, 사이버공격(항공관제시설, 네트워크, 운항설비)

이와 같이 항공보안이 범죄로부터 항공운항활동을 보호하는 것으로 정의할 때 항공보안에 직접적 위해가 되는 항공범죄를 유형화하고 구체화 할 필요가 있다. 우선 항공범죄는 범죄 목적에 따라, 테러형 항공범죄와 일반 항공범죄로 구분할 수 있다. 테러형 항공범죄는 항공 테러가 목적으로 항공기 납치, 항공기 폭파, 공항 등 항공시설 테러, 항공 승객 테러, 사이버 테러 등이 포함되며, 일반 항공범죄는 공항 및 항공기내 등 항공관련 시설에서 저지르는 절도, 강도, 폭행, 사기 등을 포함한다.

• 표 1-1 항공범죄의 유형과 종류

유형	종류
테러형 항공범죄	항공기 납치, 항공기 폭파, 공항시설 파괴, 항공기 승객 테러, 항공관제시설 및 항공기에 대한 사이버 테러 등
일반 항공범죄	절도, 강도, 폭행, 업무방해, 사기, 밀수 등

지금까지 항공보안관련 많은 연구들은 항공범죄를 항공기 납치와 폭파 등 항공테러에 국한하고자 했다. 지난 2001년 9.11 테러로 인해 항공기 테러의 심각성이 크게 부각되면서 이러한 테러형 항공범죄의 중요성이 다른 어떤 항공범죄보다 강하게 제기된 측면이 있고 실질적으로도 보다 관심을 갖고 대책 마련에 나서야 하는 측면이 강하지만, 그렇다고 항공범죄가 항공테러에만 국한될 수는 없다. 항공보안의 대상이 항공기와 공항 등 항공시설에만 제한되지 않기 때문이다. 테러형 항공범죄는 인명 피해와 정서적 충격 등에서 일반 항공범죄에 비해 월등하게 크고 심각하지만, 그 빈도와 전체 피해 정도를 감안할 때 공항, 항공기 등 항공관련 시설 및 지역에서 발생하는 일반 항공범죄의 비중이 훨씬 많은 것이다.

테러형 항공범죄는 경제적 목적으로 행해지는 경우도 있지만, 대부분 이념, 종교적 신념과 같은 정치적 목적을 달성하기 위해 저지르는 경우가 대부분이다. 항공테러를 정치적 요구조건을 수용하게 만드는 협박의 조건으로 이용하는 것이다. 또한 전 세계의 이목이 집중될 수밖에 없는 항공테러의 속성을 이용하여 자신들의 존재를 널리 알리고, 정치적 요구조건을 선전하는 한편 집단 구성원들의 지지와 후원, 그리고 충성도를 높이는 효과도 갖고 있다. 주로 폭발물 설치나 흉기 등을 이용해 항공기 납치나 폭파 등을 일으키기도 하지만, 탄저균, 사린가스와 같은 생화학적 무기를 이용한 테러 공격위협도 존재한다.

반면, 공항과 항공기 등 항공관련 시설 및 지역에서 발생하는 일반 항공범죄는 일시적인 심각성과 충격의 측면에서 테러형 항공범죄에 비해 미치지 못하지만, 빈도와 전체 손실피해라는 관점에서 볼 때 결코 간단한 범죄가 아니다. 더욱이 테러형 항공범죄가 매우 드물게 발생하는 데 비해 일반 항공범죄는 수시로 발생하며 적발이 되지 않아 피해사실조차 파악이 되지 않는 암수성 또한 상대적으로 훨씬 높다. 테러형 항공범죄는 인명 살상 등으로 인해 발생사실이 알려지기 마련인데 반해 공항과 항공기 등에서 발생하는 절도, 사기, 밀수, 성폭력 같은 일반 항공범죄는 모든 사례가 신고와 적발이 이뤄지는 것이 아니기 때문에 공식 범죄통계를 통해 파악하는 실태는 실제와는 많은 차이가 있을 수밖에 없고 자연스럽게 범죄의 심각성이 과소평가되어 대책 마련의 요구 또한 작게 마련이다.

따라서 항공보안의 대상이 되는 항공범죄는 항공기 납치와 폭파와 같은 항공테러뿐만 아니라 공항이나 항공기 안에서 발생하는 절도, 강도와 같은 각종 범죄는 물론이고 항공기를 이용한 밀수와 마약범죄 등 각종 범죄를 총 망라해서 포함해야 하는 것이다. 다시 말해 불법 범죄로 발생하는 항공 관련 모든 손실과 피해를 방지하고 인명과 재산을 보호하는 것이 항공보안의 개념이라고 할 수 있다.

항공보안 개념 정립의 어려움은 법률 제정과 개정에 있어서 명칭 변경을 통해서도 파악할 수 있다. 항공보안관련 법률은 지난 1974년에 '항공기운항안전법'이라는 명칭으로 처음 제정되었다. 이후 2001년 미국에서 9.11 테러가 발생하자 2002년 '항공안전 및 보안에 관한 법률'로 명칭이 변경되었다. 그러나 '안전'과 '보안'이라는 용어의 혼동을 없애기 위해 2013년 '항공보안법'으로 법률명을 바꾸고 2014년 4월 6일부터 시행되었다. 다시 말해 '항공안전'과 '항공보안' 용어의 중

첩성과 혼동의 문제점을 해결하기 위해 '항공보안'으로 통일된 것이다. 항공안전에 저해되는 거의 대부분의 행위가 사실 '의도적인 범죄행위'와 관련된다는 점에서 '항공보안'으로 명칭이 통일되었다고 볼 수 있다.

2. 항공보안의 의의

1) 인명 및 자산보호

보안의 가장 중요한 목적은 인명과 재산을 보호하고 손실을 방지하는 것이다. 이런 측면에서 항공보안 역시 항공기 승객은 물론이고 공항 상주 인력과 출입자, 방문객 등 항공관련 시설과 구역 내의 모든 사람들의 생명과 신체를 보호하는 데 가장 큰 의의를 두고 있다. 이와 함께 항공기 및 공항, 계류장을 비롯하여 항공관련 시설 및 장비 등 각종 유무형의 자산을 보호하는 것 또한 항공보안의 주요한 역할이고 의의라고 할 수 있다.

무엇보다도 항공관련 시설은 좁은 구역 내에 많은 사람들이 몰려있고, 고가의 장비들로 이뤄져 있다는 점에서 항공범죄가 발생하면, 대규모 인명 손실과 피해가 불가피하다는 점 또한 인명과 자산보호를 위한 항공보안의 필요성이 더욱 강조되는 부분이기도 하다. 따라서 다층, 다중 보안대책을 통해 자칫 발생할 수 있는 항공범죄를 사전에 예방하는 것이 필요하고, 항공승객이나 화물의 이동 방해를 최소화해서 인명 및 자산손실을 방지하는 것이 요구된다.

2) 테러 등 범죄방지

테러는 정치적 목적 달성의 효과를 극대화하기 위해 인명살상을 전혀 개의치 않고 범행을 저지르는 한편 당사자의 희생을 무릅쓰고 자행한다는 점에서 위험성이 매우 높고 동시에 예방과 방지가 어렵다는 특성을 갖고 있다. 2001년 9월 11일 미국에서 발생한 동시다발적인 9.11 테러가 대표적인 경우라고 할 수 있다. 소수 테러범들의 공격으로 수천 명의 인명 손실과 함께 수십조 원 이상의 재산 피해가 발생했다. 또한 별도의 폭발물을 소지하지 않은 채, 비행기를 납치하여 자살 공격을 펼쳤다는 점에서 사전 대비의 어려움 또한 보여주었다.

더욱이 항공교통의 발달에 따라 공항이나 항공기는 일부 특수계층 사람들만이 이용하는 시설이 아니라 모든 계층 사람들이 빈번하게 이용하는 장소이자 수단이 되고 있다. 좁은 장소에 많은 사람들이 몰릴 수밖에 없는 항공관련 시설의 특성상 폭발 등 테러가 발생하면 사상자 또한 클 수밖에 없고 당연히 큰 관심의 대상이 될 수밖에 없다. 자신들의 행위를 널리 알리고 싶은 테러범들의 입장에서 공항과 항공기 등 항공관련 시설이 매우 매력적인 범행대상이 되는 이유이다. 특히 항공기의 경우, 일단 이륙하면 탈출이 어렵고 대규모 살상의 가능성이 높기 때문에 범행의 유혹이 높다고 할 수 있다.

3) 질서유지

항공보안을 위해 체계적인 검색과 조사, 순찰 등이 이뤄지면 공항을 비롯하여 항공기 등 항공관련 시설의 질서를 유지할 수 있게 된다. 항공범죄 방지를 위해 줄을 서게 하고 통제에 따르게 하는 등의 규제가 가해지게 되면 자연스럽게 시설 내 질서를 유지하게 하고, 소란과 무질서를 막을 수 있는 것이다. 무질서가 다른 범죄를 불러일으킬 수 있는 촉진제 역할을 담당한다는 점에서 질서유지는 그 자체 의의는 물론이고 제2, 제3의 범죄예방이란 측면에서도 의의가 높다고 할 수 있다.

4) 항공산업 경쟁력 강화

철저한 항공보안을 통해 항공기 납치, 파괴와 같은 각종 항공범죄 예방이 가능해지면, 불필요한 비용 지출과 손실을 막을 수 있고 궁극적으로 항공산업의 경쟁력 강화에 기여하게 된다. 항공기 테러로 인해 항공기와 승객의 피해가 발생하면, 배상에 막대한 비용이 들어가게 되고, 설사 보험금으로 보상이 가능해도 보험료 상승은 물론이고 항공사의 신인도에 커다란 타격을 주게 마련이다. 과거 항공기 테러로 수백 명의 인명손실을 입은 여러 항공사가 결국 파산 신청을 하거나 항공사 명칭을 바꾸는 등의 피해를 입을 수밖에 없었다. 최근 발생한 말레이 항공의 연이은 항공기테러 피해 사건으로 말레이 항공은 경영상 큰 어려움을 겪고 있으며, 말레이시아 정부는 말레이 항공을 아예 국영항공사로 바꾸는 방안도 고려하고 있다.

3. 항공보안의 대상

항공보안법 및 국가항공보안계획은 항공보안을 민간항공에 대한 불법방해행위로부터 승객, 승무원, 항공기 및 공항시설 등을 보호하기 위한 대책을 수립함으로써, 대한민국 안에서 민간항공의 안전성, 정시성 및 효율성을 확보하는 등 항공보안을 유지하는 데 그 목적이 있다고 밝히고 있다. 즉, 항공보안의 대상을 승객, 승무원, 항공기 및 공항시설로 명시하고 있는 것이다. 이와 별도로 항공보안의 대상을 구분하면 다음과 같다.

1) 인적 대상

항공보안의 가장 중요한 대상은 사람일 수밖에 없다. 인명(人命)보다 중요한 게 없기 때문이다. 공항과 항공기 등 항공관련 시설을 가장 많이 이용하는 사람이 항공기 승객이란 점을 감안할 때 항공보안의 최우선 대상은 항공기 이용 승객이 된다. 둘째, 항공기 승무원을 들 수 있다. 항공기 승무원은 조종 등 운항과 관련된 운항 승무원과 객실 서비스를 담당하는 객실 승무원을 포함한다. 셋째, 공항 등 항공관련 시설에 근무하는 상근 직원 또한 주요한 항공보안의 대상이다. 항공권 발급 및 정비 등 항공사에 근무하는 직원은 물론 출입국관리사무소와 세관, 경칠 등 정부기관 파견 공무원과 검색을 담당하는 직원, 그리고 식당 및 면세점 등 상점에서 근무하는 직원 등, 공항 및 항공관련시설에 근무하는 모든 직원을 포함한다. 마지막으로 승객을 배웅하거나 마중하기 위해 공항을 찾는 일반인 또한 항공보안의 주요한 인적 대상이라고 할 수 있다. 항공기 테러와 공항 내 폭발물 테러로 인한 직접적인 피해를 입을 수 있는 대상이기도 하고, 공항 터미널이나 주차장 등을 이용하면서 절도, 강도, 사기 등 각종 일반 범죄의 대상이 될 수 있기 때문이다.

2) 시설

항공기 운항을 위한 각종 시설 또한 중요한 항공보안의 대상이다. 이러한 시설에는 공항 터미널 등 공항시설을 비롯하여, 주차장, 비행장, 항행안전시설과 공항주변지역 등이 포함된다. '공항시설'이란 항공기의 이륙·착륙 및 여객·화물의 운송을 위한 시설과 그 부대시설 및 지원시설로서 공항구역에 있는 시설과 공항구역 밖에 있는 시설 중 대통령령으로 정하는 시설로서 국토교통부장관이 지정한 시설을 말한다.[16] '비행장'이란 항공기의 이륙, 착륙을 위하여 사용되는 육지 또는 수면의 일정한 구역으로서 대통령령으로 정하는 것을 말한다.[17] "항행안전시설"이란 유선통신, 무선통신, 불빛, 색채 또는 형상(形象)을 이용하여 항공기의 항행을 돕기 위한 시설로서 국토교통부령으로 정하는 시설을 말한다.[18] '공항구역'이란 공항으로 사용되고 있는 지역으로서 「국토의 계획 및 이용에 관한 법률」 제30조 및 제43조에 따라 도시계획시설로 결정된 지역을 말한다.[19] 한편 항공보안법 제12조에 따르면 공항보호구역은 보안검색이 완료된 구역, 활주로, 계류장 등 공항시설의 보호를 위하여 필요한 구역을 보호구역으로 지정하고 있다. 또 공항주변지역을 설정하여 일반인들의 무단 접근이나 통과시도를 경고하거나 차단하고자 한다. 우선 공항 주변지역에 비인가자의 접근을 금지하는 경고문을 부착해야 한다. 미국의 연방항공청(FAA)은 100피트(30m)이내 간격으로 경고문을 부착하도록 규정하고 있다. 또 공항의 경계선에는 담(fence)을 설치해야 하며, 담의 높이와 강도, 방법 등에 대해 구체적 규정을 정하고 있다.

특히 공항은 다양한 기관과 장비, 시설들로 이뤄져 있는 장소로서, 세계 각국의 국민들이 이용할 뿐 아니라 환영 및 환송객들로 매우 혼잡하고 밀집되어 있는 상황으로 인해 테러범죄의 매력적인 대상이기도 하다. 따라서 테러와 같은 항공범죄 예방을 위해 철저한 공항 보안활동이 시행되어야 한다.

3) 장비

항공운항 및 항공관련시설 운영에 필요한 각종 장비 또한 항공보안의 대상이다. 항공통제시설과 항공기 간의 통신장비는 물론이고 검색 장비 등도 고장이나 파괴, 분실되면 항공운항에 적지 않은 지장과 함께 손실 피해가 불가피해지므로 이러한 장비를 보호하기 위한 적절한 보안조치가 이뤄져야만 한다. 따라서 각종 통신장비, 식별장비, 항법장비 등은 물론 충돌방지장치(TCAS)와 레이더 등이 모두 항공보안의 대상이 된다.

16 항공법 제2조 제8항.
17 항공법 제2조 제6항.
18 항공법 제2조 제17항.
19 항공법 제2조 제9항.

또한 항공보안을 위한 엑스선 검색장비 등 각종 보안검색 장비도 항공보안의 대상에 포함된다. 보안검색 장비에는 엑스선 검색장비, 금속탐지장비, 폭발물탐지 장비, 전신검색장비 등이 있다.[20]

4) 항공화물

항공기에 탑재되는 수하물(baggage)과 각종 화물 역시 항공보안의 주요 대상이 된다. 이러한 항공화물은 인가된 보안절차에 의거해 보안 검색을 해야 하며, 비인가자는 출입을 통제해야 한다. 특히 수하물만 체크인하고 탑승하지 않는 경우를 방지하기 위한 조치가 매우 중요하다.

수하물 보관과 관련해, 공항운영자 등은 수하물 보관시설을 설치하는 경우 폭발 피해를 최소화 할 수 있는 폭탄 피해 방지 장벽을 설치하여야 하고, 수하물을 보관하기 전에 수검색이나 장비를 활용하여 보안검색을 하여야 한다. 또 폭발물 위협을 받을 경우 물품 보관함을 쉽게 수색할 수 있도록 물품 보관함을 설계하여야 하고, 수하물 접수시설 및 보관시설을 설계할 때 불법적인 접근이 방지될 수 있도록 하여야 한다. 수하물 처리 설비가 있는 시설을 설계하는 경우 보안장비 설치가 가능하고, 전원·백업 전원 공급 및 불법방해행위를 통제할 수 있는 공간을 마련하여야 하고, 일반지역에서 이동지역으로 연결되는 수하물 컨베이어시스템을 통한 불법적인 접근을 통제할 수 있도록 하여야 한다. 그리고 잘못 분류된 수하물이나 주인 없는 수하물이 운송될 때까지 보관할 수 있는 시설과 보안기준을 갖추어야 한다.[21]

5) 항공기

항공기는 납치될 경우 탑승객의 인명은 물론 항공기 자체 자산의 손실을 야기해 커다란 피해를 유발할 수 있기 때문에 매우 강한 보안조치가 필요하고 항공보안의 중요한 대상이 된다. 또한 2001년 9.11 테러 당시 그 자체로 강력한 폭발무기가 될 수 있음을 보여줬기 때문에 더욱 철저한 보안조치가 필요하다. 민간 항공기는 별도의 군사방어 체계를 갖추고 있지 못하기 때문에 테러조직의 휴대용 미사

20 항공안전보안장비 종류, 성능 및 운영기준, 제2조.
21 공항건설 및 유지·보수에 관한 보안지침, 제18조.

일 공격 등에 특히 취약하다. 따라서 테러조직이 암약하고 있는 지역에 대한 항로 우회 등 위험을 회피하기 위한 다양한 보안조치가 필요하다.

2장 항공보안의 기능

1. 보안검색

1) 보안검색의 개념

항공기 납치의 경우 테러범들이 총기 등 흉기나 폭발물을 감춰 탑승함으로써 벌어지는 사례가 많고, 마약 등 많은 불법 물품 등을 결국 항공기에 몰래 갖고 타게 되어 이후 항공범죄로 이어지는 것이다. 이처럼 항공보안에 위해가 되는 각종 항공범죄 행위들은 주로 항공기를 통해 이뤄지기 때문에 항공기 탑승 및 수하물 적재에 철저한 보안검색이 이뤄져야만 한다. 더욱이 항공기를 대상으로 하는 테러범죄는 수백 명 이상의 인명 피해는 물론이고 커다란 재산 피해를 가져오기 때문에 완벽한 보안검색을 요구한다.

보안검색은 보안검색을 담당하는 검색요원의 능력에 크게 의존한다. 항공검색장비를 통과하는 검색지점에서 승객과 화물에 대해 얼마나 완벽하게 검색이 이뤄지느냐에 따라 검색의 대부분이 결정되기 때문이다. 이를 위해서 검색요원의 전문성과 함께 첨단 검색장비와 시설이 필요하고, 승객 등 검색을 당하는 피검색자의 협조 또한 필요하다. 탑승 시간에 맞춰 짧은 시간에 보안검색이 이뤄져야 하기 때문에 검색은 통상 10초 이내 이뤄져야 한다. 첨단장비와 검색요원의 전문성이 요구되는 또다른 이유이기도 하다.[22]

항공보안법 제2조 제9항에 따르면 보안검색이란 “불법방해행위를 하는 데에 사용될 수 있는 무기 또는 폭발물 등 위험성이 있는 물건들을 탐지 및 수색하기 위한 행위를 말한다”고 규정되어 있다. 또 항공보안법 제15조에서는 항공기에 탑승하는 사람은 신체, 휴대물품 및 위탁수하물에 대한 보안검색을 받아야 한다고 규정하고 있다. 공항운영자는 항공기에 탑승하는 사람, 휴대물품 및 위탁수하물에

22 조만희, (2012), “폭발물테러와 항공보안 활동에 관한 연구”, 「항공진흥」, 제58호, p.82.

대한 보안검색을 하고, 항공운송사업자는 화물에 대한 보안검색을 하여야 한다. 다만, 관할 국가경찰관서의 장은 범죄의 수사 및 공공의 위험예방을 위하여 필요한 경우 보안검색에 대하여 필요한 조치를 요구할 수 있고, 공항운영자나 항공운송사업자는 정당한 사유 없이 그 요구를 거절할 수 없다고 규정하고 있다.[23]

2) 보안검색 절차

공항운영자는 위해물품과 액체 및 젤(gel)류 등의 기내 반입금지 물품에 대한 탐지를 위하여 모든 승객의 휴대물품 및 위탁수하물이 보안검색 완료구역으로 진입되기 전에 금속탐지기, 엑스선 검색장비, 폭발물 탐지기 등을 이용하여 보안검색을 실시한다.

공항운영자 또는 항공운송사업자는 보안검색을 거부하거나 항공기 안전운항을 저해할 우려가 있는 사람에 대하여는 보호구역 진입 및 항공기 탑승을 거부할 수 있다. 만약 항공보안검색요원이 특정인의 항공기 탑승 및 보호구역 진입을 거부했을 경우 공항 보안감독자에게 그 사실을 반드시 통보하여야 한다.

공항운영자는 통과·환승 승객과 그의 휴대물품, 그리고 환승 승객의 위탁수하물에 대하여 항공기 탑승 또는 탑재 전에 보안검색을 실시하여야 한다. 공항운영자는 보안검색 완료구역으로 들어가는 승무원, 공항 보호구역 출입증을 소지한 공항직원, 그 밖에 보호구역 진입을 허가를 받은 사람 및 이들의 휴대물품에 대하여도 일반승객과 동일한 방법으로 보안검색을 하여야 한다. 항공운송사업자는 여객기 또는 화물기로 운송되는 화물 및 우편물에 대하여 보안검색을 실시한 후 항공기에 탑재하여야 한다. 공항운영자는 외교관과 외교신서사, 그리고 그의 휴대물품 및 위탁수하물에 대하여 일반승객과 같은 방법으로 보안검색을 실시하여야 한다. 보안검색을 위해 사용하는 방법은 주로 엑스레이 검색기, 인체 검색기, 그리고 금속탐지기 등을 들 수 있다. 항공운송사업자는 여객기 또는 화물기로 운송되는 화물 및 우편물에 대하여 보안검색을 실시한 후 항공기에 탑재하여야 한다.

23 항공보안법 제15조 2항.

2. 출입통제

1) 출입통제의 개념

효과적인 항공보안을 위해서는 적절한 출입통제가 이뤄져야만 한다. 출입통제시스템은 출입이 허용된 사람과 허용되지 않은 사람을 구별하여 출입을 허용 또는 통제하는 시스템이다. 출입통제장치는 출입통제의 기본 기능 외에 출입자의 인식기능과 관리기능을 활용하여 직원의 근무태도를 관리감독하는 근태관리 기능과 구내식당 이용여부 등을 파악하는 식당관리와 같은 부가적인 기능을 수행할 수 있다.

• 표 2-1 출입통제 보안시스템의 기능 및 주요 장치

보안 시스템	주요 기능	주요 장치
CCTV시스템	- 인원 · 차량 등 실시간 감시 - 영상 녹화, 영상 인식 - 영상 전송	- 카메라, 렌즈, 모니터, 부수장치 - DVR, Motion Detection, 지능인식 - 동축케이블, 인터넷 등 통신매체
출입통제시스템	- 인원 · 출입, 물품반출 · 입 통제 - 물품 검색 - 물품 도난방지	- 인식장치(카드, 지문인식, RFID 등) - X-ray 검색기, 금속탐지기 - 물품도난방지장치
침입감지시스템	- 무단침입 감지 및 경보 - 비상 통보 및 대응 - 무인경비서비스	- 감지기 - 경보장치 - 관제 S/W

출처: 산업보안학, 2012, p.254.

2) 출입통제 시스템의 종류와 기능

출입통제 업무는 근무자의 법적 권한 내에서 이루어져야 하며, 과잉통제로 인한 불필요한 문제를 유발하지 않도록 해야 한다.

① 출입문과 잠금장치 설치, 출입통로 최소화 등을 적용하여 효율적 통제

② 출입통제 장치, CCTV, 검색장비 등을 이용한 효율적 통제
③ 방문객 관리를 위한 별도의 장소(면회소) 운영
④ 물품보관소 운영으로 물품 반입 최소화

CCTV(Closed Circuit Television)는 폐쇄회로 TV를 의미하며, 카메라와 모니터를 케이블로 연결하여 특정인만 볼 수 있는 TV를 의미한다. CCTV는 카메라와 TV수상기 사이를 VHF나 UHF로 연결하는 공용 TV와 구분하기 위해 사용한 용어지만 공용 TV에 케이블이 사용되고, CCTV에 무선이 사용되면서 용어 자체의 의미는 상실되었지만 CCTV라는 의미는 그대로 유지되면서 사용되고 있다. CCTV는 기본적으로 촬상부와 전송부 그리고 수상부로 구성되며, 선택적으로 녹화장치 등의 부수장치를 사용한다.[24]

출입통제 시스템은 인가된 사람을 식별하는 인식장치와 그 결정을 통제하는 제어장치(Access Control Unit) 그리고 문의 열림을 통제하는 문잠금 장치로 구성되며, 출입상황의 관리·조회·통제 등을 위하여 관리 서버를 운용할 수 있다. 출입통제장치의 인식장치에서 출입자를 인식하여 출입을 허용할 것인가를 자동으로 결정하여 출입문잠금장치로 알려주며, 출입문잠금장치는 제어장치가 결정한 출입허용 또는 출입거절을 시행하기 위해 문의 잠금을 해제하여 인가된 사람이 들어오게 하거나 문의 잠금 상태를 유지시켜 사람의 출입을 거절한다.[25]

출입통제 인식방법은 크게 세 가지로 분류할 수 있다. 첫째, 출입이 허용된 사람에게 ID카드와 같은 인식표를 부여하는 방법이고, 둘째, 지문, 얼굴, 홍채, 음성 등 생체정보를 통해 본인 여부를 확인하는 방법, 그리고 마지막으로 비밀번호를 통해 확인하는 방법이다. 또한 보다 정확한 확인을 위하여 ID카드나 생체정보, 비밀번호를 함께 사용할 수 있고 이와 같이 두 가지 이상 확인방법을 동시에 사용하는 방법을 다중인식방법이라고 한다.

침입감지시스템(Intrusion Detection System)은 불법 침입과 같은 이상 상황을 각 장소에 설치한 감지기를 통해 경보를 울려 이상 상황에 적절하게 대응할 수 있도록 하는 시스템을 말한다. 침입감지시스템은 자체 요원들이 직접 관제를 담당하기

24 한국산업보안연구학회, (2012), 「산업보안학」, 박영사, p.254.
25 한국산업보안연구학회, (2012), 「산업보안학」, 박영사, p.257.

도 하며 아니면 시스템보안업체가 보안용역의 형태로 실시간 관제를 통해 운영되기도 한다. 이와 같은 시스템보안업체에 의한 침입감지시스템을 무인경비시스템 또는 기계경비시스템이라고 부른다.

적절한 출입통제를 위해 공항운영자는 항공기 이동지역을 설계할 때 울타리(Fence), 접근금지 표지 및 센서가 설치된 장벽, 조명, 경보장치, 경비초소 등 이동지역을 보호하기 위한 시설을 반영하여야 한다. 공항운영자 등은 지하 공동구 배관, 홍수 배수로, 하수구 및 터널 등 이동지역이나 보호구역으로 통할 수 있는 구조물의 경우 쇠창살 등으로 출입을 통제할 수 있도록 하여야 하며, 이동지역이나 보호구역의 출입문에는 출입통제에 필요한 시설을 갖추어야 한다.

공항운영자 등은 여객청사의 일반 개방구역에서 이동지역으로 통하는 출입문과 보안요원의 감시가 어려운 출입문에는 잠금장치나 경보장치를 설치하여야 한다. 공항운영자 등은 여객청사에서 이동지역으로 통하는 모든 비상출구에는 출입통제 장치나 경보장치를 설치하여야 한다. 또한 공항운영자 등은 보호구역에서 일반구역으로 또는 일반구역에서 공항 보호구역으로 무단으로 진출입 하는 것을 방지하기 위하여 울타리 및 출입통제 장비를 설치하여야 한다.

3. 무기반입관리 및 호송

1) 무기반입관리

공항운영자는 보호구역 안으로 무기가 반입되지 않도록 해야 한다. 하지만 항공운송사업자는 국토교통부장관의 허가를 받은 무기 등 위해물품을 항공기 내로 반입할 수 있다. 항공운송사업자는 항공기 내 무기 반입 또는 휴대 허가 사실을 통보받은 경우 탑승 인원 및 좌석위치와 무기의 종류 등을 해당 항공기 기장 및 객실승무원에게 통보하여야 한다.

항공운송사업자는 항공기 내로 반입되는 무기와 실탄의 분리를 확인하는 직원을 지정하고 적절한 교육훈련을 실시하여야 하며, 해당 교육을 받은 직원에 한해 해당 업무를 수행하도록 하여야 한다. 항공운송사업자는 항공기 안으로 허가받은 무기를 반입하는 경우 다음과 같은 조치를 하여야 한다.

항공사 보안담당자의 입회하에 무기 반입자가 총기와 실탄이 분리되었는지를 확인하고 용기에 담아 봉인하고, 항공기 출발 전에 항공사 직원과 함께 해당 항공기의 기장에게 전달하고 기장 책임하에 보관한다. 또 무기보관 용기는 무기 반입자가 별도로 준비하고 비인가자가 접근할 수 없는 조종실 내에 보관한다. 단, 항공기내 보안요원은 객실에 위치해야 하기 때문에 이 규정 적용을 받지 않는다. 기장은 총기보관 용기의 봉인상태 및 파손여부를 확인한 후 이상이 없을 경우 이를 조종실 내에 보관할 수 있다. 다만, 기장이 보관에 따른 안전문제 발생이 우려된다고 판단하는 경우 위탁수하물로 운송하게 할 수 있다.

국가 간 정부소속 항공기내 보안요원의 탑승과 관련된 정보는 관계기관 및 해당 항공사에게만 제공되어야 하며, 엄격하게 기밀이 유지되어야 한다. 국토교통부장관은 체약국으로부터 자국 소속 항공기내 보안요원을 포함한 무장요원이 자국 항공기에 무기를 휴대하고 탑승하고자 하는 경우 국제민간항공기구의 협정모델에 따라 항공기내 보안요원 탑승에 관한 협정(양해각서)을 체결한 후에 이를 허가하여야 한다. 다만, 긴급한 경우에는 협정체결 없이도 허가 할 수 있다.

국토교통부장관은 타 체약국의 항공기내 보안요원에게 항공기내 무기휴대를 허가한 경우 출발 및 도착 공항의 세관장, 해당 공항운영자, 해당 항공운송사업자 등에 그 사실을 통보하여야 한다. 외국적 항공사는 자국 항공기에 무기를 휴대한 자국 정부 소속 항공기내 보안요원이 탑승하고자 하는 경우에는 국토교통부장관의 허가를 받은 사실을 반드시 확인하여야 한다. 외국적 항공사는 자국 항공기에 탑승한 항공기내 보안요원이 공항 도착 즉시 휴대 무기 및 실탄을 분리하고 시건장치가 있는 별도의 용기에 담아 공항 세관장에게 신고하고 인도하도록 조치를 취하여야 한다.[26]

2) 수감 중인 사람 등의 호송

항공기를 이용하여 피의자, 피고인, 수형자(受刑者), 그 밖에 기내 안전에 위해를 일으킬 우려가 있는 사람을 호송할 경우에는 미리 해당 항공운송사업자에게 통보하여야 한다. 호송대상자를 호송하는 사람은 항공운송사업자에게 호송대상자의 인적사항, 호송 이유, 호송 방법 및 호송 안전조치 등에 관한 사항을 통보하여야 한다.

26 국가항공보안계획 8.5.

항공운송사업자는 호송대상자가 항공기, 승무원 및 승객의 안전에 위협이 된다고 판단되는 경우에는 사법경찰관리 등 호송 공무원에게 적절한 안전조치를 요구할 수 있다. 항공운송사업자는 해당 항공기의 기장 및 객실승무원에게 호송대상자의 수 및 좌석 위치 등을 통보하여야 한다. 기장은 호송 공무원이 정당한 안전조치 요구를 거절하거나 호송대상자가 다른 승객의 안전을 심히 해칠 우려가 있다고 판단될 경우 호송대상자의 탑승을 거부할 수 있다.

항공운송사업자는 동일 항공기에 한 건 이상의 호송대상자를 운송할 수 없다. 항공운송사업자는 정신이상자를 운송하는 경우 의사의 진단서 요구 등 필요한 조치를 취한 후 운송하여야 하며, 정신이상자가 항공기 운항에 중대한 위협을 미칠 것으로 판단되는 경우 탑승을 거절할 수 있다. 항공운송사업자는 법무부 출입국관리사무소에 의해 입국이 거부된 자를 운송한 경우 출발지로 해당 승객을 재운송하여야 한다. 입국 거부자는 출발지로 재운송되기 전까지 도주 등을 할 수 없도록 출입국 관리 법령에 따라 보호되어야 한다. 항공운송사업자는 수감 중인 사람 등을 항공기로 운송하는 경우 운항중 항공기 안전을 확보할 책임이 있다.[27]

4. 시설 경비

1) 시설경비의 개념

경비는 발생 가능한 여러 가지 위해로부터 생명, 신체, 재산을 보호하기 위해 특정 지역을 경계, 순찰, 방비하는 모든 행위로 정의할 수 있고, 시설경비는 시설을 각종 위해로부터 지키기 위한 제반 행위를 포함한다. 경비업법에서는 시설경비를 "경비를 필요로 하는 시설 및 장소 등 '경비대상시설'에서의 도난·화재 그 밖의 혼잡 등으로 인한 위험발생을 방지하는 업무"로 규정하고 있다.[28]

2) 시설경비의 목적 및 대상

시설경비는 경비대상에서 발생 가능한 위해로부터 사람의 생명이나 재산을 보호하는 것을 주요 목적으로 한다. 시설경비업무는 위해의 발생을 사전에 방지하

27 국가항공보안계획 8.6.

28 경비업법 제12조.

는 예방업무와 위해 발생 시의 조치업무를 포함하며, 대상시설에서 경비목적을 위해 다음과 같은 업무를 수행하게 된다.

① 인원 및 차량의 출입통제

② 물품의 반·출입 통제 및 검색

③ 질서유지, 화재 및 사고예방

④ 화재 및 사고 등 비상상황 대응

⑤ 부가서비스(안내, 방문자 관리, 주차관리, 주요인사 신변보호, 행사지원 등)

⑥ 기타 요구사항(계약서 및 규정에 명시된 업무)

시설경비의 대상은 산업시설을 비롯하여 빌딩, 공장, 병원 등 다양하며, 시설경비업무의 범위는 경비업무를 실행하는 기관과 시설주와 체결된 계약내용에 따라 다를 수 있다. 시설경비 중 경비대상이 국가중요시설인 경우 이를 특수경비로 구분하여 설명하고 있다.

3) 시설경비의 내용

경비업무는 24시간 근무를 요구하며, 이를 위해 근무교대(일별, 근무지별, 시간대별)를 실시하며, 체계적인 근무를 위하여 운영매뉴얼을 작성하여 이용한다.

주요 근무 방법은 다음과 같다.

① 상황 근무(상황실 운영)

② 고정 근무(초소 운영)

③ 순찰 근무

④ 대기 및 지원 근무

⑤ 비상상황 대응(근무지원 체계, 경찰·소방지원 체계)

⑥ 보안시스템 운영

효과적인 경비업무를 위하여 경비계획이 필요하며, 경비계획을 위해 현장조사가 필요하다. 현장조사를 통해 보호대상을 구분하고, 대상 시설의 보안 상태, 발생 가능한 위협 및 위험요인, 취약성, 가능한 공격방법 및 수단, 사고발생시 발생할 수 있는 손실의 형태와 대상시설에 미치는 영향 등을 분석한다. 이를 근거로 인원 운영 및 보안시스템 구축·운영, 근무체계 및 방법 등에 대해 작성하게 되며, 경비계획에는 다음과 같은 몇 가지 사항을 포함하게 된다.

① 경비업무의 범위

② 인원 운용방안: 근무체계(조직체계, 편성, 주요임무, 근무교대 등) 및 근무방법(상황 근무, 초소 운용, 순찰 방법 등)

③ 장소별 취약성 구분 및 대응방안

④ 물리적 보호방안(장애물 설치, 출입문 강화, 유리창 보강 등)

⑤ 보안시스템 구축 및 운영 방안

⑥ 장비(통신장비, 장구 등) 운용방안

⑦ 사고 예방 및 우발상황 대응방안

경비계획의 핵심은 경비인력과 이를 보조 지원하는 물리적인 보호장치 및 보안시스템에 대한 운영방안이다. 이를 위해 보호대상으로 통하는 각종 통로 및 이동과정을 구역별, 등급별로 세분하고, 단계적으로 감시 통제할 수 있는 방안을 마련하고 이를 위한 적절한 인력 배치 및 보안시스템 구축을 마련하여야 한다.

5. 정보수집 및 배포

1) 정보의 수집

정보는 다양한 출처로부터 수집된다. 정보의 수집이란 정보수집기관이 출처를 개척하고 수요 정보를 입수하여 이를 정보작성기관에 전달하기까지의 과정을 말한다. 수집과정에서는 인적 수단이나 기술적 수단을 이용하여 정보의 수집이 이루어지며 수집된 정보를 처리, 생산하는 정보의 분석·생산부서로 전달하게 되는 것이 원칙이다. 단, 정보의 내용이 경미하거나 긴급성이 있는 경우 분석과정을 거치지 않고 사용자에게 전달될 수 있다.

다양한 정보의 출처들을 이해하는 것은 수집목표에 가장 적합한 출처가 어떤 것인지를 이해하는 데 기여한다. 국내의 목표를 대상으로 한 국내정보 수집의 경우 가능한 한 공개정보를 활용하고 개척함으로써 인권침해의 가능성을 예방해야 하는 반면 해외정보 수집의 경우 기술정보는 물론 비밀출처인 인간정보의 활용을 적극적으로 고려할 수 있어야 한다.

정보의 출처는 정보기관과 학자에 따라 그 분류 방법이 다양하다. 개척출처의 비밀성 유무를 기준으로 삼는 경우 공개출처(open source 또는 overt source)와 비밀출처(covert source)로 나눠진다. 정보기관이 정보역량을 집중해야 하는 분야는 비밀출처이다. 정보의 출처를 구체적인 수집경로 또는 수집방법을 기준으로 분류하면 인간정보(human intelligence, HUMINT)와 기술정보(technical intelligence, TECHINT)로 대별되며 이는 다시 각각 공개출처정보(open-sources intelligence, OSINT)와 비밀출처정보(비밀성의 유무를 기준으로), 영상정보와 신호정보(수집기술을 기준으로)로 나뉜다.

인간정보는 인적 수단을 이용하여 수집한 정보를 말한다. 인적 수단이 공개출처정보를 이용하여 정보를 수집하는 형태는 신문, 잡지 기타 출판물과 인터넷, 방송매체 등 각종 매스컴 등을 이용하는 것이 일반적이지만 공공기관 방문, 전화 문의, 공개 토론회 등 참석, 기업·전시장에서의 팸플릿 수집 등도 이에 포함한다. 정보경찰의 활동의 대부분이 이러한 공개된 정보에 대한 접근을 통하여 이루어진다고 보아야 할 것이다.

비밀출처정보에 대한 인간정보 활동은 정보기관에 소속되어 주로 정보의 수집을 담당하는 관리인 정보관(intelligence officer, IO), 대상 국가의 대사관의 관원으로서 외교관보의 신분을 가진 주재관(attache) 등이 직접 수집하는 경우와 공작원이나 협조자를 포섭, 활용하는 경우 및 포로·망명자 등으로부터 추출하는 경우로 나뉜다.

기술정보는 기술적 수단을 이용하여 수집한 정보를 말한다. 기술정보는 영상정보(imagery intelligence, IMINT)와 신호정보(signal intelligence, SIGINT)로 대별된다. 전자는 사진이나 영상을 수집수단으로 하며 위성전자사진(satellite electronic photography, SATINT), 레이더 영상(radar imagery, RADINT), 재래식 항공사진(conventional aerial photograph, PHOTINT) 등을 포함한다. 후자는 음성, 전파 등의 각종 신호를 수집수단으로 하며 인간의 통신수단, 즉 음성, 전신 부호, 전화회선, 공중파, 전자우편 등을 도청 또는 감청하는 통신정보(communication intelligence, COMINT)가 그 대표적인 예이다.

정보의 수집단계는 다시 ① 정보수집계획의 수립, ② 출처의 개척, ③ 정보수집 활동, ④ 정보의 보고 및 정리의 네 단계로 나누어 살펴볼 수 있다.

2) 정보의 배포

정보의 배포(dissemination)란 정보를 필요로 하는 개인이나 기관에게 적합한 형태와 내용을 갖추어서 적당한 시기에 제공하는 과정을 말한다. 정보를 수집하고 평가 및 분석을 통해 정보를 생산했으면 이를 필요로 하는 사용자에게 적절한 형태와 내용을 갖추어서 적시에 배포하여 이를 효과적으로 활용할 수 있도록 하여야 한다. 아무리 중요하고 정확한 정보를 생산했다 하더라도 그 정보가 필요한 대상에게 적절히 전달되지 않는다면 정보의 가치는 상실되고 마는 것이다.

배포의 대상이 되는 정보의 사용자는 정책결정자인 사용자뿐만 아니라 동일 정보기관 내부의 각 부서와 관계기관 등도 포함된다. 정보의 생산자들도 자신의 분야에서 정보를 분석하는 데 있어서 관련되는 다른 분야의 정보를 필요로 하기 때문이다.

배포된 정보는 정보의 사용자가 정책결정을 하는 과정에서 ① 정책의 결정이라는 결과를 낳거나 ② 추가적인 정보의 수요를 발생시키게 된다. 후자의 경우는 물론 전자의 경우에도 정보는 환류를 계속하게 된다. 하나의 정책이 결정되었다고 해서 정보체계가 종국적으로 순환을 멈추지는 않는 것이다. 특히, 정책의 시행 결과 정보 판단에 어떠한 오류가 있었을 개연성이 발견되는 경우, 또는 시행된 정책의 수정이나 변경을 위해 새로운 정보수요가 발생하는 경우 등이 이에 해당한다.[29]

3) 국제 규정

미국의 경우, 승객들의 항공출발에 앞서 승객이름과 테러리스트 명단을 대조해 볼 것을 요구하고 있다. 또한 이러한 기능은 국내선에 대해서도 정부가 제공한 탑승금지(no-fly)승객과 요주의(Selectee)승객 명단을 대조해 왔다. 비록 미국에 입국은 않더라도 상공통과여객에 대해서도 테러리스트 명단대조를 필요 시 요구하고 있다. 그리고 국내선 및 국제선 화물 및 화주에 대해서도 빠짐없이 완벽한 보안조치를 취할 것과 항공관련 시설에 출입하는 허가증에 대한 점검을 명확히 할 것을 요구하고 있다.

국가 간의 긴밀한 협조를 전략목표 달성 및 테러기도 차단의 중요한 요소로

29 문경환·이창무, (2013), 「경찰정보학」, 박영사, p.71.

보고, 관련 협약을 준수하고 정보를 공유함으로써 예를 들면 항공기 등록 및 소유주에 관한 정보를 투명하게 받을 것을 주문하고 있다. 원래 국제민간항공기구의 부속서 17은 국제민간항공에만 적용되기 때문에 국내 항공에는 구속력이 없었지만, 2001년 9월 11일 미국과 워싱턴 지역 동시 테러사건이 미국 국내 항공기를 납치해서 발생한 이후 부속서 17의 규제내용을 국내선 항공에도 적용 준수해야 하는 것으로 변경했다.

6. 감시 및 관제

1) 감시

감시는 항공보안의 주요한 기능이다. 특히 공역감시가 중요하다. 공역감시는 감시데이터의 공유를 강조하고 있고, 휴대용 미사일뿐만 아니라 유인/무인 비행기를 포함하여 위협이 될 수 있는 순항미사일, 저고도 항공기 등에 대한 감시기술 발전을 강조하고 있다. 또한 향상된 감시기술은 공항에서의 항공기 지상이동과 공항주변의 휴대용미사일 감시까지도 할 것을 요구하고 있다. 감시능력 강화를 위해서 지상레이다 뿐만 아니라 다양한 종류의 센서기구로서 항공레이다, 전자광학레이다, 적외선 레이다 등을 예로 들고 있다. 그리고 북미지역 안보번영 파트너십하에서 모든 감시 능력을 통합하도록 하고 있다.

공역 정보를 감시데이타와 통합하여 운용함으로써 공역에 대한 상황인식을 명확히 할 수 있게 하고 또한 정책수립가 또는 항공책임자에게 필요한 순간에 적절한 의사결정을 내리기 위한 자료를 제공하면서 관련 자원과 조치를 배분하게 해준다.

2) 관제

보안관제란 침입으로부터 시스템과 네트워크 자원의 손상을 막기 위해 관제가 필요한 모든 시스템을 실시간으로 모니터링 하여 즉각 대응, 관리할 수 있도록 전문 보안업체가 해당인력, 프로세스, 기술 및 전문지식을 제공하고 고객은 자신의 핵심 역량에 집중할 수 있도록 하는 행위를 말한다.

'보안관제'란 용어는 영어로는 'Security Monitoring' 또는 'Security Monitoring

& Control' 등으로 사용되고 있는데 Monitoring의 사전적 의미는 '관할하여 통제한다'로 정의될 수 있다. 특히, 국가가 필요에 따라 강제적으로 관리하여 통제하는 일'로 해석할 수 있으며, 일반적으로 '항공교통관제'를 의미한다. 그러나 이러한 설명은 현재 우리나라 국가 · 공공기관이나 보안관제서비스업체 등에서 수행하고 있는 전산망 보안관제의 개념과는 다소 거리가 있다. 항공기와 지속적인 교신을 통하여 항공기의 안전한 이륙과 착륙을 유도하고 비행 중인 항공기의 충돌을 막는 역할을 담당한다. 항공관제는 일반적으로 공항에 위치한 항공관제탑에서 이루어지며, 시각적 관측은 물론 레이다 등을 통한 전자 관측으로 상황을 파악하여 관제활동을 벌인다. 관제탑은 주로 공항 내의 움직임을 관할하는 지상통제(그라운드 컨트롤) 항공기의 이착륙을 제어하는 지역 및 하늘제어(로컬 및 에어제어), 그리고 비행기에 정확한 정보를 제공해주는 비행데이터 전달 기능을 책임진다.

7. 보안점검 및 조사

1) 보안점검 및 조사의 개념

보안점검이란 항공보안을 위한 보안대책 및 통제절차 등이 적절히 수행되고 있는지를 확인하기 위하여 공항, 항공기 및 공항운영자 등에 대하여 점검하는 것을 말한다. 보안조사란 민간항공에 대한 불법방해행위, 항공기납치, 파괴행위 및 테러공격 등을 방지하기 위하여 그 취약성을 분석하고, 보호대책을 수립하기 위하여 공항별로 공항운영자, 항공사 등에 대한 항공보안 업무 운영실태 등을 조사하는 것을 말한다.

보안점검 및 조사의 목적은 항공기 및 항공관련 시설과 인력에 대한 불법방해행위 등 위험을 사전 인지하여 예방하고 불법방해행위가 발생하면 신속하게 대응하여 실체적 진실 규명과 함께 자산의 회수 그리고 재발방지에 있다. 한편 이러한 조사활동을 통해 얻어진 결과를 토대로 조직의 체질을 개선하는 데도 기여하게 된다.

2) 보안점검 및 조사의 내용

보안점검 및 조사의 주체는 보안업무를 담당하는 부서가 직접적으로 조사하는 것을 원칙으로 하지만 내부 사정이나 객관성, 역량 등의 문제로 외부 전문업체에 의뢰하여 실시하는 경우도 있다. 또한 국제민간항공기구 등이 공항운영자 등에 대한 점검을 실시한다. 보안점검 및 조사의 범위는 보안사고의 유형별에 따라 다르지만 법적인 문제를 고려하여 일반적으로는 항공운송과 관련한 모든 관련 종사자들에 해당할 수 있다. 조사범위는 사건의 개연성과 실체적 진실을 최대한 입증하여 관련 기관과 조직 내에서의 자체적인 징계 또는 법적 대응단계에 필요한 증거를 수집 제공하는 수준으로 한다. 정기적인 보안점검과 함께 불시점검을 하기도 하며, 관계서류 및 물품 등을 검사하고, 관계직원에 대한 질의 등을 하게 된다.

보안점검 및 조사의 절차는 보안사건 사안에 따라 다르지만 아주 긴급한 상황을 제외하고는 최고 책임자, 경영자나 보안부서의 운영을 담당하는 임원의 지시에 의해 필요한 법률적인 서류 등을 준비하여 적법한 절차에 따라 해당 부서나 피조사자들의 동의를 얻어서 이루어진다.

8. 교육 및 훈련

1) 항공보안 교육훈련의 목적

항공보안과 관련한 교육훈련의 목적은 다음과 같다. 첫째, 항공보안의 수준을 표준화하고, 둘째, 항공보안 관련한 위협이 증가할 때 신속하게 대처할 수 있는 보안능력을 강화하고 배양하며, 셋째, 항공보안 관련한 새로운 변화와 위험에 적극적으로 대응이 가능하도록 하고, 넷째, 실제 위기가 발생할 경우 신속하게 대응할 수 있는 능력을 함양하고, 다섯째, 국제적 수준에 맞는 항공보안 체제를 유지하고, 여섯째, 현장적응 능력이 강한 전문 보안요원을 양성하며, 마지막으로 항공 관련 업무에 종사하는 직원들에 대한 보안의식을 함양하는 데 있다.[30]

2) 항공보안 교육훈련의 대상

항공보안 교육훈련은 공항운영자, 항공운송사업자, 항공기취급업체, 항공기정비업체, 공항상주업체, 항공여객·화물터미널운영자 등을 대상으로 이뤄지며, 구체적인 교육훈련 대상자는 <표 2-2>와 같다.

30 국가민간항공보안 교육훈련지침, 제4조.

• 표 2-2 항공보안 교육훈련 대상자

공항보안책임자 또는 공항보안감독자	항공교통관제사	공항 및 항공기 청소업체의 각 부서의 장
항공사보안책임자 또는 항공사보안감독자	탑승수속 담당 직원	공항운영자의 공항 운영 관련 근무 직원
보안검색감독자 또는 항공경비감독자	공항운영자 및 항공운송사업자의 전화 접수자 및 안내요원	승객운송 직원, 항공기 정비사
항공보안교관 및 사내보안교관	공항운영자의 보안 유관 부서의 장	승객과 위탁수하물의 일치여부 확인 직원 및 위탁수하물 수송허가 직원
보안검색요원	항공운송사업자의 보안 유관 부서의 장 및 중간관리자	항공운송사업자의 총기류 등 무기류 운송 접수 담당 직원
항공경비요원	공항운영자 및 항공운송사업자의 중간관리자급	화물터미널 운영 요원
항공기승무원	화물터미널운영자의 각 부서의 장	기내식 요원, 지상조업체 직원, 급유업체 요원, 공항지역 및 항공기 청소요원
화물보안 업무요원	기내식 시설 운영자 각 부서의 장	이동지역 안전관리자
폭발물처리요원	지상조업체 조직내의 각 부서의 장	공항운영자, 항공운송사업자 등 일반 직원
폭발물 위협분석관	급유시설 조직내의 각 부서의 장	항공안전보안장비 유지보수요원

자료: 국가민간항공보안 교육훈련지침.

이와 함께 미국 교통보안청(TSA)의 보안검색요원에 대한 교육훈련 규정을 소개하면 다음과 같다.

첫째, 교통보안청은 보안검색요원의 훈련과 채용을 규정해야 한다.

둘째, 매년 보안검색요원에 대한 직무숙달교육과 그에 대한 수행평가를 통해 판명된 부적격자가 보안검색요원으로 임용되지 않도록 규정해야 한다.

셋째, 교통보안청은 항공보안법(Aviation and transportation Security Act) 제정 60일 이내에 보안검색요원을 훈련하는 계획을 개발해야 한다. 이 계획은 최소한 어떤 사람이 보안검색요원으로 배치되기 전에 ① 40시간의 교육을 수료하거나 ② 교통보안청이 정하는 교육을 통해 성취하는 수준에 상응하는 수준의 과정을 수료할 것을 요하고 ③ 60시간의 직무교육을 수료할 것과 ④ 교통보안청이 규정한 직무교육평가를 성공적으로 수료할 것을 필요로 하며 ⑤ 보안검색요원은 보안검색장비에 대한 사용훈련을 받지 않으면 장비를 사용하지 못한다.

넷째, 교통보안청은 보안검색요원이 최신기술에 숙달하여 새로운 무기를 탐지할 수 있도록 훈련을 요청하여야 한다.

다섯째, 법무부 장관은 정기적으로 무기로 활용할 수 있는 품목들을 평가하고 결정하여 보안검색요원들에게 고지해 주어야 한다.

여섯째, 다른 법률의 규정에도 불구하고 교통보안청은 보안검색 업무에 필요하다고 생각하는 인력을 보안검색요원에 임용하고 훈련하며 고용조건을 결정하고 계약을 종료할 수 있다.

마지막으로, 보안검색요원은 파업에 참가하는 것과 파업할 권리를 주장하는 것 모두 제한된다.[31]

31 김종복, (2002), "미국 항공보안법 소개", 「한국항공우주법학회지」 제15호, p.59.

3장 항공보안의 책임

1. 법적 책임

1) 적용 법규 및 협약

항공보안에는 여러 법적 책임이 따르며, 이를 위해 항공보안에 적용되는 국내 법령은 항공보안법과 항공법, 항공보안 보안업무규정 등이 있다. 또 국제적으로 각종 국제협약의 준수 의무가 있다. 항공보안법은 항공보안을 위해 다음과 같은 국제협약의 준수 의무를 갖는다고 규정하고 있다.

① 「항공기 내에서 범한 범죄 및 기타 행위에 관한 협약」
② 「항공기의 불법납치 억제를 위한 협약」
③ 「민간항공의 안전에 대한 불법적 행위의 억제를 위한 협약」
④ 「민간항공의 안전에 대한 불법적 행위의 억제를 위한 협약을 보충하는 국제 민간항공에 사용되는 공항에서의 불법적 폭력행위의 억제를 위한 의정서」
⑤ 「가소성 폭약의 탐지를 위한 식별조치에 관한 협약」[32]

이러한 국내법령 및 국제협약에서 규정하는 사항과 함께 국제민간항공기구의 국제민간항공협약부속서와 국제민간항공기구의 '불법방해행위로부터 민간항공 보호를 위한 보안지침서' 규정을 준수해야 한다. 국제민간항공기구(International Civil Aviation Organization, ICAO)는 국제연합(UN) 산하의 전문기구로서 국제민간항공의 안전하고, 질서 있고, 효율적인 발전을 도모하는 것을 목표로 세워졌다. 2014년 현재 188개국이 체약국으로 가입되어 있으며 특히 국제민간항공의 안전 및 보안을 확보하기 위한 노력에 집중하고 있다. 그래서 시카고 조약의 부속서(Annex) 형태로 국제민간항공의 안전 및 보안확보를 위해 각 체약국이 지켜야 할 표준 및 권

32 항공보안법 제3조.

고사항(standard and recommended practices)을 제정하여 공표하고 이의 준수를 감사하는 활동을 하고 있다. 항공산업의 각 분야별로 국제 표준 제정을 위한 별도의 부속서를 채택해 왔는데 현재까지 18개 부속서가 제정되었다. 이 중 1974년 제정된 부속서 17이 항공보안을 위한 부속서이다.[33]

2) 인권침해 최소화

항공보안과 관련한 법적 규정 준수 책임과 함께 논란이 되는 부분이 최근 검색 강화에 따른 프라이버시권과 같은 인권침해 문제라 할 수 있다. 왜냐하면, 대한민국 헌법은 제12조 1항에서 '모든 국민은 신체의 자유를 가진다'고 규정하여 신체의 자유를 보장하는 한편 '누구든지 법률에 의하지 아니하고는 체포, 구속, 압수, 수색, 또는 심문을 받지 아니하며, 법률과 적법한 절차에 의하지 아니하고는 처벌, 보안처분 또는 강제노력을 받지 아니한다'고 규정하고 있기 때문이다. 보안검색 및 승객의 보호구역 내 진입 차단은 헌법상 국민의 신체의 자유 및 거주, 이전의 자유와 관련되는 것이기 때문에 이를 제한하는 것은 법률에서 정한 엄격한 절차에 따라야 한다.

특히 문제가 되는 것은 미국을 중심으로 행해지고 있는 승객 프로파일링(profiling)에 따른 선별적 집중 검색이다. 미 연방항공청(Federal Aviation Administration, FAA)은 항공기 납치 증가에 대응하여 1974년에 승객프로파일링을 만들었다(Daniel, 2002). 연방항공청의 항공기납치방지 프로파일(Anti-Air Hijacking Profile)은 각종 항공범죄 데이터를 기반으로 항공기 납치범들과 연관성이 있는 대략 25가지의 특징을 설정하였다(Dempsey & Flint, 2004). 만약 승객이 프로파일상의 요건에 들어맞는 경우 보안요원들은 그 승객의 휴대수하물을 엑스레이 검색기로 검사하거나 다른 검색절차를 통하여 승객을 조사하였다.

최근에는 컴퓨터 프로그램을 활용한 프로파일링 검사 방식을 주로 사용하고 있다. 연방항공청은 항공테러와 관련된 데이터를 바탕으로 컴퓨터 활용 승객검색 프로그램(Computer Assisted Passenger Screening System)을 개발하였다. CAPPS(Computer Assisted Passenger Prescreening System)로 불리는 컴퓨터 프로파일링 프로그램은 수십가지 검색 항목으로 이뤄져 있고, 체크인시 승객의 정보를 항목과 대조하여 승객

33 이강석, (2007), "세계 각국의 항공보안 관련 법 및 정책 연구", 항공진흥 제45호, pp.110-111.

을 선별검색승객(Selectees)과 추가 보안검색이 필요하지 않은 일반승객(Non-Selectees)으로 구분한다.

이러한 프로파일링 프로그램 활용에 대해 반대하는 입장에서는 승객프로파일링을 위하여 사용되는 승객 정보의 출처 및 잠재적 영향에 대하여 의문을 제기한다. 무엇보다도 승객의 정보 활용이 승객의 헌법상 권리를 침해하게 된다는 비판을 제기한다. 예컨대 파산을 신청하거나 신용카드청구 금액 지불이 늦어진 항공기 승객은 신용불량의 리스크가 있지만 재정적인 지급불능상태 때문에 테러의 가능성이 있는 것은 아니다. 그럼에도 불구하고 CAPPS Ⅱ와 같은 프로파일링 프로그램은 경제적인 곤경을 항공테러위험 가능성과 연결하는 것이다(Hoofnagle, 2004). 또한 탑승거부자 명단에 명시된 이름과 동일하다는 이유로 아무런 혐의가 없는 승객이 탑승거부 및 추가 보안검색으로 분류되는 등 선량한 승객에게 뜻하지 않은 부정적인 결과를 초래하는 문제점이 발생하기도 하였다. 헌법이 보장하는 개인정보보호가 제대로 이뤄지지 못한다는 것이다.

우리나라의 경우 현재 항공 수하물에 대해 프로파일링을 실시할 수 있는 규정이 존재하지만, 승객에 대한 프로파일링을 실시할 수 있는 법적 뒷받침은 미흡한 실정이다. 따라서 항공보안 프로파일링 제도의 도입을 위해서는 항공보안법 규정 등 관련 법규에 대한 재정비를 통해 시행을 위한 명확한 법적 장치 확보가 필요하다. 또한 항공 승객 정보는 다른 나라에서 개인정보를 제공받아야 한다는 사실을 감안할 때 국제적 협력이 필요하다는 점을 감안해서 국제적인 협력도 잘 이루어질 수 있도록 노력해야 할 것이다. 무엇보다도 인권침해 논란의 문제점을 고려하여 항공보안 프로파일링을 도입하기 위해서는 인권침해를 최소화하는 방안에 대한 충분한 사전 검토가 선행되어야 할 것이다.[34]

34 최재현 · 정재한, (2013), "미국의 항공보안 프로파일링 제도의 변화에 관한 연구", 국제지역연구 제16권 제4호, pp.316-317.

2. 관리 책임

1) 공항 등 항공관련 시설 관리 책임

(1) 보호구역 지정

공항운영자는 항공기의 안전과 보안유지를 위하여 공항테러보안대책협의회 등과 협의하여 보호구역을 설정하고, 국토교통부장관의 승인을 받아 보호구역으로 지정하여야 한다. 보호구역을 설정하고자 할 경우 위험평가 결과를 고려하여야 한다. 공항운영자는 또한 보호구역 출입에 관한 규정을 수립하여야 한다. 공항운영자는 공항경계 외곽에 다음 시설이 위치할 경우 이를 보호구역으로 지정하여야 한다. 이 경우 해당 시설의 운영자는 보호구역 지정을 공항운영자에게 요청하여야 한다.[35]

① 관제탑 및 레이다 지역

② 항행안전시설지역(ILS, VOR, NDB)

③ 초단파(VHF) 지상공중 안테나

④ 항공기상 관측 시설

(2) 보호구역 보호

공항운영자는 보호구역을 일반지역으로부터 분리하여야 하며, 보호구역에 대한 보안통제대책을 수립하여야 한다. 공항운영자는 일반지역과 보호구역 간의 경계가 구분될 수 있도록 보안울타리 또는 장벽을 설치하여야 하며, 보호구역 안의 보안울타리 또는 장벽을 정상적인 상태로 유지하여야 한다. 공항운영자는 보호구역 안으로 진입할 수 있는 출입구를 설치하여야 하며, 출입구에는 물리적 방어 기능을 갖춘 장벽 또는 이와 유사한 시설물을 설치하여야 한다. 공항운영자는 출입구에 관계자 외에는 출입을 제한한다는 출입통제 표지판을 설치하여야 한다. 보호구역 출입통로 지역은 경비원을 배치할 수 있는 초소, 출입통제 시스템 또는 시건장치 등으로 보호하여야 한다. 공항운영자는 순찰업무와 불순분자의 침입 방지를 위해 장벽 양쪽의 개방지역 및 공항내부 울타리 지역에 순찰로를 설치하여야 한다. 공항운영자는 보호구역 내의 계류장, 외곽 울타리, 활주로, 유도로 근처를 시

35 국가항공보안계획 7.1.

간, 경로, 절차 등을 변경하여 지속적으로 순찰하여야 한다. 공항운영자는 탑승교의 모든 출입문에 잠금장치를 설치하여야 하며, 항공기가 탑승교에 주기되어 있지 않을 때에는 비인가자가 탑승교 안으로 진입할 수 없도록 대책을 수립하여야 한다. 공항운영자 또는 공항 외부에 위치한 민간항공 운영 필수시설 운영자는 비인가자의 고의적, 계획적인 출입을 방지하기 위해 보호구역과 유사한 보안통제대책을 수립하여야 한다. 공항운영자는 항공기 주기장 및 공항 외곽의 취약지역에 조명시설을 설치하여야 하며, 야간에 항공기가 주기된 장소에는 조명시설을 점등하여야 한다. 공항운영자는 공항운영자 이외의 다른 조직이 해당 시설을 운영할 경우 공항 보호구역 출입통제 시스템과 유사한 보호대책을 마련하도록 해당 기관 또는 업체의 장에게 요구할 수 있으며, 요구를 받은 기관 또는 업체는 적극 협조하여야 한다.[36]

(3) 보호구역 출입통제

공항운영자는 자체 보안계획에 따라 보호구역으로 출입하려는 사람, 차량, 장비, 물품에 대해 출입통제, 신원확인 및 보안검색 등을 실시하여야 한다. 공항운영자는 보안검색을 거부하는 사람에 대해 보호구역 출입을 금지시켜야 한다. 공항운영자는 다음의 사람에 대해 지정된 보호구역 출입을 허가하여야 한다.

공항운영자가 발급하는 출입증의 종류는 정규 출입증(사람, 차량), 임시 출입증(사람, 차량), 방문증(또는 순찰증)으로 한다. 공항운영자는 출입증 제작, 발급 및 관리에 관한 자체 규정을 수립·시행하여야 한다. 공항운영자는 공항 상주기관 및 상주업체 직원에 한하여 출입증을 발급하여야 하며, 비상주직원 등에게 출입증을 발급하는 경우에는 출입 사유가 합당한지를 충분히 검토한 후 발급하여야 한다. 다만, 공항 안에 민자유치 시설이 있는 경우 민자시설주와 사용계약을 체결한 업체에 대하여도 출입증을 발급할 수 있다. 공항운영자는 출입증을 발급하기 전에 출입증 소지자의 책임 등에 대한 교육을 실시하여야 한다. 그리고 이러한 출입증에 대한 교육을 관련 업체에 일부 위탁할 수 있다. 공항운영자는 출입허가를 받아 보호구역으로 진입하는 차량과 탑재된 물건에 대해 위험평가 결과에 따라 보안검색을 실시하여야 한다. 공항운영자는 기존에 발행한 출입증에 대하여 업무상 출입

36 국가항공보안계획 7.2.

이 불필요하다고 인정되는 사람과 출입실적이 극히 저조한 사람에 대하여는 출입증을 회수하거나 출입구역을 축소할 수 있으며, 출입구역 변경 사유가 발생한 경우에는 출입구역을 변경하여 재발급할 수 있다. 공항운영자는 업무 이외의 목적으로 출입증을 사용하거나 불법 대여 등의 사실이 확인된 경우에는 출입증을 회수하거나 관련자에 대한 조치 등을 요구할 수 있다.[37]

(4) 사람에 대한 출입통제

공항운영자는 자체 보안계획에 규정된 보호구역 출입 절차에 따라 직원들의 보호구역 출입을 허용하여야 한다. 공항운영자는 보호구역을 세부 구역으로 구분하여야 하며, 구역별로 출입이 필요한 직원에 한하여 자체 보안계획에 규정된 보호구역 출입 절차에 따라 이를 허용하여야 한다.

공항운영자는 출입증 유효기간이 2년을 초과하지 않도록 하여야 하며, 전자칩을 활용한 출입통제 시스템이 설치된 경우 공항의 특성에 맞도록 유효기간을 정하되 5년을 초과하지 않도록 하여야 한다. 다만, 발급된 전체 출입증 가운데 5%이상 분실 또는 훼손되었을 경우 지체 없이 출입증 일제 갱신 또는 비표 부착 등의 조치를 하여야 한다. 정규 출입증 발급은 기관의 장 또는 업체의 장(기관 또는 업체의 장이 지정하는 출입증 관리책임자를 포함한다)이 공항운영자에게 신청하여야 하며, 출입증 발급 신청시 보호구역 출입 목적, 구역 등을 포함하여야 한다. 공항운영자는 정규 출입증 발급 신청을 받은 경우 신청자에 대한 신원조사를 반드시 의뢰하여 그 결과를 확인하여야 한다. 다만, 국가공무원 및 외교관은 예외로 할 수 있다. 공항운영자는 공항상주 보안기관의 장이 임시 출입증 대여를 문서로 요청한 경우 최소한의 범위 내에서 대여할 수 있다. 임시 출입증을 대여 받은 공항상주 보안기관의 장은 업무 목적에 한하여 임시 출입증을 사용하여야 한다. 공항운영자는 출입증 소지자가 보호구역으로 진입하거나 보호구역 안에 있는 경우 항상 의복 외부의 잘 보이는 곳에 출입증을 패용하도록 하는 사항을 출입증 제작·발급 및 관리에 관한 자체 규정에 포함하여야 한다.[38]

37 국가항공보안계획 7.3.
38 국가항공보안계획 7.4.

(5) 차량에 대한 출입통제

공항운영자는 공항 운영과 관련된 차량 이외에는 차량 출입증 발급을 최소화하여야 한다. 공항운영자는 정규 출입증(차량)에 차량 등록번호, 유효기간 등을 표시하여야 한다. 공항운영자는 정규 출입증(차량) 유효기간이 1년을 초과하지 않도록 하여야 한다. 다만, 전자칩을 활용한 차량 출입통제 시스템이 설치된 경우 공항의 특성에 맞도록 유효기간을 정하되 3년을 초과하지 않도록 하여야 한다. 기관의 장 또는 업체의 장(기관 또는 업체의 장이 지정하는 출입증 관리책임자를 포함한다)이 공항운영자에게 정규 출입증(차량)을 신청하여야 하며, 출입증 신청 시 출입목적, 구역 등을 포함하여야 한다. 차량 운전자는 차량 출입증을 항상 식별이 용이한 차량 전면에 부착하여야 한다. 공항운영자는 운전자의 해당 차량 운전자격 여부를 확인하여야 하며, 운전자는 공항운영자가 정하는 안전지침을 준수하여야 한다. 공항운영자가 발급한 정규 출입증(차량)은 양도할 수 없으며, 공항운영자는 보호구역을 출입하는 차량을 반드시 검색하여야 한다. 보호구역 출입통제 요원은 차량 출입시 차량 운전자에 대한 검색을 별도로 실시하여야 한다.[39]

(6) 항행안전시설 등

항행안전시설, 항공교통관제시설, 비상발전시실 등은 보인 울다리 또는 장벽 설치와 보안순찰을 통해 보호되어야 한다. 항행안전시설 등의 보안통제와 시설관리는 해당 시설 운영 및 관리자가 실시한다.[40]

2) 항공기 보안

국토교통부장관은 항공운송사업자 소속 항공기내 보안요원의 자격기준, 무기조작, 범인제압 및 교육훈련 등에 관한 운영지침을 수립하여야 하고, 항공운송사업자는 이 지침에 따라 자체 세부 운영지침을 수립·시행하여야 한다.

항공운송사업자는 항공기 보안에 대한 책임이 있으며, 보호구역 뿐만 아니라 보호구역 외의 지역에서도 항공기 보안 확보를 위한 대책을 자체 보안계획에 포함하여 수립하여야 한다. 항공운송사업자는 주기 중인 항공기 보호를 위하여 다음

39 국가항공보안계획 7.5.
40 국가항공보안계획 7.7.

사항을 준수하여야 한다.

① 항공기가 공항에 도착한 때에는 모든 승객(통과 및 환승 승객 포함)이 항공기 내에 어떠한 물건도 남겨두고 내리지 않도록 하여야 한다. 다만, 수상한 물품이 발견된 경우 즉시 공항상주 보안기관 또는 경찰에 통보한 후 기내 보안점검을 실시한다.

② 야간에 항공기를 주기하거나 주간에 5시간 이상 주기가 예상되는 경우 비인가자가 항공기에 접근하거나 항공기 안으로 진입할 수 없도록 대책을 수립하여야 한다.

③ 주기된 항공기에 대한 출입통제를 위하여 <항공보안법 시행규칙> 제7조 제3항에 따른 대책을 수립하여야 한다.

④ 승객의 항공기 탑승을 위해 탑승교에 주기중인 항공기의 출입문을 잠그지 아니한 경우 비인가자가 항공기 안으로 진입하지 못하도록 필요한 조치를 하여야 한다.

⑤ 항공기에 대한 위협이 증가할 경우 항공기 출입문에 봉인조치를 하거나 경비원을 배치하여야 하며 경비원을 배치할 수 없는 경우 이를 대체할 보안대책을 수립하여야 한다.

⑥ 체약국이 자국으로 운항하는 항공기에 대해 주기하는 동안 경비를 요구하는 경우 경비원 등을 배치하여야 한다.[41]

항공운송사업자는 보호되지 않은 항공기 또는 불법방해행위 발생에 대비하여 항공기 출발 전 비인가자의 침입 및 위해물품의 탑재 여부 등을 점검하는 항공기 내 점검 또는 수색절차를 수립하여야 하고, 항공기 주기 시간과 주기장 위치, 항공기 출발지와 목적지 등을 포함한 위험평가에 따라 항공기 출발 전 항공기에 대한 보안점검 또는 수색 여부를 결정하여야 한다. 이 경우 항공운송사업자는 '국가항공보안 우발계획'에 따라 항공기 보안점검 또는 수색 여부 결정을 위한 위험관리 방법을 자체 우발계획에 포함하여야 한다.[42]

항공운송사업자는 항공기에 대한 보안점검 및 수색을 하는 경우 자체 보안계

41 국가항공보안계획 7.6.3.
42 국가항공보안계획 7.6.4.

획에서 정한 보안점검표를 비치·사용하여야 하며, 보안점검표에는 조종실, 객실, 화장실, 주방, 화물칸 등 항공기 점검 구역, 항공기 최소폭발물위험위치 정보 등을 포함하여야 한다.[43]

항공운송사업자는 보안점검 또는 수색을 완료한 이후 항공기가 출발하기 전까지 비인가자 접근 방지 등 항공기 보안유지를 위한 조치를 하여야 한다. 특히, 계류장 지역에서 버스 등을 이용하여 항공기로 이동하는 승객에 대한 보안조치도 하여야 한다. 항공운송사업자는 항공기가 계류장에 도착한 이후 승객이 모두 내린 이후부터 항공기가 출발하기 전까지 업무 수행을 목적으로 하는 운항 및 객실 승무원과 항공사 신분증을 소지한 항공사 직원, 항공운송사업자가 인정한 지상조업체 직원, 항공보안업무를 담당하는 항공보안감독관 등에 한하여 항공기 안으로 진입을 허용할 수 있다.[44]

항공운송사업자는 항공기내 보안유지를 위하여 다음 사항에 대한 대책을 수립하여야 한다.

① 항공기내 보안점검

② 기내식 등 기내 반입물품의 보안통제

③ 조종실 출입문 잠금장치 설치 등 안전조치 및 출입문 운영절차

④ 조종실 출입절차 및 비인가자의 침입 방지 조치

⑤ 최대이륙중량 45,500kg을 초과하거나 승객 좌석수가 60석을 초과하는 운송사업용 항공기의 조종실에는 비인가자의 총기 또는 폭발에 의한 침입 방지 조치

⑥ 불법방해 행위 또는 항공보안 사고 발생 시 객실승무원이 운항승무원에게 알릴 수 있는 수단 및 의심되는 행동 또는 위험 가능성을 간파하기 위한 감시수단[45]

항공운송사업자는 승객 탑승 후 모든 항공기 문이 닫혀지는 시점부터 승객 하기를 위해 출입문을 여는 시점까지 기장의 지시가 없는 경우 조종실 출입문 잠금

43 국가항공보안계획 7.6.5.

44 국가항공보안계획 7.6.8.

45 국가항공보안계획 7.6.9.

장치가 유지되도록 하여야 하며, 조종사 근무교대 등 조종실 출입문 개폐가 필요한 경우에는 적절한 보안대책을 강구하여야 한다.

항공운송사업자는 보안점검 또는 수색을 완료한 이후 항공기 내의 불법 출입 또는 비인가자의 출입 흔적이 있을 경우 기내 정밀 보안점검을 실시하고 관련기관에 그 결과를 통보하는 등 적절한 보안조치를 하여야 한다. 이 경우 기내점검은 적절한 교육을 받은 공항 상주기관 전문요원이 실시할 수 있다.

항공운송사업자는 항공기가 출발하기 전에 승객이 자발적 의사에 따라 내린 경우 관계기관과 협조하여 승객이 내린 사유를 파악하여야 하며, 공항테러보안대책협의회의 보안위협 정도 평가에 따라 기내 재검색 등 적절한 보안조치를 하여야 한다.

항공운송사업자는 관련 사용인들이 항공기에 탑승 또는 탑재될 승객, 휴대물품, 위탁수하물, 화물로 인해 발생될 수 있는 불법방해행위 예방을 위한 조치 및 기법을 숙지할 수 있는 훈련프로그램을 개발하고 이행하여야 한다.

항공운송사업자는 불법방해행위의 피해를 최소화 할 수 있는 승무원 대처 능력을 확보하기 위하여 자체 보안훈련프로그램을 수립하여 시행하여야 한다.

항공운송사업자는 운항 중 또는 지상 주기 중에 항공기에 대한 불법방해행위가 발생한 경우 기장이 지체 없이 항공교통 서비스 제공자 등 관계기관에 통보하는 절차 등 대응계획을 수립하여야 한다.

항공운송사업자는 승객이 탑승하는 항공기에 항공기내 보안요원을 탑승시켜야 하며, 위협이 예상되는 노선 또는 정부가 지정하는 노선을 운항하는 항공기에는 최소 1명 이상의 항공사 소속 남성 항공기내 보안요원을 탑승시켜야 한다.

항공운송사업자는 자사 소속 항공기내 보안요원을 탑승시키고자 하는 경우에는 국토교통부장관의 승인을 받아야 하며, 승인을 요청하기 전에 국토교통부장관이 정하는 항공보안교육을 반드시 이수한 사람으로 하여야 한다.

항공운송사업자는 항공기가 운항하는 체약국으로부터 정부 소속 항공기내 보안요원 탑승을 요구받은 경우 그 사실을 국토교통부장관에게 보고하여야 하며, 필요한 경우 국토교통부장관에게 정부 소속 항공기내 보안요원의 탑승을 요청할 수 있다.

국토교통부장관은 항공운송사업자로부터 정부 소속 항공기내 보안요원의 탑승을 요청받은 경우 관계기관과 협의하여 탑승에 필요한 조치를 취한다.

국토교통부장관은 위협 및 위험평가에 따른 보안점검 등 보안대책을 수립하여야 하며, 필요한 경우 관계기관과 위협 및 위험평가 정보 등에 관하여 협의하여야 한다.

국토교통부장관은 체약국·보안기관 또는 항공운송사업자로부터 귀빈탑승 항공기 및 고 위협 대상 항공기 등에 대해 추가 보안대책을 요구받은 경우 항공운송사업자에게 경비원 추가 배치·항공기내 점검 강화 등 보안 강화 조치를 요구할 수 있다.

항공운송사업자는 항공기가 공항에 도착하면 통과·환승 승객을 포함한 모든 승객이 항공기 안에 잔류하지 않도록 하여야 하며, 승객이 휴대물품을 가지고 내렸는지 확인하기 위하여 적절한 교육을 받은 사람으로 하여금 기내 보안점검을 실시하도록 하여야 한다.[46]

3. 교육 책임

1) 항공보안 교육훈련 대상

현행 항공보안법과 국가항공보안계획에 따르면, 항공보안 교육훈련 대상자는 자체 보안계획을 수립하는 공항운영자, 항공운송사업자, 항공기취급업체, 항공기정비업체, 공항상주업체, 항공여객·터미널운영자 등이며, 구체적인 교육훈련 대상자는 다음과 같다.[47]

① 공항보안책임자 또는 공항보안감독자
② 항공사보안책임자 또는 항공사보안감독자
③ 보안검색감독자 또는 항공경비감독자
④ 항공보안교관 및 사내보안교관
⑤ 보안검색요원
⑥ 항공경비요원

46 국가항공보안계획 7.6. 10-23.
47 국가민간항공보안 교육훈련지침 제3조.

⑦ 항공기승무원

⑧ 화물보안 업무요원

⑨ 폭발물처리요원

⑩ 폭발물 위협분석관

⑪ 항공교통관제사

⑫ 탑승수속 담당 직원

⑬ 공항운영자 및 항공운송사업자의 전화 접수자 및 안내요원

⑭ 공항운영자의 보안 유관 부서의 장 또는 이와 동등한 직급을 가진 자

⑮ 항공운송사업자의 보안 유관 부서의 장 및 중간관리자

⑯ 공항운영자 및 항공운송사업자의 중간관리자급

⑰ 화물터미널운영자의 각 부서의 장 또는 이와 동등한 직급을 가진 자

⑱ 기내식 시설 운영자 각 부서의 장 또는 이와 동등한 직급을 가진 자

⑲ 지상조업체 조직내의 각 부서의 장 또는 이와 동등한 직급을 가진 자

⑳ 급유시설 조직내의 각 부서의 장 또는 이와 동등한 직급을 가진 자

㉑ 공항 및 항공기 청소업체의 각 부서의 장 또는 이와 동등한 직급을 가진 자

㉒ 공항운영자의 공항 운영 관련 근무 직원

㉓ 승객운송 직원, 항공기 정비사

㉔ 승객과 위탁수하물의 일치여부 확인 직원 및 위탁수하물 수송허가 직원

㉕ 항공운송사업자의 총기류 등 무기류 운송 접수 담당 직원

㉖ 화물터미널 운영 요원

㉗ 기내식 요원, 지상조업체 직원, 급유업체 요원, 공항지역 및 항공기 청소요원

㉘ 이동지역 안전관리자

㉙ 공항운영자, 항공운송사업자 등 일반 직원

㉚ 항공안전보안장비 유지보수요원

2) 항공보안 교육훈련 목적

항공보안과 관련한 교육훈련은 다음과 같은 목적을 달성하기 위해 실시한다.[48]

① 항공보안 수준 표준화

48 국가민간항공보안 교육훈련지침 제4조.

② 위협증가시 신속한 보안 강화능력 배양
③ 최신 항공보안 변화에 대한 적극 대응
④ 위기사태 발생시 신속한 대응 능력 함양
⑤ 국제적 수준에 맞는 항공보안 체제 유지
⑥ 현장적응력이 강한 전문 보안요원 양성
⑦ 항공 관련 업무 수행자에 대한 보안 의식 함양

국토교통부장관은 국가민간항공보안 교육훈련 지침을 제정·시행한다. 국토교통부장관은 효율적인 교육훈련을 위하여 필요한 조사·연구를 실시하며, 공항운영자, 항공운송사업자, 항공보안 교육전문 훈련기관, 그 밖의 관련조직 등의 교육훈련계획 수립과 운영에 필요한 사항을 지도한다. 국토교통부장관은 항공보안 교육훈련의 발전을 위하여 필요한 경우에는 항공보안 관계 전문가를 자문위원으로 위촉할 수 있다. 국토교통부장관은 효율적인 교육훈련 기준을 개발하고 정보를 수집 교환하기 위하여 국제민간항공기구 및 외국 정부 등과 협력하며, 다른 체약국으로부터 교육훈련 정보 제공을 요청 받은 경우에는 이를 제공할 수 있다. 국토교통부장관은 교육훈련 지침을 관리·시행하고, 보안교육 업무를 조정할 보안교육훈련조정관을 지정하여 공항운영자 등의 항공보안 교육훈련 교과과정 검토 및 조정, 교육기법 및 교육장비에 대한 검토 및 조정, 교육훈련 지침의 효율성 평가, 향후 보안 교육관련 정책 방향 제시, 소속기관에서 실시하는 교육훈련에 관한 지도·감독 등의 업무를 수행하게 한다.[49]

3) 항공보안 교육훈련 과정

공항운영자 등은 국가민간항공보안 교육훈련지침에 따른 보안업무 수행에 필요한 교육훈련 규정을 제정하여 시행한다. 공항운영자 등이 수립하는 교육훈련 규정에는 교육훈련 목표 및 기본방향, 교육 과정 종류, 과정별 내용 및 교육시간을 포함한 교육 요약 시간표, 각 과정별 교육 최소 이수 요건, 집체교육, 전자매체 또는 우편물을 이용한 원격교육 등의 교육 및 평가방법, 위탁교육훈련에 관한 사항, 항공보안교관·보안검색요원·항공경비요원에 대한 자격인증 절차 및 인증평가 세

49 국가민간항공보안 교육훈련지침 제5조.

부기준 등 인증제 운영에 필요한 사항 등의 내용이 포함되어야 한다.[50]

공항운영자 등은 조정관과의 교육훈련 협력을 위하여 보안 교육훈련 조정자를 임명한다. 공항운영자 등은 일반교육 과정에 항공보안 교육내용을 포함하여 실시할 수 있다.

항공보안업무 수행자에 대한 교육훈련 과정은 담당 직무에 따라 다음과 같이 구분하여 시행한다.[51]

① 항공보안 관련 신규 채용자 또는 최초 임명자 등에게 직무를 부여하기 이전에 직무와 관련한 기본적인 지식과 기량을 전수하기 위한 초기교육(Initial Training)

② 초기교육을 이수한 자를 대상으로 업무의 시범 및 관찰과 실제업무의 수행을 통하여 받는 직무교육(On-the-Job Training, OJT)

③ 소관 업무 내용의 변경 또는 추가와 신기술의 도입 등에 따라 필요한 지식과 기량을 전수하기 위하여 정기적으로 실시하는 정기교육(Recurrent Training)

공항운영자 등은 항공보안업무 수행자의 보안의식 제고와 보안업무 능력향상 등을 위해 필요한 경우에는 제1항에 따른 교육과정 외의 특별교육과정을 개설하여 운영할 수 있다. 국토교통부장관은 항공보안업무 수행자의 전문성 제고를 위하여 항공보안 교관 교육과정, 항공보안감독관 교육과정 등의 교육과정을 '운항기술기준'에 따라 지정한 항공훈련기관에서 실시하게 할 수 있다. 또한 보안검색교육기관은 보안검색요원과 항공경비요원, 공항 및 항공사 보안책임자의 초기, 직무 또는 정기교육과정 교육을 실시한다.[52]

국토교통부장관은 국제민간항공기구(ICAO) 등 국제기구로부터 최신 항공보안 교육훈련에 대한 지원을 받도록 하여야 한다. 공항운영자 등은 교육훈련을 실시하는 경우 강사요원들이 효과적인 교육자료를 사용할 수 있도록 하여야 한다. 공항운영자 등은 교육에 사용되는 교육장비 및 교육자료를 적절히 보관, 관리하도록 한다. 공항운영자 등은 지정된 교육조정자가 항공보안 교육과 관련된 자료를 지속

---

50 국가민간항공보안 교육훈련지침 제6조.
51 국가민간항공보안 교육훈련지침 제8조.
52 국가민간항공보안 교육훈련지침 제10조.

적으로 수집·관리·사용하도록 하고, 관련 조직과 지원 가능한 범위에서 자료를 공유하도록 하여야 한다. 국토교통부장관이 지정한 교육기관이나 공항운영자 등은 이 지침에 따라 교육훈련을 실시한 때에는 교육명칭, 교육일시, 교육장소, 교육시간, 교관 및 참석자 명단, 평가결과 등의 내용을 포함한 교육훈련 기록 내용을 3년간 보관하여야 하며, 퇴직 후 최소 90일간 교육결과를 유지·관리하여야 한다. 국토교통부장관은 공항운영자 등 및 교육기관, 그 밖의 관련조직의 항공보안 교육훈련 규정이 항공보안 교육 필요성을 충족하는지에 대하여 정기적으로 점검하고, 항공보안 관련 교육이 실시될 수 있도록 감독하여야 한다. 국토교통부장관은 항공보안 교육훈련 내용의 적절성 및 현 상황 반영 여부, 강의 방법 적절성 여부, 교육시설 및 장비의 적절성 여부, 교육 이수자 현황 및 교육결과 자료 등 교육운영 실태, 교육훈련의 문제점 파악 등의 내용을 확인하기 위하여 공항운영자 등 및 교육기관, 그 밖의 관련조직에 대하여 정기적인 감사를 실시하여야 한다.[53]

53 국가민간항공보안 교육훈련지침 제3장 제1절, 제2절.

4장 항공보안 이론

1. 억제이론

억제이론의 핵심 개념은 범죄는 억제되지 않았기 때문에 발생한다는 것이다. 범죄 억제는 주로 처벌과 같은 법 · 제도적 수단이나 수치심(shame)과 같은 비공식적(informal) 통제 장치를 의미한다. 이러한 범죄 억제 장치가 제대로 실효성 있는 역할 기능을 하지 못하면 항공범죄가 발생한다. 일찍이 Cesare Beccaria(1986)는 처벌의 확실성, 엄중성, 그리고 신속성이 확보되지 않으면 범죄의 억제가 어렵다고 주장한 바 있다. 즉, 범죄를 저지르면 반드시 처벌을 받는다는 처벌의 확실성(certainty)과 범죄 행위로부터 얻은 이익보다 훨씬 심한 고통과 비용을 감수하도록 하는 처벌의 엄중성(severity), 그리고 신속한 처벌을 통해 처벌의 경각심을 일깨워주는 처벌의 신속성(celerity)이 확보되지 않으면 범죄 억제가 안 돼 결국 범죄 발생으로 연결된다는 것이다(Beccaria, 1986: 43-44).

이 중에서도 가장 중요한 항목은 처벌의 확실성이라고 할 수 있다. 범죄를 저지르면 반드시 처벌을 받는다는 확실성이 수립되어 있다면 범죄는 발생하지 않는다는 것이 억제론적 관점의 기본 전제인 것이다. 범죄를 저질러도 적발되지 않거나 설사 검거됐다고 하더라도 처벌받지 않는다면 억제효과를 갖지 못하기 때문에 범죄가 발생할 수밖에 없는 것이다. 따라서 범죄 발생에 결정적 영향을 미치는 요인은 바로 처벌의 확실성이라고 할 수 있으며 이로 인해 경찰, 검찰 등 공권력의 단호하고 엄정한 법집행이 필요하다는 주장이 성립하는 것이다.

이와 같이 억제론적 관점에서는 처벌 강도의 증가를 통해 범죄 비용을 높여 항공범죄를 억제하고자 하는 시도로 이어진다. 처벌은 직접적 효과와 간접적 효과를 갖는다. 직접 효과로는 범죄의 일반 억제(general deterrence)와 특정 억제(specific deterrence) 효과를 들 수 있다. 일반 억제란 처벌을 통해 범죄로 인한 고통과 비용을 강조하여 모든 사람들이 범죄에 대한 경각심과 함께 범행을 억제하게 하는 효과를 의미하며, 특정 억제란 교정 시설 감금이나 보호 관찰 등을 통해 범죄를 저지른 사람이 또 다른 범죄를 저지르지 못하는 효과를 말한다. 처벌의 간접 효과는 처벌을 통해 특정 행위에 대한 도덕적 판단의 근거로 작용하게 하는 효과를 의미한다. 특정 범죄 행위를 비난할 수 있게 하고 범죄를 저지르지 않음으로써 도덕적 우월감을 느끼게 하는 것이다. 이러한 도덕적 우월감이 범죄를 저지르지 않는 사람들이 계속 범죄충동을 억제하는 효과를 갖게 한다.

범죄 비용을 높여 범죄를 억제하고자 하는 이러한 주장은 인간의 합리적 선택을 기반으로 하는 경제학과 높은 관련성을 갖는다. 1992년 노벨경제학상을 수상한 Gary Becker는 범죄 행위 역시 인간의 다른 행동들과 마찬가지로 철저한 계산에 의한 합리적 선택이라고 주장한다(Becker, 1976). Becker의 주장과 함께 Ronald Clarke는 범죄가 합리적 선택이라는 관점에서 범죄 대상을 강화하는 등의 범죄 기회를 줄이는 상황적 범죄 예방을 통해 범죄 억제가 가능하다는 주장을 편다(Clarke, 1995). 이와 함께 Siegel & Welsh(2008) 역시 선택이론(Choice Theory)을 통해 항공범죄를 포함한 모든 범죄는 일종의 합리적 선택이라고 주장한다. Marvell & Moody(1994)는 교정시설 수감인원을 10% 늘릴 경우 범죄가 1.5% 감소한다고 밝혔다.

실제로 처벌 강화를 통한 범죄 억제의 근거로 많이 제시되는 이론이 '깨진 유리창 이론(broken windows theory)'과 '무관용이론(zero-tolerance theory)'이다. 기초질서를 해치는 행위들 — 집이나 자동차의 유리창을 깨는 행위, 낙서, 쓰레기 투기, 노상방뇨, 공공기물 훼손, 부랑행위 등 — 을 별다른 조치 없이 방치했다가는 결국 더 큰 범죄로 이어지고 범죄의 만연을 초래한다는 것이 '깨진 유리창'이론이며, 여기에 입각해 관용 없이 엄정하고 강력한 공권력의 법집행을 강조한 것이 '무관용이론'이다(이창무, 2009: 99).

반면 처벌에 의한 범죄 억제 효과에 대해 다른 연구결과도 존재한다. 무엇보다도 1980년대 이후 미국 교정시설 수감 인원이 3배 이상 증가했음에도 1990년대 중반까지 범죄율이 감소하지 않았다는 사실을 들어 형벌 강화의 효과가 없음을 강조한다(Zimring & Hawkins, 1991). Tonry and Morris(1988)의 연구결과 역시 대부분의 범죄는 충동적, 즉흥적이기 때문에 처벌의 억제효과가 크지 않은 것으로 나타났다. 아울러 Nagin(1998)은 처벌의 범죄억제 효과에 있어서 공식적 처벌과 비공식적 처벌의 연결 관계를 주목해야 한다고 주장한다. 범죄의 주요 원인 가운데 하나인 사회유대 요인이나 비행 친구들과의 차별적 접촉 등의 변수들을 분석 모형에 포함할 경우 처벌의 억제효과가 높지 않다는 것이다.

억제론적 관점에서 범죄의 상황적 특성에 초점을 맞춰 항공범죄를 설명하는 대표적 이론이 일상활동(routine activity)이론이다. 항공범죄의 일상활동 이론이란 항공범죄기회를 중심으로 항공범죄의 발생을 설명한다. 항공범죄는 세 가지 요소 즉, '동기 부여된 범죄자(motivated offender)', '적당한 대상(suitable target)', 그리고 '능력 있는 보호자의 부재(absence of capable guardian)'라는 요소가 동시에 존재해야만 발생하는 것이다. 이 세 가지 중 어떤 것도 존재하지 않으면 이른바 '범죄 기회(criminal opportunity)'는 없는 것이며 따라서 항공범죄는 발생하지 않게 된다. 따라서 항공보안의 관점에서 항공범죄를 예방하고 방지하기 위해서는 항공범죄를 시도하려는 잠재 범죄자의 동기를 억제하고, 범죄 대상이 되는 승객 등 인적 대상과 항공기, 공항 등 물적 대상의 범죄 취약성을 줄이고 검색 등을 강화해 보호성을 높여 범죄기회를 줄이는 방안이 모색되어야 할 것이다.

2. 역치이론(Threshold Theory)

1) 역치의 개념

역치(閾値)란 자극이 어떤 반응을 일으키는 데 필요한 최소한의 자극을 말한다. 물은 100℃가 돼야 끓고, 단 1℃라도 낮으면 끓지 않는 것처럼 임계치를 넘어야만 비로소 효과가 발생한다는 것이 역치이론의 핵심내용이라고 할 수 있다. 운동 효과가 발생하기 위해서도 반드시 어느 정도 이상의 운동을 해야 하는 것과도 비슷하다. 일정 선을 넘어서야만 효과가 나타난다는 측면에서 '문턱 이론'이라고도 불린다.

따라서 역치는 첫째, '변혁(transformative)'의 속성을 갖는다. 기존 상태에서 특정 자극이나 상황이 발생하지 않으면 절대 바뀔 수 없는 중요한 변화를 의미한다. 동시에 기존과는 차원이 다른 새로운 상태의 출현을 전제한다. 둘째, '되돌릴 수 없는(irreversible)' 속성을 갖고 있다. 새로운 자극과 상황의 도래에 의해 바뀐 상태는 다시 원래의 상태로 되돌릴 수 없는 것이다. 셋째, '통합적(integrative)' 성격을 갖는다. 특정 자극이나 상황에 의해 변화가 초래되었다고 하더라도 특정 성격만을 갖는 것이 아니라 기존의 여러 특성들을 통합한 새로운 상태를 의미하는 것이다.[54]

2) 항공보안과 역치이론

항공보안의 역치란 경제규모와 항공교통 발달이 일정 수준 이상 돼야 보안의 필요성이 발생한다는 의미라고 할 수 있다. 항공보안의 발달과 필요성 인식의 저변 확대는 일정 규모 이상의 경제성장과 항공교통 발달이 필요한 것이다. 경제성장과 항공수요의 "문턱"을 넘어서야만 항공보안의 성장과 필요성 인식의 확산이 가능하다는 말이다.

지난 1960대 초반이후 우리나라 경제는 급성장을 거듭해왔다. 1962년부터 2009년까지 연평균 7퍼센트가 넘는 기록적인 성장률을 기록했다. 1인당 국민총생산(GNP)은 1960년 79달러에서 2009년 17,176달러로 210배 이상 증가했다. 1980년대 이후 지난 30년 사이만 해도 13배 이상 성장을 거듭했다. 지난 1997년 IMF 사태와 2008년 세계 금융위기로 잠시 주춤거리는 시기가 있었지만 경제성장 추세는 계속 이어지고 있으며 세계 15위 경제규모를 나타내고 있다.

또한 이 기간 동안 대량생산·대량소비 사회의 지표가 되는 국민총생산, 1인당 국민총생산, 1인당 개인가처분소득 모두 1960년 이후 급속한 증가를 보여 내중소비사회를 위한 물질적 기반이 만들어졌음을 보여주고 있다. 이는 지난 40여년간 크게 증가한 1인당 개인 소비지출의 내역을 통해서도 쉽게 파악할 수 있다. <그림 4-1>에서 보는 것처럼 1970년 240달러이던 1인당 개인 소비지출은 1995년에는 5,688달러로 늘었다. 이에 따라 경제발전지표 중의 하나인 엥겔계수는 1965년 59.3퍼센트에서 1995년에는 28.8퍼센트로 크게 떨어졌다. <그림 4-1>에서 확연히 드러나는 것처럼 1980년대 이후 항공보안과 밀접한 관련이 있는 한국의 보안산업은 한국경제와 거의 같은 성장추세를 나타내고 있으며 이러한 추세는 특히 1990년대 이후 더욱 두드러지고 있다.

---

54 역치이론에 대해서는 Rod O'Donnell, "A Critique of the Threshold Concept Hypothesis and an Application in Economics," Working Paper presented to School of Finance and Economics at University of Technology, 2010, pp.2-3부분을 참조.

그림 4-1 개인가처분소득, 1인당 소비지출 및 보안산업 성장추이 비교

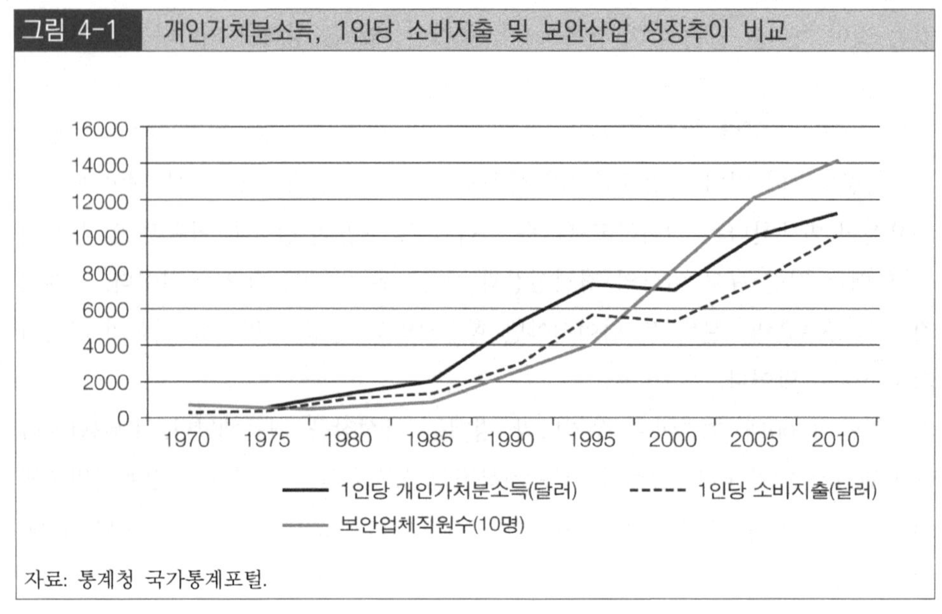

자료: 통계청 국가통계포털.

무엇보다도 중요한 사실은 1980년대 후반 한국사회는 대량생산 · 소비로 상징되는 포디즘(Fordism)적 사회로 변화했고, 민간경비 성장에 물질적 기반을 조성했다는 점이다. 미국의 경우에 있어서도 1960년대 초기 1인당 국민총생산이 3천 달러를 넘어서면서 항공보안의 중요성에 대한 인식이 보편화되기 시작했다는 점을 고려할 때 한국 역시 1980년대 후반부터 항공보안에 대한 인식이 서서히 확산되기 시작했다고 볼 수 있다. 이처럼 항공보안의 보편화는 경제발전 및 포디즘(Fordism)적 사회로의 전환과 밀접한 관련성을 갖는다고 할 수 있다.[55]

55 이창무, (2006), "우리나라 민간경비 급성장의 동인(동인)분석", 한국정책과학학회보 제10권 제3호, p.160.

• 표 4-1 국제선 항공수요 증가 추이 (단위: 천명, 천톤, %)

	1998년	2000년	2005년	2010년	연평균 증가율
여 객	14,231	15,965	26,024	41,806	9.4
화 물	1,471	1,742	2,628	3,672	7.9

자료: 국토교통부.

이러한 경제성장에 힘입어 항공수요 역시 꾸준히 성장을 거듭하고 있으며, <표 4-1>에서 나타나듯이 국제선 수요는 여객의 경우, 1998년 1,423만 명 수준에서 2010년 4,180만 명 수준으로 불과 10여 년 사이에 3배 가까이 증가한 것으로 추산되고 있다.

• 표 4-2 항공기내 반입금지 위해물품 적발 추이

연도별	적발내역 및 적발건수				
	총기류	실탄류	도검류	기타	계
2009년	11	162	52	29	254
2010년	9	164	60	53	286
2011년	13	170	96	108	387
2012년	11	219	52	108	390

자료: 인천국제공항공사.

또한 이와 같은 항공수요를 반영하듯 <표 4-2>에서 나타나듯이, 항공기내 반입이 금지된 위해물품의 적발건수가 매년 증가추세에 있다. 특히 실탄류 반입이 2009년 162건에서 2012년에는 219건으로 불과 4년 사이에 35%나 증가하여 심각성을 드러내고 있다.

인천국제공항공사 역시 항공기내반입금지 위해물품 적발건수가 증가하고 있는 원인으로 공항 이용객 증가를 뽑았다. 2012년 인천공항 국제선 여객은 3,835만 명으로 전년 대비 11% 증가했고, 환승객은 686만 명으로 전년 대비 21.1% 증가하여 역대 최고 실적을 달성한 바 있다.

3. 통합이론

1) 범죄성과 범죄기회

"손뼉도 마주쳐야 소리가 나는 법"이다. 범죄가 발생하기 위해서는 반드시 범죄동기와 범죄기회가 모두 존재해야만 한다. 둘 중 어느 하나만 있어서는 절대로 범죄가 발생하지 않는다.[56] 범죄동기와 범죄기회는 각각 범죄의 필요조건인 셈이다. 만약 범죄동기와 범죄기회 둘 다 존재한다면 이는 범죄발생의 충분조건이 마련되었다고 볼 수 있다.

범죄동기는 코딩(coding)에 의해 완성된다고 볼 수 있다. 쉽게 말해 어떻게 입력되느냐에 따라 사람들의 범죄동기가 결정된다는 것이다. 사람들마다 유전적 '코딩'이 다르고, 신경전달물질의 '코딩'이 다르고, 보다 중요하게는 성장발달 과정의 '코딩'이 다른 것이다. 그리고 그 차이가 범죄동기의 차이가 되며 결국 범죄발생의 차이로 연결된다. 특히 성장과정 초기의 '코딩'이 핵심적인데, 성장이 다 이뤄진 뒤의 '코딩'은 상대적으로 훨씬 더 어렵기 때문이다. 마치 석고반죽이 처음에는 말랑말랑하여 어떤 모양으로든 쉽게 주물러 만들 수 있지만 시간이 지나면 딱딱하게 굳어 조각칼이나 정 같은 도구를 이용해야만 모양을 바꿀 수 있듯이 말이다.[57]

범죄 코딩은 범죄에 대한 저항력을 약화시켜 범죄동기를 강화시킨다. 또한 물질주의, 배금주의, 경제기업 활동 중심에 따른 치열한 경쟁이 "과정보다는 결과가 최고"라는 코딩을 초래하는 것이다. 다르게 표현하자면, 산업기밀유출이나 횡령과 같은 항공범죄가 심각한 '범죄'라는 사실에 대한 코딩이 부족하기 때문에 범죄동기가 강화되는 측면도 있다.

그러나 '범죄 코딩'이 아무리 강력하더라도 범죄기회가 없다면 범죄를 저지를 수 없다. 더욱이 최근 경제규모가 커지면서 범죄의 기대 수익 또한 증가하고 있다. 또한 국제화, 세계화로 국제교류가 늘면서, 항공수요가 늘고 있다는 점이 항공범죄의 가능성을 높이는 요인이 되고 있다. 또 해킹 등 범죄활용 가능 기술이 발달한 점 역시 항공통신 교란 및 항로 조작 등 항공범죄에 대한 새로운 범죄기회를

56 이창무, (2009), 「패러독스 범죄학」, 메디치, p.166.
57 이창무, (2009), 「패러독스 범죄학」, 메디치, p.163.

제공하고 있는 셈이다.

2) 항공보안과 박수이론

항공범죄 역시 범죄동기와 범죄 기회가 필요하다. 우선 항공기 납치와 파괴 등 항공범죄를 저지르고자 하는 동기와 의지가 갖춰져 있어야 하고, 항공보안시스템의 허술함 등 항공범죄를 저지를 수 있는 기회가 주어져야 하는 것이다. 따라서 항공기 테러 등 항공범죄를 저지를 동기와 의지가 있는 사람에게 보안 시스템이 취약하다면 항공범죄의 필요충분조건이 완성되는 셈이고 결국 항공범죄의 발생으로 귀결된다.

이를 공식화하면 다음과 같다.

AC = M × O (AC=Aviation Crime, M=Motive, O=opportunity)

이 공식에 따르면, 범죄동기(M)와 범죄기회(O) 가운데 하나가 '0'이 되면 항공범죄(AC)는 자동적으로 '0'이 될 수밖에 없는 것이다. 반면 범쇠동기와 범죄기회가 모두 조금이라도 존재한다면 범죄는 발생하게 된다. 범죄동기도 매우 높고 범죄기회도 많다면 범죄는 자연스럽게 발생하기 마련이다. 결국 항공보안이란 범죄동기와 범죄기회 모두를 줄일 때 완벽해질 수 있을 것이다. 하지만 범죄동기를 줄이는 것은 항공보안과 관련된 사람들이 담당하기에는 현실적으로 매우 어렵다. 보안시스템을 강화하고 보안관련 인원을 확충하는 등 범죄기회를 감소하는 데 항공보안의 중점이 쏠려있는 이유이기도 하다. 무엇보다도 범죄기회가 '0'이 되면 항공범죄는 불가능해지기 때문이다.

그림 4-2 박수이론에 입각한 항공범죄의 발생

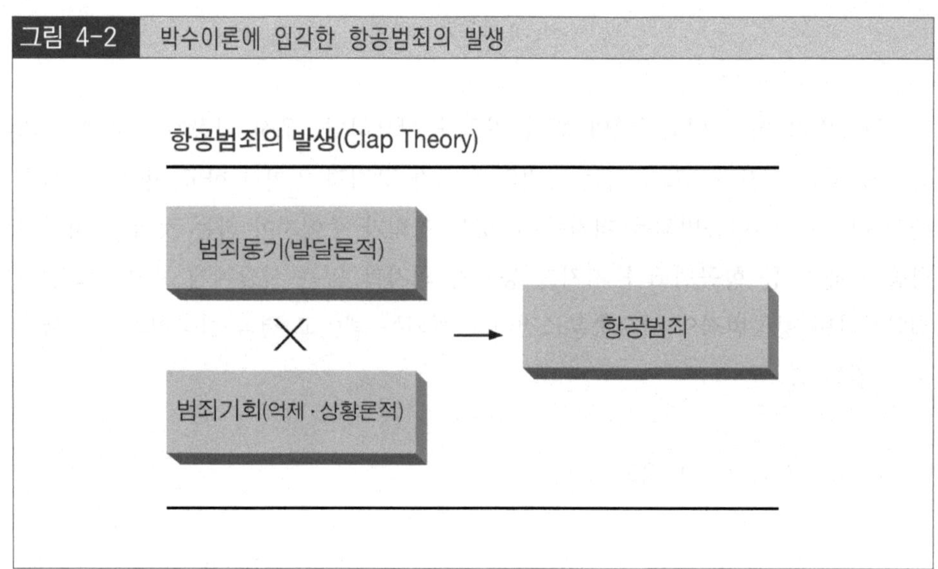

제 2 부

항공보안관련법규

5장 국제협약 규정

항공교통은 그 성격상 국제성이 강하기 때문에 항공교통 안전을 위배하는 범죄에 관한 규제 및 처벌도 국제적 협조나 합의를 바탕으로 준비되었으며 채택된 국제협약은 다음과 같다.

(1) 항공기 기내에서 범한 범죄와 기타 행위에 관한 협약(동경협약)

이는 1963년 9월 14일 동경에서 서명되었으며 1969년 12월 4일 발표되고 현재 145국이 가입했다. 한국은 1971년 5월 20일 당사국이 되었다.

(2) 항공기의 불법 납치억제를 위한 협약(헤이그 협약)

이는 1970년 12월 6일 헤이그에서 서명되고, 1971년 10월 14일 발효되었으며, 현재 147개국이 가입했다. 한국은 1973년 2월 17일 당사국이 되었다.

(3) 국제항공안전에 대한 불법적 행위의 억제를 위한 협약(몬트리올 협약)

이는 1971년 9월 23일 몬트리올에서 서명되고, 1973년 1월 23일 발효되었다. 한국은 1973년 9월 1일 당사국이 되었다.

(4) 국제민간항공의 공항에서 불법적 행위 억제에 관한 의정서(1971년 몬트리올 협약 보안)

이는 1988년 2월 24일 몬트리올에서 서명되고, 현재 39개국이 가입하였다.

(5) 탐색목적의 플라스틱 폭발물의 표지에 관한 협약(Convention on the Marking of Plastic Explosives for the Purpose of Detection)

상기 항공범죄에 관한 국제조약 및 의정서들은 현재 전 세계적으로 발효가 되고 있어 세계 각국이 반드시 준수하여야만 되는 조약 및 의정서들이므로 항공안전 및 보안에 있어서 국제법 체계의 근간이 되고 있다.

앞서 다섯 개의 국제조약 외에도 주요 선진국 정상들이 국제항공안전 및 테러리즘에 관한 본 선언(1978. 7. 17 서독 수도 본에서 제4차 서방 선진국 정상회담에서 채택)과 오타와 선언(1981. 7. 21 제7차 서방 선진국 정상회담에서 채택)이 중요한 정치적 영향을 미치고 있으며 IFALPA(국제항공사 조종사 협회 연맹)의 제반결의도 중요한 의미를 갖는다. 또한 국제민간항공조약에서는 제17부속서에 불법한 방해 행위에 대한 국제민간항공의 보안보호에 관한 규정을 두고 있다.

1. 항공기내에서 범한 범죄 및 기타 행위에 관한 협약(동경협약, 1963)

1) 역사적 배경

국제항공법에는 항공기 내에서 발생한 범죄에 대하여 어느 나라가 관할권을 가지는가를 결정하는 것이 필요하게 되었다. 이 문제는 1902년부터 국제항공법학자들의 주된 관심사였다. 1919년 체결된 파리협약이나 1944년에 체결된 시카고협약(국제민간항공협약)에서는 영공에 관한 주권원칙이 인정되었다. 그러나 실제로 항공기 등록국 이외의 타국가가 관할권을 행사하고자 할 때 복잡한 문제가 발생한다. 더구나 공해상공을 비행하는 항공기의 경우에는 관할권의 공백이 생기며 경우에 따라서는 범죄가 발생했을 순간에 어느 나라 영공을 비행하고 있는지 분명치 않은 경우도 있기 때문이다.

국제법학회와 형법학회에서 수차례에 걸쳐 이 문제를 논의한 결과를 토대로 1959년 및 1962년 ICAO 법률위원회에서 초안을 만들었고, 1963년 동경에서 개최된 ICAO 체약국 전체 대표자회의에서 채택되었다.

주로 토의된 관할권 관련 내용을 소개하면 다음과 같다.

① 영토이론: 범죄가 발생한 영공관할권의 법률이 적용되고, 그 법원에서 처리되어야 한다.

② 국적이론: 항공기가 등록된 국가의 법에 적용되어야 한다.

③ 혼합이론: 항공기가 등록된 국가의 법과 더불어 범죄가 발생한 영공관할국이 보안과 공공질서가 위협을 받을 때, 그 국가의 법도 적용된다.

④ 항공기 출발국가의 법이 적용되어야 한다는 이론

⑤ 항공기 착륙국가의 법이 적용되어야 한다는 이론(이 경우 기장의 기착지 변경에 따라 관할권도 변경될 수 있음)

2) 동경협약의 범위와 목적

협약 제1조 1항에 따르면 본 협약의 적용은 다음과 같다.

첫째, 형법에 의한 범죄.

둘째, 범죄의 구성여부를 불문하고, 항공기와 기내의 인명 및 재산이 안전을 위태롭게 할 수 있거나 하는 행위 또는 기내의 질서 및 규율을 위협하는 행위이나, 제1조 4항에 따라 군용·세관 또는 경찰용 어부에 사용되는 항공기에는 적용되지 않는다.

본 협약의 목적은 첫째, 공해상공에서 범죄가 발생했거나 어느 나라 영공인지 구분이 안되는 곳에서 발생한 범죄에 대하여 적용 형법을 결정하고, 둘째, 항공기의 안전을 저해하는 기상에서의 범죄와 행위에 대한 기장의 권리와 의무를 명확히 하고, 셋째, 항공기의 안전을 저해하는 범죄와 행위가 발생한 후, 항공기가 착륙하는 지역 당국의 권리와 의무를 명확히 하는 것이다.[58]

3) 체약국의 권한과 의무

체약국의 권한과 의무에 관한 사항은 제12조에서 제15조 사이에서 기술되어 있다. 체약국은 어느 국가를 막론하고 항공기의 기장에게 제8조 1항에 따른 특정인의 하기조치를 인정하여야 한다. 사정이 정당하다고 인정하는 경우에는 체약국은 제11조 1항에 규정된 행위를 범한 피의자와 동국이 인수한 자의 신병을 확보하기 위하여 구금과 기타 조치를 취하여야 한다. 동 구금과 기타 조치는 동국의 법률이 규정한 바에 따라야 하나 형사적 절차와 범죄인 인도에 따른 절차와 착수를 가능하게 하는 데에 합리적으로 필요한 기간 동안만 계속되어야 한다. 구금되

58 홍순길 · 이강빈 · 김선이 · 황호원 · 김종복, (2013), 「신국제항공우주법」, 동명사, pp.248-249.

고 있는 어떠한 자도 최소거리에 있는 본국의 적절한 대표와 연락을 취할 수 있도록 도움을 받아야 한다. 특정인물을 인수한 체약국은 사실에 대한 예비조사를 즉시 행하여야 한다.

특정인을 구금한 국가는 항공기 등록국 및 피구금자의 국적국가에 대하여 특정인이 구금되어 있으며, 그의 구금을 정당화하는 사정 등에 관한 사실을 즉시 통보하여야 한다.

예비조사를 행하는 국가는 이들 국가에 대하여 조사결과를 즉시 통고해야 하며, 그 관할권을 행사할 의도가 있는지의 여부를 명시해야 한다.(I제13조 1항~5항 참조)

4) 기장의 권한

기장의 권한에 대해서는 동경협약 제3장 제5조에서부터 제11조 사이에 잘 언급되고 있다. 항공기 기장은 항공기 내에서 어떤 자가 제1조 제1항에 규정된 범죄나 행위를 범하였거나 범하려고 한다는 것을 믿을 만한 상당한 이유가 있을 경우에는 그자에 대하여 다음 사항을 위하여 요구되는 감금을 포함한 조치를 부과할 수 있다.(제61조 1항)

첫째, 항공기와 기내의 인명 및 재산의 안전보호

둘째, 기내의 질서와 규율의 유지

셋째, 제5장의 규정에 따라 상기 자를 관계당국에 인도하거나 또는 항공기에서 하기조치를 취할 수 있는 기장의 권한확보

항공기 기장은 자기가 감금할 권한이 있는 자를 감금하기 위하여 다른 승무원의 지원을 요구하거나 권한을 부여할 수 있으며, 또한 승객의 지원도 요청할 수 있다. 승무원이나 승객은 누구를 막론하고, 항공기와 기내의 인명 및 재산의 안전을 보호하기 위하여 합리적인 예방조치가 필요하다고 믿을 만한 상당한 이유가 있는 경우에는 기장의 권한부여가 없어도 즉각적으로 상기조치를 취할 수 있다.(제6조 2항)

본 협약에서는 범죄가 어떤 것인지 구체화되지 않았으므로 어느 행위가 범죄인지 아닌지 결정하기 어려우며 전적으로 기장의 판단에 맡겨질 수밖에 없다.

제1조에서 범죄가 일반적으로 언급된 반면 제11조에서 항공기의 불법조치에 대하여 특별히 언급하였다. 그러나 이 조항도 항공기의 불법납치에 관한 모든 형

태를 포함시키지 못했으며, 효율적인 대응조치나 체약국의 의무를 명시하는데 실패했다.

특정인에 가하여진 감금조치는 다음 경우를 제외하고는 항공기가 착륙하는 지점을 넘어서까지 계속되어서는 아니 된다.(제7조 1항)

첫째, 착륙지점이 비체약국의 영토 내에 있으며, 동 국가의 당국이 상기 특정인의 상륙을 불허하는 경우

둘째, 항공기가 강제 기착하여 기장이 상기 특정인을 관계당국에 인도할 수 없는 경우

셋째, 동 특정인이 감금상태에서 계속 비행에 동의하는 경우

항공기 기장은 제6조 규정에 따라 기내에서 특정인을 감금한 채로 착륙하는 경우 가급적 조속히 그리고 가능하면 착륙 이전에 기내에서 특정인이 감금되어 있다는 사실과 그 사유를 당해국의 당국에 통보해야 한다.(제7조 2항)

항공기의 기장은 자신의 판단에 따라 항공기 등록국이 형사법에 규정된 중대한 범죄를 기내에서 범하였다고 믿을만한 상당한 이유가 있는가에 대하여 누구를 막론하고 항공기가 착륙하는 영토국인 체약국의 관계당국에 그 자를 인도할 수 있다. 인도하려고 하는 자를 탑승시키고 착륙하는 경우 기장은 가급적 조속히 그리고 가능하면 착륙 이전에 특정인을 인도하겠다는 의도를 동 체약국의 관계당국에 통보하여야 한다.[59]

5) 국제공동 및 국제운항기구

공동으로 항공운송사업을 행하거나 국제기구에 의해 운영되는 경우에 대하여 제18조에 명시되어 있다. 즉 여러 체약국들이 이들 중 어느 한 국가에도 등록되지 아니한 항공기를 운항하는 공동항공운송 운항기구나 국제적인 운영기관을 설치할 경우에는 이들 체약국은 그때그때의 상황에 따라서 본 협약의 적용상 등록국으로 간주될 국가를 그들 중에서 지명하고 그 사실을 국제민간항공기구에 통고하여야 하며, 동 기구는 본 협약의 모든 체약국에게 동 통고를 전달하여야 한다.

분쟁의 해결에 관한 조항은 제24조로서 본 협약의 해석이나 적용에 있어서 2개 또는 그 이상의 체약국간 분쟁이 있는 경우 3가지 해결방안을 제시하고 있다.

---

59 전게서, pp.252-254 참조.

첫째, 당사국 간 협상

둘째, 제3자를 포함한 중재

셋째, 국제사법재판소에 제소

그러나 본 협약에 대한 서명·비준 또는 가입 시에 어느 국가는 자국이 전항에 구속되지 아니한다는 것을 선언할 수 있다. 기타 체약국은 이러한 유보를 선언한 체약국과의 관계에서는 전항에 구속되지 아니한다.(제24조 2항)[60]

동경협약은 1969년 12월 4일에 발효되었다. 동경협약의 몇 가지 불완전성에도 불구하고 항공기상에서 범해진 범죄와 어떤 행위에 관한 국제협약의 발효는 조회된 법질서의 확립을 위한 중요한 출발단계로 간주될 수 있을 것이다. 그러나 범죄에 대한 구체적 정의가 없다는 점과 인도에 대한 제한적 접근 등은 동 협약의 큰 취약점으로서 향후 새로이 보완된 협약의 필요성을 이미 내포하고 있었다고 볼 수 있다.

2. 항공기의 불법 납치 억제를 위한 협약(헤이그 협약, 1970)

1) 협약체결의 배경

1963년 동경협약이 체결된 후에도 하이재킹 행위는 빈번히 발생했으며, 특히 중동지역이나 카리비안 지역에 집중되어 있다. 미국과 쿠바 사이에는 이러한 문제와 관련 항공기 및 승객 송환에 대한 꾸준한 교섭과 협약이 별도로 이루어졌다.

1960년대 말경 증대되는 하이재킹에 대처하기 위해 국제적인 공동노력이 시작되었으며, 1970년 12월 하이재킹을 국제적으로 처벌해야 하는 범죄로 규정한 헤이그 협약을 체결하였다.

헤이그 협약은 그 전문에서 그 취지를 다음과 같이 잘 설명하고 있다.

'본 협약은 당사국들은 비행 중에 있는 항공기의 불법적인 납치 또는 점거행위가 인명 및 재산의 위해를 가하고 항공업무의 수행에 중대한 영향을 미치며, 또한 민간항공의 안전에 대한 세계인민의 신뢰를 저해하는 것임을 고려하고, 그와 같은 행위를 방지하기 위하여, 범인들이 처벌에 관한 적절한 조치를 규정하기 위

60 전게서, p.256.

한 긴박한 필요성이 있음을 고려하여 다음과 같이 합의를 하였다.'

범죄(offence)의 개념에 대하여 제1조에서 다음과 같이 정의하고 있다.

'제1조 비행 중에 있는 항공기에 탑승한 어떠한 자도 (1) 폭력 또는 위협에 의하여 또는 그 밖의 어떠한 다른 형태의 협박에 의하여 불법적으로 항공기를 납치 또는 점거하거나 또는 그와 같은 행위를 하고자 시도하는 경우, (2) 그와 같은 행위를 하거나, 하고자 시도하는 자의 공범자의 경우에도 죄를 범한 것으로 한다.'

위 동 협약의 1조의 주요 내용을 분석·요약하면 범죄는 첫째, 비행 중인 항공기상에서 행해져야 하며, 둘째, 동 행위가 불법이어야 하며, 셋째, 무력의 사용이나 위협이 있어야 하며, 넷째, 동 행위는 항공기를 조치 또는 점거하거나 그와 같은 행위를 시도하는 것을 포함하고 있다.

또한 동 협약은 제2조에서 각 체약국은 범죄를 엄중한 형벌로 처벌할 수 있도록 의무를 진다고 하여 동경협약보다 진일보했다고 볼 수 있다.[61]

2) 협약의 적용범위

헤이그 협약은 '비행 중(in flight)'이라는 개념에 대하여 동경협약과는 달리 한 개의 정의만 내리고 있다. 헤이그 협약에서는 탑승(embarkation) 후 모든 외부의 문이 닫힌 순간부터 하기(disembarkation)를 위하여 그와 같은 문이 열려지는 순간까지의 어떠한 시간도 비행 중에 있는 것으로 간주한다.(제3조 1항)

또한 동 협약은 항공기나 국내비행이거나 국제비행이거나 관계없이 적용되며(제3조 3항), 비행중인 항공기의 탑승자에게만 적용되나, 범죄자가 공범자나 하이재킹 지도자에게도 확대 적용된다.[62]

3) 기타 사항

헤이그 협약도 승객이나 승무원이 그들이 여행을 계속할 수 있는 권리를 보장하고 화물의 경우 법적으로 자격 있는 수취인에게 보내는 권리를 보장하는 동경협약 제11조와 유사한 조항을 채택하였으나, 지체 없이(without delay)라는 말을 추가함으로써 그 내용을 더욱 강조하였다.(제9조)

---

61 전게서, pp.257~258.
62 전게서, p.261.

체약국들은 범죄 및 제4조에 언급된 기타 행위에 관련하여 제기된 형사소송 절차에 관하여 상호간 최대의 협조를 제공토록 되었다.(제10조 1항) 체약국들은 또한 하이재킹 관련 사항이나 그에 대응한 조치내용을 국제민간항공기구(ICAO) 이사회에 즉시 통보할 의무를 진다.(제11조)

마지막으로 헤이그 협약의 해석이나 적용자에 관련한 모든 분쟁은 중재에 회부되어야 하며, 중재를 통하여 해결되지 않는 경우엔 분쟁을 국제사법재판소(International Court of Justice, ICJ)에 제출토록 된다(제12조).

단 이 조항은 체약국들이 유보할 수 있다.

헤이그 협약은 동경협약보다 전반적으로 개선되었음은 사실이다. 그러나 아직도 몇 가지 문제점이 남아있다.

첫째는 앞에서도 언급했듯이 관할권과 관련하여 해당 국가가 실제로 기소하지 않을 경우 이에 대하여 어떻게 대응할 것이냐가 문제이다.

둘째는 하이재킹으로부터 발생한 인적·물적 손해에 대하여 누가 책임을 지느냐 하는 문제이다. 바르샤바체제는 이러한 경우에 항상 적절한 해결책을 제공하지는 않는다.

셋째로 헤이그 협약은 기내에 탑승한 보안관(Security agents)의 지위와 권한에 대하여 명시하지 않았다. 이 문제는 헤이그 협약 체결 국제회의에서 논의되었으나, IFALPA(국제항공사 조종사 협회 연맹)과 IATA 대표들이 무장 보안관 탑승이 오히려 항공기의 파손 가능성을 늘이고 위험하다는 생각에서 반대했기 때문에 제외되었던 것이다.[63]

3. 민간항공의 안전에 대한 불법적 행위의 억제를 위한 협약(몬트리올 협약, 1971)

1) 역사적 배경

동경협약과 헤이그 협약이 전적으로 기내에서 행한 범죄의 억제에 관한 것이므로, 민간항공에 대한 여타 불법행위를 규제할 다른 협정이 필요하게 되었다. 이

63 전게서, p.262.

러한 범죄들은 헤이그 협약이 체결된 다음해인 1971년 체결된 몬트리올 협약에서 다루어졌다.

제1조 1항을 보면, 어떠한 자도 불법적이며 고의적으로

첫째, 비행 중인 항공기에 탑승한 자에 대하여 폭력행위를 행하고 또 동 행위가 그 항공기의 안전에 위해를 가할 가능성이 있는 경우

둘째, 운항 중인 항공기를 파괴하는 경우 또는 그러한 항공기를 훼손하는 비행을 불가능하게 하거나 비행의 안전에 위해를 줄 가능성이 있는 경우

셋째, 어떠한 방법에 의해서라도 운항 중인 항공기상에서 항공기를 파괴하거나 비행을 불가능하게 하거나 비행 중의 안전을 위태롭게 할 물건이나 장치를 어떤 방식으로든지 설치하는 행위

넷째, 항공시설을 파괴 혹은 손상시키거나 운용을 방해하여 그러한 행위가 비행 중인 항공기의 안전에 위해를 줄 가능성이 있는 경우

다섯째, 허위정보를 교신, 그로 인하여 비행 중인 항공기의 안전에 위해를 줄 가능성이 있는 장치나 물질을 설치하거나 또는 설치되도록 하는 경우

여섯째, 허위정보를 교신 그로 인하여 비행 중인 항공기의 안전에 위해를 주는 경우 등에는 범죄를 범한 것으로 한다. 더 나아가서 이러한 행위를 시도하거나 공범자의 경우도 범죄를 범한 것으로 본다.(제1조 2항)

그러나 불행하게도 1조 6항의 의미는 운항의 지연만 발생시키고 항공기에 손상을 초래하지 않는 허위폭탄 경보는 해당되지 않는다.[64]

2) 적용범위

본 협약은 항공기 이착륙 지점 등 하나 또는 모두가 항공기 등록국가 외에 위치하였거나 범죄가 항공기 등록국외 영공에서 행하여졌다면, 국내선 및 국제선 비행에 공히 적용된다.(제4조 2항)

'비행 중'의 개념에 대하여 본 협약은 항공기가 탑승 후 모든 외부의 문이 닫힌 순간부터 하기를 위하여 그러한 문이 열려지는 순간까지의 어떠한 시도도 비행 중에 있는 것으로 간주한다고 정의하고 있다. 강제 착륙의 경우, 비행은 관계당국

64 홍순길 · 신홍균, 「신국제항공우주법강의」, pp.133-134.

이 항공기와 기상의 인원 및 재산에 대한 책임을 인수할 때까지 계속되는 것으로 본다.(제2조 1항)

특히 본 협약에서는 처음으로 '서비스 중(in service)'이라는 개념을 도입하였는데, 그 이유는 본 협약이 국내 및 국제적으로 공히 확대 적용되기 때문이다. '서비스 중'의 개념은 항공기가 일정 비행을 위하여 지상원 또는 승무원에 의하여 항공기의 비행 전 준비가 시작된 때부터 착륙 후 24시간까지를 서비스 중인 것으로 본다.(제2조 2항)

'서비스 중'의 개념 속에는 제2조 1항의 '비행 중'의 범위도 당연히 포함된다.[65]

3) 기타

몬트리올 협약 체약 국가들은 제1조에 수록된 범죄들의 예측될 만한 사유가 발생할 경우 모든 관련 정보를 다른 국가들에게도 제공해야 한다.(제12조)

몬트리올 협약의 몇 가지 조항들은 헤이그 협약의 내용과 동일한데 그 예를 들면 다음과 같다.

첫째, 군·세관 및 경찰 항공기는 적용대상에서 제외된다.(제4조)

둘째, '비행 중'의 정의(제2조 1항)

셋째, 공동 및 국제 운항기관에 의한 운항(제9조)

넷째, 분쟁의 해결을 포함한 최종 조항들(제13조~제16조)

항공기와 승객의 지상 및 공중에서의 안전과 관련하여 지금까지 설명한 동경 협약, 헤이그 협약, 몬트리올 협약 등 3개 협약에 대한 모든 국가에 의한 가입 및 비준이 필수적이다. 현재까지 140여 국가가 3개 협약에 가입·비준했으나, 보다 완전한 범죄예방과 국제 협조를 기대하기 위해서는 여타 30여 국가의 가입·비준도 반드시 이루어져야 한다.

아울러 모든 체약국들은 협약들의 정신과 규정을 철저히 이행해야 한다.

그동안 여러 차례 ICAO 회의에서 동 3개 협약에 가입하지 않는 국가는 ICAO에서 추방하도록 시키고 협약을 개정하자는 논의가 있었으나 가결되지 못하였다.

65 홍순길 · 신홍균, 「신국제항공우주법강의」, p.135.

4. 북경조약

1) 배경

최근 글로벌 시대에 과학의 발전과 더불어 항공기의 대중화는 눈부신 속도로 빠르게 확산되어 갔다. 하지만 이와 함께 항공기를 이용한 범죄 역시 증가하게 되었다. 이러한 비행 중인 항공기에서 발생할 수 있는 특정한 범죄를 규율하기 위해 동경협약이 제정되었고, 비행 중인 항공기 납치 범죄를 다루는 헤이그 협약이 만들어 졌다. 그리고 민간항공안전에 대한 불법행위 억제를 위한 협약, 몬트리올 협약이 1971년에 제정되었다. 그러나 40여 년이라는 시간이 지나면서 날로 항공범죄는 지능화되고 치밀해지고 거대화 되어졌다. 2001년 9.11 무슬림 과격단체의 알카에다의 항공기를 이용한 테러, 2006년 8월 액체폭탄을 이용한 미국의 동시다발 테러 미수사건을 비롯하여 최근 2010년 11월에는 우편물 폭발사건 등 새로운 유형의 테러들이 발생하였다. 특히, 런던 히드로 공항에서 액체 폭탄이 발견 된 후 공항에 이를 탐지가능한 적절한 장비가 없어 기내 액체류 반입 금지라는 사태가 벌어지기도 했다. 또한 종이폭탄이라는 신종폭발물의 발견은 다시 한 번 테러의 위협에 대한 경각심을 불러일으키기 충분하였다.

그렇지만 이를 규율할 만한 국제협약이 제대로 갖춰지지 않았고 또한 충분히 그 역할을 감당하기에 부족했던 것이 사실이었다. 1971년에 만들어진 몬트리올 협약은 최근 발생하는 신종테러를 규율하기에는 역부족이었다. 그러자 ICAO에서는 이같이 지능적으로 발전하고 있는 항공기 테러를 방지하기 위해 발 벗고 나서 급기야 2002년 9.11 테러 이후 ICAO 이사회에 민간항공 안전에 대한 새로운 위협에 대처할 것을 요구하는 ICAO 총회 결의안(A33-1)이 채택되었고, 2009년에는 1970년 헤이그 협약(항공기의 불법납치 억제를 위한 협약) 및 1971년 몬트리올 협약(민간항공안전에 대한 불법행위 억제를 위한 협약) 개정안 작성을 위한 제34차 법률위원회가 개최되었다.

그 후속 절차로 2010년 중국 베이징에서 ICAO 북경외교회의(2010. 8. 30 ~ 9. 10)가 우리나라를 포함한 ICAO회원국 80개국 약 400명의 관계자들이 참석한 가운데 개최되었고 이 항공보안외교컨퍼런스(Diplomatic Conference on Aviation Security)의 핵심 주제는 당연히 항공보안 강화 문제였다. 1971년 몬트리올 협약과 이를 개정한

1988년 Airports Protocol을 수정하고 보완해 2010 북경조약을 탄생시켰다. 즉 21세기 글로벌 항공산업이 직면한 테러에 대응하기 위해 '국제 민간항공과 관련된 불법적 행위의 억제를 위한 협약'(Convention on the Suppression of Unlawful Acts Relating to International Civil Aviation) 및 '항공기의 불법 납치 억제를 위한 협약 보조의정서'(Protocol Supplementary to the Convention for the Suppression of Unlawful Seizure of Aircraft) 등 2건의 Aviation Focus 항공보안 협정이 체결되었다.

이는 민항역사상 처음으로 중국 도시명을 딴 국제공약으로 2010년 '북경조약'과 2010년 '북경의정서'로 명명되었다. 이번 2010년 '북경조약'과 2010년 '북경의정서'는 공통적으로 만약 어떤 사람이 위협하여 범죄를 저지르거나, 불법적으로 또는 의도를 가지고 위협을 가할 경우, 또한 정황이 위협을 가했다는 것을 입증할 때에는 범죄로 보고 있다. 이 외에도 범죄준비에 참여한 사람은 공모한 것이 밝혀진 경우, 설사 범죄행위에 참여하지는 않았다 하더라도 처벌을 하게 된다는 새로운 조약 내용이 늘어났다.

베이징 협약은 채택된 즉시 18개국 국가대표가 서명했을 정도로 이에 대한 관심도와 기대치는 높았으며 북경 외교회의에 참석한 우리 대표단 역시 동 협약에 적극 기여하였으며 동 협약 서명하였다. 우리정부는 추후 국내 절차를 걸쳐 비준하고자 하며, 동 협약은 22번째 국가가 비준서를 기탁한 후 두 번째 달의 첫 일에 발효하게 된다.

2) 북경조약의 주요 내용

(1) 북경조약의 특징

북경조약의 주요 내용으로는 첫째, 민간 항공기를 무기로 사용하거나 다른 항공기 또는 지상의 표적을 공격하기 위해 사용하는 행위도 범죄행위로 규정하고 있다. 민간 항공기를 납치하여 무기로 사용하는 행위, 민간 항공기내에서 무기를 사용하는 행위, 민간 항공기에 대해 무기 공격 행위를 신규 항공 범죄로 규정하여 민간 항공기에 대한 공격행위를 억제하며 해당 국가들에게 이를 처벌할 의무를 부여하고 있다. 둘째로 생화학 무기 및 이와 관련된 물질의 민간 항공기를 활용한 불법 운송 역시 범죄행위로 간주하여 처벌을 강조하고 있다. 셋째로 군사적 활동 적용 배제하여 무력 충돌 시 군대의 활동에 대해서는 동 협약이 적용되지 않고,

국제인도법을 적용하도록 하였다. 이와 함께 국가 관할권의 확대와 협약의 적용범위 확대로 인하여 범죄가 발생한 영토의 국가 또는 항공기의 등록 국가, 범인이 발견된 영토의 국가뿐만 아니라 범죄자 국적국가, 피해자의 국적국가 및 무국적자가 주소지를 둔 국가도 관할권 행사 가능하게 하므로 신종 항공범죄에 대항할 수 있으며 나아가 항공기와 공항을 공격하려는 세력들에 대한 피난처가 제공되면 안 된다는 점을 명시하고 있다. 마지막으로 협약의 적용범위를 비행 시에서 서비스 범위내로 확대하였다. 이 조약의 특징은 궁극적으로 민간 항공안전의 확보 및 테러 행위 억제에 기여하는 내용이다.[66]

(2) 공범 개념의 확대

이전에는 테러활동의 배후에 대한 처벌규정이나 범위에 대해서는 명확하지 않았다. 예를 들어 9.11테러사건에서 비행기 납치범들은 이미 사망했고 그들의 배후에 있는 기획자와 조직자를 어떻게 척결할 것인지에 대해 현재까지의 국제조약은 명확하지가 않았다. 그런데 2010년 '북경조약'에서 ICAO는 사람들을 조직하거나 지휘해서 범죄를 저지르거나 공범으로 범죄 또는 불법행위에 참여하거나, 의도를 가지고 범죄자의 도피 조사, 기소 및 처벌까지 돕는 사람들까지도 범죄로 본다고 하였다. 북경조약이 효력을 발생한 후 범죄행위의 배후 조직자 및 지도자도 범죄자로 규정되어 민간 항공안전을 방해하는 범죄활동 척결을 효과적으로 강화하게 될 것이다. 이는 민항영역에 대한 특수성을 충분히 고려했기 때문이다. 민간 항공영역에서 범죄자는 구체적인 범죄행위를 하지 않고 단지 범죄 위협만을 했다 하더라도 심각한 파괴를 가져올 수 있다. 그러므로 새롭게 늘어난 조약은 이러한 행위를 범죄척결 대상에 포함시켜 효과적으로 범죄준비 문제를 해결하고 보호범위를 확대하게 되어 이는 민항업계의 안전, 질서, 정상적인 발전에 도움이 될 뿐 아니라 승객들에게도 보다 안전한 환경을 제공하게 된다.

(3) 항공기를 이용한 범죄 추가

2010년 북경조약과 북경의정서에서는 특히 민간 항공기를 이용하여 지상의 목표에 대해 공격하는 행위를 새로운 범죄 행위로 따로 열거하였다. 이는 항공기

66 황호원, "국제항공테러방지 북경협약(2010)에 관한 연구", 항공우주법학회지, 제25권, 제2호, 2012.12. pp.79-112 참조.

납치범 또는 혐의자는 항공기를 공격 무기로 이용하여 지상의 목표를 공격하는 등 대규모 사상으로 이어질 수 있기 때문이다. 이러한 종류의 범죄는 일반 여객납치에 비해 매우 심각하기에 2010년 '북경조약'에서 '어떤 사람이라도 비행 중인 항공기를 이용하여 인명사망, 심각한 상해 또는 재산 및 환경에 심각한 손상을 입힌 경우 이 사람을 범죄자로 본다'는 내용이 추가되었다. 이를 추가한 것은 국제적으로 항공기는 여전히 테러리스트들의 주요목표물이기에 이런 행위를 새로운 범죄 종류로 추가하여 테러활동조직과 테러리스트들에게 경고의 메시지를 보내고 두려움을 느끼도록 하기 위한 목적에서이다.

이 외에 생물무기, 화학무기 및 핵무기 척결을 강화하기 위해 북경조약에서는 생물, 화학, 핵물질을 사용하여 민간 항공에 공격을 가하는 것과 민간 항공기를 이용하여 불법적으로 생물, 화학, 핵물질을 운반하는 데 대한 조약을 신설했다. 이 두 조약은 위의 무기를 이용해 항공기에 공격을 가하는 행위를 단속함과 동시에 이러한 무기가 테러리스트들 수중에 들어가는 것을 효과적으로 막기 위해서이다.

(4) 관할권 명확화 및 정치범 부정

무국적자가 당사국에서 범죄를 저질렀을 경우 그 당사국은 관할권을 행사 할 수 있게 함으로써 세계주의나 보호주의 이론에 입각하여 국내법을 적용하였던 것에 비하면 관할권 행사가 좀 더 명료하게 되었다.

과거에는 민항기 납치 및 기타 민항운송파괴행위가 정치행위에 속하는지를 두고 국제사회에서 계속해서 논쟁이 있어 왔다. 과거 국제 민간 항공조약에서는 이러한 문제에 대해 명확한 규정이 없었다. 2010년 북경조약에서는 이런 성격의 범죄에 대해 명확하게 정치범죄로 보지 않을 것이며, 각 국도 정치범죄를 범죄자 인도 및 국제사법공조를 거절하는 이유로 사용하지 못하고, 여객기 납치 등을 꾀한 테러리스트들이 정치범대우를 받지 못하도록 하여 처벌을 강화하였다.[67]

67 황호원·박진경, "최근 민간항공테러방지를 위한 국제민간항공조약의 동향에 관한 연구", 한국항공경영학회지, 제9권 3호, 2011, pp.93-103.

6장 국내 항공법 관련법규

1. 항공법 체계

1) 항공법의 정의

항공법의 개념은 형식적 의의의 개념과 실질적 의의의 개념, 이렇게 둘로 분류된다. 형식적 의의의 개념이라면 '항공법'이라는 명칭하에 제정 · 공포되어 시행 중인 법령을 가리킨다. 따라서 국내에서 시행 중인 법령을 가리키는 만큼, 그 실체는 명확하고 한정된 것으로 파악될 수 있다.

반면에 실질적 의의의 항공법은 사회 통념상 인간의 항공기를 이용한 활동에 관계되는 법 정도로 그 개념이 정의될 수 있으나, 그 구체적인 내용은 결코 명확하지 않다. 그 이유는 항공기를 이용한 활동이라는 것이 실정법상의 개념으로서 정의되어 있지 않기 때문이다. 단지 사회통념상의 막연한 개념만에 의해서 항공기를 이용한 활동이 인간의 다른 활동과 구별은 될 수 있는 것이다. 그럼에도 불구하고 항공법(air law, aviation law, droit aerien)이라는 용어가 국내외 학자들 사이에서 또한 실무 분야의 종사자들에 의해서 사용되는 이유는 항공이라는 인간의 활동은 분명히 다른 활동과는 구분되어야 할 특수성을 갖고 있으며, 그런 만큼 그것을 규율하는 독자적인 법체계가 존재해야 한다는 인식이 존재하기 때문일 것이다. 이는 '사회 있는 곳에 법 있다'는 오랜 격언이 항공이라는 인간의 활동에 대해서도 타당하다는 것을 시사하여 준다. 달리 말하면 항공이라는 인간의 활동이 법적인 규율을 받아야 한다는 필요성에는 모두가 동의한다는 공동의 인식이 이미 존재하고 있는 것이다.

그러한 인식을 바탕으로 실질적 의의의 항공법이 보다 확장되고 구체화될 수 있다. 그 방식은 크게 두 가지로 볼 수 있다. 첫째, 실정법상의 여러 법령들 중에서 '항공법'이라는 명칭을 제목으로 하고 있는 법령 이외에도 인간의 항공기를 이용한 활동에 관련될 수 있는 법령들이 항공법의 범주에 포함될 수 있다. 예컨대,

현행 국내 법률 중에서 '항공기 저당법', '항공우주산업촉진법' 등의 일부 내용은 실질적 의의의 항공법의 범주에 속하는 것이다. 둘째로는 다른 법체계와 구분되는 독자적 체계로서의 항공법의 성립이다. 형식적 의의의 항공법은 도로상의 교통에 관한 도로교통법, 해상 운송에 관한 상법의 해상운송편과는 분명히 내용을 달리하는 권리와 의무를 각 사회 구성원들에게 설정하고 있다.[68]

2) 항공법의 성격

항공법은 항공기의 발달에 따라 새로운 법역을 형성하고 있으며, 민법이나 상법과 같은 장기간에 걸쳐 충분한 연구를 하여 체계화된 학문과는 달리, 항공이라는 하나의 분야를 중심으로 한 비교적 새로운 내용의 특수 규범에 속한다. 그리고 항공법은 역사적으로 가장 새로운 법적 기초에 근거하여 독자적인 자율성을 갖는 법이라고 할 수 있다.

이와 같이 독자적인 법으로서 존재하고 있는 항공법은 영공주권, 영공주권의 제한(항공협정), 항공기의 운항, 체약국의 권리와 의무, 국제표준 및 권고 방식, 국제민간항공기구의 설립 등, 특수한 법의 영역으로서 다음과 같은 특성을 갖고 있다.

① 항공법은 항공기의 발달에 따라 새로운 법역을 형성하고 있으므로, 전통성이 없는 반면에 진취적이고 합리적인 방법을 채택함으로써, 항공법 이외의 다른 법역에 대해 지대한 영향을 주고 있다.

② 항공법은 국제적 성질을 갖는다.
항공기는 자국의 영역 내 뿐만 아니라, 타국의 영역상공을 비행하게 되므로, 필연적으로 국제적 성질을 갖는다. 따라서 항공에 관한 법률관계의 규제는 국제적으로 통일할 것이 요청됨은 당연하다.

③ 항공법은 강제성을 갖는다.
항공기의 급진적인 발달에 따라 합리적이고, 실제적인 방법이 요구되므로, 해상법의 경우와 같은 장기간의 관습에 근거하여, 형성된 성문법과는 근본적으로 다르며, 항공의 안전 확보와 항공운송사업의 질서 있는 발달을 위해 반드시 강제적인 통제가 필요하므로, 항공법은 강제성을 갖는다.

---

68 홍순길 · 김칠영 · 양한모 · 신홍균, 「항공법 이론과 실무」, 한국항공대학교출판부, pp.18-19.

④ 항공법은 국제성을 갖는 반면에 국가성을 갖는다.

각 국가는 항공에 대해 정치적·경제적 고려에서 필연적으로 지대한 관심을 갖고 간섭을 하게 되므로, 항공법은 자국의 방위·자국민의 안전 그리고 자국 항공기업의 권익 보호와 그 발전을 위해, 자주적인 국가성을 갖는다.[69]

3) 항공법의 기원

일찍이 1900년 프랑스 법학자 포슈일은 '국제법연구소'가 국가 간의 공중항행에 관한 법전을 제정해야 한다고 제안하였다. 그리고 이 제안은 법의 발전이 기술에 앞서 갈 수 있음을 보여주는 경우의 하나라는 점에 흥미가 간다. 1903년에 라이트형제가 엔진동력을 이용한 항공기로 최초의 비행에 성공하여 새로운 자극을 주어, 항공은 가장 흥미롭고 관심 있는 문제로 부각되기 시작했다. 우리가 많은 나라들 사이에서 각국의 규칙과 법규를 설명하고자 할 때에는 훨씬 이전의 과거까지 되돌아 갈 필요가 있다. 그 예로서 프랑스의 한 경찰서장은 1784년 4월 23일 몽골피어형제의 기구(balloon)를 직접적·배타적으로 겨냥하여 '비행하는 것은 사전승인 없이는 이루어질 수 없다'고 주장하였다. 이러한 주장의 목적은 물론 주민보호를 위해서였다.

1910년 이전에 입법을 위한 국제적 규모의 합의된 최초의 시도가 있었다. 그 당시는 독일의 기구(balloon)가 프랑스 영토 위의 공중을 비행하는 사건이 종종 있었다. 이에 프랑스정부는 관련된 두 국가가 안전을 위하여 이 문제를 해결할 협정을 맺는 것이 바람직하다는 견해를 가지고 있었는데, 그 결과 1910년 파리회의가 소집되었다.

일반적 기대와는 반대로 이 회의에서는 '항공의 자유'라는 이론은 채택되지 않았다. 그 당시의 일반적인 경향은 영토위의 공간에 대하여도 국가의 주권이 미친다는 관념이 지배적이었다. 이런 관념은 그 회기 동안에 채택된 협약의 본문에 잘 나타나 있다.

그러나 법적이 아닌 정치적 불일치로 인하여 그 회의는 어떤 실체적인 결과를 보지 못하고 끝났다. 그 회의에 유일한 효용이라고 한다면 국가들이 이런 새로운 법 영역에 관하여 상호 의견을 교환할 수 있는 기회를 가졌다는 것이다.

---

69 송효경, 「최신항공법」, 동명사, pp.2-3.

이러한 영공의 문제에 관하여는 해상법의 오랜 역사적 발전과정과 그로티우스의 저서 '공해'에서 아주 깊은 바다에서는 많은 자유를 주고 있다는 학자들의 영향력 있는 견해를 되살려보는 것이 적당하다. 이와 유사한 발전이 항공법에 있어서는 현저하게 부족하다. 따라서 항공법에 있어서 관습법의 영향은 해상법에 있어서 보다 명백하게 적은 실정이다.

제1차 세계대전이 끝난 뒤인 1919년 2월 8일 최초의 정기항공서비스가 파리와 런던 양국사이에서 있었고, 실제 법규와 국제협약을 고려할 필요성이 있었다. 이제 해상법상의 원칙과 국가주권하에서 통제되는 영공 사이에 어떤 선택이 주어져야 했다. 그 쟁점의 결과로 국가의 이익을 보호하려는 경향이 강하였던 바, 후자의 원칙이 보다 우세하였다.

4) 항공법의 분류

항공법이 독자적인 법 영역을 확보하고 있다는 점에 주목하면서 항공법의 실질적 개념의 내용과 범위는 더욱 더 확장되고 있다는 현상을 지적하는 주장은 항공법이 다른 법률 체계로부터 보다 확장된 독자성을 향유하고 있음을 보여주려고 한다. 즉, 항공법은 항공기의 이용 또는 공역의 이용에 관한 기존의 법률, 예컨대 국제법이라던가 민법 및 형법에 의해 의존만 하는 것이 아니라, 그 독자적인 법원을 갖추고 새로운 규율 대상을 자주적인 규율 방식을 통해 규율하고 있다는 주장인 것이다. 구체적으로는 항공법은 항공이라는 특수한 분야에 적용되는 법규범으로서 그 이론적 전개에 있어서 기존의 다른 법률들의 것을 단순히 원용하는 것이 아니라, 그 과정에 있어서 항공법 자체의 원리와 원칙이 자주적으로 창조되어가고 있다는 주장이다.

구체적으로는 항공법은 항공이라는 특수한 분야에 적용되는 법규범으로서 그 이론적 전개에 있어서 기존의 다른 법률들의 것을 단순히 원용하는 것이 아니라, 그 과정에 있어서 항공법 자체의 원리와 원칙이 자주적으로 창조되어가고 있다는 주장이다.

이러한 항공법의 독자성 주장은 항공법이 규율하려는 다양한 인간들의 행위에 있어서 과연 그러한 창조적 원리와 원칙의 생성이 일어나고 있는가에 대한 검토를 필요로 한다. 이에 우선적으로 항공법을 기존의 법률의 분류 개념으로서의 공법과 사법의 개념에 따라 분류해 보는 시도는 유익하다.

(1) 항공공법

항공공법이란 항공기 및 그 운항과 관련된 법률분야 중 공법상의 법률관계를 정한 법규의 총체를 말하는 것으로서, 항공안전 및 항공기업의 감독에 관한 각종의 행정적 규제, 예컨대 위에서 말한 항공법, 항공운송사업진흥법(1971. 1. 12. 법률 제2275호, 개정 1972. 12. 30. 법률 제12414호), 항공기운항안전법(1974. 12. 26. 법률 제2742호), 항공기저당법(1961. 12. 23. 법률 제867호) 및 각 시행령, 시행규칙 등의 행정법과 타국의 영공을 통과함에 따라 발생하는 공역주권문제 등을 규율하는 국제법 및 항공기 운항상의 안전을 위하여 체결된 형사법적 성격을 띤 조약들이 이에 속한다.

(2) 항공사법

항공사법이란 항공기 및 그 운항과 관련된 법률분야 중 사법상의 법률관계를 정한 법규의 총체로서, 그 법률대상은 대체로 항공기의 사법상의 지위, 항공운송계약, 항공기에 의한 지상 제3자의 손해, 항공기에 의한 구원구조와 조난항공기의 구원구조, 공중충돌, 항공보험, 항공기제조업자의 책임 등이다.

(3) 국내항공법과 국제항공법

다음으로 가능한 분류는 국내항공법과 국제항공법의 구분이다. 항공은 필수적으로 국제성을 띄고 있다. 항공이라는 행위가 단일 국가 내에서만 이루어지고 그에 관련된 법률관계가 미치는 범위가 그 국가내로 한정된다면 그것은 그 국가의 국내 법률에 의해 규율되어도 그 법률의 실효성과 타당성이 인정되겠지만, 실제적으로 그렇지 않은 것이다. 그러한 차원에서 항공이라는 행위는 국제항공법에 의한 규율을 당연히 받아야 한다는 논리가 성립되게 된다.

이러한 배경에서 항공법을 국내항공법과 국제항공법으로 구분한다면, 국내항공법이 일반적으로 의미하는 것은 각국의 국내 법률로서 제정되어 있는 실정법을 가리킨다고 하겠다.

반면에 국제항공법은 그 법원에 있어서 국내법과 구분이 되는, 즉 국가들 간의 합의인 국제조약에 법원을 두도록 되어 있는 법규범을 가리킨다 하겠다.[70]

70 홍순길 등, 「항공법 이론과 실무」, 한국항공대학교출판부, pp.19-20.

2. 항공보안법

1) 항공보안법의 개념

(1) 항공보안의 정의

항공보안은 의도적인 범죄에 의한 사고와 관련된 용어로서 국제민간항공기구(ICAO) 정의에 의하면 항공운항활동을 저해하는 범죄행위로부터 항공운송산업을 보호하기 위해 인적, 물적 자원을 동원하여 수행하는 모든 대책을 말한다.

(2) 항공보안법의 목적

항공보안법은 제 1조에 『「국제민간항공협약」 등 국제협약에 따라 공항시설, 항행안전시설 및 항공기 내에서의 불법행위를 방지하고 민간항공의 보안을 확보하기 위한 기준·절차 및 의무사항 등을 규정함을 목적으로 한다.』라고 규정하고 있다. 즉, 항공보안법이 설립된 목적은 조문에 언급한 불법행위 방지와 민간항공 보안확보라는 것을 쉽게 알 수 있다. 그러나 여기서 해석상 어떠한 시설을 공항시설, 항행안전시설 등으로 보아 이 법을 적용할 것인가의 문제가 발생될 여지가 있으므로, 아래에서 살펴보도록 하겠다.

(3) 항공보안법의 법적 성격

'항공보안법'은 원래 '항공안전 및 보안에 관한 법률'에서 '안전'이라는 부분을 삭제하고 '보안'부분만을 다루어 만들어진 법이다. 이는 '사고'에 관한 규율은 국내의 '항공법'과 기타 국제 협약에서 다루고, 항공에 대한 '사건'– 보안에 관한 규정으로 '항공보안법'을 두는 것을 말한다. 즉, '보안사건'에 관하여는 이 법에 의해 범죄로 규정하고 처벌을 받게 되므로 쉽게 말하여 항공에 관련된 '형법'의 일종이라고도 볼 수 있을 것이다.

'형법'의 법적 성격은 범죄자의 처벌을 통한 사회안전질서 확보와 범죄 예방 등 공익을 수호하는 데 있으므로 공적인 법 '공법'으로 보는 것이 타당하다. 이에 전술한 바와 같이 '항공보안법'의 목적 또한 불법행위 방지를 통한 민간항공보안 확보와 항공범죄의 규정을 통한 항공범죄에 대한 예방에 있다고 볼 것이므로 '항공보안법' 또한 '공법'인 영역에서 다루어야 한다.

(4) 국가·공항운영자의 의무 및 책무

'항공보안법'은 앞에서 말한 바와 같이 공법적인 성격을 가지고 있기 때문에 그 시행의 주체는 당연히 국가이며, 이에 따라 국가는 동법의 시행에 따른 책임과 의무를 지는데 동법 제4조에서는 "국토교통부장관은 민간항공의 보안에 관한 계획 수립, 관계 행정기관 간 업무 협조체제 유지, 공항운영자 · 항공운송사업자 · 항공기취급업체 · 항공기정비업체 · 공항상주업체 및 항공여객 · 화물터미널운영자 등 (이하 '공항운영자등' 이라 한다.)의 자체 보안계획에 대한 승인 및 실행점검, 항공보안 교육훈련계획의 개발 등의 업무를 수행한다."라고 규정하고 있다. 따라서 국토교통부장관은 민간항공의 보안에 관하여 그 계획을 수립하여야 하며, 관계 행정기관 간에 업무를 협조할 수 있도록 그 체제를 정비하여야 하고, '공항운영자등'이 수립한 자체 보안계획을 승인할 수 있는 권한을 가지고 그 실행이 올바로 되고 있는지 점검하여야 할 책무를 지니고, 항공보안에 관한 교육훈련계획을 개발하여야 한다. 이렇게 공항운영자 등은 동법 제5조에 의거하여 마련된 국가의 시책에 협조하여야 할 의무를 진다.

현재 국토교통부는 항공정책실 산하에 항공보안과를 운영하여 다음과 같은 업무를 수행하고 있다.

(1) 항공보안검색에 관한 기준 수립 및 총괄·조정

(2) 항공보안점검계획의 수립 및 항공보안감독관제도 운영

(3) 국제민간항공기구(ICAO)상의 국제표준 검토 및 제·개정에 관한 국제 협력

(4) 항공기 내 보안 운영 및 개선발전에 관한 사항

(5) 국제민간항공기구(ICAO) 등의 항공보안평가에 관한사항

(6) 항공보안요원(Air Marshal) 운영에 관한 사항

(7) 국가 항공보안 수준관리지침 개정 등에 관한 사항

(8) 기내 무기휴대(탑재)허가 및 운영에 관한 사항

(9) 항공보안 교육훈련, 항공보안장비 운영

(10) 항공보안검색, 국제협력업무

(11) 항공보안법령, 항공보안계획(기본계획 · 보안계획 · 우발계획) 및 공항운영자 등의 자체 보안계획 승인 업무 등

(12) 대테러, 보호구역, BSC

(13) 항공화물보안업무, 항공보안정보화사업

2) 항공보안

(1) 기구

가. 항공보안협의회

① 항공보안협의회의 성격과 목적

'항공보안협의회'는 '항공보안법' 제7조에 의거하여 항공보안에 관련되는 사항들을 협의하기 위한 기구로써 국토교통부 산하에 '항공보안협의회'를 두도록 되어있다. '항공보안협의회'의 설립 목적은 항공보안에 관한 계획의 협의, 관계 행정기관 간 업무 협조, 자체 보안계획의 승인을 위한 협의, 그 밖에 항공보안을 위하여 항공보안협의회의 장이 필요하다고 인정하는 사항 등을 협의하기 위함이다. 단 항공보안과 관련하여 '국가정보원법' 제3조에 따른 대테러에 관한 사항은 제외한다. 여기에서 제외되는 대상이란, 국외 정보 및 국내 보안정보[대공(對共), 대정부전복(對政府顚覆), 방첩(防諜), 대테러 및 국제범죄조직]의 수집·작성 및 배포, 국가기밀에 속하는 문서·자재· 시설 및 지역에 대한 보안 업무, 「형법」 중 내란(內亂)의 죄, 외환(外患)의 죄, 「군형법」 중 반란의 죄, 암호 부정사용의 죄, 「군사기밀보호법」에 규정된 죄, 「국가보안법」에 규정된 죄에 대한 수사, 국정원 직원의 직무와 관련된 범죄에 대한 수사, 정보 및 보안 업무의 기획·조정 등은 국정원에서 직접 다루어야 할 사안이기 때문에 제외된 것으로 그 이외의 항공보안과 관련된 모든 사항은 '항공보안협의회'에서 협의하게 된다.

② 항공보안협의회의 구성과 주요업무

'항공보안협의회'의 구성은 대통령령으로써 정하며 '항공보안법 시행령' 제2조에 의거하여 위원장 1명을 포함한 20명 이내의 위원으로 구성된다. 보안협의회의 위원장은 국토교통부 항공정책실장이 되며, 위원이 될 수 있는 자격 역시 동령 제2조 2항각호에 규정하고 있다.

③ **위원의 구성**

'항공보안협의회'의 위원은 외교부·법무부·국방부·문화체육관광부·농림축산식품부·보건복지부·국토교통부·국가정보원·관세청·경찰청 및 해양경찰청의 고위공무원단 또는 이에 상당하는 직급의 공무원 중 소속 기관의 장이 지명하는 사람 각 1명, 항공보안에 관한 학식과 경험이 풍부한 사람·공항운영자 또는 항공운송사업자를 대표하는 사람 중 국토교통부장관이 위촉하는 사람 등으로 구성되고, 위원장은 보안협의회를 대표하며 그 업무를 총괄한다.

위원장은 보안협의회의 회의를 소집하고 그 의장이 되며, 만약 위원장이 부득이한 사유로 그 직무를 수행할 수 없을 경우에는 위원장이 지명한 위원이 그 직무를 대행한다. 또한 보안협의회의 사무를 처리하기 위하여 간사를 두며, 국토교통부장관이 소속 공무원 중에서 임명한다.

④ **항공보안협의회의 주요업무**

법 제7조 제1항 제3호에 따라 보안협의회의 협의대상인 자체 보안계획은 공항운영자의 자체 보안계획의 수립 및 변경, 항공운송사업자의 자체 보안계획의 수립 및 변경 등이다. 여기에서 '항공운송사업자'는 이전에 정의된 사업자들 가운데 국내항공운송사업자 및 국제항공운송사업자만 해당한다. 따라서 소형항공운송사업자나 외국인 국제항공운송사업자는 이 조항에서 제외되는데 물론, 소형항공운송사업자까지 포함되게 되면 보안계획을 수립하거나 함에 있어 그들의 재정상황 등을 고려한 계획이 수립되어야 하기 때문에 전반적으로 보안수준이 낮아질 우려가 있다고 볼 수 있겠으나, 결국 이러한 제도로 인하여 우리나라에서 소형항공운송사업자의 기반이 마련되기 어려운 점이 있다고 하겠다.

이렇게 규정된 사항 외에 추가로 보안협의회의 운영에 필요한 세부사항은 보안협의회의 의결을 거쳐 위원장이 정한다.

나. 지방항공보안협의회

① **지방항공보안협의회의 목적과 성격**

'지방항공보안협의회'는 관할공항별로 항공보안에 관한 사항을 협의하기 위해 보안협의회를 두는 것으로, '항공보안협의회'가 국가 전반적인 항공보안에 관련된 사항을 협의하기 위함이라면, '지방항공보안협의회'는 각 공항마다 특징이 있고 보안사항을 적용해야 하는 범위가 다를 수 있기 때문에 그 상대성을 고려하여 두는 것이다.

② **지방항공보안협의회의 구성**

'지방항공보안협의회'의 구성과 업무는 대통령령으로써 정하며 '항공보안법 시행령' 제3조에 의거하여 위원장 1명을 포함한 20명 이내의 위원으로 구성되며 위원장은 해당 공항을 관할하는 지방항공청장 또는 지방항공청장이 소속 공무원 중에서 지명하는 사람이 된다.

③ **위원의 구성**

위원의 구성은 해당 공항에 상주(常住)하는 정부기관의 소속 직원 각 1명, 해당 공항운영자가 추천하는 소속 직원 1명, 해당 공항에 상주하는 항공운송사업자가 추천하는 소속 직원 각 1명, 제1호부터 제3호까지에서 규정한 사람 외에 항공보안을 위하여 위원장이 위촉하는 사람으로 구성된다. 위원장은 지방보안협의회를 대표하며 그 업무를 총괄하고, 지방보안협의회의 회의를 소집하며 그 의장이 된다. 또한 마찬가지로 지방보안협의회의 사무를 처리하기 위하여 간사를 두며, 지방항공청장이 소속 공무원 중에서 임명한다.

④ **지방항공보안협의회의 임무**

지방보안협의회에서 협의되는 사항은 자체 보안계획의 수립 및 변경에 관한 사항, 공항시설의 보안에 관한 사항, 항공기의 보안에 관한 사항, 자체 우발계획의 수립·시행에 관한 사항 이외에 공항 및 항공기의 보안에 관한 사항 등을 협의하며, 위원장은 해당하는 사항을 협의한 경우에는 국토교통부장관에게 보고하여야 한다.

(2) 계획

가. 국가항공보안 우발계획

국가항공보안 우발(偶發)계획은 사전에 치밀하고 계획적인 테러행위뿐만 아니라 운항 중 발생할 수 있는 모든 안전과 관련된 사고, 사건을 방지하기 위한 총괄적 계획이다. 국가는 국민의 안전한 생활과 행복을 추구할 권리를 보장하여야 한다.

항공기 사고는 국민 개인의 안전에서 더 나아가 불특정 다수의 국민의 안전을 위협하는 중대한 재난이며, 국가는 반드시 항공기의 안전한 운항을 위하여 필요한 조치를 할 의무가 있다. 국제적으로 발생하는 항공기 납치, 항공기 폭파, 승객에 대한 테러행위를 방지하기 위하여 도쿄협약, 헤이그 협약, 몬트리올 협약, 몬트리올 추가 의정서, 플라스틱 폭발물 표시에 대한 협약 등이 체결되고 시행된다. 추후 국제기준에 부합한 항공 관련 규정이 마련되었고, 항공보안 관리지침을 제정하여 항공보안에 대한 지속적인 관심과 노력을 보여주었다. 세부적으로 국가항공보안에 위협이 되고, 될 만한 사항을 구체적으로 정하여 관리하는 것이 우발(偶發)계획이다.

나. 항공보안기본계획과 국가항공보안계획

① 항공보안기본계획

국토교통부장관은 '항공보안에 관한 기본계획'을 5년마다 수립하여야 하며, 그 내용을 공항운영자 등에게 반드시 통보하여야 할 의무를 진다. 또한 기본계획에 따라 항공보안 업무를 수행하기 위하여 매년 '항공보안에 관한 시행계획'을 수립·시행하여야 한다. 이러한 기본계획 및 시행계획의 수립을 위하여 필요하다고 인정하는 경우, 국토교통부장관은 관계 기관, 단체 또는 전문가로부터 의견을 듣거나 필요한 자료의 제출을 요청할 수 있다.

- 기본계획

'기본계획'은 5년마다 국토교통부장관이 수립하여야 하며, 항공보안에 관한 종합적·장기적인 추진방향 등이 포함된 국내외 항공보안 환경의 변화 및 전망, 국내 항공보안 현황 및 경쟁력 강화에 관한 사항, 국가 항공보안정책의 목표, 추진방향 및 단계별 추진계획, 항공보안 전문인력의 양성 및 항공보안 기술의 개발에 관한 사항 그 밖에 항공보안 발전을 위하여 필요한 사항 등이 수립되어야 한다. 이를 수립하거나 변경함에 있어서 국토교통부장관은 보안협의회의 협의를 거쳐야 하며, 수립된 계획은 공항운영자 등에게 통보되어야 한다.

- 시행계획

'기본계획'에 따라 항공보안 업무를 수행하기 위하여 국토교통부 장관은 매년 수립된 '기본계획'에서의 단계별 추진계획에 따라 '시행계획'을 수립, 시행하여야 한다. 이를 수립하거나 변경함에 있어서도 항공보안협의회의 협의를 거쳐야 하며,

그 내용은 공항운영자 등에게 통보되어야 한다.

② **국가항공보안계획**

국토교통부장관은 항공보안업무를 수행하기 위하여 '국가항공보안계획'(이하 '보안계획'이라 한다.)을 수립·시행하여야 한다.

- 국가항공보안계획의 내용과 수립

'보안계획'은 크게 공항운영자 등의 항공보안에 대한 임무, 항공보안장비의 관리, 교육훈련, 국가항공보안 우발계획, 점검업무, 항공보안에 관한 국제협력 그 밖에 항공보안에 관하여 필요한 사항을 수립한다. 이 경우에도 국토교통부장관은 항공보안협의회의 협의를 거쳐야 한다.

- 공항운영자 등의 자체보안계획

국토교통부장관이 수립한 '보안계획'에 따라 공항운영자 등은 자체보안계획을 수립하여야 한다. 자체보안계획을 수립하거나 이미 수립된 자체보안계획을 변경하려는 경우에는 국토교통부령에서 정하는 경미한 사항의 변경 외에는 무조건 국토교통부장관의 승인을 받아야 한다.

다. 주체별 보안계획

① **공항운영자의 자체보안계획 수립**

'공항운영자'는 자체보안계획에서 다음의 사항을 수립하고 시행하여야 하며, 이를 승인받은 경우 관련 기관, 항공운송사업자 등에게 관련 사항을 통보하여야 한다.

(1) 항공보안업무 담당 조직의 구성·세부업무 및 보안책임자의 지정

(2) 항공보안에 관한 교육훈련

(3) 항공보안에 관한 정보의 전달 및 보고 절차

(4) 공항시설의 경비대책

(5) 보호구역 지정 및 출입통제

(6) 승객·휴대물품 및 위탁수하물에 대한 보안검색

(7) 통과 승객·환승승객 및 그 휴대물품·위탁수하물에 대한 보안검색

(8) 승객의 일치여부 확인 절차

(9) 항공보안검색요원의 운영계획

(10) 보호구역 밖에 있는 공항상주업체의 항공보안관리 대책

(11) 항공보안장비의 관리 및 운용

(12) 보안검색 실패 등에 대한 대책 및 보고 · 전달체계

(13) 보안검색 기록의 작성·유지

(14) 공항별 특성에 따른 세부 보안기준

② 항공운송사업자의 자체보안계획 수립

'항공운송사업자'는 자체보안계획에서 다음의 사항을 수립하고 시행하여야 하며, 외국 국적 항공사가 수립하는 자체보안계획은 영문 및 국문으로 작성되어야 한다.

(1) 항공보안업무 담당 조직의 구성·세부업무 및 보안책임자의 지정

(2) 항공보안에 관한 교육훈련

(3) 항공보안에 관한 정보의 전달 및 보고 절차

(4) 항공기 정비시설 등 항공운송사업자가 관리·운영하는 시설에 대한 보안대책

(5) 항공기 보안에 관한 다음의 사항

ㄱ. 항공기에 대한 경비대책

ㄴ. 비행 전·후 항공기에 대한 보안점검

ㄷ. 계류(繫留)항공기에 대한 탑승계단, 탑승교, 출입문, 경비요원 배치에 관한 보안 및 통제 절차

ㄹ. 항공기 운항 중 보안대책

ㅁ. 법 제23조에 따른 승객의 협조의무를 위반한 사람에 대한 처리절차

ㅂ. 법 제24조에 따른 수감 중인 사람 등의 호송 절차

ㅅ. 법 제25조에 따른 범인의 인도·인수 절차

ㅇ. 항공기내 보안요원의 운영 및 무기운용 절차

ㅈ. 국외취항 항공기에 대한 보안대책

ㅊ. 항공기에 대한 위협 증가 시 항공보안대책

ㅋ. 조종실 출입절차 및 조종실 출입문 보안강화대책

ㅌ. 기장의 권한 및 그 권한의 위임절차

ㅍ. 기내 보안장비 운용절차

(6) 기내식 및 저장품에 대한 보안대책

(7) 항공보안검색요원 운영계획과 항공화물 보안검색 방법 및 항공보안장비의 관리 및 운용

(8) 법 제19조 제1항에 따른 보안검색 실패 대책보고

(9) 법 제29조에 따른 보안검색기록의 작성 · 유지

(10) 화물터미널 보안대책(화물터미널을 관리 운영하는 항공운송사업자만 해당한다)

(11) 법 제17조 제3항에 따른 운송정보의 제공 절차

(12) 위해물품 탑재 및 운송절차

(13) 보안검색이 완료된 위탁수하물에 대한 항공기에 탑재되기 전까지의 보호조치 절차

(14) 승객 및 위탁수하물에 대한 일치여부 확인 절차

(15) 승객 일치 확인을 위해 공항운영자에게 승객 정보제공

(16) 법 제23조 제7항에 따른 항공기 탑승 거절절차

(17) 항공기 이륙 전 항공기에서 내리는 탑승객 발생 시 처리절차

(18) 비행서류의 보안관리 대책

(19) 보호구역 출입증 관리대책

(20) 그 밖에 항공보안에 관하여 필요한 사항

③ 항공기취급업체 등의 자체보안계획 수립

항공기취급업체 · 항공기정비업체 · 공항상주업체(보호구역 안에 있는 업체만 해당한다.) · 항공여객 · 화물터미널 운영자 및 도심공항터미널을 경영하는 자는 다음의 사항을 수립하고 시행하여야 한다.

(1) 항공보안업무 담당 조직의 구성 · 세부업무 및 보안책임자의 지정

(2) 항공보안에 관한 교육훈련

(3) 항공보안에 관한 정보의 전달 및 보고 절차

(4) 보호구역 출입증 관리 대책

(5) 해당 시설 경비보안 및 보안검색 대책

(6) 항공보안장비 관리 및 운용

(7) 그 밖에 항공보안에 관한 사항

④ **승인을 받지 않아도 되는 사항**

전술하였던 바와 마찬가지로 공항운영자 등은 자체보안계획을 수립·변경함에 있어서 국토교통부장관의 승인을 받아야 한다. 그러나 '항공보안법' 제10조 2항에는 "국토교통부령으로 정하는 경미한 사항"의 경우에는 승인을 받지 않아도 된다는 예외의 규정을 두고 있다. 이러한 경미한 사항으로는 '항공보안법 시행규칙' 제3조의7에서 기관 운영에 관한 일반현황의 변경, 기관 및 부서의 명칭 변경, 항공보안에 관한 법령, 고시 및 지침 등의 변경사항 반영을 규정하고 있다. 이러한 경미한 사항의 변경의 경우, 승인을 받지 않아도 가능하나 반드시 이를 국토교통부장관에게 통보하여야 한다.

(3) 위협에 대한 대응

가. 항공보안을 위협하는 정보의 제공

① **항공보안을 위협하는 정보의 의의**

(1) 현대 사회는 항공기 운항을 통해 교통체계 발전과 국제 질서를 유지하였다. 국가 간 교류를 증진하고 인류의 생활을 풍족하게 하는 수단으로 자리매김한 항공 교통은 테러의 위협과 위해로부터 자유롭기 위하여 거시적, 미시적 노력을 요구한다.

(2) 항공보안이란 항공과 관련된 모든 범죄행위로부터 항공 산업을 보호하는 것이다. 항공보안을 위협하는 정보를 배제하는 것은 항공운송산업에 있어서 항공보안에서 화물의 재산적 가치가 보호의 대상이 되며, 관련된 범죄를 예방하는 종합적 대책을 마련하기 위한 필요조건이다. 항공보안을 위협하는 개인과 조직을 배제하고 사고를 미연에 방지하기 위하여 정보를 사전에 인지하고 장래의 불법방해행위 행태와 테러 즉, 항공기 납치, 항공기 공중 폭파, 항공기 이용자에 대한 공격 등에 대한 안전을 도모하는 것이 가장 중요한 문제이다.

나. 항공보안을 해치는 정보

① '항공보안을 해치는 정보'를 목적으로 하여야 한다. 항공보안을 해치는 정보란 항공기 운항과 관련 있는 모든 공항시설, 항행안전시설 및 항공기, 항공종사

자를 위험한 상태로 전환하는 자료 및 정보를 말한다. 구체적인 사실의 인지뿐만 아니라 추상적, 포괄적 위협도 포함한다. 즉, 위험을 내포하지만 분산된 자료들도 포함한다.

② 사람들의 인식 속에 존재하는 생각이 현실로 구체화 될 수 있는 고도의 개연성뿐만 아니라, 소극적으로 실현될 수 있는 가능성이 있으면 충분하다. 항공보안을 해친다는 것은 당연히 테러 및 위협을 포함하며, 현재뿐만 아니라 미래의 안전한 운항과 항공 관련 시설에 손실을 가져다 줄 수 있는 의미도 가진다. 이는 가능성으로 충분하다.

다. 행위의 대상 및 성질

① '관련 행정기관, 국제민간항공기구, 해당 항공기 등록국가의 관련 기관 및 항공기 소유자 등'이 행위의 대상이다. 관련 행정기관이란 해당 항공기 안전한 운항과 사고 방지를 위한 정보를 제공하고, 항공기가 기타 위해로부터 자유롭도록 보장하기 위한 행정부처로 예컨대 국토교통부 항공정책실(Korea office civil aviation)을 들 수 있다.

② 국제민간항공기구(ICAO)는 시카고 협약으로 설립된 국제기구로 국제 민간 항공기의 통과 및 이·착륙의 권리를 상호 보호하고 국제항공운송을 증진시키는 데 그 목적을 둔다. 제30조 제1항은 항공보안을 위협하는 정보를 사전에 인지하고 항공기 재난을 방지하는 데 목적을 둔다.

③ 항공기 소유자는 해당 항공기 등록국가의 관련 기관, 국토교통부 항공기술과에 항공기의 소유권을 공시하기 위하여 항공기 등록령(대통령 제24873호)과 항공기 규칙(국토교통부령 제36호)에 따라 등록하여야 한다. 항공기 임대인과 임차인에서의 관계를 따져 볼 필요가 있다. 여객의 운항과 화물의 운수를 목적으로 임대인이 항공기를 임차인에게 임대한 경우, 임대인은 당연히 항공기의 소유자로서 그 정보를 제공받아야 하지만, 임차인의 경우, 실질적으로 항공기를 사용해 운항을 하면서 여객의 안전과 화물의 재산으로써 가치를 보장해야 하는 관리자의 의무를 사회통념상 지닌다고 볼 수 있으므로, 정보 제공 대상자에 포함될 수 있다고 본다.

④ 제30조 제1항의 정보 제공 대상자는 실제 항공보안과 관련되어 안전을 관리하는 대상자를 의미한다. '제공하여야 한다'고 규정한다. 국토교통부 장관은 즉시 해당 정보 제공 대상자에게 정보를 제공하여 미연의 사고를 방지할 의무를 가진다.

3) 보안

(1) 보안·검색

가. 보안검색 및 보안검색업체지정

'보안검색'이란 불법방해행위를 하는 데에 사용될 수 있는 무기 또는 폭발물 등 위험성이 있는 물건들을 탐지 및 수색하기 위한 행위를 말한다.

① 보안검색위탁업체

항공보안법 시행규칙[국토교통부령 제86호, 2014.4.4., 일부개정] 제8조의4(보안검색 위탁업체 지정절차 등)에 따르면 법 제15조 제3항에 따라 공항운영자 또는 항공운송사업자가 보안검색위탁업체의 지정을 추천하려는 경우에는 별지 제1호서식의 보안검색위탁업체 지정신청서에 지정 대상 보안검색위탁업체에 관한 다음 각 호의 서류를 첨부하여 국토교통부장관에게 제출하여야 한다.

1. 「경비업법」에 따른 경비업 허가증
2. 보안검색인력 명단, 해당 인력의 법 제28조 제2항에 따른 교육훈련 이수증
3. 보안검색위탁업체 추천서

제1항에 따라 지정신청서를 제출받은 국토교통부장관은 「전자정부법」 제36조 제1항에 따른 행정정보의 공동이용을 통하여 지정 대상 보안검색위탁업체의 법인 등기사항증명서 및 사업자등록증을 확인하여야 한다. 다만, 해당 업체가 사업자등록증의 확인에 동의하지 아니하는 경우에는 해당 서류를 첨부하게 하여야 한다.

제8조(보안검색위탁업체 지정기준) 법 제15조 제3항 및 제7항에 따른 보안검색위탁업체의 지정기준은 다음과 같다. <개정 2014.4.4>

1. 승객·휴대물품 및 위탁수하물 보안검색위탁업체의 지정기준

가. 인천공항의 경우

1) 「경비업법」 제4조에 따라 경비업 허가를 받은 법인일 것
2) 자본금이 10억원 이상일 것
3) 상시고용직원인 보안검색인력이 100명 이상일 것

나. 김포·김해 및 제주공항의 경우

1) 「경비업법」 제4조에 따라 경비업 허가를 받은 법인일 것

2) 자본금이 10억원 이상일 것

3) 상시고용직원인 보안검색인력이 50명 이상일 것

다. 가목 및 나목 외의 공항의 경우

1) 「경비업법」 제4조에 따라 경비업 허가를 받은 법인일 것

2) 자본금이 5억원 이상일 것

3) 상시고용직원인 보안검색인력이 10명 이상일 것

2. 화물 보안검색위탁업체의 지정기준

가. 「경비업법」 제4조에 따라 경비업 허가를 받은 법인일 것

나. 자본금이 5억원 이상일 것

다. 상시고용직원인 보안검색인력이 5명 이상일 것

[전문개정 2010.9.20]

나. 승객

승객 및 위탁수하물에 대한 보안검색

공항운영자는 항공기에 탑승하는 사람의 신체, 휴대물품 및 위탁수하물에 대한 보안검색과 공항운영자의 허가를 받아 보호구역으로 들어가는 사람에 대한 보안검색을 실시하여야 하며, 도착한 항공기의 통과승객이나 환승승객에 대하여도 신체, 휴대물품 위탁수하물에 대한 보안검색을 하여야 하는데 공항운영자는 이러한 보안검색을 직접 실행하거나 국토교통부장관이 지정한 업체에 보안검색을 위탁할 수 있다.

1. 보안검색을 직접 실행하는 경우 공항운영자는 항공기 탑승 전에 모든 승객 및 승객의 휴대물품에 대하여 보안검색을 하여야 하며, 이 경우 승객에 대해서는 문형금속탐지기를, 휴대물품에 대해서는 엑스선 검색장비를 사용하여 보안검색을 하여야 한다.
2. 보안검색과정에서 폭발물이나 위해물품이 있다고 의심되는 경우에는 폭발물 탐지장비 등 필요한 검색장비 등을 추가하여 보안검색을 하여야 하며, 검색장비 등이 정상적으로 작동하지 않거나 경보음이 울리는 경우 혹은 무기류나 위해물품을 휴대하거나 숨기고 있다고 의심되는 경우와 엑스선 검

색장비에 의한 검색으로 그 내용물을 판독할 수 없는 경우에는 승객의 동의를 받아 직접 신체에 대한 검색을 하거나 수하물을 개봉하여 검색하여야 한다.

3. 공항운영자는 보안검색이 완료된 승객과 완료되지 못한 승객 간의 접촉을 방지해야 하며 보안검색이 끝난 위탁수하물이 보안검색이 완료되지 아니한 위탁수하물과 혼재되지 아니하도록 해야 할 의무가 있다.
4. 공항운영자는 의료보조장치를 착용한 장애인, 임산부, 또는 중환자 등 국토교통부장관이 인정하는 사람에 대해서는 보안검색 장소 외의 별도의 장소에서 보안검색을 할 수 있으며, 외교행낭임을 알아볼 수 있는 표지와 국가표시가 있는 수하물에 대하여는 개봉검색을 할 수 없고 국무로 국외여행을 하는 국가원수나 국제협약 등에 따라 보안검색을 면제받도록 되어 있는 사람은 보안검색을 면제받을 수 있다.
5. 항공보안검색요원이 보안검색 업무를 수행 중인 때에는 보안검색 업무 외의 다른 업무를 수행하여서는 아니 된다.

다. 상용화주제도

"상용화주"란 「항공안전 및 보안에 관한 법률」(이하 "법"이라 한다) 제17조의2 제1항에 따라 국토교통부장관이 지정한 자로서 검색장비, 보안검색요원 등 국토교통부령으로 정하는 기준을 갖추고 항공화물 및 우편물에 대하여 보안검색을 실시하는 화주 또는 항공화물을 포장하여 보관 및 운송하는 자를 말한다. 상용화주제도의 추진 배경은 항공화물 시장확대에 따라 신속한 물류흐름을 위해 보안시설, 인력 등을 갖춘 상용화주가 자체적으로 보안검색을 한 화물에 대해 공항에서 항공운송사업자의 검색을 면제하여 검색 시간을 절감하는 데에 있다. 항공기에 탑재하기 위해 운송되는 항공화물에 대한 보안통제의 책임은 항공화물을 항공운송사업자가 접수하기 전까지는 상용 화주에게 있으며, 접수 후에는 항공운송사업자에게 있다.

화물에 대한 보안검색에 있어서 항공운송사업자는 국토교통부령으로 정하는 기준을 갖춘 상용화주를 지정하여 항공화물 및 우편물에 대하여 보안검색을 실시하게 할 수 있다. 이때의 상용화주는 엑스선 검색장비와 폭발물 탐지장비를 갖추고 있고 2명 이상의 항공보안검색요원을 확보하고 있으며 화물을 포장 또는 보관할 수 있는 보안통제가 이루어진 시설과 보안검색이 완료된 항공화물과 완료되지 않은 항공화물이 섞이지 않도록 분리할 수 있는 시설을 소유한 자로써 항공운송사업자 대신 화물에 대한 보안검색을 실시함으로써 항공운송사업자의 보안검색에 대한 부담을 줄이기 위한 제도로서 항공운송사업자는 상용화주가 보안검색을 실시한 항공화물 및 우편물에 대하여 보안검색을 아니할 수 있다.

라. 보안검색실패

공항운영자와 항공운송사업자가 보안검색을 실행함에 있어서 검색장비가 정상적으로 작동되지 아니한 상태로 검색을 하였거나 검색이 미흡한 사실을 알게 되었을 경우, 허가받지 아니한 사람 또는 물품이 보호구역 또는 항공기 안으로 들어간 경우, 보안검색을 위탁한 경비업체의 자격이 취소된 경우와 그 외 항공보안에 우려가 될 만한 상황이 발생한 경우에 이를 즉시 국토교통부장관에게 보고하여야만 한다. 국토교통부장관이 항공기가 출발하기 전에 보고를 받은 경우에는 해당 항공기에 대해 재보안검색 등의 보안조치를 취해야 하고 항공기가 출발한 후 보고를 받은 경우에는 해당 항공기가 도착하는 국가의 관련 기관에 대해서 이를 통보해야 한다. 또한 국토교통부장관은 다른 국가로부터 앞서 사항과 관련한 보안검색 실패를 통보받은 경우에 해당 항공기를 격리계류장으로 유도하여 보안검색 등 필요한 보안조치를 하여야 한다.

(2) 항공기 보안

가. 법령 적용 시기

이 장에서 다루는 법령의 발효 범위와 조건, 시행자에 대해서 서술해 보자. 일반적으로 항공기에 탑승하는 탑승인원들은 언제부터 이 법령을 적용받게 될까?

해당 법령의 적용은 항공기에 탑승한 후 엄밀히 말하면 항공기가 출발 준비를 마치고 항공기 출입구를 봉쇄한 직후부터 항공기가 목적지에 도착한 이후 탑승객들이 하기를 위하여 출입구를 개방한 시기까지가 이번 장에서 배우는 법령들의 적용을 받게 된다.

① 항공기 내에서의 보안법령: 항공보안법 21~26조 참조(시행령 제15조, 17조 18조의 2 참조)

② 현행법상 항공기의 운항 중이라는 용어는 항공기가 운항을 위하여 출입구

를 봉쇄한 순간을 항공기 운항의 시작 시점으로 본다.

③ 항공기가 운항을 시작한 시점에서 항공기에 보안은 기장, 사법경찰관(항공운송사업자가 지정한 특정 기내보안요원)이 보안행위를 실시하고 불법행위를 제제하는 롤을 수행한다.(항공보안법 제14조, 22조)

④ 이 운항이라는 용어의 명확화로 항공운송자, 공항시설관리자 간의 권리/책임관계를 규정할 수 있게 되었으며, 특정 상황에서의 제제 등이 명확해지게 되었다.

⑤ 항공기 내에서의 승객의 협조의무: 항공보안법 제23조 참조(항공법 제 61조의 2, 항공보안법 15, 17조 참조)

예: 폭언, 고성방가, 흡연, 성적수치심을 유발하는 행위, 전자기기사용, 조종술 출입 기도

⑥ 항공기 내에서의 기장의 권한: 항공보안법 제22조 참조

예: 보안, 재산의 위해를 끼치는 행위, 질서를 어지럽히는 행위 등에 조치를 취한 권한 불법행위자에 대한 협종청 권한

⑦ 기내보안요원: 운항승무원 중 항공사가 지정한 자로써, 사법경찰관리의 역할을 수행(기내보안요원: 기장으로부터의 권한을 위임하는 승무원(항공보안법 22조 참조))

나. 법령 적용 관계

항공기 내 보안에 대한 각 관계자 및 그 시기에 관해서는 위에서 서술하였다. 일반적으로 항공보안법에서 항공기 내에서의 보안에 대해서는 여타 보안법과 마찬가지로, 기내 치안 유지 및 통제구역 정의 등을 중점으로 명문화 되어 있다.

① 항공기 내의 통제구역

- 항공기 내에서는 운항 중에 승객들에 대한 안전과 내부에서의 치안유지(문제점 발생 원인 제거) 등을 위하여 조종실을 통제구역으로 잡고 해당 구역에 대한 통제행동을 설명하고 있다.

(1) 조종실 보안

- 항공기 운항 전 항공기에는 기본적으로 조종실 출입 통제 절차를 만들어 시행하고 있으며, 일반적으로 객실에서 이를 열 수 없게 하는 잠금장치를

설치하는 방안으로 이를 막고 있다.

- 항공기 운항 중 기장(부기장)의 조종실 시건을 완료한 후 운항하도록 한다.
- 조종실에 강제로 출입하려고 시도하거나 출입한 자에 대해서는 항공기의 정상적인 운항을 방해하는 행위로 간주하여 제제를 받게 된다.

(2) 항공기 출입구/탈출구

- 항공기의 출입구나 탈출구에 관해서는 준통제구역으로, 명문적으로 통제구역이라 명시되어 있지는 않지만, 이곳에 출입하여 조작을 시도하거나, 이를 이용하여 폭행, 협박, 위계행위를 요구할 경우 위 법령에 의거하여 처벌하도록 하게 한다.

② 항공기 내에서의 통제절차

- 폭언, 고성방가 등의 소란행위(흡연 포함)
- 술이나 약물 등의 복용을 통해 타인에게 위해를 끼치는 행위
- 성적수치심을 야기하는 행위
- 불법적인 전자기기 사용행위
- 기장의 승낙없이 조종실 출입을 기도하는 행위
- 기장의 업무를 위계 또는 위력으로 방해하는 행위

→ 기장의 보안업무는 일반적으로 항공기 운항에 있어 정상적인 운항을 시행을 위한 것으로, 위 통제행위에 의한 통제 절차는 기장(혹은 권리를 위임받은 기내보안요원)에 의해서 진행된다.

※ 항공기 내에서의 통제 절차 어디까지나 정상적인 운행을 위한 기장(기내보안요원)의 권리임과 동시에 항공기의 탑승객들의 협조의무적 성격을 띄고 있으며, 위 해당사항에 대해 제제를 가하는 보안요원들의 제제에 따르지 않으면 안된다.

해당 범법행위로 인해 인수된 피의자는 항공기 착륙 이후 해당 공항 국가 경찰서에 신변을 인도해야 하며, 해당 범법자를 구금하는 행위는 금지된다. 또한 위 처벌결과를 즉시 해당 항공사에 통보하여야 한다.

③ 특정 직무수행자의 무기 허가

- 항공기 내의 누구든지 무기반입이 금지되어 있지만, 대통령령으로 정하는

특정 직무수행을 위한 자는 항공기 탑승 최소 3일 전에 국토교통부장관에게 무기를 신청 및 허가를 받아야지만 항공기 내에 반입할 수 있다. 항공기내에 무기를 반입하려는 사람은 탑승 전에 이를 항공기 기장에게 보관하게 하고 목적지에 도착 후 반환받아야 한다. 하지만 승객이 탑승한 항공기의 경우 항공기 내 보안요원은 기장에게 따로 보관하지 않아도 된다.

(1) 특정 직무 종류

- 「대통령 등의 경호에 관한 법률」에 따른 경호업무
- 「경찰관 직무집행법」에 따른 요인(要人)경호업무
- 외국정부의 중요 인물을 경호하는 해당 정부의 경호업무
- 법 제24조에 따른 호송대상자에 대한 호송업무
- 항공기 내의 불법방해행위를 방지하는 항공 기내 보안요원의 업무

(2) 허가 가능한 무기 종류

- 「총포·도검·화약류 등 단속법 시행령」 제3조에 따른 권총
- 「총포·도검·화약류 등 단속법 시행령」 제6조의2에 따른 분사기
- 「총포·도검·화약류 등 단속법 시행령」 제6조의3에 따른 전자충격기
- 국제협약 또는 외국정부와의 합의서에 의하여 휴대가 허용되는 무기

(3) 무기 반입 허가절차

- 제출 내용: 무기 반입자의 성명, 무기 반입자의 주민등록번호, 무기 반입자의 여권번호(외국인만 해당), 항공기의 탑승일자 및 편명, 무기 반입 사유, 무기의 종류 및 수량, 그 밖에 기내 무기반입에 필요한 사항이 해당된다.
- 항공기 내 무기 반입 허가 신청을 받은 경우 위와 같은 특정 직무에 해당하고 허가 가능한 무기에 적합한 경우 반입을 허가한다.
- 무기 반입을 허가한 경우 관련기관에 통보해야 한다.
- 외국국적 항공기 내에 무기를 반입해 우리나라로 운항하는 경우에도 위와 같은 규정을 적용한다.
- 긴급 경호업무일 경우엔 탑승 전 유선 등으로 미리 국토교통부장관에게 통보한다.

(3) 위해물품

가. 항공기 내 휴대물품 제한

- 항공기에 탑승하는 승객, 승무원, 기장 등 누구든지 위해가 되는 무기나 위해 물품을 항공기에 가지고 들어가서는 안 된다. 기내 객실과 위탁 수하물에 각각 휴대물품의 허용되는 범위가 다른데, 항공기에 해를 가할 수 있는 물품이나 무기 종류 및 허용범위는 다음과 같다.

① 기내 반입 허용품목

<table>
<tr><th>구분</th><th>객실</th><th>위탁 수하물</th></tr>
<tr><td>생활도구류</td><td colspan="2">수저, 포크, 손톱깎이, 끝이 뾰족한 긴 우산, 감자칼, 병따개, 와인 코르크 따개, 족집게, 손톱정리가위, 바늘류, 제도용 콤파스, 눈썹 정리용 칼 등</td></tr>
<tr><td rowspan="2">액체류 위생용품,
욕실용품,
의약품류</td><td colspan="2">화장품, 염색약, 퍼머약, 목욕용품, 치약, 콘택트렌즈용품, 소염제, 의료용 소독 알코올, 내복약, 외용연고 등</td></tr>
<tr><td>국제선 객실내 액체류 반입 기준은 물, 음료, 식품, 화장품 등 액체, 분무(스프레이), 겔류(젤 또는 크림)로 된 물품은 100ml 이하의 개별용기에 담아 1인당 1L 투명 비닐지퍼백 1개에 한해 반입이 가능.
유아식 및 의약품 등은 항공여정에 필요한 용량에 한하여 반입 허용. 단, 의약품 등은 처방전 등 증빙서류를 검색요원에게 제시</td><td>국제선일 경우 개별용기 500ml 이하로 1인당 2Kg(2L)까지 반입 가능</td></tr>
<tr><td>의료장비 및 보행 보조도구</td><td colspan="2">주사바늘, 체온계, 자동제세동기 등 휴대용 전자의료장비, 인공심박기 등 인체이식장치, 지팡이, 목발, 휠체어, 유모차 등
단, 수온체온계는 보호케이스에 안전하게 보관된 경우만 객실 반입 가능하며 전동휠체어는 배터리 위험성 등으로 위탁 수하물만 가능</td></tr>
<tr><td>구조용품</td><td colspan="2">소형 산소통(5kg 이하), 구명조끼에 포함된 실린더 1쌍(여분 실린더 1쌍도 가능), 눈사태용 구조배낭(1인당 1개)
단, 안전기준에 맞게 포장되고 해당 항공사 승인 필요</td></tr>
<tr><td>건전지 및
개인용 휴대
전자장비</td><td colspan="2">휴대용 건전지, 시계, 계산기, 카메라, 캠코더, 휴대폰, 노트북 컴퓨터, MP3 등</td></tr>
<tr><td>창, 도검류</td><td colspan="2">안전면도날, 일반 휴대용 면도기, 전기면도기 등</td></tr>
<tr><td>스포츠 용품류</td><td colspan="2">테니스라켓 등 라켓류, 인라인스케이트, 스케이트보드, 등산용 스틱,</td></tr>
</table>

	야구공 등 공기가 주입되지 않은 공류는 반입 가능
인화성 물질	소형안전성냥 및 휴대용 라이터 각 1개에 한해 반입 가능
기타 위험물질	드라이아이스는 1인당 2.5kg에 한해 이산화탄소배출이 용이하도록 안전하게 포장된 경우 항공사 승인하에 반입 가능

② 기내 반입할 수 없는 품목

구분	객실	위탁 수하물
창, 도검류	과도, 커터칼, 접이식칼, 면도칼, 작살, 표창, 다트 등	모두 위탁 가능
스포츠용품류	야구배트, 하키스틱, 골프채, 당구큐, 빙상용스케이트, 아령, 볼링공, 활, 화살, 양궁 등	모두 위탁 가능
총기류	모든 총기 및 총기 부품, 총알, 전자충격기, 장난감총 등	총기류는 항공사에 소지허가서 등을 확인시키고 총알과 분리 후 위탁 가능
무술 호신용품	쌍절곤, 공격용 격투무기, 경찰봉, 수갑, 호신용 스프레이 등	호신용 스프레이는 1인당 1개(100ml 이하)만 위탁가능
공구류	도끼, 망치, 못총, 톱, 송곳, 드릴/날길이 6cm를 초과하는 가위, 스크루드라이버, 드릴심류/총길이 10cm를 초과하는 렌치, 스패너, 펜치류/가축몰이 봉 등	모두 위탁 가능
폭발물류	수류탄, 다이너마이트, 화약류, 연막탄, 조명탄, 폭죽, 지뢰, 뇌관, 신관, 도화선, 발파캡 등 폭발 장치	
방사성, 전염성, 독성 물질	염소, 표백제, 산화제, 수은, 하수구 청소재제, 독극물, 의료용 및 상업용 방사성 동위원소, 전염성 및 생물학적 위험물질 등	
인화성 물질	성냥, 라이터, 부탄가스 등 인화성 가스, 휘발유 및 페인트 등 인화성 액체, 70% 이상의 알코올성 음료 등	
기타 위험물질	소화기, 드라이아이스, 최루가스 등	

※ 앞서 무기 및 위해 물품은 목적지에 따라 해당국에 추가 금지물품이 있을 수도 있다. 또한 반입이 허용되는 물품이더라도 보안 검색감독자 또는 항공사가 항공기의 안전 또는 승객, 승무원에게 위해를 가할 수 있다고 판단되는 물품은 반입이 금지될 수도 있다.

(4) 항공기내 보안요원

가. 항공기내 보안요원

① 항공기내 보안요원의 정의

'항공기내 보안요원'이란 항공기 내의 불법방해행위를 방지하는 직무를 담당하는 사법경찰관리 또는 그 직무를 위하여 항공운송사업자가 지명하는 사람을 말한다. 국토교통부 지침 제 43호에는 항공기내 보안요원 운영지침을 규정하면서 구체적으로 항공기 내의 질서 및 안전을 해치는 행위를 방지하는 직무를 위하여 항공운송사업자가 객실승무원 중에 지명하는 사람이다.

② 항공기내 보안요원의 자격과 권한

'항공기내 보안요원'은 선임객실승무원 또는 객실승무원으로써 3년 이상의 경력을 갖춘 자로서 정신적으로 안정되고 성숙된 자이어야 하며, 연령 및 성별을 고려하여 항공운송사업자가 선발하여야 하며, 이는 항공기 안에 무기를 휴대하고 탈 수 있고, '운항중'인 항공기의 안전을 해치고 인명·재산에 위해를 주며 항공기 내의 질서를 문란시키거나 규율에 위반하는 행위를 하려고 하는 자 및 항공기 내에서 발생되는 범죄에 관하여 체포 등 그 행위를 저지시키기 위한 필요한 조치를 할 수 있는 사법경찰로서의 권한이 주어지기 때문이다.

③ 항공기내 보안요원의 임무

'항공기내 보안요원'은 항공기 내의 사법경찰관으로써 다음과 같은 임무를 수행한다.

1. 승객 탑승 전 항공기 객실 내 보안 점검 및 수색
2. 최초 출발공항 또는 중간경유지공항에서 항공기에 탑승하는 승객 또는 재탑승하는 승객과 휴대수하물에 대하여 의심스러운 경우 수색 및 점검
3. 운항 중 항공기 객실 내 보안 순찰
4. 운항 중 및 경유지에 있는 동안의 객실 내 보안감독
5. 불법 점거 또는 파괴 행위 제지
6. 객실 내 폭발의심물체가 발견된 경우 최소위험폭발물위치 사용절차에 따른 수행

7. 기타 승객의 안전 및 항공기 보안에 필요한 사항
8. 객실 내 거동 수상한 행동을 하거나 보안위반의 경우 항공기내 보안요원이 운항승무원에게 긴밀히 알릴 수 있어야 한다.

④ **항공기내 보안요원의 중요성**

우리나라의 항공산업은 '서비스'에만 치중한 나머지 그간 기내불법행위에 관하여는 뚜렷한 판례가 없을 정도로 항공기내승무원들에 대하여 많은 인내를 강요해왔다. 그러나 항공기내불법행위는 항행의 안전을 해치고 나아가 탑승한 승객 및 승무원들의 생명을 담보로 하는 테러행위와 마찬가지이며, 따라서 '항공기내 보안요원'의 권한과 임무는 항공보안을 위해 반드시 지켜져야 할 중요한 규정이다.

아직까지 국민의 인식이 항공사의 서비스에만 초점이 맞추어져 있으나, 외국처럼 우리나라도 항공기내불법행위에 대한 선례를 만들고 항공기내 보안요원에 대한 인식을 심어준다면 그 선례만으로도 항공기내불법행위 억지력이 생겨 더 안전한 항행을 유도할 수 있다.

'항공보안검색요원'이란 승객, 휴대물품, 위탁수하물, 항공화물 또는 보호구역에 출입하려고 하는 사람 등에 대하여 불법방해행위를 하는 데 사용될 수 있는 무기 또는 폭발물 등 위험성이 있는 물품을 탐지 및 수색하기 위한 보안검색 업무를 수행하는 사람을 말한다. '항공보안검색요원'은 공항에서 항공기에 탑승하는 승객·휴대물품·위탁수하물 등에 대하여 항공안전 보안장비 –엑스선 검색장비 및 금속탐지 장비 등– 을 사용하여 불법방해행위에 사용될 수 있는 무기 또는 위험성이 있는 물건들을 탐지하고 수색하는 업무를 수행하고 국토교통부장관이 지정한 보안검색 전문교육기관에서 보안검색요원 초기교육 및 직무교육(OJT)을 이수하여 자격을 획득하여야 하며, 매년 정기교육을 실시하여야 한다.

⑤ **특별사법경찰관리로서의 항공객실승무원**

항공기내 보안요원에 관해서는 항공보안법 제2조 7호에 다음과 같이 규정이 되어 있다.

"항공기내 보안요원"이란 항공기 내의 질서 및 안전을 해치는 행위를 방지하는 직무를 담당하는 사법경찰관리 또는 그 직무를 위하여 항공운송사업자가 지명하는 사람을 말한다.

여기서 말하는 사법경찰관리는 사법경찰관과 사법경찰리를 총칭하는 말로써, 형사소송법상의 관념이고 범죄수사에 있어서 검사의 보조기관을 뜻한다. 사법경찰관은 수사관, 경무관, 총경, 경감, 경위이며 사법경찰리는 경사, 순경이고 그 외 법률로써 사법경찰관리를 정할 수 있게 되어 있다.(형사소송법 196조) 이들은 수사의 주재자인 검사의 지휘하에 수사를 하며, 범죄수사에 관한 한 검사의 직무상 명령에 복종하여야 한다.(검찰청법 제53조)

위에서 그 외 법률로써 사법경찰관리를 정한다고 언급하고 있는데 그 법률이 바로 "사법경찰관리의 직무를 수행할 자와 그 직무범위에 관한 법률"이다. 따라서 이에 대해서 더 자세히 설명하기 위해서는 이 법률의 조문들을 우선적으로 살펴보아야 한다.

첫째로 사법경찰관리의 직무를 수행할 자와 그 직무범위에 관한 법률의 목적은「형사소송법」제197조에 따라 사법경찰관리의 직무를 수행할 자와 그 직무범위를 정하기 위해서 이며, 이 중에서 항공보안법에 관련된 내용은 다음과 같다.

사법경찰관리의 직무를 수행할 자와 그 직무범위에 관한 법률 제3조(교도소장 등) 중에서 항공보안법과 관련이 있는 5항을 살펴보면 다음과 같고, 이를 정리를 해보면, 출입국관리 업무에 종사하는 4~7급까지의 국가공무원은 사법경찰관의 직무를 수행하고 8~9급의 국가공무원은 사법경찰리의 직무를 수행한다.

⑤ 출입국관리 업무에 종사하는 4급부터 7급까지의 국가공무원은 출입국관리에 관한 범죄와 다음 각 호에 해당하는 범죄에 관하여 사법경찰관의 직무를, 8급·9급의 국가공무원은 그 범죄에 관하여 사법경찰리의 직무를 수행한다.

1. 출입국관리에 관한 범죄와 경합범 관계에 있는「형법」제225조부터 제240조까지의 규정에 해당하는 범죄
2. 출입국관리에 관한 범죄와 경합범 관계에 있는「여권법」위반범죄
3. 출입국관리에 관한 범죄와 경합범 관계에 있는「밀항단속법」위반범죄

출입국관리 업무 외에 종사하는 사람에 대해서는 사법경찰관리의 직무를 수행할 자와 그 직무범위에 관한 법률 제5조(검사장의 지명에 의한 사법경찰관리)에서 규정하고 있는데 그 내용은 다음과 같다.

제5조(검사장의 지명에 의한 사법경찰관리) 그 소속 관서의 장의 제청에 의하여 그 근무지를 관할하는 지방검찰청검사장이 지명한 자 중 7급 이상의 국가공무원 또는 지방공무원 및 소방위 또는 지방소방위 이상의 소방공무원은 사법경찰관의 직무를, 8급·9급의 국가공무원 또는 지방공무원 및 소방장 또는 지방소방장 이하의 소방공무원은 사법경찰리의 직무를 수행한다.

이러한 사법경찰관리가 수사해야 할 수많은 범죄의 종류 중에서 항공보안법과 관련이 있는 범죄는 제6조(직무범위와 수사 관할)에 규정되어 있으며 그 내용은 소속 관서 관할 구역 중 우리나라와 외국을 왕래하는 항공기 또는 선박이 입·출항하는 공항·항만과 보세구역에서 발생하는 마약·향정신성의약품 및 대마사범이다.

특히, 사법경찰관리의 직무를 수행할 자와 그 직무범위에 관한 법률 제7조(선장과 해원 등)에서는 항공보안법에 관련한 사법경찰관의 직무범위가 보다 명확하게 명시되어 있다.

제7조(선장과 해원 등): ① 해선(海船)[연해항로(沿海航路) 이상의 항로를 항행구역으로 하는 총톤수 20톤 이상 또는 적석수(積石數) 2백 석 이상의 것] 안에서 발생하는 범죄에 관하여는 선장은 사법경찰관의 직무를, 사무장 또는 갑판부, 기관부, 사무부의 해원(海員) 중 선장의 지명을 받은 자는 사법경찰리의 직무를 수행한다.

② 항공기 안에서 발생하는 범죄에 관하여는 기장과 승무원이 제1항에 준하여 사법경찰관 및 사법경찰리의 직무를 수행한다.

따라서 사법경찰관리의 직무를 수행할 자와 그 직무범위에 관한 법률에 근거하여 판단했을때, 항공기 내의 질서 및 안전을 해치는 행위를 방지하는 직무를 담당하는 사법경찰관은 기장이 되는 것이고 사법경찰리는 승무원이라고 볼 수 있다.

나. 항공운송사업자의 보안책임

① 항공기의 보안계획

항공운송사업자도 공항운영자와 마찬가지로 항공기의 보안에 필요한 조치를 하여야 하는데 항공운송사업자와 항공기취급업체의 자체 보안계획은 다음과 같다.

* 항공운송사업자의 자체 보안계획

1. 항공안전 및 보안업무 담당 조직의 구성·세부업무 및 보안책임자의 지정
2. 항공안전 및 보안에 관한 교육훈련
3. 항공안전 및 보안에 관한 정보의 전달 및 보고 절차
4. 항공기 정비시설 등 항공운송사업자가 관리·운영하는 시설에 대한 보안대책
5. 항공기 보안에 관한 사항
   a. 항공기에 대한 경비대책
   b. 비행 전·후 항공기에 대한 보안점검
   c. 계류항공기에 대한 탑승계단, 탑승교, 출입문, 경비요원 배치에 관한 보안 및 통제 절차
   d. 항공기 운항중 보안대책
   e. 안전유지 협조의무를 위반한 사람에 대한 처리절차
   f. 수감 중인 사람 등의 호송 절차
   g. 범인의 인도·인수절차
   h. 항공기내 보안요원의 운영 및 무기운용 절차
   i. 국외취항 항공기에 대한 보안대책
   j. 항공기에 대한 위협 증가 시 항공안전 및 보안대책
   k. 조종실 출입절차 및 조종실 출입문 안전강화대책
   l. 기장의 권한 및 그 권한의 위임절차
   m. 기내 보안장비 운용절차
6. 기내식 및 저장품에 대한 보안대책
7. 항공보안검색요원 운영계획
8. 보안검색 실패 대책보고
9. 항공화물 보안검색 방법

10. 보안검색기록의 작성·유지
11. 항공안전 보안장비의 관리 및 운용
12. 화물터미널 보안대책(화물터미널을 관리 운영하는 항공운송사업자만 해당한다)
13. 운송정보의 제공 절차
14. 위해물품 탑재 및 운송절차
15. 보안검색이 완료된 위탁수하물에 대한 항공기에 탑재되기 전까지의 보호 조치절차
16. 승객 및 위탁수하물에 대한 일치여부 확인 절차
17. 승객 일치 확인을 위해 공항운영자에게 승객 정보제공
18. 항공기 탑승 거절 절차
19. 항공기 이륙 전 항공기에서 내리는 탑승객 발생 시 처리절차
20. 비행서류의 안전 및 보안관리 대책
21. 보호구역 출입증 관리대책
22. 그 밖에 항공안전 및 보안에 관하여 필요한 사항

* 항공기취급업체(항공기취급업체 · 항공기정비업체 · 공항상주업체, 항공여객 · 화물터미널 운영자 및 도심공항터미널을 경영하는자) 등의 자체 보안계획

1. 항공안전 및 보안업무 담당 조직의 구성·세부업무 및 보안책임자의 지정
2. 항공안전 및 보안에 관한 교육훈련
3. 항공안전 및 보안에 관한 정보의 전달 및 보고 절차
4. 보호구역 출입증 관리 대책
5. 해당 시설 경비보안 및 보안검색 대책
6. 항공안전 보안장비 관리 및 운용
7. 그 밖에 항공안전 및 보안에 관한 사항

② 승객의 안전 및 항공기의 보안

항공운송사업자는 승객의 안전 및 항공기의 보안을 위하여 필요한 조치를 하여야 하는데 이를 위하여 항공운송사업자는 국토교통부령으로 정하는 바에 따라 조종실 출입문의 안전을 강화하고 운항중에는 허가받지 아니한 사람의 조종실 출

입을 통제하는 등 항공기에 대한 보안조치를 하여야 하며, 매 비행 전에 항공기에 대한 보안점검을 하여야 한다. 또한 항공운송사업자는 액체, 겔(gel)류 등 국토교통부장관이 정하여 고시하는 항공기 내 반입금지 물질이 보안검색이 완료된 구역과 항공기 내에 반입되지 아니하도록 조치해야 할 의무가 있고 항공운송사업자 또는 항공기 소유자는 항공기의 보안을 위하여 필요한 경우에는 『청원경찰법』에 따른 청원 경찰이나 『경비업법』에 따른 특수경비원으로 하여금 항공기의 경비를 담당하게 할 수 있다.

다. 항공보안 감독

① 항공보안 감독관

ㄱ. '소속 공무원을 항공보안 감독관으로 지정하여야 한다 '항공기내 보안요원과 항공보안검색요원으로부터 항공보안 감독관의 의미를 유추할 수 있는 가능성이 있다. 제2조 제7조 "항공기내 보안요원"이란 항공기 내의 불법방해행위를 방지하는 직무를 담당하는 사법경찰관리 또는 그 직무를 위하여 항공운송사업자가 지명하는 사람을 말한다. 기내에서 불법방해행위 발생 가능성 예측 및 발생 후 신속한 조치를 행하는 자를 가리키며, 특정인의 지명에 의하여 제한을 두고 있다. 하지만 항공보안 감독관은 기내가 아닌 장소를 불문하고 항공보안을 위해 필요한 조치를 할 수 있으며, 시기는 발생 후가 아닌 항공보안에 위협이 되는 사항을 사전에 알고, 발생을 예방하는 업무를 담당한다.

ㄴ. 제2조 제10조 "항공보안검색요원"이란 승객, 휴대물품, 위탁수하물, 항공화물 또는 보호구역에 출입하려고 하는 사람 등에 대하여 보안검색을 하는 사람을 말한다. 항공보안검색요원에서 항공 관련 인적, 물적 자원 및 보호구역에 출입하려고 하는 사람이란 행위의 대상을 제한하고 있으며, 점검업무가 아닌 구체적 업무, 보안검색으로 한정하고 있다.

ㄷ. 항공보안은 법익에 대한 침해를 예방하기 위한 일종의 행위이고, 형법적 성격을 가지므로 엄격한 해석을 필요로 한다. 유추 해석은 금지되며, 확대 해석도 제한적으로 필요한 경우 해야 한다.

② 항공보안에 관한 점검업무

제1조 제9호 "보안검색"이란 불법방해행위를 하는 데에 사용될 수 있는 무기 또는 폭발물 등 위험성이 있는 물건들을 탐지 및 수색하기 위한 행위를 말한다. 구체적으로 위험의 소지가 있는 휴대물을 탐지 및 수색하는 것으로 행위를 제한하였다. 항공보안에 관한 점검업무는 포괄적으로 보안검색뿐만 아니라 항공보안과 연관되는 모든 제반 사항을 점검하고 관리하는 업무이다.

③ 점검 기한 및 통지 의무

ㄱ. 제1항 항공보안 감독관과 제2항 국토교통부 장관과 관계 행정기관은 점검 대상자에게 점검 7일 전까지 점검계획을 통지해야 한다. 통지 의무 규정을 두고 있는 이유는 점검 대상자 입장에서 즉시 점검한다면 가혹한 처분이 될 수 있기 때문이다. 하지만 단서 조항으로 긴급한 경우 또는 증거인멸 우려가 있을 경우는 제외한다.

ㄴ. 긴급한 경우는 항공기 테러 행위가 즉시 행해질 수 있는 우려가 있거나, 항공보안에 대한 위협을 줄 수 있는 정보를 접수한 경우를 가리킨다. 점검 기한을 둔 경우, 대상자가 적극적으로 점검을 방해할 목적으로 사해행위를 하여 목적을 달성할 수 없는 경우와 소극적으로 부작위에 의하여 증거가 인멸될 경우에도 그러하다.

4) 공항보안

(1) 공항시설

가. 공항시설의 정의

'공항시설'이라 함은 우리 항공법에서 규정하는 바에 의하면 항공기의 이륙 · 및 여객·화물의 운송을 위한 시설과 그 부대시설 및 지원시설을 말한다. 그러나 단순히 공항구역에 있는 시설뿐만 아니라 공항구역 밖에 있는 시설을 포함하되, 대통령령으로 정하는 시설이어야 하며 그 중에서도 국토교통부장관이 따로 지정한 시설을 의미한다.(항공법 제2조)

즉, 위의 절차에 따라 「공항시설관리규칙」에 의한 '공항시설'이란 「항공법시행령」제10조에서 지정된 시설 중에서도 기본시설과 지원시설만을 의미하는데 그 종류는 다음과 같다.

① **기본시설**

가. 활주로, 유도로, 계류장, 착륙대 등 항공기의 이착륙시설

나. 여객터미널, 화물터미널 등 여객시설 및 화물처리시설

다. 항행안전시설

라. 관제소, 송수신소, 통신소 등의 통신시설

마. 기상관측시설

바. 공항 이용객을 위한 주차시설 및 경비·보안시설

② **지원시설**

가. 항공기 및 지상조업장비의 점검·정비 등을 위한 시설

나. 운항관리시설, 의료시설, 교육훈련시설, 소방시설 및 기내식 제조·공급 등을 위한 시설

다. 공항의 운영 및 유지·보수를 위한 공항 운영·관리시설

라. 공항 이용객 편의시설 및 공항근무자 후생복지시설

마. 공항 이용객을 위한 업무·숙박·판매·위락·운동·전시 및 관람집회 시설

바. 공항교통시설 및 조경시설, 방음벽, 공해배출 방지시설 등 환경보호시설

사. 상·하수도 시설 및 전력·통신·냉난방 시설

아. 항공기 급유시설 및 유류의 저장·관리 시설

자. 항공화물을 보관하기 위한 창고시설

차. 공항의 운영·관리와 항공운송사업 및 관련된 사업에 필요한 건축물에 부속되는 시설

나. 공항운영자의 보안책임

① **공항시설과 항행안전시설**

공항운영자는 공항시설과 항행안전시설에 대하여 보안에 필요한 조치를 하여야 하는데 공항운영자의 자체 보안계획 및 조치는 다음과 같다.

1. 항공안전 및 보안업무담당 조직의 구성·세부업무 및 보안책임자의 지정
2. 항공안전 및 보안에 관한 교육훈련
3. 항공안전 및 보안에 관한 정보의 전달 및 보고 절차

4. 공항시설의 경비대책
5. 보호구역 지정 및 출입통제
6. 승객·휴대물품 및 위탁수하물에 대한 보안검색
7. 통과 승객 ·환승 승객 및 그 휴대물품· 위탁수하물에 대한 보안검색
8. 승객의 일치여부 확인 절차
9. 항공보안검색요원의 운영계획
10. 보호구역 밖에 있는 공항상주업체의 항공안전 및 보안관리 대책
11. 항공안전 보안장비의 관리 및 운용
12. 보안검색 실패 등에 대한 대책 및 보고·전달체계
13. 보안검색 기록의 작성· 유지
14. 공항별 특성에 따른 세부 보안기준

② 보호구역

공항운영자는 보안검색이 완료된 구역, 활주로 및 계류장(繫留場) 등 공항시설의 보호를 위하여 필요한 구역을 보호구역으로 지정하여야 하는데 이러한 보호구역에는 다음의 지역이 포함되어야 한다.

1. 보안검색이 완료된 지역
2. 출입국심사장
3. 세관검사장
4. 관제탑 등 관제시설
5. 활주로 및 계류장
6. 항행안전시설 설치지역
7. 화물청사
8. 해당 규정에 따른 지역의 부대지역

5) 기타보안제도

(1) 항공보안 자율신고

가. 민간항공의 보안을 해치거나 해칠 우려가 있는 사실

보안을 해칠 우려가 있을 만한 사실은 보안을 위협할 만한 가능성으로도 충분

하다는 의미를 지닌다. 민간항공과 관련된 범죄는 주로 개인의 직접적인 이익보다 이념적 동기가 강하기 때문에 조직적이며, 치밀한 경우가 많다. 사전에 사고를 방지하기 위하여 최소한의 가능성이라도 발견된다면, 많은 인명피해가 발생하지 않도록 신속하고 단호한 대처가 필요하다.

나. 신고자 보호 의무

제33조의 2의 제2항과 제3항은 신고자를 보호하는 규정이다. 민간항공 안전에 대한 관심과 경각심을 일으키기 위해서는 제3자의 의지와 노력이 필요하다. 신고자의 신분 보장과 제공한 정보의 목적에 맞는 사용은 신고자에 대한 최소한의 항공안전에 대한 신뢰에 대한 보장이다. 제2항은 신고자 개인적 신분에서 발생한 보호 규정이며, 제3항은 신고자의 사회적 관계에서 발생한 보호 규정이다.

(2) 비행 서류에 관한 보안관리

항공운송사업자는 탑승권, 수하물 꼬리표 등 비행 서류에 대한 보안관리 대책을 수립, 시행하여야 하는데 비행 서류의 보안관리를 위해서 항공운송사업자는 비행 서류의 취급절차 등 보안관리를 위한 지침을 마련하고 비행 서류의 보안관리를 위한 보안담당자 및 취급자를 지정해야 한다. 또한 별도의 비행 서류 보관장소를 지정하고 비행 서류들을 1년 이상 보존하여야 한다. 이러한 비행서류를 보존할 때 컴퓨터 등의 정보처리장치에 의하여 생산 및 관리되는 전자기록물의 형태로 보존할 수 있다.

6) 교육훈련

(1) 교육 훈련

가. 보안 교육 지침 및 사항

① 일반사항

ㄱ. 교육실시는 주 5일, 일 5시간 내지 8시간을 연속적으로 실시함을 표준으로 하되, 교육기관 운영상 불가피한 경우에는 국토교통부장관으로부터 허가를 받아야 한다.

ㄴ. 교관은 보안검색 교육생이 다음의 각목의 사항을 수행할 수 있는 능력을

구비하도록 교육하여야 한다.

- X-Ray 운영자는 모니터에 나타나는 지정된 테스트물품을 구별할 수 있어야 하고, 모니터 화면에 나타나는 유·무기물을 구분하기 위한 색깔을 분별할 수 있어야 한다.
- 육안식별이 가능한 문형금속탐지기 및 X-Ray시스템에 색깔 및 경보인지, 출입증 구분 능력, 신분확인 능력 및 병·라벨·에어졸캔 등 포장물 표시 판독능력이 있어야 한다.
- 수하물에 대한 물리적 검색을 실시하는 검색요원은 수하물을 개봉하여 구석구석까지 손을 넣어 확인 및 검색할 수 있어야 한다.
- 승객에 대한 물리적 검색을 실시하는 검색요원은 한쪽 손으로 또는 금속탐지기를 이용하여 승객의 모든 신체부위까지 검색할 수 있어야 한다.
- 검색요원은 일반운영 환경에서 금속탐지기 및 X-Ray 시스템에 의해서 발생되는 경보음과 육성을 듣고 대응조치를 할 수 있어야 한다.

나. 보안검색 운영자과정

① **초기교육**

보안검색요원은 근무에 배치되기 전에 [별표 1-1-가]에 기술된 위험물품 판독실습 및 종합실습을 국토교통부장관이 인정한 컴퓨터 교육프로그램(CBT프로그램) 및 테스트 물품(파이프폭탄, 다이나마이트 폭발물 및 모의 권총) 등을 활용하여 실습 훈련을 실시하여야 한다.

[별표 1-1-가]

내용		시간
1. 관계법규	5. 보안검색요령	40시간
2. 위해물품 식별요령	6. 위해물품 판독 실습(CBT프로그램)	
3. 보안검색장비사용방법	7. 종합실습	
4. 폭발물 종류 및 구성품	8. 평가(이론, 실기)	

② **직무교육(OJT)**

직무교육은 초기교육과정 수료자에 한하여 실시하여야 한다.

ㄱ. 초기 교육내용을 기초로 하여 [별표 1－1－나]에 기술된 내용이 포함되어야 한다.

ㄴ. 보안검색 경력이 있는 직원의 감독하에 신입직원이 직무교육(OJT) 기간내에 검색대를 통과하는 여객의 신체 및 물건에 대하여 단독으로 임무수행이 가능할 때 검색임무를 부여한다.

ㄷ. 신입직원이 검색요건 및 절차를 인지하고 이해하는지 확인하기 위하여 검색요원 업무를 수시로 감시, 체크하고 단점을 보완토록 교육기록부에 기재 후 반복교육을 실시하여야 한다.

ㄹ. 실제 상황에서 테스트용 파이프폭탄, 다이나마이트 폭발물(폭발물세트의 4대 구성요소 포함) 및 모의 권총을 적발할 수 있어야 한다.

[별표 1－1－나]

내용	시간
1. 승객 및 휴대물품 검색요령	80시간
2. 위탁수하물 검색요령	
3. 위해물품 식별 및 조치	
4. 검색예절	

③ **정기교육**

모든 검색요원은 최소한 아래 사항에 대한 교육훈련을 매년 받아야 한다.

ㄱ. 교육내용은 [별표 1－1－다]에 기술된 사항이 포함되어야 한다.

ㄴ. [별표 1－1－가]에 기술된 내용에 대한 지식을 항상 유지할 수 있도록 교육을 실시해야 한다.

[별표 1－1－다]

내용	시간
1. 관련법규	8시간
2. 항공기 내 반입제한 및 금지물품	

3. 보안사고 사례	
4. 신종 위장무기 등 위해물품	
5. 실습(CBT 프로그램, X-RAY 판독)	
6. 평가	

다. 보안검색 감독자 과정

① **초기교육**

보안검색 감독자 교육은 보안검색 요원중 업무를 성공적으로 수행할 수 있는 우수한 자를 선발하여 실시하여야 한다.

ㄱ. 보안검색 감독자 교육은 [별표 1－2－가]의 내용을 포함한 교육을 실시하여야 한다.

ㄴ. 보안검색 감독자 초기교육과정을 입과하기 전에 보안검색요원 초기교육과정을 수료하여야 한다.

ㄷ. 보안검색 감독자에 대하여는 정기적으로 ICAO, FAA 등 관련규정의 변경된 내용에 대한 추가교육을 실시하여야 한다.

ㄹ. 보안검색 감독자에 대한 평가는 보안검색 요원 초기교육과정 평가요소와 감독자로서 근무편성, 교육훈련, 돌발상황 발생시 조치능력 등을 중점적으로 실시한다.

[별표 1－2－가]

내용	시간
1. 감독자 임무	8시간
2. 위협정보 등 최근 동향	
3. 위해물품 발견시 처리절차	
4. 근무편성 및 행정관리	
5. 실습(CBT프로그램, X-RAY 판독)	
6. 평가	

② **정기교육**

보안검색 감독자는 다음 사항에 대하여 매년 정기교육을 받아야 한다.

ㄱ. 보안검색 감독자 정기교육과정은 [별표 1－2－나]에 기술된 내용을 포함

하여야 한다.

ㄴ. 이 과정에서는 새로운 위협정보 소개, 보안검색 경험과 보안사고를 분석하고 기본적인 검색절차와 기술 등이 재검토될 수 있도록 하여야 한다.

[별표 1-2-나]

내용	시간
1. 관련법규	8시간
2. 위협정보 및 보안검색 동향	
3. 보안사고 사례 분석 및 대책	
4. 신종 위장무기 등 위해물품	
5. 평가(CBT 프로그램, X-RAY 판독 등)	

라. 평가 방법

① 시험과목, 시험의 실시요령, 판정기준, 시험문제출제, 시험방법·관리·보관·시험장, 시험감독 및 채점 등은 자체 실정에 맞게 교육기관의 장이 정한다.

② 피교육생은 총 교육시간의 90% 이상을 출석하여야 하고, 성적은 100점 만점의 경우 80점 이상을 득하여야 수료할 수 있다. 다만, 컴퓨터교육(CBT)형태의 보안검색 훈련프로그램으로 평가할 경우에는 동 프로그램의 평가기준에 의한다.

마. 교관의 조건

보안검색 교육기관 지정 및 운영기준

[국토교통부고시 제2009-292호]

제8조 ① 규칙 제15조 제1항 제2호의 규정에 의한 교관의 자격은 다음 각 호의 1에 해당하는 자로서 ICAO, FAA, IATA 등 관련 전문교육기관에서 교관교육 과정을 이수한 자이어야 한다.

가. 항공보안관련 업무경력 3년 이상인 자

나. 보안검색장비 관리, 유지 또는 보수경력이 3년 이상인 자

다. 보안장비 제작사에서 해당과정에 맞는 교육을 이수한 자

② 교육기관을 운영하고자 하는 자는 다음 각 호의 기준을 충족하는 교관 및 행정요원을 확보하여야 한다.

가. 전임교관 3명 이상, 다만, 교관 1인당 주 20시간 이내의 교육을 담당하여

야 한다.

나. 행정요원 1인 이상

다. 보조교관 1인 이상(필요시)

바. 교육 시설 및 장비

① **교육시설**

ㄱ. 교육환경 및 보건위생상 적합한 장소에 설립하되, 그 목적을 실현함에 필요한 다음 각호의 시설을 갖추어야 한다.

(1) 강의실 또는 열람실

(2) 실습 및 실기 등을 요하는 경우에는 이에 필요한 시설 및 설비

(3) 사무실, 화장실, 급수시설 등 보건위생상 필요한 시설 및 설비

(4) 기타 교육에 필요한 교구 및 설비(전력설비 포함)

ㄴ. 보안검색운영자 초기교육을 실시한 후 공항시설 또는 모의공항시설을 이용하여 직무교육(OJT)을 할 수 있는 조건을 구비하여야 한다.

② **단위시설의 기준**

ㄱ. 강의실 면적은 60제곱미터 이상으로 하되, 1제곱미터당 1.2명 이하가 되도록 할 것

ㄴ. 실습실 면적은 45제곱미터 이상일 것

ㄷ. 화장실은 남녀별로 구분되어야 하고, 급수시설은 상수도를 사용하는 경우를 제외하고는 그 수질이 먹는물관리법 제5조제3항의 규정에 의한 수질기준에 적합할 것

ㄹ. 채광시설, 환기시설 및 냉난방시설은 보건위생적으로 적절한 것이어야 하고, 야간교육을 하는 경우 조명시설은 책상면과 흑판면의 조도가 150 럭스 이상일 것

ㅁ. 방음시설은 소음· 진동규제법의 규정에 의한 생활소음규제기준에 적합하여야 하며, 소방시설은 소방법의 규정에 의한 소화기구· 경보설비· 피난시설 등 방화 및 소방에 필요한 시설을 갖출 것

③ 장비

ㄱ. 검색교육을 실시할 수 있는 X-ray 및 문형금속탐지기, 휴대용 금속탐지기: 각 1대 이상 보유

ㄴ. 검색교육을 위한 FAA등 선진 항공보안 기관에서 인정한 교육훈련 프로그램(CBT) 보유

ㄷ. 교육용 위해물품(모의폭발물, 도검류등): 30종 이상 보유

ㄹ. 시청각 교보재 : TV, VTR, OHP, 빔프로젝트 등 보유

ㅁ. 실습용 컴퓨터 개인당 1대 이상

ㅂ. ICAO, IATA, FAA 등에서 발간하는 보안교육자료 10종 이상 보유

7장 국제항공기구

1. UN총회

국제민간항공기의 불법납치 및 불법방해에 대한 문제가 UN 내에서 최초로 논의된 것은 1969년이다. 회원국의 수에 있어서나 정치적인 영향력에 있어서 그 어떤 국제기구도 따를 수 없는 UN은 하이재킹을 포함한 항공범죄 문제를 극복하기 위한 행동을 취함에 있어서 다른 국제기구에 비하여 유달리 영향력 있는 위치에 있다고 볼 수 있다.

UN총회에서 하이재킹문제를 다룬 최초의 결의안은 1969. 12. 12.에 행하여진 것인데 그것은 항공기 불법방해행위에 대한 관심을 표명하고 있다. 동 결의안은 '비행중인 민간항공의 강제전환'이라는 제목하에 그와 같은 행위는 일반적으로 인정된 인도적 고려를 무시하고 승객과 승무원이 생명과 신변을 위태롭게 하는 것이므로 국가들로 하여금 모든 종류의 하이재킹행위를 억제시킬 효과적인 법적조치를 각국이 국내입법으로 마련하도록 촉구하고 있다. 또한 각 국가들로 하여금 범인에 대한 확실한 소추를 하게 하며, ICAO가 동 문제에 관한 협약을 준비하고 이행하는 노력을 지원하고 또한 그 당시의 항공범죄에 관한 유일한 국제협약인 동경협약을 비준하고 가입하도록 요구하고 있다.

1년 뒤 총회에서 결의된 1970. 11. 25.의 두 번째 결의안에서는 '민간여행에 대한 항공기 하이재킹 및 방해'라는 제목하에 좀더 강경한 어조로 하이재킹 이외에도 항공기불법방해행위를 규탄하고 있다. 동 결의안에서는 처음으로 항공기하이재킹행위와 불법방해행위를 승객과 승무원의 생명과 안전을 위태롭게 하고 그들의 인권을 침해하는 행위라고 분명히 인정하였다. 동 결의안은 국가들로 하여금 그들의 관할권 내에서 그와 같은 행위를 제지하고 예방하고 또는 억제할 수 있는 모든 적절한 조치를 마련할 것, 하이재커들을 소추하고 중벌로서 처벌할 것, 범인인도규정을 마련할 것과 그러나 이러한 규정들은 동 문제에 관한 기존의 국제법상 국가의 의무와 권리를 해하지 않을 것을 요구하였다. 또한 운송중인 승객과 승무원을 불법 억류하는 행위는 항공운송을 불법적으로 방해하는 행위라고 비난하였다. 동 결의안은 아울러 하이재킹된 항공기의 착륙국은 승객과 승무원을 보호하고, 안전하게 하며 가능한 신속하게 그들이 여행을 계속하게 할 것과 항공기와 화물을 적법한 사람에게 돌려줄 것을 명시하고 있다. 또한 각국은 그 당시의 유일한 협약인 동경협약에 가입하고 UN 및 ICAO와 협동하여 UN헌장에 따르는 공동 또는 개별행동을 취하여 승객과 승무원 그리고 항공기가 어떠한 종류의 강탈수단으로도 이용되지 않도록 노력해야 한다고 명시하고 있다.

1969년의 결의안이 법적인 것보다는 인도적인 요구에 기초하고 있음에 반하여 1970년의 결의안은 상당히 법적인 기준에 기초하고 있음을 볼 수 있다. 또한 전자는 하이재킹문제에 대처하기 위한 국내적 또는 국제적 수단에 대해 동등한 주의를 부여하고 있는 반면, 후자는 비행중인 민간 항공기에 대한 하이재킹 및 불법간섭행위를 억제하기 위해서는 ICAO와 UN의 국제적인 노력에 대하여 국가들의 지원이 필수적이라는 점이 크게 강조되고 있다.[71]

2. 안전보장이사회

1970. 9. 9. 안전보장이사회는 '국제여행에 있어서 항공기의 하이재킹행위 및 기타의 방해 행위에 관한 결의안'이라는 제목하에 동 행위로 인하여 선량한 사람이 위협을 받는 것에 대하여 중대한 관심을 표명하는 결의안을 통과시켰다. 동 결의안은 국제여행에 있어서 하이재킹 및 그 밖의 간섭행위의 결과로서 억류하고 있는 모든 승객과 승무원을 당사국들은 예외 없이 즉각 석방할 것과 국가들로 하여금 국제민간항공여행에 대한 하이재킹이나 기타의 간섭행위를 억제할 가능한 모든 법적조치를 취할 것을 요청하고 있다. 그러나 이것은 안전보장이사회의 결정이 아니고, 단지 호소(appeal)라는 점에 주의할 필요가 있다.

그런데 동 결의안에는 1963년 ICAO 후원 아래 채택된 동경협약이나 과거에 총회에서 채택된 결의안에 관해서는 아무런 특별한 언급이 없는 것으로 보아, 이 결의안 역시 법적인 고려보다는 인도적 고려에 기초하여 작성되었음이 분명하다.

71 김한택, (1989), "국제법상 항공범죄의 규제에 관한 연구", 박사학위논문, pp.155-157.

이와 같이 안전보장이사회는 민간항공기에 대한 불법납치 및 방해라는 특수 문제에 대하여 상기한 결의안 이외에는 우선적인 관심사를 표시한 적이 없다. 또한 이외에도 이 문제에 관하여 두 개의 결의안이 채택되었는데, 이들 두 개의 결의안은 중동문제와 관련된 것으로 이스라엘 군대가 레바논과 적대행위를 교환하는 도중에 레바논의 상업항공기를 격추시키거나 또는 하이재킹하는 행동에 관심이 있었다. 따라서 안전보장이사회에서의 항공기에 대한 하이재킹 및 불법방해문제는 1973년에 와서 부차적인 지위로 강등되었으며, 다시 그 이후 논의된 적은 없다.[72]

3. 국제민간항공기구(ICAO)

민간 항공기에 대한 항공기 납치 및 그 밖에 불법방해행위를 규율하기 위한 노력에 있어서도 ICAO의 역할은 결정적인 것이 되어 왔고, 또 그와 같은 경우에 체약국 상호 간의 국제법적 행동기준을 발전시킴에 있어서도 ICAO의 역할은 매우 유익한 것이 되어 왔다.

ICAO의 결정들은 ICAO의 구성기관인 총회, 이사회, 그리고 ICAO 내의 여러 보조적 기관들에 의하여 내려진다. 항공기의 하이재킹 문제에 관한 전형적인 결정은 결의안의 형태를 취하며, 이들 결의안은 각 체약국이 동등하게 한 표를 행사하는 총회에서 주로 통과된다. 때때로 총회에서 선출되고 임기는 3년인 36개 체약국으로 구성되는 이사회 역시 보통은 ICAO 법률위원회의 다음 모임을 위한 지침 형태로 하이재킹에 관한 결의안을 채택하기도 한다.

이러한 결정들 이외에 ICAO는 법률위원회의 소위원회를 통하여 하이재킹 및 항공기에 대한 사보타지행위를 다루는 다자협약 3개를 성립시켰다.

하이재킹과 항공기에 대한 사보타지 문제를 다룸에 있어서, ICAO가 부담하고 있는 광범위한 역할의 또 하나의 예는 동경 · 헤이그 · 몬트리올 협약의 의무불이행 국가에 대해 특별한 책임을 확립하려는 노력에서 찾아볼 수 있다.

1972년 6월 ICAO 이사회는 법률위원회에 대하여, '공동조치의 필요여부에 관한 결정을 위하여, 그리고 공동조치를 취하여야 할 경우에는 그 같은 공동조치의

72 김한택, (1989), "국제법상 항공범죄의 규제에 관한 연구", 박사학위논문, pp.157-158.

성격을 결정하기 위하여, ICAO 기구 내에서 적절한 다자적 절차를 수립하기 위한 국제회의의 준비 작업을 담당할 특별소외원회를 즉시 소집할 것'을 명령하는 결의안을 채택하였다. 동 소위원회의 권고에 따라 법률위원회는 협약위반국에 대한 강제조치에 관하여 마련된 협약초안들을 토의하기 위해 1973년 로마에서 다시금 '항공기에 관한 국제회의'를 소집하기로 결정하였다. 로마회의는 강제조치에 관련한 어떠한 협약도 채택하지 못한 채 결국 실패로 끝나긴 했지만, 이것을 하이재킹 문제로 다룸에 있어서 ICAO의 지도적 역할이 쇠퇴한 증거로 보아서는 안 된다. 오히려 그보다는 국제공기구로서의 ICAO 역시 가맹국에 의하여 표시되는 집단적 의사보다 더욱 강할 수 없다는 점을 인식하는 것이 좋을 것이다. 즉 로마회의의 실패는 국제민간항공부분의 행위자로서의 ICAO의 지도력 약화를 의미하는 것이 아니라, 협약에 따라 하이재커나 사보타지를 소추 또는 인도하지 않는 국가에 대한 의무이행 강제를 위해 어떤 법적인 장치가 필요하다는 원칙을 수락함에 있어서 체약국들의 결속과 국제적 관심이 아직 결여되어 있는 증거로 보는 것이 옳다.

요컨대, ICAO는 항공기의 불법납치 및 불법간섭 문제에 관심을 가진 민간항공 부문의 행위자로서 1973년 이후에는 자신의 역할이 다시 후퇴되기 시작했다고 결론지을 수 있을 것 같다. 그리고 이 같은 후퇴는 부분적으로는 1968~1972년의 기간 동안 결정을 이루었던 하이재킹이 그 이후에는 감소하는 현상을 보이고 있는 것에서 그 이유를 찾을 수도 있을 것이다.[73]

1) ICAO의 설립

ICAO(International Civil Aviation Organization)는 1944년 12월에 시카고 회의에서 체결된 국제민간항공조약을 근거로 설립된 국제기구이며 현재는 국제연합의 산하기관의 하나이다.[74] 시카고 조약의 제2부에 ICAO의 설립 및 운영에 관하여 규정하고 있으며 ICAO의 가입 및 탈퇴는 모두 시카고 조약의 가입·탈퇴를 전제로 이루어지는 등 시카고 조약과는 불가분의 관계에 있다.

시카고 회의에서 ICAO의 성격에 대하여 국제항공을 관리, 감독하는 강력한

---

73 김한택, (1989), "국제법상 항공범죄의 규제에 관한 연구", 박사학위논문, pp.158-160.

74 국제기관 중에서 유엔의 전문기관인 세계보건기구(WHO)와 국제민간항공기구(ICAO)의 두 기관만이 권고기능 뿐 아니라 입법 및 행정기능을 갖고 있다.

관리기준으로 해야 한다는 영국의 주장과, 하늘의 자유를 기본으로 국제항공의 질서유지 및 발전을 목적으로 정보의 교환, 기술적 협력의 촉진을 위한 기관으로 해야 한다는 미국의 주장이 대립되었으나 결국 미국의 주장이 대폭적으로 반영되었다. 그 결과 ICAO는 국제항공의 안전 및 건전한 발전을 목적으로 한 각국정부의 국제협력기관으로서 설립되었으며 2005년 12월 말 현재 189개국이 가입하였고 우리나라도 1953년 12월 13일에 가입했다.

2) ICAO의 목적

ICAO의 설립목적은 시카고 조약의 기본원칙인 기회균등을 기반으로 하여 국제항공운송의 건전한 발전을 도모하는 데 있으며, (i) 국제민간항공의 발달 및 안전의 확립 도모, (ii) 능률적 · 경제적 항공운송의 실현, (iii) 항공기술의 증진, (iv) 체약국의 권리존중, (v) 국제항공기업의 기회 균등 보장 등에 그 목적을 두고 있다. ICAO의 국제항공에 있어서의 수행임무를 보면 다음과 같다.(국제민간항공조약 제44조)

(1) 국제민간항공의 안전 및 건전한 발전의 확보
(2) 평화적 목적을 위한 항공기의 설계 및 운항기술의 장려
(3) 국제민간항공을 위한 항공로, 공항 및 항공보안시설의 발달의 장려
(4) 안전, 정확, 능률, 경제적인 항공수송에 대한 제 국가 간의 요구에 대응
(5) 불합리한 경쟁으로 인한 경제적 낭비의 방지
(6) 체약국 권리의 반영 및 국제항공에 대한 공정한 기회부여와 보장
(7) 체약국의 차별대우의 지양
(8) 국제항공의 비행안전의 증진도모
(9) 국제민간항공의 모든 부문에서의 발달의 촉진

3) ICAO의 조직

ICAO는 총회, 상설 집행기관인 이사회, 이사회의 보조기관인 상설항공위원회, 항공운송위원회, 법률위원회, 공동유지위원회, 재정위원회, 지역항공회의, 본부사무국 및 지역사무소의 각 기관으로 구성되어 있으며 본부를 몬트리올에 두고 있다.

(1) 총회(Assembly)

총회는 ICAO의 최고의결기관이며, 구성원인 모든 당사국의 대표자에 의하여 구성된다. 주 임무는 총회의 의장 및 기타 임원의 선출, 이사국의 선출, 이사회의 보고서 심사, 연차예산의 표결, 이사회에의 권한 위임, 시카고 조약의 개정의 심의 및 체약국에의 권고 등의 업무수행이다. 총회에는 정기총회와 임시총회가 있고 정기총회는 이사회가 매 3년마다 임시총회는 이사회의 소집 또는 총수 1/5이상의 당사국으로부터 사무국장 앞으로 요청이 있을 시 언제든지 개최할 수 있다.

(2) 이사회(Council)

이사회는 총회에 대해 책임을 지는 상설기관으로서 ICAO의 임무 수행상 가장 중요한 조직이다. 이사회는 3년마다 총회가 선출한 33개국으로 구성된다. 이사회의 임무는 의무적 임무와 임의적 임무로 나뉘어진다. 의무적 임무는 연차보고의 총회 제출, 총회 및 조약으로 부과된 임무상의 임명, 조약위반의 보고, 국제 표준 및 권고방식의 채택, 부속서의 개정 및 심의, 체약국이 의뢰한 제 문제의 심의 등이며, 임의적 임무는 지역적 항공운송위원회의 창설· 항공운송 및 항공기술에 관한 조사 등이다.

(3) 항공위원회(Air Navigation Commission)

항공위원회는 항공기술면의 이론 및 실제에 대한 적절한 자격 및 경험이 있는 자로서 이사회가 임명한 15인의 위원으로 구성된다. 위원회의 임무는 조약부속서의 수정을 심의하고 그 채택을 이사회에 권고하는 것과 국제항공의 발달에 필요한 정보의 수집 및 체약국에 통지할 내용을 이사회에 조언하는 것이다.

(4) 항공운송위원회(Air Transport Committee)

이사국의 대표자 중에서 이사회가 선출한 위원으로 구성되며 주로 항공수송의 경제면 및 통계면을 담당한다.

(5) 법률위원회(Legal Committee)

국제항공수송의 법률면을 담당하는 위원회로서 각 체약국의 법률전문가로 구

성된다. 조약 초안의 심의, 법률문제에 대한 국제기관과의 협력이 주된 임무이다.[75]

4) ICAO의 사업

ICAO는 1947년에 설립된 이래 국제민간항공의 안전 및 건전한 발전을 도모하기 위해 (i) 항공기에 관한 기술적인 기준의 확립(항공기, 항공종사자, 항공로, 비행장, 항공교통관제 등에 관한 안전면에서의 세계적인 기준을 확립), (ii) 국제민간항공법의 통일 및 법제화(항공운송인의 책임에 대한 바르샤바 조약, 헤이그 의정서, 지상 제3자의 손해책임에 대한 로마조약, 하이재킹 방지에 관한 조약 등), (iii) 국제민간항공의 경제문제, 즉 운임의 설정문제, 부정기 항공의 문제, 운임수준의 문제, 수송규제의 문제까지 취급하고 있다.

5) ICAO Annex 17: Security : Safeguarding International Civil Aviation Against Acts of Unlawful Interference.

국제민간항공조약 부속서(ICAO Annex)는 ICAO가 수행하는 가장 중요한 입법 기능으로서 국제 민간 항공 기구 표준 및 권고의 적용과 공식화를 한 것이다. 이러한 것들은 시카고 협약으로 알려진 국제민간항공협약의 18개의 기술적 부속서에 포함되어 있다. 항공안전은 민간항공의 미래와 국세사회에 매우 중요한 문제이기에 세계적으로 민간항공에 관한 불법적인 모든 간섭행위를 방지하고 억제하기 위해 ICAO에서 취한 조치이다. 국제항공보안에 대한 국제항공안전규정은 1974년 3월 ICAO 이사회에 의해 채택되었고, 시카고 협약 부속서 17로 지정되었다. 부속서 17의 최근 개정은 2013년 7월 15일에 적용되었다. 부속서 17은 6개 언어로 채택되었다(아랍어, 중국어, 영어, 프랑스어, 러시아어, 스페인어). 즉 국제민간항공이 안전하고 질서있게 발전할 수 있도록 가입국가 간 규정을 부속서에 명시하고 있는 것이다. 총 18개의 부속서로 구성되어 있으며 18개의 부속서는 <참고 1>을 통해 간단

75 ICAO가 설립된 이후 40년간에 법률위원회가 성안한 항공관계 법안은 총 15개에 이르고 있음, 그 주요한 것을 보면 (i) 항공기에 대한 권리의 국제적 승인에 관한 조약(1948), (ii) 지상 제3자에 미치는 외국항공기에 의한 손해에 관한 조약(1952), (iii) 1929년의 국제 항공운송에 관한 바르샤바 조약 개정 의정서(1946), (iv) 과다라하라(Guadalajara)조약(1961), (v) 과테말라 의정서(1971), (vi) 몬트리올 의정서(1975), (vii) 동경조약: 기내범죄 방지조약(1963), (viii) 헤이그 조약(1970), (ix) 몬트리올조약(1971) 등이다.

하게 내용을 살펴 볼 수 있다.

<참고 1>

Annex 1 - 항공종사자 면허(Personnel Licensing)

조종자(Pliot)의 면허 및 등급, 조종자 이외의 항공기 승무원(항공사, 항공 기관사)면허와 항공기 승무원 이외의 면허 및 등급, 의학적 요건

Annex 2 - 항공규칙(Rules of the Air)

항공규칙의 적용범위, 충도의 회피, 비행정보 불법방해 등에 대한 일반규칙과 시계비행, 계기비행 규칙

Annex 3 - 국제항공항행용 기상업무(Meteorological Service for International Air Navigation)

기상대, 기상관측 및 통신 관련 요건

Annex 4 - 항공도(Aeronautical Charts)

항공지도 일반세칙, 진입로, 착륙도 및 비행장도

Annex 5 - 공중 및 지상업무에 상용하기 위한 측정단위(Unit of Measurement to be Used in Air and Ground Operation)

고도, 거리, 경도, 위도 등 표준과 기호

Annex 6 - 항공기 운항(Operation of Aircraft)

기장의 직무, 항공기 성능의 운항한계, 운항안내서 등

Annex 7 - 항공기 국적 및 등록기호(Aircraft Nationality & Registration Marks)

Annex 8 - 항공기의 감항성(Airworthiness of Aircraft)

감항항증명과 그 표준양식

Annex 9 - 출입국 간소화(Facilitation)

여객 및 화물의 출입국에 대한 간소화 규정

Annex 10 - 항공통신(Aeronautical Telecommunication)

무선항법원조시설, 통신장치의 무선주파수 등

Annex 11 - 항공교통업무(Air Traffic Service)

항공교통 관제업무, 비행정보 업무 구간 및 구난시 긴급업무

Annex 12 - 수색 및 구조(Search and Rescue)

항공기 수색 및 구난에 대한 조직 및 수속

Annex 13 - 항공기 사고조사(Aircraft Accident and Incident Investigation)

Annex 14 - 비행장(Aerodromes)

비행장의 구성 즉 활주로, 시간, 설비, 항공등화의 대한 요건

Annex 15 - 항공정보업무(Aeronautical Information Services)

항공로 기록, 항행시설, 상황 등 정보

Annex 16 - 환경보호(Envriomental Protection)

소음제한에 대한 소음 측정점 및 시험 수속

Annex 17 - 항공 보안(Security)

공중납치 등 항공기에 대한 불법행위에 대처하기 위한 규정

Annex 18 - 위험품 항공안전 수송(The Safe Transport of Dangerous Goods By Air)

위험물의 정의, 표시, 수송제한

Annex 19 - 안전 관리(Safety management)

이 중 ICAO Annex 17은 항공 보안을 다루고 있는 부속서로서 항공보안법 이해에 필수적인 요소라고 할 수 있다. 각 국의 항공보안법들이 나라별 정세에 따라 약간의 차이가 발생할 수 있으나 기본적으로 국제민간항공협약을 기초로 보충하며 제정되기에 우리나라뿐 아니라 타국의 항공보안법 및 항공 보안 관련 규정들에 대한 이해에 우선시된다고 할 수 있다.

ICAO Annex 17은 정의, 보편적원칙, 조직, 예방적인 보안수단, 불법적 방해행위 대응 운영 등 총 5개의 부문으로 구성되어 있고 이 부분에서 다루는 ICAO Annex 17은 9th Edition으로 2013년 7월 15일부터 효력이 발생한다.

4. 지역적 또는 국가적 노력(1978 Bonn 선언)

1978년 7월 서독 본에서 열린 미국·영국·프랑스·캐나다·이탈리아·서독 및 일본의 정상들 간의 경제정상회담의 개막 때 발표된 Bonn 선언(공식 명칭은 '국제테

러 활동에 관한 선언'(Declaration on international Terrorism))이라고도 하는 이 선언은 다음과 같이 명시하고 있다.

'국가 및 정부의 수반들은 테러활동 및 인질화에 대해 우려를 갖고 자국 정부들이 국제테러활동과 싸우기 위해 공동노력을 강화할 것을 선언한다.

이러한 목적을 위해 어떤 나라가 항공기를 납치한 자의 인도 또는 소추를 거부하거나 동 항공기를 반환하지 않을 경우에는 국가 및 정부의 수반들은 그들 정부가 그 나라에 대한 모든 비행을 정지하도록 즉각적 조치를 취해야 함을 공동 결의한다.

동시에 그들 정부는 그 나라로부터 오는 또는 다른 나라로부터 오는 것일지라도 그 나라의 항공기라면 모든 비행을 정지시키기 위해 조치를 개시할 것이다. 국가 및 정부의 수반들은 다른 정부들에게 이러한 일의 수행에 있어 그들에게 동참하도록 호소한다.

Bonn 선언은 국가에 대한 제재로서 다음 같이 세 가지 유형의 비행에 대한 항공보이콧을 예정하고 있음을 알 수 있다.[76]

첫째는, '당해국가에 대한 모든 비행을 중지하도록'(to cease all flights to that country)한다고 함은 Bonn 선언의 어느 당사국으로부터 위반국으로 가는 모든 비행을 중지하겠다는 의미이다.

둘째는, '그 국가로부터 오는 모든 비행을 정지시키기 위해'(to halt all incoming flights from that country)라고 함은 위반국으로부터 Bonn 선언의 당사국들의 영공에 진입하는 것을 방지하겠다는 의미이다. 여기서 주의할 것은 첫째의 경우와는 달리 비행의 즉각적인 중지는 요구되지 않는다는 점이다. 다만 그 대신 정부가 모든 입국비행을 정지할 조치를 개시해야 한다.

셋째, '관련국가의 항공기에 의해 어떠한 국가로부터 오는 모든 비행을 정지시키기 위해'(to halt all incoming flights from any country by the airlines of that country concerned)라고 함은 위반국의 항공사에 의해 선언의 어느 당사국의 영공에로 진입함을 방지하겠다는 의미이다. 이 경우에도 둘째 경우와 같이 즉각적인 중지는 요구되지 않는다.

Bonn 선언은 위반국으로 가는 모든 비행 및 그 나라에서 오는 또는 다른 나

76 김한택, (1989), "국제법상 항공범죄의 규제에 관한 연구", 박사학위논문, p.166.

라로부터 오는 것일지라도 위반국의 항공기라면 그 모든 비행을 정지시키겠노라고 함으로써, 선언의 효과를 제3국에게까지 미치게 하고 있다. 위반국으로 가는 또는 위반국에서 오는 '모든 비행'(all flights)에는 제3국의 항공기도 포함되는 것으로 해석되며, 또한 제3국에서 오는 것일지라도 위반국의 항공기라면 이를 정지시키겠다고 하고 있으므로, 그러한 점에 있어서는 제3국도 이 선언의 영향을 받는다고 보지 않을 수 없다.

Bonn 선언은 위반국으로 가는 모든 비행에 대해서는 이를 정지하도록 즉각적 조치를 취해야 한다고 하는 한편, 위반국에서 오는 모든 비행과 다른 나라에서 오는 것일지라도 위반국 항공기에 의한 것이라면, 그 모든 비행을 정지시키기 위한 조치를 개시하겠다고 하고 있다.[77] 여기에서 '정지시키기 위한 조치를 개시하겠다.'라는 말은 출발지를 이륙하여 선언국으로 가는 도중에 있는 항공기에 대해서는 안전하게 착륙하도록 허용하겠다는 것으로 해석될 수 있다.

그러나 Bonn 선언이 안고 있는 그 자체의 문제점으로서 다음과 같은 것이 있는데, 첫째, 항공기납치만을 커버하고 항공기 자체에 대한 폭파, 기내에 있는 인명·재산에 대한 폭력, 기타 항공시설에 대한 공격 등 이른바 항공기 사보타지에는 선언이 적용되지 않는다는 것, 둘째, 항공기납치에 있어서도 어떤 국가가 항공기납치범을 인도도 소추도 하지 않거나 낭해 사고비행기를 반환하지 않는 등 사후종범으로서 소극적으로 항공기납치에 방조하는 정도의 행위에만 적용범위가 국한되어 기타 항공기납치에 대한 선언의 직접적인 지원행위에 대해서는 규율하고 있지 않은 것, 셋째, 선언에서의 항공기납치범은 구체적으로 어떤 동기에서 범행을 했는가, 가령 정치적인 테러목적에서 행한 항공기납치만을 커버하는 것인가 아니면 정치적 망명이나 기타 목적을 불문하고 모든 항공기납치를 대상으로 하고 있는가에 대해서 언급이 없다는 것, 넷째, 선언의 대상인 항공기납치가 국제적 성격이어야 하는가 또는 국내적 성격의 것도 포함되는가 하는 점이 명확하지 않은 것, 다섯째, 피납항공기는 상업적 목적에 사용되는 항공기에만 국한되는가 아니면 비상업용의 항공기도 커버되는 것인가가 분명치 않다는 것 등이 제시되고 있다.

이 선언이 있은 후 그것이 발동된 사례는 지금까지 두 번 있었는데, 그 하나는 1981. 7. 21. 아프가니스탄에 대한 것이었고, 다른 하나는 1982년 남아공화국

77 김한택, (1989), "국제법상 항공범죄의 규제에 관한 연구", 박사학위논문, p.167.

에 대한 것이었다. 1981년 3월 한 대의 파키스탄 민항기가 납치되어 아프가니스탄으로 갔다. 아프가니스탄은 1970년의 헤이그 협약의 당사국임에도 불구하고 사건에 대한 처리에 소홀했을 뿐 아니라, 납치범들에게 피난처를 제공하기까지 했다. 이에 캐나다의 몬테벨로에서의 경제정상회담에 참석했던 상기 7개국 정상들은 다음과 같은 테러활동에 관한 또 하나의 성명을 발표했다. 이를 몬테벨로성명이라고 부르는데, 성명내용은 다음과 같다.[78]

'1. 국가 및 정부의 수반들은 테러 집단에게 금전과 무기를 공급함으로써 국제테러활동에 부여하는 적극적 원조와 테러리스트들에게 제공되는 피난처 및 훈련 그리고 항공기납치 · 인질화 · 외교관 및 영사와 그들의 주거지에 대한 공격과 같은 폭력 및 테러행위의 계속에 심각한 우려를 하며, 국제법에 대한 그와 같은 중대한 위반과 대결할 결심을 강력히 재확인한다. 기본적 인권을 무시한 테러행위에 의해 모든 나라가 위협당하고 있음을 강조하면서, 그들은 그와 같은 행위를 방지하고 처벌하기 위해 국제사회 내에서 행동을 강화하고 확대하기를 결의한다.

2. 국가 및 정부의 수반들은 국제민간항공의 안전을 위협한 최근의 여러 항공기납치사건에 대해 특별한 우려를 갖고 주시한다. 그들은 1978년의 본 선언에서 천명된 제원칙을 사익하고 재확인하며, 일부 국가들이 국제법상의 그들의 의무에 따라 해결하지 않은 몇몇 항공기납치 사건이 있음에 주목한다. 그들은 관계정부들에게 그들의 의무를 신속히 이행할 것을 요청하며, 그렇게 함으로써 국제민간항공의 안전에 공헌할 것을 요청한다.

3. 국가 및 정부의 수반들은 3월 한 대의 파키스탄 국제항공사 소속 항공기납치의 경우에 있어, 아프가니스탄이 Babrak Karmal 정부의 행위가 사건 중에 있어서나 사후에 납치자들에게 피난처를 제공하는 것은 아프가니스탄도 한 당사국인 헤이그 협약상의 자국의 국제의무에 대한 중대한 위반이었고, 지금도 그러하며, 항공안전에 대한 중대한 위협을 구성하는 것이라 확신한다. 따라서 국가 및 정부의 수반들은 아프가니스탄이 자국의 의무를 이행하기 위해 즉각 조치를 취하지 않는 경우, Bonn 선언의 실시를 위해 아프가니스탄으로 가는 그리고 아프가니스탄에서 오는 모든 비행을 정지시킬 것을 제의한다. 더욱이 그들은 항공안전을 위해

78 김한택, (1989), "국제법상 항공범죄의 규제에 관한 연구", 박사학위논문, p.168.

관심을 공유하는 모든 국가에게 의무를 존중하도록 아프가니스탄을 설득하기 위하여 적당한 모든 조치를 취할 것을 요청한다.'[79]

동 사건은 큰 파문을 일으켜 직접 관계당사국인 파키스탄과 아프가니스탄은 물론 미·소부터 강렬한 비난과 거부 반응 및 반대 비판이 있었다. 또한 항공기납치의 결과 최초 착륙국이었던 아프가니스탄은 1970년 헤이그 협약의 체약국임에도 불구하고 사건에 대한 처리에 소홀하였을 뿐 아니라, 납치범들에게 피난처를 제공하기까지 한 행위에 유의하여 서방 7개국 정상들은 캐나다의 몬테벨로에서 열린 경제정상회의에서 국제테러 특히 항공기 납치에 관한 성명을 발표하게 된 것이다.

5. 국제항공운송협회(IATA)

항공업무의 국제사기구로서 중요한 역할을 하는 기구인 국제항공운송협회는 사유냐 국유냐를 불문하고 세계의 주요항공회사들의 국제적인 사조직체이다. IATA는 경영적인 의미에서 최초의 기술적·국제적 기구이다.

1970. 2. 23. 비행중인 Swissair 항공기의 폭파사건과 또한 그와 유사한 호주항공사 소속의 항공기 폭파사건으로 인해 IATA는 일반적 결의보다는 좀 더 구체적인 방안을 모색하였는데, IATA 회장은 공항의 경찰력 증대와 안전보호를 철저히 할 것을 각국에 요청하였다. 이어서 '민간항공기에 대한 공격의 확산'에 대비하여 보다 강력한 조치를 요구하는 IATA 집행위원회가 특별회의를 소집하였다. 동 회의는 세 가지 조치를 제기했는데, 즉 정부의 경찰력에 의한 조치, 민간공항당국에 의한 조치, 그리고 IATA 회원국인 상업항공사에 의한 조치가 그것이다.

첫 번째의 경우, 항공기불법납치행위는 정치적 망명을 고려하기에 앞서 중벌을 부과하는 국제입법으로 규제하고, 항공기상에 폭탄물을 장치하는 행위를 처벌하는 국제입법도 필요하다고 하고,

두 번째의 경우, 모든 관계정부기구(예를 들면, 체신국· 관세·이민국 ·지역경찰 및

79 김한택, (1989), "국제법상 항공범죄의 규제에 관한 연구", 박사학위논문, p.169.

법시행공무원 등)가 공항의 안전에 상호 협조하고 승객에 대한 검색 및 촬영을 하고, 화물에 대하여는 감압장치, X-ray장치, 약품검출 등의 방법으로 그리고 모든 우편물, 소포 등은 모든 형태의 촬영방법을 통해 검색하는 안전조치를 마련해야 된다는 것이다.

세 번째의 경우, 회원국 사이에 안전에 대한 정보교환, 안전조치의 통일, 그리고 항공운송과 항공통신에 관하여 일반적으로 관심을 가지는 모든 정부기구 사이에 효과적인 유대관계 등을 제시하고 있다.

IATA가 회원들에게 제시한 권고안은 비록 구속력은 없어도 전 세계의 수많은 국제공항 사이에 최소한의 공항안전기준을 확립함에 있어서 유익한 것이었다. 이것이 모든 항공회사에 의하여 잘 이행만 된다면 하이재킹 및 사보타지의 가능성과 폭파 등에 의한 공항피해의 범위는 상당히 감소될 것으로 보인다.

결론적으로 하이재킹 억제에 있어서 IATA의 역할은 1973년까지는 UN총회 및 안전보장이사회, ICAO 그리고 국제항공기조종사협회연맹의 노력에 비해 비교적 부차적인 것이었다. 1973년의 로마회의에서는 국제다자제재협정의 채택을 위한 법적 토의에서 더욱 주도적인 역할을 담당하기 시작하였지만 본 회의가 결국 실패로 돌아가자 순전히 기술적인 분야로 노력을 전환하게 되었다. IATA는 이 같은 기술적인 차원의 접근방법을 통하여 민간항공과 관련한 국제공동체에서 중요한 리더십을 발휘하여 왔으며, 따라서 하이재킹 현상에 대한 법적 해결책의 전망은 국가들이 이러한 기술적인 보안의무에도 기꺼이 구속되려고 할 것인가에 다소간 좌우됨이 거의 확실하다고 하겠다.[80]

6. 국제항공조종사협회연맹(IFALPA)

항공기조종사들은 항공범죄에 관하여 어느 그룹보다도 민감한 반응을 보이고 있다. 그들의 신체적 안전이 그와 같은 불법행위의 가능성으로 인하여 매일 같이 위협당하고 있기 때문이다. 그 결과 국제항공기조종사협회연맹은 특별히 항공기납치범들을 적절한 형벌로서 처벌하지 않는 국가들에 대하여 제재를 부과하는 정책을 가지고 있다.

80 김한택, (1989), "국제법상 항공범죄의 규제에 관한 연구", 박사학위논문, pp.160-162.

동경·헤이그 및 몬트리올 협약으로는 일부 국가들이 이들 협약에 나타난 제 원칙을 위반하여 하이재커들에게 정치적 피난처를 제공하는 것을 방지할 수 없음이 분명하게 드러나자, 국제항공조종사협회연맹은 직접적인 자조(self-help)의 방법을 통하여 위반국에게 불만을 토로하였다. 또한 이러한 자조적 조치들은 '하이재커의 피난처' 문제에 관하여 UN 및 ICAO의 주의를 환기시키기 위해서도 사용되었다. 여기서 말하는 자조적 조치라는 것은 특정사건에 연루된 승객과 승무원의 안전에 위해를 야기시키면서까지 되풀이해서 하이재커를 원조하거나 또는 하이재커에게 정치적 피난처를 제공해 줌으로써 이들을 소추 또는 처벌하지 않는 국가들에 대해서는 국제항공조종사협회연맹이 모든 회원들이 비행을 보이콧하거나 또는 보이콧 위협을 하는 것을 말한다.

8장 국가 중요시설 경비관련법규

1. 경비업법(법률 9579호, 2009. 4. 1.)

1) 개요

경비업법은 경비업의 육성 및 발전과 그 체계적 관리에 관하여 필요한 사항을 정함으로써 경비업의 건전한 운영에 이바지함을 목적으로 하는 법률이다. 경비업은 시설경비, 호송경비, 신변보호, 기계경비, 특수경비를 도급받아 행하는 영업으로서, 법인이 아니면 영위할 수 없다. 경비업을 하려면 경비 인력·자본·시설 및 장비 등을 갖추고 경비업무를 특정하여 주된 사무소의 소재지를 관할하는 지방경찰청장의 허가를 받아야 한다. 경비업자와 경비지도사 및 경비원은 경비업무를 수행함에 있어 특별한 권한이 부여되지 아니함을 유의하고, 시설주 등의 관리권 행사의 범위 안에서 경비업무를 수행하여야 하며, 타인의 권리와 자유를 침해하거나 정당한 활동에 간섭하여서는 안 된다. 그리고, 경비업무를 성실히 수행하여야 하며, 의뢰를 받은 경비업무가 위법·부당한 때에는 이를 거부하여야 한다. 경비업자의 임원 및 직원이거나 이었던 자는 직무상 알게 된 경비 대상의 비밀을 누설하거나 다른 사람의 이용에 제공하는 등 부당한 목적을 위하여 사용하여서는 안 된다. 경비업자는 경비원을 허가를 받은 경비 업무 외의 업무에 종사하게 할 수 없으며, 경비 지도사를 두어 경비원을 지도·감독· 교육하게 하여야 하고, 경비원의 명부를 작성·비치하고, 경비업자는 행정안전부령이 정하는 바에 따라 경비원의 명부를 작성·비치하여야 한다. 허가관청은 위법 등의 사유가 있는 때에는 허가를 취소하거나 일정 기간 영업정지를 명할 수 있다. 경비업자는 경비원이 업무수행 중 고의 또는 과실로 경비 대상에 발생하는 손해를 방지하지 못하였거나 제3자에게 입힌 경우에는 손해를 배상하여야 한다. 경비업자는 경비협회를 설립할 수 있다. 경비협회는 법인으로 하며, 경비업무의 연구 발전, 경비원의 교육·훈련, 경비원의 후생·복지, 경비진단에 관한 사항 등의 업무를 수행하고, 손해배상 책임을 보장하기 위하여 공제사업을 할 수 있다. 8장 31조와 부칙으로 되어 있다.

2) 성격

급속한 경제성장과 사회의 급변화로 인하여 국민들의 생활수준의 향상, 국민들의 자신의 권리에 대한 가치판단 기준의 변화의 시대에 민간경비업은 날로 증가하는 범죄와 다양한 형태의 치안수요에 대하여 국가경찰인력으로 이를 모두 충족하기에는 한계성을 갖게 되어, 치안수요자의 요구에 의하여 발생되었다. 경비업법상 경비업무는 경비대상시설의 특성과 경비업무의 본질적 특성에 따라 국가사무와 지방자치단체의 자치사무로 구분될 수 있다. 즉, 국가가 담당하여야 할 국가사무를 민간 분야에 위탁한 것인지, 자치사무를 민간 분야에 위탁한 것인지에 따라 경비업무는 구분될 수 있는 것이다. 특수경비업무의 경우에는 국가의 존립과 관계되는 국가중요시설에 대한 경비업무로 국가사무로 보아야 한다. 그러나 사적 영역에 대한 경비업무는 국가사무로 볼 수 없으며, 경찰행정작용상 이러한 영역은 경찰의 직무범위에도 포함되지 않는다. 따라서 특수경비업무가 아닌 일반경비업무는 지방자치법상 주민복지와 지역민방위에 관한 지방자치단체의 자치사무에 포함되는 것으로 보는 것이 타당하며, 이를 통해 지역 내의 경비업무에 대한 실질적인 관리감독이 이루어질 수 있는 것이나. 그러나 현행 경비업법은 경비업법상 경비업무에 대하여 일괄적 규정을 두고 있는 실정이다. 경비업은 현재 지속적인 발전을 거듭하며 국가경제발전에 일조하였으며, 국가의 존립과 사회질서유지에 있어 적지 않은 역할을 수행하고 있다. 또한 국가행정작용으로는 한계성을 갖는 헌법상의 국민의 기본적인 인권을 보장하게끔 만들어주며, 이를 통하여 국민은 생활수준의 발전을 이룰 수 있다.

3) 법률 내용

(1) 목적

이 법은 경비업의 육성 및 발전과 그 체계적 관리에 관하여 필요한 사항을 정함으로써 경비업의 건전한 운영에 이바지함을 목적으로 한다.

(2) 경비업자의 의무

(1) 경비업자는 경비대상시설의 소유자 또는 관리자의 관리권의 범위 안에서 경비업무를 수행하여야 하며, 다른 사람의 자유와 권리를 침해하거나 그의 정당한 활동에 간섭하여서는 아니된다.

(2) 경비업자는 경비업무를 성실하게 수행하여야 하고, 도급을 의뢰받은 경비업무가 위법 또는 부당한 것일 때에는 이를 거부하여야 한다.

(3) 경비업자는 불공정한 계약으로 경비원의 권익을 침해하거나 경비업의 건전한 육성과 발전을 해치는 행위를 하여서는 아니된다.

(4) 경비업자의 임·직원이거나 임·직원이었던 자는 다른 법률에 특별한 규정이 있는 경우를 제외하고는 그 직무상 알게 된 비밀을 누설하거나 다른 사람에게 제공하여 이용하도록 하는 등 부당한 목적을 위하여 사용하여서는 아니된다.

(3) 경비원의 교육

(1) 경비업자는 경비업무를 적정하게 실시하기 위하여 경비원으로 하여금 대통령령이 정하는 바에 따라 경비원 교육을 받게 하여야 한다.

(2) 특수경비업자는 대통령령이 정하는 바에 따라 정기적으로 특수경비원 교육을 받게 하고 특수경비원 교육을 받지 아니한 자를 특수경비업무에 종사하게 하여서는 아니된다.

(3) 제2항에 의한 특수경비원의 교육시 관할경찰서 소속 경찰공무원이 교육기관에 입회하여 대통령령이 정하는 바에 따라 지도·감독하여야 한다.

(4) 특수경비원의 직무 및 무기사용

(1) 특수경비업자는 특수경비원으로 하여금 배치된 경비구역안에서 관할 경찰서장 및 공항경찰대장 등 국가중요시설의 경비책임자(이하 "관할 경찰관서장"이라 한다)와 국가중요시설의 시설주의 감독을 받아 시설을 경비하고 도난·화재 그 밖의 위험의 발생을 방지하는 업무를 수행하게 하여야 한다.

(2) 특수경비원은 국가중요시설에 대한 경비업무 수행 중 국가중요시설의 정상적인 운영을 해치는 장해를 일으켜서는 아니된다.

(3) 특수경비원은 국가중요시설의 경비를 위하여 무기를 사용하지 아니하고는 다른 수단이 없다고 인정되는 때에는 필요한 한도안에서 무기를 사용할 수 있다. 다만, 다음 각호의 1에 해당하는 때를 제외하고는 사람에게 위해를 끼쳐서는 아니된다.

1. 무기 또는 폭발물을 소지하고 국가중요시설에 침입한 자가 특수경비원으로부터 3회 이상 투기(투기) 또는 투항(투항)을 요구받고도 이에 불응하면서 계속 항거하는 경우 이를 억제하기 위하여 무기를 사용하지 아니하고는 다른 수단이 없다고 인정되는 때
2. 국가중요시설에 침입한 무장간첩이 특수경비원으로부터 투항(투항)을 요구받고도 이에 불응한 때

(5) 특수경비원의 의무

(1) 특수경비원은 직무를 수행함에 있어 시설주·관할경찰관서장 및 소속상사의 직무상 명령에 복종하여야 한다.

(2) 특수경비원은 소속상사의 허가 또는 정당한 사유없이 경비구역을 벗어나서는 아니된다.

(3) 특수경비원은 파업·태업 그 밖에 경비업무의 정상적인 운영을 저해하는 일체의 쟁의행위를 하여서는 아니된다.

(4) 특수경비원이 무기를 휴대하고 경비업무를 수행하는 때에는 다음 각호의 1에 정하는 무기의 안전사용수칙을 지켜야 한다.

1. 특수경비원은 사람을 향하여 권총 또는 소총을 발사하고자 하는 때에는 미리 구두 또는 공포탄에 의한 사격으로 상대방에게 경고하여야 한다. 다만, 다음 각목의 1에 해당하는 경우로서 부득이한 때에는 경고하지 아니할 수 있다.
   가. 특수경비원을 급습하거나 타인의 생명·신체에 대한 중대한 위험을 야기하는 범행이 목전에 실행되고 있는 등 상황이 급박하여 경고할 시간적 여유가 없는 경우
   나. 인질·간첩 또는 테러사건에 있어서 은밀히 작전을 수행하는 경우
2. 특수경비원은 무기를 사용하는 경우에 있어서 범죄와 무관한 다중의 생

명 · 에 위해를 가할 우려가 있는 때에는 이를 사용하여서는 아니된다. 다만, 무기를 사용하지 아니하고는 타인 또는 특수경비원의 생명 · 신체에 대한 중대한 위협을 방지할 수 없다고 인정되는 때에는 필요한 최소한의 범위 안에서 이를 사용할 수 있다.

3. 특수경비원은 총기 또는 폭발물을 가지고 대항하는 경우를 제외하고는 14세 미만의 자 또는 임산부에 대하여는 권총 또는 소총을 발사하여서는 아니된다.

(5) 경비원은 직무를 수행함에 있어 타인에게 위력을 과시하거나 물리력을 행사하는 등 경비업무의 범위를 벗어난 행위를 하여서는 아니된다.

4) 특수경비원

(1) 임무

특수경비업무를 수행하는 자 즉, 공항(항공기를 포함한다) 등 대통령령이 정하는 국가중요시설(이하 "국가중요시설"이라 한다)의 경비 및 도난 · 화재 그 밖의 위험 발생을 방지하는 업무

(2) 성격

공항 등 대통령이 정하는 국가중요시설의 경비 및 도난·화재, 그밖의 위험발생을 방지하는 등 특수경비 업무를 수행하는 직종을 말한다. 특수경비 업무를 맡는 점에서 시설경비 업무나 기계경비 업무를 수행하는 일반경비원과 구분된다. 2002년 12월 법률 제6787호로 일부 개정된 경비업법에 규정되어 있다. 관할 경찰서장, 공항경찰대장 등 국가중요시설의 경비책임자와 시설주의 감독을 받는다. 경비 업무의 수행을 위해 필요하다고 인정되는 때는 시설주의 신청에 의해 무기를 휴대할 수 있다. 또 직무를 수행할 때는 시설주와 관할 경찰관서장, 소속 상사의 직무상 명령에 복종해야 하고, 상사의 허가 또는 정당한 사유 없이 경비구역을 벗어날 수 없다. 파업·태업 등 경비 업무의 정상적인 운영을 저해하는 모든 쟁의행위를 할 수 없고, 무기를 휴대하고 경비 업무를 수행할 때는 다음과 같은 무기 안전사용수칙을 지켜야 한다. ① 사람을 향해 권총 또는 소총을 발사하고자 할 때는 미리 구두 또는 공포에 의한 사격으로 상대방에게 경고해야 한다. 다만 특수경비

원을 급습하거나 타인의 생명·신체에 중대한 위험을 야기하는 범행이 목전에 실행되고 있을 때, 인질·간첩 또는 테러사건에서 은밀히 작전을 수행하는 때에는 경고하지 않을 수도 있다. ② 범죄와 무관한 다중의 생명·신체에 위해를 가할 우려가 있을 때는 무기를 사용할 수 없다. ③ 총기 또는 폭발물을 가지고 대항하는 경우를 제외하고는 14세 미만의 자 또는 임산부에 대해서는 권총 또는 소총을 발사할 수 없다.

2. 국내 경비 관련법

1) 통합방위법(법률 제10339호, 2010. 6. 4.)

1997년 1월 13일 법률 제5264호로 제정된 뒤 2001년 12월 법률 제6548호까지 3차례 개정되었다. 통합방위란 적의 침투·도발이나 그 위협에 대하여 국군·향토예비군·민방위 대 등의 적(敵)의 침투·도발이나 그 위협에 대응하기 위하여 국가 총력전(總力戰)의 개념을 바탕으로 국가방위요소를 통합·운용하기 위한 통합방위 대책을 수립·시행하기 위하여 필요한 사항을 규정함을 목적으로 한다. 각종 국가방위요소를 통합하고 지휘체계를 일원화하여 국가를 방위하는 것을 말한다.

국무총리에 소속되는 중앙통합방위협의회를, 특별시·광역시·도와 시·군·구에 지역통합방위협의회를, 직장에 직장통합방위협의회를 둔다. 합동참모본부에는 통합방위본부를 둔다. 통합방위사태는 갑종·을종·병종 사태로 구분한다. 갑종사태는 적의 대규모 병력 침투나 대량 살상무기 공격 등의 도발로 인한 경우, 을종사태는 수개 지역에서 적의 침투·도발로 인해 단기간 내에 치안회복이 어려운 경우, 병종사태는 적의 침투·도발 위협이 예상되거나 소규모의 적이 침투하여 단기간 내에 치안을 회복할 수 있는 경우에 각각 선포한다. 지방경찰청장 장관은 갑종사태나 2개 이상의 시·도에 을종사태의 상황이 발생한 때에, 행정자치부 또는 국방부 장관은 2개 이상의 시·도에 병종사태의 상황이 발생한 때에 대통령에게 통합방위사태의 선포를 건의해야 한다. 대통령은 중앙통합방위협의회와 국무회의의 심의를 거쳐 통합방위사태를 선포할 수 있다. 통합방위사태가 선포되면 통제구역을 설정하고 작전 관련자 이외에는 출입을 금지·제한하거나 퇴거를 명할 수 있다. 또 작전지역 안에 있는 주민 등에게 대피를 명할 수 있다.

통합방위작전 지휘관은 언론기관의 취재활동을 지원하고 진행상황 등을 알리기 위해 합동보도본부를 설치·운영할 수 있다. 통합방위본부장은 오지·벽지 등 적의 침투나 은거활동이 용이한 곳을 취약지역으로 선정하여 해당 시·도지사에게 통보할 수 있다. 시·도지사는 장애물 설치 등 대비책을 강구해야 한다.

전문 20조와 부칙으로 구성되어 있으며, 시행령이 있다.

2) 경찰관 직무집행법(법률 11031호, 2011. 8. 4.)

국민의 자유와 권리의 보호 및 사회공공의 질서유지를 위한 경찰관의 직무수행에 필요한 사항을 규정함을 목적으로 한다. 경찰관의 직권은 그 직무수행에 필요한 최소한도 내에서 행사되어야 한다. 경찰관은 범죄의 예방·진압 및 수사 경비·요인경호 및 대간첩작전수행, 치안정보의 수집·작성 및 배포, 교통의 단속과 위해의 방지, 기타 공공의 안녕과 질서유지 등의 직무를 행한다. 경찰관은 불심검문을 하거나 임의동행을 요구할 수 있다. 이 경우 경찰관은 신분을 표시하는 증표를 제시하면서 소속과 성명을 밝히고 그 목적과 이유를 설명하여야 하며, 동행장소를 밝혀야 하고, 당해인의 가족·친지 등에게 동행한 경찰관의 신분, 동행장소, 동행목적과 이유를 고지하거나 본인으로 하여금 즉시 연락할 수 있는 기회를 부여하여야 하며, 변호인의 조력을 받을 권리가 있음을 고지하여야 한다. 동행을 한 경우 당해인을 6시간을 초과하여 경찰관서에 머물게 할 수 없다. 경찰관은 응급의 구호를 요하는 자를 발견한 때에는 보호조치를 할 수 있으며, 피구호자가 휴대한 위험한 물건은 경찰관서에 임시영치할 수 있다. 경찰관이 구호조치를 한 때에는 지체 없이 피구호자의 가족·친지 등에게 통지하여야 한다. 경찰관서에서의 보호는 24시간, 임시영치는 10일을 초과할 수 없다. 경찰관은 인명·신체나 재산에 위험한 사태가 있을 때에는 위험발생방지조치를 할 수 있다. 경찰관서의 장은 대간첩작전수행 또는 소요사태의 진압을 위하여 일정한 지역 또는 시설에 대한 접근 또는 통행을 제한하거나 금지할 수 있다. 경찰관은 인명·신체나 재산에 대한 위해가 절박한 때에는 타인의 토지·건물 또는 선차 내에 출입할 수 있다. 공공장소의 관리자는 그 영업 또는 공개시간 내에 경찰관이 범죄나 위해의 예방을 목적으로 출입을 요구한 때에는 정당한 이유 없이 이를 거절할 수 없다. 경찰관은 필요한 사실을 확인하기 위하여 출석요구서에 의해 관계인에게 경찰관서에 출석할 것을 요구할 수 있다. 경찰서 및 지방해양경찰관서에 유치장을 둔다. 경찰관은 범인의 체포, 생명·신체에 대한 방호와 공무집행을 위하여 경찰장구나 무기를 사용할 수 있고, 불법집회·시위 등으로 인한 현저한 위해의 발생을 억제하기 위하여 분사기나 최루탄을 사용할 수 있다. 분사기나 최루탄, 무기를 사용하는 경우 책임자는 사용일시·사용장소·사용대상·현장책임자·종류·수량 등을 기록하여 보관하여야 한다. 13조와 부칙으로 되어 있다.

3) 청원경찰법(법률 제10013호, 2010. 2. 4.)

청원경찰의 직무·임용·배치·보수·사회보장 기타 필요한 사항을 규정함으로써 청원경찰의 원활한 운영을 기함을 목적으로 한 법률이다. 청원경찰은 국가기관 또는 공공단체와 그 관리 아래 있는 중요시설 또는 사업장, 국내주재 외국기관, 기타 중요시설·사업장 또는 장소 등의 경영자가 소요경비를 부담할 것을 조건으로 경찰의 배치를 신청하는 경우에 그 기관·시설 또는 사업장 등의 경비를 담당하게 하기 위하여 배치하는 경찰을 말한다. 청원경찰은 청원주와 배치된 기관·시설 또는 사업장 등의 구역을 관할하는 경찰서장의 감독을 받아 그 경비구역 내에 한하여 경찰관직무집행법에 의한 경찰관의 직무를 행한다. 청원경찰의 배치를 받고자 하는 자는 관할지방경찰청장에게 신청하여야 하고, 지방경찰청장은 청원경찰의 배치신청을 받은 때에는 지체 없이 그 배치여부를 결정하여 신청인에게 통지하여야 한다. 지방경찰청장은 청원경찰의 배치가 필요하다고 인정되는 기관의 장 또는 시설·사업장의 경영자에게 청원경찰을 배치할 것을 요청할 수 있다. 청원경찰은 청원경찰의 배치결정을 받은 청원주가 임용하되, 미리 지방경찰청장의 승인을 얻어야 한다. 국가 공무원의 결격사유가 있는 자는 청원경찰로 임용될 수 없다. 청원경찰의 복무에 관하여는 경찰 공무원에 관한 규정을 준용한다. 청원주는 청원경찰에게 지급할 봉급 및 제수당, 청원경찰의 피복비, 청원경찰의 교육비, 보상금 및 퇴직금 등의 청원경찰경비를 부담하여야 한다. 청원주는 청원경찰이 직무수행으로 인하여 부상을 입거나, 질병에 걸리거나 사망한 때 또는 직무상의 부상·질병으로 퇴직하거나, 퇴직 후 2년 이내에 사망한 때에는 본인 또는 그 유족에게 보상금을 지급하여야 한다. 청원주는 청원경찰이 퇴직한 때에는 근로기준법의 규정에 의한 퇴직금을 지급하여야 한다. 청원경찰은 근무 중 제복을 착용하여야 한다. 지방경찰청장은 직무수행을 위하여 필요하다고 인정할 때에는 청원주의 신청에 의하여 관할경찰서장으로 하여금 무기를 대여하여 휴대하게 할 수 있다. 지방경찰청장은 청원경찰이 그 업무에 관하여 법령에 위반하거나 결격사유에 해당하게 된 때에는 청원주에 대하여 그 청원경찰의 해임을 명할 수 있으며, 청원주는 해임명령을 받은 때에는 즉시 해임조치를 하고 지방경찰청장에게 보고하여야 한다. 청원주는 항시 소속 청원경찰의 근무수행상황을 감독하고 필요한 교양을 실시하여야 한다. 지방경찰청장은 청원경찰의 효율적인 운영을 위하여 청원주를 지도하며 감독상 필요한 명령을 발할 수 있다. 청원경찰이 직무를 수행함에 있어서 직권을 남용하여 국민에게 해를 끼친 경우에는 처벌되며, 형법 기타 법령에 의한 법칙의 적용에 있어서는 공무원으로 본다. 청원경찰의 직무상 불법행위에 대한 배상책임에 관하여는 민법의 규정에 의한다. 12조와 부칙으로 되어 있다.

4) 총포 도검 화약류 등 단속법(법률 제10219호, 2010. 3. 31.)

1981년 1월 법률 제3354호로 제정·공포된 후 전문 개정되었다. 용어의 정의, 제조업·판매업·수출입의 허가, 소지의 금지·허가, 양도·양수의 제한, 화약류의 저장·운반·저장소 설치허가, 화약류 제조보안책임자와 관리보안책임자의 선임·면허, 자체안전교육과 안전점검, 정기 안전검사, 완성검사, 행정처분, 총포·화약안전기술협회의 설립, 장부의 비치와 기장, 위반자의 처벌 등에 관한 사항을 규정하고 있다. 총칙, 총포·도검·화약류·분사기·전자충격기의 제조·판매 등, 소지와 사용, 관리, 감독, 총포·화약안전기술협회, 보칙, 벌칙 등 8장으로 나뉜 전문 76조와 부칙으로 이루어져 있다.

5) 국가항공보안계획

1974년 항공기 운항안전법으로 제정된 뒤 2002년 현재의 명칭으로 전문개정되었다. 공항운영자, 항공운송사업자, 항공기 취급업체, 공항 상주업체, 항공여객·화물터미널운영자, 공항 이용자 등은 항공안전 및 보안을 위한 국가의 시책에 협조해야 한다. 항공안전 및 보안에 관한 계획의 협의와 관계 행정기관 간의 업무협조 등에 관한 사항을 협의하기 위해 국토교통부장관을 장으로 하는 항공안전협의회를 둔다. 지방항공청장은 관할 공항별로 공항 안전운영협의회를 둔다. 국토교통부장관은 항공안전 및 보안에 관한 기본계획을 세우고, 공항 운영자 등은 이에 대한 시행계획을 세워야 한다. 공항운영자는 국토교통부장관의 승인을 얻어 공항시설의 보호를 위해 필요한 구역을 보호구역으로 지정해야 한다. 보호구역을 출입하려는 자나 차량은 공항운영자의 허가를 받아야 한다. 항공운송사업자는 승객이 탑승한 항공기를 운항할 때 항공보안요원을 탑승시켜야 하고, 조종실 출입문 안전 강화 등 항공기 안전조치를 취해야 한다. 탑승자는 신체와 휴대물품 및 위탁수하물 등에 대한 보안검색을 받아야 한다. 공항 운영자나 항공운송사업자는 보안검색에 실패한 경우에 국토교통부장관에게 즉시 보고하고, 국토교통부장관은 해당 항공기가 도착하는 국가의 관련기관에 이를 즉시 통보해야 한다. 수형자 등을 호송하는 사법경찰관이나 공무원은 사전에 해당 항공운송사업자에게 통보해야 한다. 항공운송사업자는 항공기 · 승무원 및 승객의 안전에 위협이 된다고 판단되는 경우에는 적절한 안전조치를 요구할 수 있다. 이밖에 국제협약의 준수, 국가의 책무, 위해물품 휴대금지, 기장의 권한, 항공기 내 안전 및 보안, 항공안전보안장비, 항공안전 위협에 대한 대응, 항공기 이용 피해구제, 항공기 손괴죄와 납치죄 등의 벌칙에 관한 규정 등이 있다. 8장으로 나누어진 전문 51조와 부칙으로 구성되어 있으며, 시행령과 시행규칙이 있다.

제 3 부

항공보안관리

9장 항공보안관리 조직

1. 국토교통부

1) 조직 및 기능

국토교통부는 항공보안의 책임 정부기관이며, 국가항공보안계획의 수립 및 실행에 관한 사항을 담당한다. 항공보안에 관한 국토교통부의 주요 업무는 다음과 같다.[81]

① 국가항공보안계획의 제정 및 개정
② 국가항공보안계획의 내용 개발·조정 및 시행
③ 국가항공보안계획에 따른 공항운영자 등의 자체 항공보안계획 검토 및 승인
④ 불법방해행위 발생시 국가항공보안계획 재검토 및 재발방지대책 강구
⑤ 항공보안을 위한 국제공항 시설에 대한 국제기준의 적용 확인

2) 임무

(1) 항공보안 대책의 마련 및 시행

불법방해행위 대상 항공기가 대한민국 안에 착륙하였을 경우 인명보호를 위하여 불가피한 경우를 제외하고는 이륙하지 못하도록 가능한 방법을 동원하여 지상에 대기시켜야 한다. 또한 민간항공에 대한 불법방해행위 정보를 수집한 경우 관계기관·해당 공항운영자 및 항공운송사업자에게 신속히 전파하여야 한다. 아울러 불법방해행위 대상 항공기에 탑승한 승객 및 승무원을 석방시키기 위하여 관련 체약국·항공운송사업자·항공기 등록국 및 항공기 제작국과 협력하여야 한다. 또 민간항공에 대한 위협정보를 국가정보원 또는 경찰청 등으로부터 입수하였을 경우 민간항공에 대한 위협 여부를 분석하여 공항운영자 등에게 제공하여야 한다.

81 국토교통부, 「국가항공보안계획」.

국토교통부는 민간항공의 위협에 신속하게 대응하기 위한 임의적이고 예측 불가능한 보안대책을 시행하여야 하며, 필요시 공항운영자 등에게 보안대책을 명할 수 있다. 국토교통부장관은 소관 업무와 관련하여 국가 중요시설·장비 및 인원에 대한 불법방해행위 예방대책을 수립하고 그 이행을 지도·감독한다. 국토교통부는 공항의 안전을 유지하기 위하여 의심되는 위험한 장치 또는 잠재적 위험의 조사·처리 등을 위해 '공항 폭발물 등에 관한 처리기준'을 수립·시행한다.

국토교통부는 민간항공기에 대한 불법방해행위가 발생한 때에는 국내외 사건 대책본부를 지원하기 위하여 '항공 테러사건 대책본부'를 설치·운영한다. '항공 테러사건 대책본부'의 설치·운영에 관하여 필요한 사항은 '국가항공보안 우발계획'에 의한다. 불법방해행위가 지속될 경우 현장 대응활동의 총괄 지휘·조정을 위하여 "현장지휘본부"를 설치·운영한다. '현장지휘본부'는 '국가대테러활동지침'에 따라 테러대책회의, 공항 테러보안대책협의회 또는 항공 테러사건 대책본부의 결정에 따라 설치한다.[82]

(2) 불법방해행위 조사

국토교통부장관은 민간항공에 대한 불법방해행위 또는 민간항공보안에 관한 중요한 위반사항이 발생한 경우 이를 조사하여야 한다. 국토교통부장관은 불법방해행위 조사 보고서에 재발 방지를 위한 추가 조치방안 및 시행 책임을 명확히 하여야 하며, '국가항공보안계획' 및 '국가항공보안 우발계획'에 따라 효율적으로 수행되었는지 확인하여야 한다.[83]

(3) 항공보안 감독

국토교통부장관은 항공보안의 지속적인 개선 및 향상을 위하여 '국가항공보안 수준관리지침'을 수립·시행하여야 한다. '국가항공보안 수준관리지침'에는 목적, 임무, 점검활동·방법, 문제점 해결 방법 및 가용자원 등에 관한 사항을 포함하여야 한다. '국가항공보안 수준관리지침'에 따라 공항운영자 등은 자체 수준관리 지침을 수립하여야 한다.

국토교통부장관은 항공보안감독관으로 하여금 '국가항공보안 수준관리지침'

82 국가항공보안계획 11.4.
83 국가항공보안계획 11.12.

에 따라 공항운영자 등에 대하여 현장조사·보안점검·보안평가 및 불시평가 등 점검활동을 수행하도록 하여야 한다. 항공보안감독관은 '국가항공보안 수준관리지침'에 따라 주기적으로 현장조사·보안점검·보안평가·불시평가 등 점검활동을 실시하여야 한다. 다만, 관계기관 위협정보 접수 또는 자체 위험평가 결과에 따라 그 우선순위를 변경하거나 추가로 실시할 수 있다. 현장조사·보안점검·보안평가·불시평가 등 점검활동의 대상·주기·항목 등에 관한 세부적인 사항은 '국가항공보안 수준관리지침'에 의한다.

국토교통부장관은 민간항공에 대한 항공기 납치·파괴행위·테러공격 등의 불법방해행위를 방지하고 그 취약성을 분석하여 보호대책을 수립하기 위하여 공항별로 공항운영자 등에 대한 항공보안 업무 운영실태 등을 조사하는 현장조사를 실시하여야 한다. 국토교통부장관은 민간항공보안에 대한 보안대책 및 통제절차 등이 국가 정책에 따라 적절히 수행되고 있는지를 확인하기 위하여 공항운영자 등에 대하여 보안점검을 실시하여야 한다.

국토교통부장관은 공항운영자 등이 수립한 자체 보안계획의 이행여부·이행능력 등을 확인하기 위하여 보안평가를 실시하여야 한다. 국토교통부장관은 공항운영자 등의 보안업무 수준이 적절하게 유지되고 있는지를 확인하기 위하여 보안대책 및 통제절차 수행 능력 등에 대한 불시평가를 실시하여야 한다.[84]

(4) 항공교통관제 등 항행업무 지원

국토교통부장관은 불법방해행위 대상이 된 항공기가 국내 공항 착륙 또는 인천비행정보구역 통과를 요구할 경우 항공교통관제업무 등 가능한 모든 업무를 지원하여야 한다. 항공교통관제기관은 불법방해행위의 대상이 된 항공기가 착륙할 경우 지정된 주기장 또는 격리주기장으로 유도하여야 한다.

항공교통관제기관은 불법방해행위의 대상이 된 항공기가 다른 비행정보구역에도 영향을 미칠 경우 목적지 공항을 포함한 관련 국가의 항공교통관제기관에 관련 정보를 제공하여야 하며, 필요한 경우 협정을 체결할 수 있다. 항공교통관제기관이 제공하는 정보는 다음과 같으며, 필요시 범인이 소유하고 있거나 소유하고 있다고 예상되는 무기·폭발물 등의 추가 정보를 제공할 수 있다.

84 국가항공보안계획 12.1.

① 항공기 예상경로

② 도착 예정지 및 예상시간

③ 연료 항속시간(시간 및 분) 등 추가 필요정보, 승무원 및 승객 탑승 인원

④ 승무원 구성, 예상경로의 경험 및 지식

⑤ 기내 항행지도 및 관련 서류의 유용성

⑥ 이전 비행시간을 고려한 비행승무원의 한계 비행시간[85]

(5) 전문가 지원 및 언론 대응

불법방해행위 발생시 현장지휘본부·특공대·협상팀·지원팀 및 합동조사반에 해당 전문가를 포함하여 구성·운영한다. 현장지휘본부·특공대·협상팀·지원팀 및 합동조사반의 구성·운영에 관하여 필요한 사항은 '국가항공보안 우발계획'에 의한다.

언론에 대비한 창구를 최소화 하고, 대언론 질의 등에 대하여 일관성 있는 언론 대응으로 혼선을 방지하여야 한다. 항공기 피랍 상황이 발생한 경우에는 확인된 사실만을 브리핑하고, 일정 시점부터 정례 브리핑으로 전환한다. 언론 취재구역을 설정하고, 테러상황실 등의 출입을 철저히 통제하여야 하며, 항공테러 대응기구 설치기관에서 별도의 보도실을 설치한다. 인질협상 및 작전 등 관련 상황에 대한 정보유출은 금지하여야 한다.[86]

(6) 항공보안을 위한 해외 협력

국토교통부장관은 국제 항공보안을 향상시키고, 항공보안 관련 국가 간의 유대관계를 지속적으로 유지하여야 하며, 국가항공보안계획을 적용함에 있어 체약국과 협조하여야 한다. 국토교통부장관은 체약국으로부터 특정 항공편에 대해 특별한 보안대책을 문서로 요구받은 경우 공항운영자 등에게 다음 사항을 협조하도록 지시할 수 있다.

① 항공기 경비 강화

② 위험성이 높을 경우 다른 항공기와 격리하여 주기

③ 위협분석에 따라 승객·수하물에 대한 정밀 보안점검 실시

---

85 국가항공보안계획 11.5.

86 국가항공보안계획 11.6.

④ 위험성이 높은 승객이 있는 경우 별도 출입지역으로 통과

국토교통부장관은 체약국이 특별 보안대책을 요구한 사항에 대하여 조치 가능 여부와 조치내용 등을 관련 체약국에 통보하여야 한다. 국토교통부장관은 민간항공의 위협정보를 수집·분석하는 과정에서 체약국의 위협정보를 수집하였을 경우 관련 체약국에 그 내용을 제공하여야 한다. 국토교통부장관은 체약국 등으로부터 수집한 위협정보를 공항운영자등에게 통보하여야 하며, 공항운영자등과 협의하여 대책을 수립하여야 한다. 국토교통부장관은 체약국과 보안정보를 교환하는 경우 '보안업무규정'에 따른 조치를 하여야 한다. 국토교통부장관은 체약국에 보안정보를 제공하기 전에 체약국의 보안관리에 대한 대책을 파악하여 적절한 경우 해당 보안자료를 제공한다. 국토교통부장관은 체약국으로부터 민간항공 위협정보를 제공받은 경우 정보를 제공한 체약국에서 요구하는 수준으로 보호하여야 한다.

국토교통부장관은 국가항공보안 프로그램, 수준관리 프로그램 및 교육훈련 프로그램을 개발하거나 관련 정보를 공유할 필요가 있는 경우 체약국과 협력하여야 한다. 국토교통부장관은 체약국으로부터 국제민간항공기구의 항공보안평가 결과 및 조치사항 제공을 문서로 요청받은 경우 적절한 수준에서 제공할 수 있다. 국토교통부장관은 체약국과 항공운송 양해각서를 체결할 경우 항공보안에 관한 사항을 포함하여야 한다. 이 경우 국제민간항공기구의 기준을 참고하여야 한다.[87]

항공기 납치 등 불법방해행위에 처한 항공기가 인천비행정보구역내 공항에 착륙한 경우 다음의 국가 및 국제기구에 정보를 제공하여야 한다.

① 해당 항공기가 등록되어 있는 국가와 항공운송사업자 소속 국가

② 사망 또는 부상을 당한 사람의 소속 국가

③ 인질로 구속되어 있는 사람의 소속 국가

④ 항공기 승객의 소속 국가

⑤ 국제민간항공기구[88]

---

87 국가항공보안계획 5.5.

88 국가항공보안계획 11.8.

2. 국가정보원, 경찰청 및 정부 관계기관

1) 국가정보원

국가정보원은 불법방해행위 등 항공보안에 관한 국내외 정보를 수집·작성하여 배포하고 항공분야 대테러 업무를 기획·조정하며, 공항과 항공기 등에 대해 테러사건이 발생하거나 발생할 우려가 현저한 때에는 관계기관 합동으로 조사반을 편성·운영한다. 국가정보원장은 불법방해행위 발생을 미연에 방지할 수 있도록 국내외 테러정보 관련 또는 기타 보안 관련 정보를 국토교통부 등 관계기관에 제공하여야 한다.

국가정보원장은 필요시 관계기관 합동으로 공항 및 항공기에 대한 불법방해행위 예방활동을 지도·점검할 수 있다. 국가정보원장은 관계기관 대테러 요원의 전문 대응능력 배양을 위하여 외국 대테러기관과의 합동훈련·교육 및 관계기관 합동 종합 모의훈련을 지원한다. 국가정보원장은 국내외에서 불법방해행위가 발생하거나 발생할 우려가 현저한 때에는 예방조치·사건분석·사후 처리방안 모색 등을 위하여 관계기관 합동으로 조사반을 편성· 운영한다.[89]

2) 경찰청

경찰청은 민간항공을 위협하는 범죄를 예방하며, 항공기의 납치· 파괴행위와 폭탄테러, 그 밖의 위협 등 불법방해행위가 발생한 경우 이를 진압하고 사법 처리한다. 경찰청장은 대테러 전문능력의 배양을 위하여 필요한 인원 및 장비를 확보하고 이에 따른 교육·훈련계획을 수립하여야 한다.

불법방해행위가 발생한 경우 관할 경찰관서의 장(군사시설의 경우 군부대장, 해양의 경우 해양경찰서장)은 사건현장을 통제·보존하고, 후발사태의 발생 등 사건 확산을 방지하기 위하여 신속한 초동조치를 하여야 한다. 경찰관서의 장은 사건상황 및 조치내용을 지체 없이 관계기관에 통보하고, 필요시 국가정보원장에게 합동조사반의 파견을 요청할 수 있다. 경비책임자는 사건현장의 상황에 따라 후발사태를 예방하기 위하여 필요한 경우 인명구조·소방·의료 등 긴급 구난 인력의 지원을

89 국가항공보안계획 11.2.

관계기관에 요청할 수 있다. 지속사건의 경우 경찰관서의 장은 현장지휘본부가 설치되는 즉시 지휘통제권 및 조치사항을 현장지휘본부장에게 인계하여야 한다. 해양경비안전본부는 공항 인접 해상에서의 항공기에 대한 불법방해행위를 예방 · 진압하고 사법 처리한다.[90]

3) 기타 관련 정부기관

외교통상부는 민간항공에 대한 대테러 협력을 위한 국제조약 체결 및 국제기구 가입에 관한 업무를 지원한다.

법무부는 위·변조 여권에 대한 식별기법과 불법방해행위와 연계된 혐의자의 출·입국 관리에 대한 업무를 지원한다.

국방부는 공항 외곽(해안선 포함)의 경계 및 방호 업무를 담당하고, 공항에서 군 폭발물이 발견되거나 생화학 테러가 발생한 경우 군 폭발물 처리반이나 생화학 부대를 지원 및 협조한다.

농림수산식품부는 수출입 동·식물 검역 장소의 지정 및 관리와 검역정보를 제공한다.

보건복지부는 항공기·승객·승무원 및 화물에 대한 검역 사항과 세균학적 검사 업무를 지원한다.

관세청은 출·입국자 및 화물에 대한 통관심사와 총기류 · 폭발물 등 위해물품의 반입 저지에 대한 업무를 지원한다.

'공항비상운영센터' 운영과 관련된 기관들은 상황실의 유지·관리여부를 정기적으로 점검하여야 하며, 통신장비의 정상작동 유무를 확인하여야 한다.[91]

3. 공항운영자

1) 기능

공항운영자는 공항의 불법방해행위를 방지하는 보안조치의 수립 및 실행에 관한 사항을 담당하며 다음의 사항을 포함한다.

90 국가항공보안계획 11.3.
91 국가항공보안계획 4.5 ~ 4.12.

① 국가항공보안계획의 요구사항과 공항의 독립적인 보안조치를 구체적으로 명시한 자체 보안계획의 수립 및 시행
② 자체 보안계획 시행을 총괄하는 공항보안책임자 임명
③ 공항보안에 필요한 사항을 공항시설의 개조와 새로운 시설의 설계 및 공사에 반영

2) 임무

공항 및 항공기 운항을 방해하는 불법방해행위에 대한 정보를 통보받은 공항운영자는 '공항비상운영센터'를 가동시키고 자체 우발계획에 따라 필요한 조치를 취하여야 한다. 공항운영자 등은 '국가항공보안 우발계획'에 따라 자체 우발계획을 수립하여 국토교통부장관의 승인을 받아야 한다.

공항운영자는 다음 상황이 발생할 경우 관할 지방항공청장에게 즉시 보고하여야 하며, 이에 대한 기록을 유지·관리하여야 한다.

① 공항보호구역 불법 진입 사건
② 검색대 불법 위반 사건
③ 공항보호구역 내 폭발물, 무기 등 위해물품 발견 사건
④ 공항 폭발물 위협
⑤ 공항인질극, 군중시위 등 불법방해행위
⑥ 공항보호구역 불법 진입 시도 행위
⑦ 공항 안에서 보안업무를 수행하는 자에 대한 위해 행위
⑧ 무효 출입증, 타인 출입증 등 불법사용행위
⑨ 공항 출입통제시스템 고장
⑩ 공항 보안울타리, 침입방지시스템(장력시스템 등) 파손 행위[92]

공항운영자는 불법방해행위 대상 항공기에 대비하여 격리주기장을 설치하거나 적당한 곳을 지정하여야 한다. 공항운영자는 격리주기장을 설치할 경우 다른 항공기의 주기장소·건물 또는 공공장소 등으로부터 100미터 이상 떨어진 장소에 설치하여야 한다. 또한, 격리주기장은 휘발유·항공유·전기 또는 통신선로와 같은

92 국가항공보안계획 11.8.

지하시설 위에 설치하여서는 안 된다.

공항운영자는 민간항공에 사용되는 정보 및 통신기술을 불법방해행위로부터 보호하기 위하여, 해킹 방지용 방화벽을 설치·운영하고 악성프로그램을 자동 점검하여 치료할 수 있는 백신 소프트웨어를 설치·운영하는 등 항공통신시설 보호대책을 수립하여야 한다.

3) 교육 · 훈련

공항운영자는 공항별로 관계기관 · 항공운송사업자 등과 합동으로 2년에 1회 이상 정기적으로 다음 사항 중 어떤 경우라도 이에 대비한 모의훈련을 실시하여야 하며, 발견된 문제점은 공항운영자 등의 자체 보안계획에 반영하여야 한다.[93]

① 공항에서의 항공기 납치

② 항공기 공중납치

③ 공항시설 및 항공기에 대한 폭발물 위협

④ 공항시설에 대한 무장공격

공항운영자는 관계기관·항공운송사업자 등과 협의하여 모의훈련 계획을 수립하여 국토교통부장관에게 보고한 후 실시하여야 한다. 관계기관 ·항공운송사업자 등은 공항운영자가 실시하는 모의훈련에 적극 협조하여야 한다. 공항운영자는 모의훈련을 통해 확인된 문제점의 개선 여부를 점검하기 위하여 모의훈련을 실시하지 않는 연도에는 도상훈련을 실시하여야 한다.

4. 항공운송사업자

1) 기능

항공운송사업자는 불법방해행위로부터 승객·승무원·지상직원·항공기 및 시설이 보호될 수 있도록 자체 보안계획을 수립·시행하여야 하며 다음 사항을 포함한다.

① 자체 보안계획 실행을 총괄하는 항공사보안책임자 임명

93 국가항공보안계획 12.6.

② 불법방해행위로부터 승객·휴대물품·위탁수하물·기내식 및 항공화물 등에 대한 보호대책 수립 및 시행
③ 항공기의 비행전 보안점검
④ 재판 및 행정절차의 대상인 승객에 대한 처리
⑤ 조종석 및 항공기 화물칸으로 운송되는 무기에 대한 보안대책
⑥ 주기되어 있는 항공기 보안 및 통제절차
⑦ 타 국가로 운항할 경우 해당 국가의 항공보안요건 준수
⑧ 공중납치·폭탄테러 위협 및 위험지대 비행 등에 대한 보안조치 및 절차 등 우발사고 계획

2) 임무

항공운송사업자는 항공기에 대한 불법방해행위가 예상되는 경우 해당 항공기에 대한 보안점검 실시 등 필요한 대책을 수립하여야 한다.

항공운송사업자는 폭발물 검색절차에 관한 보안점검표를 항공기 안에 비치하여야 하며, 보안점검표에는 의심스러운 물품이 발견될 경우 취할 조치도 포함하여야 한다.

항공운송사업자는 항공기 폭발물 위협 또는 납치 위협 정보를 접수하였을 경우 다음의 조치 없이 항공기를 이륙 또는 착륙시켜서는 안 된다.

① 주기 중인 항공기의 경우 해당 항공기에 대한 정밀 보안검색
② 운항 중인 항공기의 경우 항공기 기장에 동 내용을 통보하여 상황에 적합한 비상조치를 취하도록 하고, 공항에 도착 후 즉시 보안 검색

항공운송사업자는 보안검색 결과 수상한 물품 또는 위해물품 발견시 이에 대한 조사·처리 등의 대책을 수립하여야 한다. 항공운송사업자는 공항에서 발생한 다음 사항에 대하여 관할 지방항공청장에게 즉시 보고하여야 하며, 이에 대한 기록을 유지·관리하여야 한다.

① 항공기 납치 및 납치 시도사건
② 항공기 및 항공사 소재지, 지사 등에 대한 폭발물 위협사건
③ 항공기 안의 폭발물·무기 및 그 밖에 주요 위해물품 발견사건

④ 폭발물에 의한 항공기 폭발사건
⑤ 항공기 관련 불법방해행위 발생사건
⑥ 화물터미널 안의 보호구역 불법 진입사건
⑦ 화물터미널 안의 보호구역 불법 진입 시도행위
⑧ 공항 안에서 항공사의 보안업무를 수행하는 자에 대한 위해 행위
⑨ 화물터미널 안에서 무효출입증, 타인출입증 등 불법사용 행위[94]

5. 기타 기관

항공교통 서비스를 제공하는 항공교통관제기관은 비행정보구역의 항공기 관제와 항공로의 비행정보제공 등에 관한 업무를 지원한다. 항공교통관제기관은 불법방해행위 대상 항공기에게 관제업무를 제공하는 경우 해당 항공기에 대한 정보를 도착 예정 공항의 항공교통관제기관에 제공하여야 한다.

항공기취급업체·항공기정비업체 ·공항상주업체·항공여객(화물)터미널운영자 등은 국가항공보안계획에 따라 자체 보안계획을 수립·시행하여야 하며, 공항운영자의 자체 보안계획을 준수하여 자체 시설에 대한 출입 및 보안 통제에 책임을 가진다.

국토교통부장관은 민간항공의 안전 및 보안에 관한 주요 사항을 협의하기 위하여 항공안전협의회를 설치·운영한다. 항공안전협의회의 구성·임무 및 운영 등에 관한 세부 사항은 국토교통부의 '항공안전협의회 운영규정'에 의한다.

지방항공청장은 관할 공항별로 항공안전 및 보안에 관한 사항을 협의하기 위하여 공항안전운영협의회를 설치·운영한다. 공항안전운영협의회의 구성·임무 및 운영 등에 관한 세부 사항은 지방항공청의 '공항안전운영협의회 운영규정'에 의한다.[95]

94 국가항공보안계획 11.8.
95 국가항공보안계획 5.2.

10장 항공기에 대한 폭발물(위해물품) 위협의 구분 및 대응

1. 폭발물 종류

1) 폭발물

'폭발물'이란 화약, 폭약, 화공품, 그 밖에 인화성 물질로 만든 폭발성이 있는 일체의 물질을 말한다.[96] 그러나 폭발물 처리요원이 폭발물뿐만 아니라 생화학물질 등 위해물품 처리를 담당하며, 항공보안의 관점에서 폭발물 못지않게 생화학물질의 위험성이 심각하다는 점에서 항공보안과 관련한 폭발물 문제는 단순히 화약 등 폭발성이 있는 물질뿐만 아니라, 병원성 세균과 같은 '생화학물질'까지 포함하는 안보위해물품의 개념에서 접근해야 할 것이다.

2) 안보위해물품

항공보안에 위협이 되는 안보위해물품은 다음과 같다.[97]

① 군용 및 민수용을 포함한 각종 폭발물: 각종 폭약, 소총기 탄약, 포탄약, 수총류탄, 지뢰, 연막·소이탄, 조명탄, 신관, 뇌관, 모의탄 등의 폭발물, 스포츠용 탄약, 엽총 탄약, 사냥용 탄약, 해상구난 구조 신호용 연막 및 신호탄, 폭파 기재류 등

② 폭약 제조에 사용될 수 있는 각종 화학제품: 염소산칼륨, 분말 알루미늄, 다량의 글리세린, 유황, 과망간산칼륨, 수산화나트륨(잿물), 마그네슘, 다량의 아세톤, 과산화수소 등

③ 가스총, 전기충격기, 호신용 스프레이 및 인체에 상해를 가할 수 있는 BB총 등

④ 총기 제작이 가능한 부품: 방아틀뭉치, 총열 등

⑤ 칼날이 있는 15cm 이상의 도검류 및 흉기로 사용이 가능한 끝이 뾰족한

96 국토교통부 예규 제74호 「공항에서의 폭발물 등에 관한 처리기준」.
97 국토교통부 예규 제74호 「공항에서의 폭발물 등에 관한 처리기준」.

물품: 표창, 철권 등

⑥ 미생물 등에 의한 병원성 세균 및 화학가스, 유독가스 등 각종 생화학 물질: 신경·수포·질식·구토·혈액 작용제, 눈물 가스 등

⑦ 사제폭발물 구조와 유사한 물품

2. 폭발물 처리장비

폭발물 처리장비는 폭발물 탐지장비, 폭발물 확인장비, 폭발물 취급장비, 폭발물 분쇄장비, 폭발물 운반장비, 그리고 생화학 물질 처리장비 등으로 구성된다. 우선 '폭발물 탐지장비'란 폭발물 존재여부를 탐지하는 장비로 검색경, 탐침(봉), 금속탐지기, 휴대용 폭약탐지기 등으로 구성된다. 또 검색대상물에 묻어있는 화학성분을 화학적인 이온분석 방법이나 엑스레이선 검색방법 또는 중성자 검색방법 등에 의하여 폭발물 또는 폭발성분을 탐지하는 탐지 장비와 함께 검색대상물에 묻어있는 화학성분을 흡입하여 화학적인 이온분석 방법 등을 이용하여 폭발물 또는 폭발성분의 흔적을 탐지하는 폭발물흔적 탐지장비, 그리고 폭발성이 높거나 연소성이 높은 액체류 위험물 등을 탐지하는 액체폭발물 탐지장비도 폭발물 탐지장비에 포함된다.

폭발물 확인장비는 엑스레이 촬영기 및 현상기, 관측내시경, 청진기 등이 있으며, 폭발물 취급장비는 방폭담요, 방폭가방, 방폭복, 원격이동장비 등을 말하고, 폭발물 분쇄장비는 폭발물분쇄기, 수처리 공구 세트 등이 포함되고, 폭발물 운반장비는 폭발물운반트레일러, 출동차량 등을 들 수 있다. 또 생화학 물질 처리장비로는 세균·가스불침투보호 세트, 제독기, 탐지킷 및 수집 세트 등이 있다.[98]

폭발물 처리장비는 공항별로 배치하여야 한다. 다만, 군 공항 당국과 상호지원협정을 체결한 공항에 대하여는 폭발물 처리장비의 종류 및 수량을 공항 실정에 맞게 조정할 수 있다

98 국토교통부 예규 제74호 「공항에서의 폭발물 등에 관한 처리기준」.

1) 폭발물 탐지장비[99]

(1) 검색경

4인치 이상 LCD 디스플레이어로 모니터링 기능이 있어야 한다. 또 고정형 폴대를 탈부착할 수 있어야 하며, 폴대는 검측이 용이한 길이로 접고 펴는 것이 가능하여야 한다.

(2) 탐침(봉)

매설물의 깊이를 고려하여 길이 조정이 가능하여야 하며, 지표면에서 25㎝이상 깊이까지 확인할 수 있어야 한다. 또 알루미늄, 스테인리스 등 강도가 있는 비자성체 재질로 제작되어야 한다.

(3) 금속탐지기(휴대용 금속 탐지기)

금속성분이 탐지되어 반응하면 육안(LED LAMP 등) 또는 진동으로 감지할 수 있어야 한다. 최소 직경 1cm 이상의 금속에 반응하여야 한다.

(4) 휴대용 폭약탐지기

탐지 가능한 폭발물은 TNT, C4, RDX 등 최소 6가지 이상이 되어야 한다. 폭발물 탐지시 외부 모니터로 폭약 성분을 출력하여 분석할 수 있어야 한다. 자체적으로 교정할 수 있는 자동교정기능이 있어야 한다.

2) 폭발물 확인 장비[100]

(1) 엑스레이촬영기 및 현상기

엑스레이촬영 영상장치는 디지털 영상장치 또는 필름 판독장치로 구성되어 필요에 따라 사용이 가능하여야 한다. 디지털 영상장치 또는 필름 판독장치는 사제폭발물의 크기를 고려하여 가로 350mm, 세로 400mm 이상 되어야 한다. 필름 현상기는 스캐닝과 클린 기능이 동시에 되어야 한다.

---

99 공항에서의 폭발물 등에 관한 처리기준 별표 참조.

100 공항에서의 폭발물 등에 관한 처리기준 별표 참조.

(2) 관측내시경

내시경의 렌즈는 직경 7mm 이하이어야 하며, 관측이 용이하도록 4방향(상·하/좌·우 360도)으로 각도 조절이 가능하여야 한다. 장비에 관측용 모니터가 장착되어야 한다.

(3) 청진기

기계적 장치(시계태엽 등) 및 전자적 전기흐름(휴대전화, 디지털 타이머 등)에서 나오는 미세한 신호를 5cm 이상 떨어진 거리에서 탐지가 가능하여야 한다. 탐지 감청소리는 유·무선으로 청취가 가능하여야 한다.

3) 폭발물 취급 장비[101]

(1) 방폭담요

500m/s V－50 등급의 방탄능력 이상을 갖추어야 한다. 유연성 있게 크기 변경이 가능한 폭발 억제링을 포함하여야 한다. TNT 기준 180g 이상 방호되어야 한다.

(2) 방폭가방

방탄등급은 STANAG 2920의 규격을 적용하여 665m/sec의 V.50 이상이어야 한다. 크기는 90(L)×40(W)×60(H)Cm 이상 수하물을 넣을 수 있어야 한다. 수평으로 가해지는 에너지 방호력은 15톤 이상이어야 한다. 내부에는 폭발물 폭발시 고열을 방어할 수 있는 방화재질로 되어 있어야 한다. 아래, 위가 개방된 원통형 모양으로 아래 부위에는 폭발물 폭발시 압력을 흡수할 수 있는 이중 방탄재질의 자바라 형태로 구성되어야 한다. 이동이 가능하도록 운반 손잡이는 2개가 부착되어야 한다.

(3) 방폭복

NATO 방탄등급 V－50 시험기준을 통과한 제품이어야 한다. 헬멧, 상의, 하의로 구성되고, 환풍장치 · 냉각시스템·화생방 보호 시스템 기능이 있어야 한다. 유 ·무선 사용이 가능한 쌍방향 통신시스템을 갖추어야 한다.

101 공항에서의 폭발물 등에 관한 처리기준 별표 참조.

(4) 원격이동장비

갈고리, 로프, 도르래 등으로 구성되어야 하며, 건물과 자동차 등 폭발물 처리 시 안전거리 밖에서 폭발물 이동이 가능하여야 한다. 다양한 환경에서 신속한 장·탈착이 가능하여야 한다.

4) 폭발물 분쇄장비[102]

(1) 폭발물분쇄기

사제폭발물의 크기 및 재질을 고려하여 물 포총 포구가 25mm 이상(소형은 12mm 이상) 되어야 한다. 가벼운 재질의 스탠드를 갖추어 높이와 각도 조절이 가능하여야 한다. 점화기는 전기식으로 유·무선이 가능하여야 한다.

(2) 수처리 공구세트

다양한 재질의 폭발물 검측·처리가 가능하도록 렌치, 드릴, 해머, 충전기, 절단기, 램프, 테이프, 장갑 등 필요한 공구 일체를 포함하여야 한다. 일체의 장비를 운반가방에 보관하여 이동이 용이하여야 한다.

5) 폭발물 운반 장비[103]

(1) 폭발물운반트레일러

폭발물 컨테이너는 TNT 기준 5kg이상을 적재하여 보호할 수 있는 방호능력을 갖추어야 한다. 폭발물 처리 로봇이 컨테이너에 등반할 수 있는 장치를 갖추어야 한다. SUV차량으로 트레일러 이동이 가능하여야 한다.

(2) 출동차량

폭발물과 생화학 처리 장비 일체를 탑재할 수 있어야 한다. 폭발물처리장비의 충전이 가능한 발전기가 설치되어야 한다.

---

102 공항에서의 폭발물 등에 관한 처리기준 별표 참조.
103 공항에서의 폭발물 등에 관한 처리기준 별표 참조.

6) 생화학 물질 처리장비[104]

(1) 불침투(세균, 가스) 보호세트

최고 수준의 오염지역에도 진입이 가능한 완전 밀폐형 보호복으로 NFPA Level A 규격이어야 한다. 양압식 공기 호흡기 착용 후 보호의를 착용할 수 있어야 한다. 유해 화학물질에 대하여 8시간 이상의 방호력을 갖추어야 한다. 안면창은 유해 화학물질에 견딜 수 있는 재질 및 180도 시야 확보가 가능한 구조이어야 한다.

(2) 제독기

제독제 용기는 화학물질에 견딜 수 있는 재질로 만들어지고, 용기 내에서 액체, 파우더 등 제독물질이 혼합·유화될 수 있어야 한다. 자체 압력조절이 가능하고 이상 압력시 안전밸브가 작동되어야 한다.

(3) 탐지기

화학작용제 탐지기는 위험지역 내에 화학 작용제 및 유해물질 등을 신속하게 탐지할 수 있어야 한다.

(4) 수집 세트

생화학 물질 처리시 액체·고체의 오염물질을 밀폐용기에 채취하여 수집할 수 있어야 한다.

3. 폭발물 위협에 대한 대응

1) 초동조치

폭발물 등 위해물품이 발견되면 ① 공항이용객 등 공공의 안전 확보 ② 폭발물 처리자의 안전 확보 ③ 공항 재산 등 보호 ④ 증거품 확보 및 현장 보존의 우선순위에 따라 처리하게 된다. 다수의 폭발물 등이 동시에 발견되면, 공공의 안전과 공항의 기능을 저해할 우려가 있는 폭발물 등을 우선적으로 처리하여야 한다.

104 공항에서의 폭발물 등에 관한 처리기준 별표 참조.

보안검색요원 및 항공경비요원 등은 폭발물 등을 발견한 경우 보안검색감독자나 보안상황실 등에 신속하게 보고하고, 공항 이용객이나 승객 등의 혼란을 방지하기 위하여 현장 상황 보고 및 현장 통제 시 관련 내용이 누출되지 않도록 보안에 유의하여야 한다. 보안검색요원 및 항공경비요원은 또한 폭발물 등을 발견즉시 현장으로부터 안전거리를 확보한 곳에 공항이용객 등이 접근하지 못하도록 출입통제선과 접근금지 안내문을 설치하는 등의 안전조치를 하여야 하며, 폭발물처리요원이 도착할 때까지 현장을 안전하게 보존하여야 한다.

폭발물 등의 신고가 접수되면, 폭발물처리요원은 최대한 빠른 시간 내에 현장에 도착하여야 한다. 신고 현장에 도착한 폭발물처리요원은 현장상황을 종합상황실 등에 우선 보고하고, 폭발물 등에 대한 분석결과를 합동조사반에 보고한 뒤 합동조사반의 결정에 따라 행동하게 된다.

여객터미널·화물터미널 등에서 폭발물 등이 발견되면, 폭발물처리요원은 즉시 현장에서 폭발사고 등이 발생하지 않도록 조치하고, 폭발사고 등에 대비하여 공항이용객 또는 화물의 피해를 최소화할 수 있도록 안전조치를 하여야 한다. 폭발물처리요원은 이러한 안전조치를 하기 위해 필요한 경우 관계기관과 항공운송사업자 등에게 업무협조와 출입통제를 요청할 수 있으며, 폭발물처리요원의 요청을 받은 관계기관과 항공운송사업자 등은 이에 협조하여야 한다. 폭발물처리요원은 폭발물 등을 조사하기 전에 현장에 방화시설의 설치 또는 방화조치 여부 등을 확인하여야 하며, 폭발물 등의 폭발 등에 대비하여 의료진 등을 인근지역에서 대기할 수 있도록 하여야 한다.

또한 공항 내 국가정보원, 국방부, 경찰청 등 항공보안 관계기관으로 구성된 폭발물 등에 대한 합동조사기구인 '합동조사반'을 구성하여 체계적인 폭발물 대처활동 지원이 가능하도록 하여야 한다.[105]

2) 폭발물 등 운반

여객터미널·화물터미널 내에서 폭발물 등이 발견되면, 이러한 폭발물 등 위해물품은 폭발 등에 따른 피해를 최소화하기 위해 공항 내에 지정된 안전지역으로

105 국토교통부 예규 제74호 「공항에서의 폭발물 등에 관한 처리기준」.

최대한 안전하고 신속하게 이동하여야 한다. 안전 지역으로 운반이 불가능한 폭발물 등은 공항 이용객 및 공항 시설에 대한 피해를 최소화하기 위해 안전조치를 한 후에 현장에서 처리하여야 한다.

공항운영자나 항공운송사업자는 폭발물 등을 안전하게 운반하기 위하여 모든 보안검색장에 폭발물 등의 이동경로를 정하여야 한다. 공항운영자나 항공운송사업자는 폭발물 등을 발견한 장소에서 폭발물처리장이나 보호구역 외의 지역으로 운반하는 경우 폭발물 등을 탑재한 폭발물 운반장비가 출입할 경비초소와 최단거리로 이동할 수 있는 안전한 수송로를 사전에 확보하여야 한다. 공항운영자는 폭발물 등을 운반하는 경우 폭발물 처리장비를 이용하여 폭발 등에 대비한 조치를 하여야 한다. 또 폭발물 등을 폭발물처리장이나 보호구역 외의 지역으로 운반하는 경우 폭발물운반트레일러 등 특수차량을 사용하여 운반하여야 한다. 폭발물처리요원은 폭발물 등을 처리하거나 운반하는 경우 폭발 및 생화학 등으로 인한 피해를 방지하기 위하여 방폭복이나 방호복 등을 착용하여야 한다.

공항운영자는 폭발물 등을 계류장 등 보호구역에서 안전지역으로 운반하는 경우 폭발에 의한 항공기의 피해 등을 방지하기 위하여 사전에 항공교통관제기관 및 합동조사반과 이동경로 등에 대하여 충분히 협의하여야 한다. 또한 공항운영자는 계류장 등 보호구역에 있는 폭발물 등을 폭발물처리장이나 보호구역 외의 지역으로 운반하는 경우 항공교통관제기관의 지시에 따라야 하며, 공항 이동지역 통제규정 등 관련 규정을 준수하여야 한다. 아울러 공항운영자는 폭발물 등을 안전하게 이동시키기 위하여 군·경찰 등 관계기관과 업무 협조체제를 유지하여야 한다.[106]

3) 폭발물 처리 절차

공항운영자는 폭발물 등을 처리하기 위하여 공항의 특정 장소를 폭발물 처리지역으로 지정하여야 한다. 다만, 군 공항 당국에서 폭발물 처리지역을 별도로 지정한 공항의 경우에는 그러하지 아니한다. 공항운영자는 폭발물 등의 폭파 등으로 인한 항공기와 인근지역 주민 등에게 피해가 발생하지 않는 장소를 폭발물 처리지역으로 지정하여야 한다. 공항운영자는 폭발물 등의 성능 및 인근지역 주민의 피해 등을 고려하여, 군 · 경찰 등 관계기관과 협의하여 신속하게 폭발물 처리장소와

106 공항에서의 폭발물 등에 관한 처리기준 제2절.

처리방법 등을 결정하여야 한다.

폭발물 처리요원은 폭발물 처리지역에서 폭발물 등을 처리하는 경우 모든 인원 및 안전시설 등이 폭발물 처리지역으로부터 최소한 100미터 이상 떨어져 있는지를 확인한 후에 폭파 및 제거하여야 하며, 피해 예상반경이 큰 폭발물 등의 경우에는 피해 예상반경을 고려하여 이격거리를 충분히 확보하여야 한다. 그러나 폭발물 처리지역에서 처리가 불가하다고 판단되는 경우에는 군·경찰 등 관계기관에 의뢰하여 처리하여야 한다.

출입국장, 환승장에서 발견된 폭발물 등 안보위해물품은 공항 관계기관 합동조사 결과에 따라 해당 기관에서 승객이 포기한 물품을 인수한다. 공항 내에서 발견되거나 신고된 안보위해물품은 해당 책임자와 인수·인계를 실시한다.

폭발물처리반(EOD)은 보안검색과정에서 적발된 안보위해물품을 안전하고 투명한 절차에 따라 처리하여야 한다. 공항 관계기관 합동조사 결과 폭발물처리반(EOD)에서 보관하도록 결정된 안보위해물품과 승객이 포기한 안보위해물품은 사무실내 2중 시건장치가 설치된 곳에 안전하게 보관하여야 한다. 폭발물처리반(EOD)은 보관중인 안보위해물품을 정기적으로 군 폭발물처리반과 관할 지방경찰서 또는 공항경찰대에 인계하여야 한다. 다만, 신속한 처리가 요구되는 경우는 즉시 인계한다. 폭발물처리반(EOD)은 보관중인 안보위해물품 중 보안검색 및 경비교육에 활용할 가치가 있다고 판단되는 물품에 대해 안전(비활성화 등)한 조치를 취한 후 항공보안교육원에 인계할 수 있다.[107]

107 공항에서의 폭발물 등에 관한 처리기준 제3절.

11장 국가우발계획 및 위기관리

1. 서론

항공보안에 있어 보안위험 및 사건은 미리 예견되는 대로 발생하는 경우는 거의 미미하다. 따라서 국가항공보안강화에 있어 뜻하지 않는 사태에 대비한 국가우발계획 및 위기관리 능력이 매우 중시된다. 본 장에서는 국가우발계획 및 위기관리 전략과 목표, 해외 및 국내 국가우발계획 및 위기관리에 대해 살펴본다.

2. 국가우발계획 및 위기관리 전략 및 목표

우발계획은 우발사태에 대비한 계획이다. 일반적으로 우발사태는 뜻하지 않는 무력충돌, 불법방해행위, 자연재해, 질병 등에 의한 항공교통종사자의 공백, 항공기사고 등으로 인하여 항공교통이용자들에게 정상적인 상황에서 항공교통업무를 제공할 수 없는 상황을 야기시키는 상황을 의미한다. 항공보안의 측면에서 우발사태는 항공기 납치 및 테러, 항공기·공항의 폭파위협 및 폭발물 설치, 항공기 기내 납치위협 및 농성, 이 밖에 항공기 정상적인 운항을 방해하거나 공항시설의 정상적인 운영을 방해하는 불법방해행위를 포함한다.

항공보안측면에서 우발계획은 전술한 여러 불법방해행위에 대해 일상적인 업무에서 신속하게 비상사태로 전환하여 이미 발생한 우발사태에 대해 신속하게 정상적인 상태로 회복하기 위한 절차 및 계획을 의미한다. 이 과정에서 인적·물적 피해를 최소화함과 동시에 신속하게 정상적인 상태로 회복되어야 하는 것은 자명한 사실이다. 또한 발생가능한 각각의 우발사태에 대해 미리 정의하고 이에 대한 절차를 수립하더라도 우발사태의 특성상 예상대로 발생할 수는 없다. 따라서 항공보안 우발계획은 발생가능한 모든 우발사태에 대해 유연성(flexibility)이 반드시 확보되어야 한다. 결론적으로 국가우발계획 및 위기관리의 목표는 ① 인적·물적 피해의 최소화, ② 신속·정확한 회복, ③ 계획 및 절차의 유연성 등이 상위목표가 될 수 있다.

이러한 목표와 조화롭게 우발계획 및 위기관리 전략이 수립되어야 한다. 상위목표를 달성하기 위한 전략은 다음과 같다. 첫째, 유연한 현장통제원칙이다. 이 전략은 우발계획 및 절차수립 과정에서 현장통제인원들에게 고정적인 임무를 할당하기보다는 보다 유연하게 사태에 대처하기 위한 임무를 정의하여 할당하는 전략이다. 그 이유는 우발사태는 사전에 가정한 대로 발생하지 않기 때문이다. 둘째, 원활한 연락통신체계 구축이다. 신속하고 정확하게 우발사태에서 회복하기 위해서는 인력들 간 원활한 연락통신체계가 필수적이며 이를 통하여 많은 피해를 최소화함과 동시에 신속·정확하게 정상상태로 회복될 수 있다. 셋째, 현장책임자·실무자에 대한 철저한 교육 및 훈련이다. 우발사태에 적절하게 대응하기 위해서는 현장책임자가 우발계획의 본질적인 목표를 잘 이해하여야 하며 이를 기반으로 비상상태에 정확하게 대처해야 한다. 또한 실무자는 본인의 임무를 피상적으로 이해하기보다는 전체의 비상상황 대응체계에서 본인의 임무가 어떠한 의미나 중요성을 가지고 있는지 잘 이해하고 행동하여야 한다.

ICAO는 각 체약국들에게 국가들의 위기를 적절히 인식·평가하고 그에 대한 적절한 대응을 계획하여 위기관리(contingency plan)방안 및 절차를 수립하도록 권고하고 있다. 따라서 위기관리의 일부로서 비상대응계획은 각 공항별로 국가항공보안프로그램의 요구조건과 일치할 수 있도록 수립되어 관리되어야 한다.

3. 해외 국가우발계획 및 위기관리 체계

ICAO는 위기관리의 일부로서 비상대응계획이 각 공항별로 국가항공보안프로그램의 요구조건과 일치할 수 있도록 수립되고 관리되어야 한다고 규정하고 있다. 그러나 많은 국가들의 항공보안프로그램은 그 국가의 상황이나 위험수준 설정이 상이하므로 이에 따른 자국의 보안프로그램이 운영 중이며 이 또한 대외비로 관리되고 있다. 따라서 본 절에서는 ICAO가 각 체약국에 제시한 국가우발계획의 위기관리 체계를 고찰해 보기로 한다.

ICAO는 항공보안 매뉴얼(Doc. 8973) 5권에 국가우발계획 및 위기관리 체계를 정의하여 제시하고 있다. 이 문서에 명시된 위기관리 및 대응관련 세부항목은 다음과 같다.

- 운영측면(operational aspects)
- 정보수집과 전달(collection and transmission of information)
- 항공교통관제(air traffic control)
- 국가 및 공항우발계획(national and airport contigency plans)
- 위협평가 및 위험관리(thereat assessment and risk management)
- 우발계획 훈련(contingency plan exercises)
- 위기관리 팀(crisis management teams)
- 격리된 주기장(isolated parking position)
- 의심 폭발물 장치(suspect explosive devices)
- 비상 운영센터(emergency operations centre)
- 통신(communications)
- 언론과 미디어(press and media)
- 전화문의 그리고 관련사항(telephone enquiries and relatives)
- 위협에 대한 대응(response to threats)
- 검토, 분석 및 보고(review, analysis and reports)

1) 운영측면

ICAO는 자국의 항공보안프로그램에 따라 각 사건의 유형에 따른 비상 및 우발계획을 공항별로 준비해야 한다고 규정하고 있다. 우발계획은 사전 조치적 성격이 강하고, 다양한 위협수준을 처리하는 수단과 절차, 위험평가의 결과와 추가보안조치의 실시들을 포함한다. 자원, 시설 및 인력은 비상 및 우발계획을 지원할 수 있도록 이용가능 해야 한다. 각 국가는 항공보안협약(aviation security conventions)에 따라 비행이 끝날 때까지 불법방해행위를 받은 항공기의 승무원의 안전을 위해 적절한 조치를 취해야 한다. 비행 중이거나 공항에 주기 중인 항공기가 불법방해행위 대상이 되었을 때, 조치를 결정하는 권한과 주된 책임이 한 개의 단일 정부기관에 부여되어야 한다. 만약, 대처 임무가 다른 정부기관에 부여되어 있다면, 불법방해행위하에 있는 동안 한 기관에서 다른 기관으로 책임이관 과정에서 혼동이 발생하지 않도록 명확한 절차가 수립되어야 한다. 또한, ICAO는 각 국가로 하여금 불법방해행위와 관련된 단체들에게 기밀정보를 전달하기 위한 표준절차를 수립해야 한다고 권고하고 있다.

2) 정보수집과 전달

ICAO는 만약 국가가 특정항공기가 불법방해행위를 받을 수 있다는 정보를 얻게 되면, 관련항공사와 항공기가 착륙하게 될 공항들은 그 위협에 대응할 추가적인 필수 보안조치를 시행하고 대응할 수 있도록 공지를 잘 전달받아야 한다고 규정하고 있다. 이 공지사항은 잘 수립된 통신절차를 따라야 하고, 충분히 보호되어야 하며, 추가적인 보안절차를 실행하는 항공사나 단체들이 적시에 공지사항을 통보받을 수 있도록 빠르게 진행되어야 한다. 또한 불법방해행위에 연루된 항공기에 항공교통서비스를 제공하는 임무가 있는 국가들은 항공기의 비행에 관한 모든 정보를 모아서 수립하고, 항공교통서비스단체 및 관련된 모든 국가에 정보를 제공해야 하며, 이러한 정보는 관계당국, 항공교통업무 부서, 공항당국, 관련 항공사 및 기타 기관들에게 가능한 빨리 전달되어야 한다. 해당 항공기에 대한 정보의 신속하고 체계적인 수집 및 배포작업은 보안업무기관과 해당 항공기의 영공 통과와 관련된 국가의 항공교통관제소 간 긴밀한 협조가 있어야 한다. 최초 보고는 적어도 1~2시간 이내에 이루어져야 하며 최소한 비행항로가 인접해 있는 모든 국가들과 예상된 비행경로는 주의를 받아야 한다. 중요한 정보는 예상비행경로, 도착지 및 예상도착시간, 연료 잔량, 기내 승무원과 승객 수, 예상경로에 대한 승무원들의 지식과 경험수준, 기내보안관의 존재 여부 등이다.

3) 항공교통관제

ICAO는 모든 불법으로 억류된 항공기나 폭발물 위협의 대상이 된 항공기는 비상상황으로 간주되어 그에 맞는 조치가 취해져야 한다고 규정하고 있다. 비행정보 제공에 관한 지침은 부속서 11－Doc. 4444(항공교통업무와 PANS-ATM)에 따라 제공되어야 한다. 항공교통관제사는 불법억류, 폭발물 위협 또는 파괴행위 발생을 암시하는 평범한 언어로 위장된 메시지를 인식할 수 있어야 한다. 또한 항공교통관제사의 불법적으로 억류된 항공기에 대한 관제지시 절차와 조치사항에 대해 규정하고 있다.

4) 국가 및 공항 우발계획

ICAO는 수상한 보안위반 또는 실제 보안 위반사항에 대한 대책은 항공보안프로그램의 일부이어야 한다고 규정하고 있다. 적절하고 빠르게 대응하는 모든 인원들의 능력은 사소한 관리의 문제와 큰 보안사고 사이에서 큰 차이를 만들어 낼 수 있다. 위기관리 계획의 일부로서, 우발계획과 보안 및 긴급 지시사항은 국가적 수준과 공항을 위해 수립되어야 한다. 또한 우발계획은 위협수준에 따라 신속하고 잘 구성된 대응책을 촉진해야 한다. 국가수준의 정부 대응이 필요한 불법방해행위 사건 발생 시, 적절한 대응을 위하여 국가 우발계획에는 현장지휘관과 통제당국으로부터 정책, 책임 및 지휘 체계, 통신수단 등에 관한 세부사항이 포함되어 있어야 한다. 국가와 공항의 우발계획 수립 취지에 맞게 쉽게 이해할 수 있는 매뉴얼 형태로 작성되어야 한다. 또한 공항 우발계획은 항공 비상매뉴얼에 부속으로 포함되어야 하며 국가 우발계획은 국가항공보안프로그램의 부록으로 포함되어야 한다. 각 우발계획은 각 공항당국과 기관들, 공항과 주변의 지역공동체들 간의 협력체제가 유지될 수 있는 프로그램이어야 하며, 비상상황에 적절한 대응을 지원할 수 있는 공항 내·외의 모든 관련 기관의 협조적인 대응, 참여절차에 대해 상세히 기술되어야 한다. 각 대응기관의 예는 정부기관, 경찰기관, 공항당국, 항공사, 항공교통관제기관, 군, 구조대, 소방대 및 의료기관 등이다. 각 공항별 우발 및 비상계획에 대한 개념과 기본적인 필요성에 대한 인식은 동일해야 하며 명령, 통제 및 통신체계에 관한 내용이 명시되어야 한다. 우발계획 수립에 앞서 공항의 설비와 시설배치에 대한 정보를 획득하기 위해서 취약지점, 공항 내·외 지원조직의 범위, 승객 대피시설 및 항공기 우회착륙장소, 경찰 사용가능 시설, 조명·통신 시설에 관한 철저한 조사 작업이 수행되어야 한다. 또한 비상상황에 대응하는 단체들에 대한 사전준비와 훈련은 지역시설에 정통한 지식에 기반을 두어야 한다고 강조하고 있다.

5) 위협평가 및 위험관리

ICAO는 예방 보안조치를 효과적으로 적응시키기 위해서는 국내, 지역적 그리고 국제적 상황을 고려하여 위협수준이 계속해서 검토되어야 한다고 권고하고 있다. 보안조치와 절차는 주어진 다양한 변화요소들에 따라 달라질 수 있는 위협평가에 비례해야 한다. 특정위험요소가 발생했을 때는 그 특성을 고려하여 선택적이고 추가적인 보안조치가 취해져야 한다. 또한 공항설계 시 보안을 고려하여 공항위협 및 위험평가가 수행되어야 한다.

6) 우발계획 훈련

우발계획은 취약점을 확인하고 실제 비상상황의 안전한 해결을 위해 필요한 변경사항을 도입하기 위해서 정기적으로 훈련되어야 한다. 최소 2년마다 실시되는 전체 우발계획에 대한 대규모의 실제훈련에 더하여 우발사고 계획의 다양한 부분에 대한 소규모의 훈련은 국가항공보안프로그램에 명시된 것과 같이 적어도 매년 정기적으로 실시되어야 한다. 훈련은 추가적인 필요성이나 결함들을 발견하기 위하여 자세한 평가를 수행해야 한다.

7) 위기관리 팀

각 국가의 국가항공보안프로그램은 간결한 언어로 각 사고의 유형관리에 책임있는 기관 및 조직들을 명시해야 하며 예상치 못한 결과에 효과적으로 대응할 수 있도록 유연하게 마련되어야 한다. 국가협력과 통제센터는 정부의 고위관리자들로 구성되어야 하며 사건의 실행명령을 대표해야 한다. 위기관리팀 인력은 각기 다른 위기상황에 대한 지식, 경험 및 숙련도에 기반을 두고 선발되어야 한다. 위기관리팀의 최고책임자는 국가의 최고 당국에 의해 지명되어야 하며 위기관리에 있어 경험이 있고 적절하게 교육을 받아야 한다.

8) 격리된 주기장

항공기가 폭발물이나 기타 위험물품을 가지고 있다는 의혹이 제기된 경우, 정상적인 항공기로부터 격리시켜야 한다. 이를 위하여 각 공항은 의혹이 제기된 항공기를 격리시키기 위하여 한 개 이상의 독립된 주기장을 설치해야 하며 격리된 주기장은 특별 업무와 주의가 요구되는 불법 억류된 항공기를 처리하는 데 사용되어야 한다.

9) 의심 폭발물 장치

만일 기내나 장비, 건물 또는 시설 내에서 수상한 폭발장치나 물질이 발견된다면 이 장치는 즉시 처리되어야 하며 이러한 장치나 물질을 공항 외부의 민간구역을 통해 수송하는 것은 바람직하지 않다. 따라서 이러한 장치나 물질들을 처리하는데 사용될 만한 독립된 처리장을 마련해야 한다. 폭발의 영향을 최소화하기 위하여 폭파 억제지역과 같은 폭발물 처리전문가들이 폭발물 처리를 원활히 하도록 보호 장소를 제공하는 것을 고려해야 한다.

10) 비상 운영센터

국가와 공항 차원의 우발계획은 중앙지점인 비상상황 운영센터에서 통제되어야 하며 공항에서 요구하는 모든 보안업무부서 및 항공교통관제를 포함한 직접적 통신을 가능하게 하는 유연하고 효과적인 통신능력을 제공받아야 한다. 잘 운영되고 장비가 갖추어진 비상 운영센터는 불법방해행위에 대한 대응책 관리가 꼭 필요하다. 비상 운영센터는 모든 대응기관의 통제와 협력에 대한 중점을 두어 운영되고, 사용절차와 그것을 이용하는 인력은 우발계획에 정확히 명시되어야 한다.

11) 통신

통신네트워크는 비상상황 대처에 필수적인 사안이다. 특히 비상경계선 안쪽에 배치되어 있는 현장 처리인력들과 비상 운영센터와의 통신은 필수불가결한 것이다. 무선 방송은 가장 융통성 있는 유일한 시스템이지만 암호 또는 보안 전송방법이 사용되지 않으면 도청에 취약하다는 사실을 인지하여야 한다.

12) 언론과 미디어

보안사고 발생 시, 언론과 미디어는 보안인력이 취했거나, 또는 미연에 방지를 위한 계획된 조치에 대한 정보를 외부로 배포하지 못하도록 관리되어야 하며, 경찰과 항공기 무선통신이 공공네트워크를 통해 뉴스의 내용으로서 획득되거나 재방송되는 일을 예방하기 위하여 사건에 관한 정보는 항상 통제되어야 한다. 또한 언론과 미디어에 관한 초기협약은 언론사에 지정된 곳에서 정기적으로 개최되는 협정을 통해 만들어져야 한다.

13) 전화문의 그리고 관련사항

비상 운영센터 이외에 대중들로부터 걸려오는 사고에 관계된 사람들에 관한 문의를 처리하는 시설은 분리되어 있어야 한다. 사고와 관련된 사람의 지인들이 유용한 정보를 제공해 줄 수 있기 때문에 미리 정하여진 체계적인 수집시스템(승객과 발신자에 대한 정보수집)을 수립해 두는 것이 중요하고 이는 위기관리팀으로 하여금 정보분석을 가능하게 한다.

14) 위협에 대한 대응

위협에 적절히 대응할 수 있는 보안대책에 대한 해당지침을 제공하고, 위협을 분석할 수 있도록 폭발물 위협 분석관이 지명되어야 하며 적절한 교육을 이수해야 한다. 또한, 공항 또는 운항 중인 항공기에 불법방해행위를 주장하는 전화, 서면 또는 다른 통신수단을 이용해 제기된 모든 위협들은 진위를 판단하기 전까지 실제 상황처럼 심각하게 고려되어야 한다.

15) 검토, 분석 그리고 보고

사건이나 위협이 일어난 후 관계당국은 가능하면 빨리 발생한 사건에 대한 검토와 분석을 실시해야 한다. 사건의 검토와 분석결과는 모든 직원들에게 공개되어야 하며 이에 따른 전체적인 보안관리 체계의 개선 및 결함 시정이 필요하다고 생각하는 조치는 가능한 빨리 ICAO에 알려져야 한다. 불법방해행위에 관련된 각 국가들은 상황이 종료된 후 ICAO에 보안관련 모든 정보를 제공해야 한다.

4. 국내 국가우발계획 및 위기관리 체계

현재 우리나라의 국가항공보안 우발계획의 내용은 전술된 바 대로 대외비로 관리되고 있다. 우발계획의 자세한 내용은 ICAO 매뉴얼의 우발계획 수립에 대한 규정을 따르고 있다. 우리나라의 우발계획은 항공보안 우발사태 단계 및 항공보안 상황에 따라 5단계로 구분하여 각 단계별 상황별 대응계획을 규정하고 있다.

1) 단계 1-평시(Green) 단계

불법방해행위 위협이 낮으며 일상적인 보안 예방조치로 충분한 상황이며 특별한 보안조치는 취해지지 않는다.

2) 단계 2-관심(Blue) 단계

이 상태는 불법방해행위 가능성이 있으나, 활동수준이 낮으며 단기간 내 불법방해행위로 발전 가능성이 낮은 상태이다. 이 단계는 항공기, 공항시설 등의 민간항공에 대한 불확실한 위협 정보가 접수되거나, 전쟁·지역 간 분쟁 등으로 불법방해행위가 예상될 때, 혹은 시민 소요 등이 공항 부근에서 진행되는 경우 등에 해당된다.

3) 단계 3-주의(Yellow) 단계

이 상태는 불법방해행위 가능성이 비교적 높고, 불법방해행위로 발전할 수 있는 일정 수준의 상태이다. 이 단계는 공항, 항공사 또는 승객에 대한 위협 정보가 있는 경우 국내의 적대적인 요소를 자극함으로서 시위를 유발하는 경우와 정치적 긴장상대 및 민간항공에 영향을 줄 수 있는 소요 가능성이 있을 경우 등에 해당된다.

4) 단계 4-경계(Orange) 단계

이 상태는 불법방해행위 활동이 매우 활발하고 발전속도가 높아, 불법방해행위로 발전 가능성이 높은 상태이다. 이 단계는 신빙성 있는 테러정보가 수립된 경우, 혹은 신빙성 있는 정보가 국가정보기관 등에 확인된 경우, 국제적인 전쟁 및 분쟁 등으로 민간항공에 심각한 영향이 예상될 경우 등에 해당된다.

5) 단계 5-심각(Red) 단계

이 상태는 불법방해행위 활동이 매우 활발하고 전개속도, 경향성, 심각수준, 불법방해행위 발생이 확실한 상태이다. 이 단계는 민간항공에 대한 불법행위가 발생하였거나, 발생이 임박한 경우, VIP에 대한 테러가능성이 높을 경우, 민간항공분야에 각종 위협이 확실한 경우 등에 해당된다.

12장 심리적 요인과 항공보안

1. 서론

항공보안 분야에서 심리적 요인을 고려하게 된 것은 비교적 최근이다. 더욱 다양화되고 있는 불법방해행위에 대응하기 위하여 기존의 일률적인 보안검색절차 및 기술로는 다소 한계가 존재한다. 즉, 상대적으로 위험수준이 낮은 위험대상에 보안자원을 투입한다는 의미는 결국 보안자원의 비효율화를 야기한다. 항공보안의 성공적 열쇠는 실질적 위협을 사전에 감지하고 이에 대한 조치가 가장 중요하다는 것을 주지할 필요가 있다. 따라서, 승객의 심리적 요인으로부터 발생되는 여러 신체적 징후 등을 사전에 인지하여 위험도를 파악하고 각 위험도에 따라 차별화된 보안검색을 적용하는 방법이 근래에 주목을 받고 있다. 본 장에서는 현장에서 적용되고 있는 항공보안 프로파일링(profiling) 대해 살펴보기로 한다.

2. 항공보안 프로파일링

항공보안 프로파일링의 형태는 점차 다양해지고 있다. 본 절에서는 현재 운용되고 있는 항공보안에서의 승객 프로파일링 프로그램에 대해 살펴보기로 한다.

프로파일링은 인물을 패턴이나 경력을 간략히 소개하는 것을 의미하는데 현재는 “의심되는 승객을 선별 검색 승객으로 분류하여 해당 승객 또는 승객이 소지한 수하물에 대하여 정밀 검색을 하여 효율적인 보안 검색을 하기 위한 일련의 과정”을 의미하는 뜻으로 항공보안 업무에 사용되고 있다. 근래에는 ‘프로파일링’이라는 용어가 인종차별의 문제를 연상시키는 표현으로 거부감이 많아 사전검색(pre-screening) 또는 셀렉팅(selecting) 시스템 등으로 혼용되고 있다.

프로파일링의 등장은 1969년 2월 18일 발생한 취리히 공항에서 이스라엘 항공기에 대한 테러분자들의 공격이 계기가 되었다. 이에 이스라엘은 기내보안요원

배치, 승객검색, 조종실 보안등과 함께 수상한 승객에 대한 프로파일링을 수행하였다. 이후 많은 국가에서도 이러한 시스템에 대한 검토를 하기 시작하였다. 미국의 경우 증가하는 항공기 납치에 대응하기 위하여 1968년부터 연구하기 시작하였으며 1974년 증가하는 항공기 납치에 대한 종합 보안강화 대책의 일환으로 승객 프로파일링 시스템을 도입하게 되었다.

승객 프로파일링은 다음의 이유로 필요하다고 인식되고 있다. 첫째, 완벽한 검색의 불가능 문제이다. 폭발물이나 위해물품을 탐지하는 첨단보안장비가 지속적으로 제작되어 현장에서 운영중이지만 더욱 다양화되는 테러위험에 대해 사전에 이를 완전히 파악하기는 불가능하다. 따라서 승객 프로파일링을 통해서 탐지율을 높이는 것이 필요하다. 둘째, 위험도가 낮은 승객에 대한 불필요한 검색 지양이다. 현재의 천편일률적인 보안검색은 소수의 위험승객을 탐지하기 위해 대다수의 위험도가 낮은 승객들이 보안비용 및 시간을 지불하고 있는 셈이다. 통계에 따르면 보잉 747 항공기의 경우 위험승객은 5명 미만으로 예측된다. 따라서 모든 승객에 일괄적인 보안검색의 적용은 승객의 대기시간 증가, 검색요원 피로도 증가 등 보안체계 전반에 걸쳐 비효율화가 가속되는 요인이 되는 것이다. 셋째, 한정된 보안자원의 효율적 사용이다. ICAO의 보안정책의 큰 기조는 결과지향적(outcome-based)이다. 결과지향적 항공보안은 결과적이고 실제적인 피보안대상에 보안자원을 집중하여 결과지향적인 보안검색을 달성하고자 하는 것이다. 즉, 한정된 자원으로 최고의 효율성을 높이기 위하여 선별된 고위험승객에 대하여 집중적인 인력과 자원을 투자하여야 할 필요가 있다는 것이다.

현재 운영되고 있는 승객 프로파일링 방식은 수동식과 자동식으로 운영되고 있다. 이스라엘은 수동식 방식을, 미국은 자동식 방식을 사용하고 있다.

수동식 승객 프로파일링은 체크인 전에 승객으로부터 정보를 얻어 분석하는 방식이다. 체크인 이전에 훈련받은 요원이 모든 승객들 대상으로 구두로 질문하여 특정 수상한 승객을 가려내는 방식으로 선별된 승객에 대하여 신체 및 수하물을 검색하는 방식으로 고전적인 프로파일링 방식이다. 최초로 이스라엘에서 실시되었으며 현재까지도 시행되고 있다. 최초로 사용된 이 프로파일링 방식은 모든 승객에 대하여 인터뷰를 하는 방식으로 정밀하게 수상한 승객을 판별할 수 있다. 이 방식의 장점은 승객 개인별로 모든 세부사항에 대하여 질문을 수행함으로써 보안성 확보수준이 높다는 점이다. 또한 보안검색장비의 기술적 취약점을 보완해 줄 수 있으며, 실제 이스라엘은 이 방식 적용을 통하여 1970년 이후 항공보안 사고가 발생하지 않고 있다. 반면 승객 전원에 대한 질문과정으로 인해 승객 대기시간이 증가한다. 실제 1인당 소요시간이 20분 정도이며 30분 이상 소요되는 경우도 있다. 또한 프로파일링 현장요원들에 대한 집중화된 교육 및 훈련이 필요함에 따라 보안비용의 증가가 발생하며, 기계적 시스템에 비해 인적오류에서 오는 오탐지율이 상당히 높다고 알려져 있으며 기타 언어적 문제 등도 주요 단점으로 지적된다.

자동식 승객 프로파일링은 체크인 시 실시되는 방식이다. 예약되어 있는 기존 승객 자료를 이용하여 승객의 유해여부를 파악하는 방식이다. 최근 모든 시스템이 전자시스템화 되어 승객에 대한 기본 정보(국적, 항공권 구매 상태)등 특정 정보만 입력하면 자동으로 해당 승객에 대한 위험여부를 가리는 방법으로 완전 자동화되어 있으며 CUTE(Common Use Terminal Equipment)시스템과 연결되어 사용되고 있다. 이 방식은 미국에서 주로 사용하는 방식이다. 아주 신속하고 간편하게 위해인물을 찾을 수 있다는 장점이 있어 널리 사용되고 있다. 이 방식의 장점은 신속한 보안절차이다. 수동식에 비해 시스템화된 프로파일링을 통하여 별도의 소요시간이 필요없다는 것이다. 또한 일단 시스템 초기에 비용을 제외하면, 운용 단계에서 비용이 상대적으로 낮다는 장점이 있으며, 인간의 주관적 판단이 배제되므로 프로파일링 결과에 대한 신뢰성, 객관성이 상대적으로 높다. 그러나, 신체 및 휴대품에 대하여는 정밀검색이 어렵고 승객에 대한 1대1 질문과정이 없으므로 고도화된 신종 보안위험에 대해 다소 대응력이 떨어진다는 단점이 있다.

프로파일링 방식을 크게 이스라엘, 미국, 통합 방식으로 나누어 살펴보면 다음과 같다.

(1) 이스라엘 방식

프로파일링 실시주체는 이스라엘 자국에서는 공항당국 보안요원이 실시를 하고 있으며 외국에서는 항공사 소속의 직원이 실시하고 있다. 체크인 전 탑승 대상 승객 전원에 대하여 실시하며 1대1 방식의 면접을 통하여 실시한다. 동행이 있을 경우 분리하여 20~30분간 동일한 질문을 실시한 후 이를 보안요원이 종합하여 의심자 여부를 최종 판단한다. 특징은 항공기 납치 및 폭파에 사용되는 위해물품에 집중하지 않고 위협이 예상되는 자를 파악하는 데 중점을 두고 있다. 5종류로 위해 인물을 구분하고 있는데 선의의 공범에서부터 자살 테러리스트로 다양하다. 특이한 것은 VIP, 내외국인 구별 없이 모두 실시하나 외국인의 경우 더 철저히 인터뷰를 실시하는 것으로 알려져 있다. 주요 질문내용은 방문목적, 소속이름, 수하물 포장시점, 포장 후 계속소지여부 등이며, 수상한 승객으로 선정된 해당 승객에 대하여는 승객에 대한 정밀 신체 검색은 물론이며 소지품 및 위탁수하물에 대하여도 정밀 수색을 실시한다. 최대 1시간이상 소요될 수 있으므로 일반승객들은 충분한 시간을 가지고 공항에 도착하여야 한다.

(2) 미국식 방식

프로파일링에 대한 실시는 항공사 체크인 카운터 요원이 실시한다. 체크인 카운터 요원은 기본적인 교육만을 받고 업무를 할 수 있다. 실시요령은 먼저, 승객이 체크인시 항공권과 여권을 제시하면 체크인요원이 항공권 및 여권 확인 후 해당승객에 대한 성명을 시스템에 입력한다. 상용고객 시스템을 통해 입력된 사전정보를 확인한다. 신규 승객의 경우 항공사 직원이 기본내용을 질문하여 입력한다. 여러 요건에 대하여 위험 여부기준이 컴퓨터 프로그램에 입력되어 특정 수 이상의 위험요건이 있을 경우 선별대상 승객으로 자동 분류된다. 대상자로 선정된 해당 승객의 수하물에 대하여 TSA승인을 받은 폭발물 탐지기로 정밀검색을 하거나 해당 승객이 탑승할 때까지 수하물을 선적하지 않는 보안 대책을 취하였다.

(3) 통합 방식

단순한 기존의 문답식 방식에서 벗어나 수상한 자의 행동을 파악한 후 이를 분석하여 더욱더 정확히 위험승객을 가려내는 방식으로 이스라엘에서 최초 개발하여 사용된 수동식 프로파일링 방식이 미 911 사건 이후 더욱 진보되어 미국 보스턴 공항을 비롯한 주요 공항에서 도입하여 자동방식과 연계하여 현재 사용 중에 있다. 이 방식은 일명 행동 인지 방식(Behavior Pattern Recognition, BPR)으로 명명되고 있다. 이 방법은 항공사 체크인 카운터 요원, 경찰, 보안 검색대 요원 등이 외관상으로 특정 징후를 보이는 승객을 수상한 자로 간주, 특정 질문을 하여 승객의 위험여부를 파악하는 방법이다. 위험여부가 명확히 판별될 경우 별도의 정밀 검색 등을 통하여 위험여부를 최종 판단하고 내부절차에 따라 조치하게 된다.

13장 범죄와 항공보안

1. 개요

항공범죄는 항공기 내에서 승객의 안전과 재산에 위해를 가하는 행위로부터 항공기에 대한 하이재킹, 테러행위까지 그 태양이 다양하고 항공기의 안전운항에 중대한 위협요인이 되며 국제적 성격이 강하기 때문에 항공범죄에 관한 규제 및 처벌도 국제적 협조나 합의를 필요로 한다.

최근 글로벌 시대에 과학의 발전과 더불어 항공산업도 눈부신 속도로 빠르게 확산되어 항공 대중화시대를 맞이하게 되었다. 하지만 이와 함께 항공기를 이용한 범죄 역시 급속히 증가하게 되었다. 이리하여 그동안 비행 중인 항공기에서 발생할 수 있는 특정한 범죄를 규율하기 위해 동경협약[108]이 제정되었고, 비행 중인 항공기 납치 범죄를 다루는 헤이그 협약[109]이 만들어졌다. 그리고 민간항공안전에 대한 불법행위 억제를 위한 협약, 몬트리올 협약[110]이 1971년에 제정되었다. 그러나 40여 년이라는 시간이 지나면서 날로 항공범죄는 지능화되고 치밀해지고 거대화 되어졌다. 급기야 2001년 9.11 무슬림 과격단체의 알카에다의 항공기를 이용한 테러, 2006년 8월 액체폭탄을 이용한 미국의 동시다발 테러 미수사건을 비롯하여 최근 2010년 11월에는 우편물 폭발사건 등 새로운 유형의 테러들이 발생하였다. 특히, 런던 히드로 공항에서 액체 폭탄이 발견된 후 공항에 이를 탐지가능한 적절한 장비가 없어 기내 액체류 반입 금지라는 사태가 벌어지기도 했다.[111] 또한 종이

---

108 1963년 9월 14일 동경에서 체결된 '항공기 내에서 행하여진 범죄 기타 행위에 관한 협약' (Convention on Offences and Certain other Acts Committed on Board Aircraft), 우리나라는 1971년 가입함.

109 1970년 12월 16일 헤이그에서 체결된 '항공기의 불법납치 방지를 위한 협약(Convention for the Suppression of Unlawful Seizure of Aircraft)', 우리나라는 1973년에 가입함.

110 1971년 9월 23일 몬트리올에서 체결된 '민간항공의 안전에 대한 불법 행위의 방지에 관한 협약' (Convention for the Suppression Unlawful Acts against the safety of Civil Aviation), 우리나라는 1973년에 가입함.

111 국제민간항공기구(ICAO)에서 체약국에 대해 액체, 젤류 및 에어로졸의 항공기 내 휴대 반입

폭탄이라는 신종폭발물의 발견은 다시 한 번 테러의 위협에 대한 경각심을 불러일으키기 충분하였다.

그렇지만 이를 규율할 만한 국제협약이 제대로 갖춰지지 않았고 또한 충분히 그 역할을 감당하기에 부족했던 것이 사실이었다. 1971년에 만들어진 몬트리올 협약은 최근 발생하는 신종테러를 규율하기에는 역부족이었다. 그러자 ICAO에서는 이같이 지능적으로 발전하고 있는 항공기 테러를 방지하기 위한 노력으로 급기야 2002년 9.11테러 이후 ICAO 이사회에 민간항공 안전에 대한 새로운 위협에 대처[112]할 것을 요구하는 ICAO 총회 결의안(A33-1)이 채택되었고, 2009년에는 1970년 헤이그 협약(항공기의 불법납치 억제를 위한 협약) 및 1971년 몬트리올 협약(민간항공안전에 대한 불법행위 억제를 위한 협약) 개정안 작성을 위한 제34차 법률위원회 개최되었다.

그 후속 절차로 2010년 중국 베이징에서 ICAO 북경외교회의(2010. 8. 30 ~ 9. 10)가 우리나라를 포함한 ICAO회원국 80개국 약 400명의 관계자들이 참석한 가운데 개최되었고 이 항공보안외교컨퍼런스(Diplomatic Conference on Aviation Security)의 핵심 주제는 당연히 항공보안 강화 문제였다. 1971년 몬트리올 협약과 이를 개정한 1988년 Airports Protocol[113]을 수정하고 보완해 2010 북경협약을 탄생시켰다. 즉 21세기 글로벌 항공산업이 직면한 테러에 대응하기 위해 '국제 민간항공과 관련된 불법적 행위의 억제를 위한 협약'(Convention on the Suppression of Unlawful Acts Relating to International Civil Aviation) 및 '항공기의 불법 납치 억제를 위한 협약 보조 의정서'(Protocol Supplementary to the Convention for the Suppression of Unlawful

---

제한 조치를 권고함에 따른 것으로 미국(06. 8. 11 시행) 및 EU 소속 국가(06. 11. 6 시행) 운항편에 대하여만 실시하던 것을 국제선 모든 편(환승편 포함)으로 확대 적용함.

112 많은 나라가 항공기 안전문제에 대한 경각심을 갖고 별도의 국내법을 제정하는 계기가 되었으며, 우리나라도 74. 12. 26. 법률 제2742호로 항공기 운항 안전법을 제정하였음. 그러나 동 국내법은 제3조에서 1963년 동경 협약상의 범죄에 대해 적용한다하고 제8~10조에서는 1970년 헤이그 협상상 납치도 처벌 범죄에 추가하여 질서가 없으며 1971년 몬트리올 협약상의 범죄는 아예 누락시킴으로 맞지않은 입법이 되었음. 동 법은 02. 8. 26. 전면 개정되어 법률 제6734호 항공안전 및 보안에 관한 법률로 변경된 후 수차 개정하여 09. 6. 9부터 시행되었음. 그러나 이를 다시 개정이 될 것이며 항공레저스포츠의 활성화 및 이용자의 안전확보를 위해 경량 항공기제도를 도입하고 항공운송업자의 허가를 정기와 비정기로 구분하여 오던 것을 국내항공운송사업과 국제항고운송사업으로 구분하는 것으로 변경한 것 등이 반영되었음.

113 1988년 2월 24일 체결된 '국제민간항공의 공항에서의 불법적 폭력 행위 방지에 관한 의정서(Protocol for the Suppression of Unlawful Acts of Violence Serving International Civil Aviation), 동 의정서는 10개국이 비준한 89. 8. 6. 발효함(의정서 제6조).

Seizure of Aircraft) 등 2건의 Aviation Focus 항공보안 협정이 체결되었다.

2. 항공범죄에 대한 국제조약의 배경

항공범죄의 정의는 원활한 항공운송활동의 안전성·보안성·정규성에 장애를 초래하는 불법행위로서 항공기와 항공시설의 안전을 침해하거나 위태롭게 하고, 항공사업 및 업무를 방해하는 행위 등을 포함한다.

1969년 국제연합은 이미 항공기납치문제를 총회의 의사일정에 상정하였으며 동년 국제민간항공기구는 특별위원회를 조직하여[114] 민간항공기납치문제를 전문적으로 검토하도록 하였다. 이 위원회의 주도하에 각각 상기의 조약문을 채택하였다. 1963년 채택된 동경조약은 항공기납치에 관한 규정을 둔 최초의 국제조약이었다. 그러나 동경조약의 원래의 목적은 항공기납치를 규율하는 것은 아니었다. 당시 항공기 납치사건은 일부 지역에서 발행하는 우발적인 사건이었으며 테러주의 범죄와는 밀접한 관련을 갖고 있지 않았기 때문에 아직 국제사회의 커다란 관심의 대상은 아니었다고 할 수 있다. 그리하여 동경협약은 항공기 내의 범죄에 대한 형사관할권, 기장의 책임 및 각 체약국 상호협력의 책임 등의 문제를 다루고 있다. 초기의 안들은 항공기납치문제를 다루는 규정을 두고 있지 않았다. 그 후 미국 등의 요구에 따라 협약에서 제3장을 두어 불법적인 항공기납치의 불법성을 명확히 하였던 것이다. 그렇지만 동경협약에 규정된 범죄행위는 대단히 불명확한 개념이었으며 협약적용의 구체적인 조건을 제시하거나 항공기납치범죄에 대하여 규범적인 정의를 두지 못하였다.

동경조약이 국제사회의 가입에 개방된 이후 특히 1960년대말 항공기납치사건이 크게 증가하게 되었는 바, 1968년 한 해에만 30회 발생하였다. 1969년에는 91건이 발생하였는바, 그 중에서 테러주의와 관련 있는 사건이 3분의 1에 해당하였으며 이에 따라 국제사회의 관심을 끌게 되었다. 세계 각국은 모두 동경협약으로는 이에 대처할 수 없음을 인식하였으며 국제연합의 촉구에 따라 1970년 12월 1일 국제민간항공기구가 77개국 대표가 모인 가운데 회의를 개최하여 12월 16일 헤이그 협약을 채택하였다. 이 협약은 정식으로 항공기납치를 규정하고 있다. 협

114 http://www.thenti.com/e_research/official_docs/inventory/pdfs/airseiz.pdf

약 제1조에서는 구체적으로 항공기납치의 행위방식을 규정함과 동시에 제2조에서는 각 체약국이 형사제재로 이러한 범죄행위를 처벌하도록 하고 있다. 헤이그 협약이 처벌하도록 한 범죄는 주로 비행 중인 항공기를 불법납치하거나 통제하는 국제항공안전을 위태롭게 하는 범죄이다. 여기에 그치지 않고 세계 각국에서 항공기를 직접 파괴하는 범죄가 자주 발생하였으며 심지어 비행장을 목표로 하여 그 지상에서 사용 중인 항공기 및 항행시설을 파괴하기도 하였다. 민간항공안전범죄행위의 다양성을 감안해볼 때, 헤이그 협약은 국제민간항공운송의 안전을 효과적으로 확보하기에는 역부족이었다. 1970년 2월 초 국제민간항공기구 법률위원회(Legal Committee)는 제17차 회의를 개최하여 헤이그 협약 초안에 대하여 토론을 하고 있을 때, 동월 21일 항공기상에서 몰래 폭발물을 장치하여 공중폭파를 한 테러공격사건이 연이어 두 번이나 발생하여 국제사회에 충격을 주었다. 이리하여 국제민간항공기구는 국제민간항공을 불법적으로 간섭하는 법률초안을 작성하였으며 이것이 후에 몬트리올 협약이 되었다.

몬트리올 협약의 목적은 국제협력을 통하여 지상에서 항공기안전운송을 파괴하는 범죄행위를 처벌함으로써 헤이그 협약의 흠결을 치유하는 것이었다. 이 협약은 제1조에서 상세하고 구체적으로 범죄의 행위방식을 규정함으로써, 동경협약과 헤이그 협약의 불충분한 점을 보충하고 있다. 이 협약은 최초로 비행중인 항공기를 직접 파괴하는 범죄 및 비행장지상에서 사용 중인 항공기와 그 항행시설 등을 파괴하는 범죄를 다루었다. 몬트리올 협약은 지상 비행장내 근무하는 요원과 시설에 대한 범죄행위 및 비행장상에서 미사용중인 항공기를 파괴하는 범죄에 대해서 다루고 있지 않았다. 이러한 점을 보완하고 그러한 범죄행위를 방지, 억제 및 처벌하기 위하여 국제사회는 1988년 2월 24일 몬트리올에서 몬트리올 협약 보충의정서를 채택하였는바, 제2조에서 그러한 범죄의 행위양식에 대하여 규정하여 국제민간항공 비행장내에 근무하는 요원 및 미사용중인 항공기의 안전을 국제법의 보장아래에 두게 되었다.

상기 4개의 조약은 결코 국제항공안전을 위해하는 범죄행위에 대하여 죄명을 확정하고 있지 않고 고작해야 그러한 행위를 범죄행위로 규정하고 있을 뿐이며 체약국이 마땅히 그러한 범죄행위를 국내법상의 범죄로 처벌하여야 한다고 규정하고 있다.

3. 국제협약상 항공범죄의 정의와 적용범위

최근 글로벌 시대에 과학의 발전과 더불어 항공기의 대중화가 눈부신 속도로 빠르게 확산되어 갔다. 하지만 이와 함께 항공기를 이용한 범죄 역시 증가하게 되었다. 이러한 비행 중인 항공기에서 발생할 수 있는 특정한 범죄를 규율하기 위해 동경협약이 제정되었고, 비행 중인 항공기 납치 범죄를 다루는 헤이그 협약이 만들어 졌다. 그리고 민간항공안전에 대한 불법행위 억제를 위한 협약, 몬트리올 협약이 1971년에 제정되었다. 그러나 40여 년이라는 시간이 지나면서 날로 항공범죄는 지능화되고 치밀해지고 거대화 되어졌다. 2001년 9.11 무슬림 과격단체의 알카에다의 항공기를 이용한 테러, 2006년 8월 액체폭탄을 이용한 미국의 동시다발테러 미수사건을 비롯하여 최근 2010년 11월에는 우편물 폭발사건 등 새로운 유형의 테러들이 발생하였다. 특히, 런던 히드로 공항에서 액체폭탄이 발견된 후 공항에 이를 탐지가능한 적절한 장비가 없어 기내 액체류 반입 금지라는 사태가 벌어지기도 했다. 또한 종이폭탄이라는 신종폭발물의 발견은 다시 한 번 테러의 위협에 대한 경각심을 불러일으키기 충분하였다.

1) 동경협약

동경협약의 목적을 요약하면 항공기의 안전과 기내의 인명과 재산 그리고 일반적으로 민간항공의 안전을 도모하기 위하여 제정된 것인데, 이와 같은 목적은 첫째, 관할권에 관한 규칙의 통일, 둘째, 관할권의 공백을 채우는 문제, 셋째, 기내의 법과 질서의 유지, 넷째, 협약에 따라서 행동하는 사람의 보호, 다섯째, 하기된 사람(disembarked person)의 이익보호, 마지막으로 항공기 하이재킹의 문제 등을 다루기 위한 것으로 분류해 볼 수 있다.

동경협약상 범죄의 구성요건과 적용범위는 동 협약 제1장에 명시되어 있는데, 형사범죄 뿐만 아니라 형사범죄는 구성되지 않으나 항공기의 안전과 항공기내의 인명과 재산을 위협하는 행위까지 포함하고 있다. 또한 항공기상에서 건전한 질서(good order)나 규율(discipline)을 위태롭게 하는 행위까지도 협약에 포함시키고 있다. 또한 항공기의 하이재킹범죄도 항공기상의 범죄행위이지만 협약 제4장 항공기의 불법납치라는 제목하에 제11조에 규정하고 있다. 협약은 항시 항공기 내에서 발생하는 범죄나 행위에 적용되는 것은 아니고, 제1조 3항에 명시된 바와 같이 비행 중(In flight)인 항공기에만 적용되며, 공해의 수면에 있는 항공기는 물론 어떠한 국가의 영토 밖의 영역에 있는 항공기에도 적용된다.

동 협약은 협약의 적용범위를 다음과 같은 순서로 다루고 있는데, 첫째, 형사범죄, 둘째, 정치적 성격의 범죄와 인종 및 종교의 차별을 포함하는 범죄, 셋째, 범죄는 아니지만 항공기상의 어떠한 위협을 야기시키는 행위, 그리고 마지막으로 항공기불법납치행위를 다루고 있다.[115]

(1) 범죄의 구성요건

동경협약 제1조 1항은 본 협약이 다음 사항에 대하여 적용된다고 명시하고 있다.

(a) 형사법에 위반하는 행위, (b) 범죄의 구성여부를 불문하고 항공기와 기내의 인명 및 재산의 안전을 위태롭게 할 수 있거나 하는 행위 또는 기내의 건전한 질서 및 규율을 위협하는 행위.

1) 형사법에 반하는 범죄

동경협약 제1조 1항에서 명시하고 있는 범죄는 그 행위가 항공기와 기내에 탑승한 인명과 재산에 어떠한 직접적인 효과를 미치는가를 반드시 요구하지 않고, 단지 형사법에 반하는 모든 행위이면 충분하다. 여기서 동경협약 제1조 2항에 명시된 "형사법(penal law)" 이란 어느 국가의 형사법인가 하는 문제에 있어 일반적으로 형사법이라고 할 때 그것은 동 협약의 체약국이든지 비체약국이든지 불문하고, 모든 국가의 형사법을 의미한다고 보는 견해가 있지만 이는 모든 국가에게 적용되는 똑같은 성격과 수준을 지닌 범죄를 규정하는 보편적인 형사법은 존재하지 않는다는 이유로 받아들여질 수 없다. 그러므로 동경협약 제9조의 내용 즉 기장은 등록국의 형사법상 중대한 범죄를 행하는 혐의자를 체약국인 항공기 착륙국에 인도할 수 있다고 규정하고 있다는 점과 동 협약 제3조에 명시된 바와 같이 항공기등록국가가 동 항공기상에서 범하여진 범죄에 대하여 재판관할권을 행사할 수 있다는 점을 근거로 형사법이란 항공기등록국가의 형사법을 의미한다고 볼 수 있다. 그러나 동 협약 제4조 (d)에 따르면 문제의 행위가 영토국에서 발효 중인 항공기의 비행 및 작전에 관한 규칙이나 법규를 어긴 것이라면 영토국은 형사 관할권을 행사할 권한을 가지므로 그 범위가 항공기등록국가에만 한정되지 않고 나아가 항공기가 비행하는 하토국 등

115 김한택, (1989), "국제법상 항공범죄의 규제에 관한 연구", 박사학위논문, pp.18-20.

영토국의 형사법도 동경협약 제1조 (1)항 (a)에서 명시하는 형사법에 해당한다고 볼 수 있다.

그런데 동 협약이 일반적으로 형사법에 반하는 범죄를 광범위하게 포함하고 있지만 “제4조의 규정에도 불구하고 또한 항공기와 기내의 인명과 재산의 안전이 요구되는 경우를 제외하고는 본 협약의 어떠한 규정도 형사법에 위반하는 정치적 성격의 범죄나 인종 및 종교적 차별에 기인하는 범죄에 관하여 어떠한 조치를 허용하거나 요구하는 것으로 해석되지 아니한다.” 라고 규정한 제2조에 따르면 정치적 성격의 범죄나 인종 및 종교의 차별에 기인하는 범죄에 대하여는 해당사항이 없다고 한다. 그러나 만일 이와 같은 행위 중 어느 것이 항공기 및 기내의 인명과 재산의 안전에 위협을 주는 것일 경우, 동 협약은 범인에 대하여 적용될 수 있을 것이다.

2) 범죄가 아닌 행위

동경협약은 동 협약 제1조 (1)항 (b)에서 형사범죄 이외의 행위로 항공기 및 기내의 인명과 재산의 안전에 대한 위협가능한 행위와 기내의 건전한 질서와 규율을 위협하는 행위를 그 대상으로 규정하고 있다. 범죄 행위는 아니지만 항공기의 안전 및 기내의 인명과 재산에 위협을 줄 수 있는 행위까지 동 규정에 포함시킨 것은 기장의 의무의 수행을 용이하게 할 수 있으며, 항공기 및 기내의 인명과 재산의 안전을 유지하기 위해서 필요한 조치라고 할 수 있다. 다만 해석상 주의를 요하는 부분은 동 규정에서 언급하고 있는 ‘항공기 및 기내의 인명과 재산을 위태롭게 할지 모르거나 또는 위태롭게 하는(may or do) 행위’ 란 표현은 설사 그 침해가 발생하지 않더라도 협약에서 예견하는 어떠한 결과를 발생시킬 가능성이 있는 행위도 동 협약의 적용을 받는다는 것을 의미한다. 이에 반하여 기내의 건전한 질서와 규율을 위협하는 행위의 경우에는 행위가 반드시 기내의 건전한 질서와 규율을 위태롭게 하는 결과를 야기하여야 하며 단지 그러한 우려가 있는 행위에는 적용되지 않는다는 점에서 차별성이 있음을 유의할 필요가 있다. 그와 같은 행위는 실제로 기내의 건전한 질서와 규율을 위태롭게 하는 것이어야 하며, 단지 그러한 우려가 있는 행위에는 적용되지 않는다. 아마도 이런 차이는 그로부터 발생하는 위협의 위험성과 수위에 따라 구분할 필요가 있어 보인다. 동 규정의 적용을 받는 사람은 동 규정에서 범인의 지위에 관하여 언급이 없기 때문에, 승객 뿐 아니라, 승무원, 부조종사, 조종사 및 기내의 모든 사람에게 적용된다고 볼 수 있다.

3) 항공기불법납치행위

동경협약 제4장 항공기 불법납치행위 제11조에 다음과 같이 동 범죄를 규정하고 있다.

1. 기내에 탑승한 자가 폭행 또는 협박에 의하여 비행중인 항공기를 방해하거나 점유하는 행위 또는 기타 항공기의 조종을 부당하게 행사하는 행위를 불법적으로 범하였거나 또는 이와 같은 행위가 범하여지려고 하는 경우에는 체약국은 동 항공기가 합법적인 기장의 통제하에 들어가고, 그가 항공기의 통제를 유지할 수 있도록 모든 적절한 조치를 취하여야 한다.

항공기 불법납치범죄에 대한 동경협약의 시각은 동 범죄를 국제범죄(international crime)라고 명시하지 않고, 단지 체약국 간에 어떤 의무를 규정하고 있는 듯 하다. 동 협약은 항공기 불법납치 뿐만 아니라 항공기의 방해 또는 항공기 관리에 대한 불법적인 행사도 하이재킹으로 간주하고 있다. 하이재킹으로 확정되기 위해서는 다음과 같은 조건들이 충족되어야 한다.

첫째, 항공기상의 행위는 반드시 불법적이어야 한다. 이와 같은 불법성에 대한 판단은 재판관할권을 가지는 국가의 법에 의하여 결정될 것이다. 따라서 어느 행위의 불법성의 여부는 항공기등록국의 법이나 항공기가 비행 중인 국가의 하토국의 법에 의하여 판단될 것이다.

둘째, 범죄행위는 반드시 폭력 또는 폭력의 위협에 의하여 이루어져야 한다.

동 규정에 명시된 '행위가 범하여지려고 하는 경우' (an act is about to be committed)란 항공기를 불법납치하려는 의도의 확인(manifestation of the intention)이 있으면 충분하다. 셋째, 하이재킹을 구성하는 행위는 비행 중인 항공기자체 내에 있는 사람에 의하여 행하여져야 한다. 이것은 곧 항공기가 비행 중이 아닌 항공기 밖에서 항공기에 대하여 행하여진 어떠한 방해 행위나 기타의 불법적인 관리행사는 배제되어야 한다는 것을 의미한다.

그런데 항공기의 불법납치행위나 항공기관리의 방해 행위 등은 동 협약 제1조 (a)항에 명시된 항공기 등록국의 형사법에 반하는 범죄이고 또한 동 협약 제1조 (b)항에 명시된 항공기의 안전 및 기내의 인명과 재산을 위태롭게 하는 행위로 동 협약 제1조에 의하여도 다룰 수 있는 범죄가 아닌가 하는 의문이 있을 수 있다. 그러나 이와 같은 두 조항의 중복성에도 불구하고 동경협약의 기초자들은 민간항공의 안전의 중요성을 고려하여 일반 범죄의 경우에는 제1조에, 특별히 하이재킹의 규제에 관하여는 제11조에 별도로 편성하여 제11조는 제1조에 대하여 특별법 관계에 있다고 판단된다. 또한 두 규정상의 의무에 차이가 있는데 우선 제1조 (a)는 협약 전체에 작용하지만, 제11조 (1)항은 체약국이 적법한 기장에게 관리를 회복시키기 위하여 모든 적절한 조치를 취하면 된다.

2) 헤이그 협약

(1) 범죄의 구성요건

헤이그 협약은 항공기의 불법적인 납치나 점거를 하는 행위(이하 하이재킹으로 약칭)를 제1조에 다음과 같이 정의하고 있다.

'비행 중에 있는 항공기에 탑승한 여하한 자도

(a) 폭력 또는 그 위협에 의하여 또는 그 밖의 어떠한 다른 형태의 협박에 의하여 불법적으로 항공기를 납치 또는 점거하거나 또는 그와 같은 행위를 하고자 시도하는 경우 또는

(b) 그와 같은 행위를 하거나 하고자 시도하는 자의 공범인 경우에는 죄를 범한 것으로 한다.'

이에 의하면 범죄행위는 다음과 같은 구성요건을 요한다.

(i) 폭력이나 폭력에 의한 위협 혹은 기타의 협박을 수단으로 할 것.

(ii) 항공기를 납치 또는 점거하는 행위일 것.

(iii) 폭력의 사용이나 그것의 위협은 불법일 것.

(iv) 당해 행위가 비행중인 항공기내에서 행하여 질 것 등이다.

동 규정은 범죄행위의 공범과 미수범도 범인으로 규정하고 있다. 상기한 구성요건들은 동경협약의 제11조 (1)항에 명시된 요건에 비하여 단순히 점거하는 것 이상의 납치하는 등의 보다 강하고 구체적으로 규정되었으며 특히 공범의 개념이 도입된 것이 특이하다.

또 하나의 특이한 점은 비행 중(in flight)의 개념을 동 협약의 제3조 1항에 다음과 같이 규정하고 있다.

'본 협약의 목적을 위하여 항공기는 탑승 후 모든 외부의 문이 닫힌 순간으로부터 하기를 위하여 그와 같은 문이 열려지는 순간까지의 어떠한 시간에도 비행중인 것으로 본다. 강제착륙의 경우 관계당국이 항공기와 항공기내의 인명 및 재산에 대한 책임을 인수할 때까지 비행은 계속하는 것으로 본다.'

하기 후에 항공기의 문이 열려지는 순간부터 항공기는 비행 중은 아니지만 예외적으로 긴급착륙의 경우에는 항공기의 문이 열려져 있다고 해도 관계당국이 현장에 도착하여 항공기와 기내의 인명 및 재산에 대한 책임을 인수할 때까지는 항공기는 비행 중인 것으로 간주된다. 협약의 의도는 관계당국의 경찰 또는 군대가 항공기와 승객 및 승무원에 대한 책임을 인수할 때까지 범

죄는 계속되는 것으로 파악하려는 데에 있다고 볼 수 있다.

따라서 실제적으로 항공기의 문의 개폐가 탑승의 종료와 하기의 시작을 알리는 가장 확실한 증거가 된다는 점을 주시할 필요가 있다. 1963년의 동경협약이 제시하는 '본 협약은 적용상 항공기는 이륙의 목적을 위하여 시동된 순간부터 착륙활주가 끝난 때까지를 비행 중인 것으로 간주한다'는 범위보다 헤이그 협약은 넓은 개념을 포함하고 있다고 볼 수 있다.

동 협약의 제1조에 명시된 공범(accomplices)의 위치에 관하여는 협약의 규정상 하이재킹 행위는 비행 중인 항공기 내에서 발생할 것을 요건으로 하고 있기 때문에 논리적으로 공범행위도 항공기 내에서 발생하여야 한다는 입장이 타당하다. ICAO의 법률위원회도 항공기의 불법납치행위에 대한 보고서에서 '공모의 경우 협약은 항공기 내에 있는 공범에게만 적용되어야 하며, 지상에서 수행된 공모행위에 대한 처벌은 각국의 국내법에 맡겨야 한다.'[116]라고 명시적으로 규정하고 있다.

3) 몬트리올 협약

헤이그 협약이 민간항공의 안전을 도모하기 위하여 이룩한 업적은 국제법에 있어서 상당한 진전이라고 평가받고 있으나, 단지 비행 중인 항공기의 안전에 관하여만 적용된다는 것이 가장 커다란 단점으로 아쉬운 점이었다. 즉 항공안전의 선반석인 면을 고려할 때 공항시실 등을 대상으로 범하여진 범죄를 규정할 새로운 협약의 필요성이 요구되어 ICAO에 의해서 몬트리올 협약이 제정되었다.

(1) 범죄의 구성요건

몬트리올 협약은 항공기에 대한 불법한 방해에 대하여 제1조에 다음과 같이 명시하고 있다.

1. 여하한 자도 불법적으로 그리고 고의적으로:

(a) 비행중인 항공기에 탑승한 자에 대하여 폭력 행위를 행하고 그 행위가 그 항공기의 안전에 위해를 가할 가능성이 있는 경우; 또는

(b) 운항중인 항공기를 파괴하는 경우 또는 그러한 비행기를 훼손하여 비행을 불가능하게 하거나 또는 비행의 안전에 위해를 줄 가능성이 있는 경우; 또는

116 김한택, (1989), "국제법상 항공범죄의 규제에 관한 연구", 박사학위논문, pp.40-41.

(c) 여하한 방법에 의하여서라도, 운항중인 항공기상에 그 항공기를 파괴할 가능성이 있거나 또는 그 항공기를 훼손하여 비행을 불가능하게 할 가능성이 있거나 또는 그 항공기를 훼손하여 비행의 안전에 위해를 줄 가능성이 있는 장치나 물질을 설치하거나 또는 설치되도록 하는 경우; 또는

(d) 항공시설을 파괴 혹은 손상하거나 또는 그 운용을 방해하고 그러한 행위가 비행중인 항공기의 안전에 위해를 줄 가능성이 있는 경우; 또는

(e) 그가 허위임을 아는 정보를 교신하여, 그에 의하여 비행중인 항공기의 안전에 위해를 주는 경우;

에는 범죄를 범한 것으로 한다.

2. 여하한 자도:

(a) 본 조 1항에 규정된 범죄를 범하려고 시도한 경우; 또는

(b) 그러한 범죄를 범하거나 또는 범하려고 시도하는 자의 공범자인 경우;

에도 또한 범죄를 범한 것으로 한다.

몬트리올 협약 제1조가 각종의 범죄를 구별하여 열거하고 있어도, 첫째, 불법성과 고의성이라는 이중의 요구가 위에 열거된 범죄에 모두 적용됨을 주시해야 한다. 둘째, 미수와 공모도 성공한 범죄와 같은 죄질을 가지고 있다는 점이고, 셋째, 헤이그 협약에서 명시하는 항공기의 불법납치행위범죄와는 달리, 범죄행위자나 공범이 협약의 적용상 반드시 항공기 내에 탑승할 필요가 없다는 점이다. 그리고 마지막으로 범죄를 구성하기 위한 행위는 비행 중인 항공기의 안전에 위해를 줄 수 있는 성질의 것이어야 한다는 점이다.

동 협약 제1조 (1)항 (a)는 비행 중인 항공기에 탑승한 사항에 대하여 행하여진 폭력행위를 방지하거나 처벌하기 위하여 만들어진 것이다. 따라서 모든 종류의 폭력행위가 범죄가 되는 것이 아니고 단지 항공기의 안전에 위해를 주는 폭력행위만이 협약의 적용대상이 되는 것이다. 그러므로 주어진 상황에서 동 협약이 적용되는가의 결정의 기준은 행위의 심각성이나 악랄성에 있는 것이 아니라, 오히려 그것이 비행 중인 항공기의 안전에 미치는 영향에 달린 것이다.

따라서 항공기를 운항하는 조종사에게 가하는 단순한 공격은 범죄를 구성할 수 있으나 반면에 승객에게 가해진 심한 공격이나 또는 살인행위는 동 협약의 범위에서 제외될 수 있다는 결론을 얻을 수 있다.

동 협약 제1조 (1)항 (a)는 범죄의 범위를 무력공격에 한정하지 않고 있다. '폭력' 이라는 용어를 사용함으로서 무기의 사용여부에 관계없이 공격을 가한 자를 범인으로 규정하고 있는 것이다. 또한 범죄의 범위가 희생자의 생명을 위태롭게 하는 범죄에 한정되지 않고, 항공기 내에 탑승한 자에 대하여 가해진 폭력이나 항공기의 안전을 방해할 것 같은 폭력행위를 협약상의 범죄의 범위에 포함시키고 있는 것이다.

몬트리올 협약 제1조 (1)항 (b)는 항공기 자체에 대하여 가하여진 사보타지 행위를 억제하거나 처벌하기 위하여 만들어졌다. 범인은 운항 중(in service)인 항공기를 파괴하거나 또는 비행을 불가능하게 하거나 또는 비행 중인 항공기의 안전에 위해를 줄 손해를 야기시킬 때 범죄를 발생시킨다.

동 협약 제1조 (1)항 (c)는 항공기 내에 폭발물이나 다른 방화물질이 설치되는 모든 상황을 포함하고 있다. '어떠한 수단이라도' 라는 표현을 사용하여 동 협약은 범인이 공모를 하거나 항공기 내에 방화물질을 장치할 우편물의 사용 내지는 운항 중인 항공기 또는 비행 중인 항공기에 폭탄을 설치하는 것을 포함하고 있다.

동 협약 제1조 (1)항 (d)는 항공운항시설의 파괴나 손상에 초점을 두고 있는데, 비행 중인 항공기의 안전을 보호하는 것을 주목적으로 삼고 있다. 본 조항은 어떠한 항공운항시설이 포함되는지 상세히 밝히지 않고 있지만 시설이라 함은 항공관제탑, 국제항공에 사용되는 무선통신 및 기상대에 한정되어야 한다고 의견이 일치하고 있다.

동 협약 제1조 (1)항 (e)는 범인이 금전상의 목적으로 또는 정치적 공갈 또는 사회적 소요 또는 실제의 농담으로 허위의 정보를 교환하는 것을 방지하고 처벌하려는 것이다.

동 협약 제1조 (2)항은 전항에 열거된 범죄의 미수도 유죄가 된다고 명시하고 있다. 또한 동 협약 제1조 (2)항은 b에 의하면 가해자의 공범들의 미수도 유죄가 된다. 더구나 헤이그 협약과 대조적인 점은 가해자뿐만 아니라 공범도 유죄가 되기 위하여 공범이 반드시 항공기 내에 탑승할 필요가 없다는 것이다. 따라서 공범에 대한 본 규정의 범위는 헤이그 협약보다 본질적으로 광범위하다. 더구나 항공기불법납치행위는 거의 필연적으로 항공기의 불법적인 방해 행위를 포함하고 있으므로, 헤이그 협약에서 포함시키지 못한 하이재커들의 공범들은 몬트리올 협약에 의하여 처벌을 받게 될 것이다.[117]

117 김한택, (1989), "국제법상 항공범죄의 규제에 관한 연구", 박사학위논문, pp.42-46.

4) 몬트리올 협약 의정서 및 1991년 몬트리올 협약[118]

(1) 몬트리올 협약 의정서에서의 항공범죄

국제사회가 동경·헤이그·몬트리올 협약을 채택하면서 민간항공의 안전을 도모하였지만, 범죄의 주체인 지능적인 인간의 모든 행동을 몇 개의 조약으로 바로 잡을 수는 없었다. 특히 1972. 5. 30. 3명의 테러리스트가 이스라엘의 Lod 공항에서 26명을 사상하는 사건을 시작으로 공항습격 즉, 공항에서의 테러행위가 처음으로 발생한 것은 1972년 일본의 적군파(Red Army; Sekigun)소속 게릴라들이 텔 아비브(Tel Aviv)의 벤 구리온(Ben Gurion) 공항에서 자동소총과 수류탄을 투척한 사건인데, 24명이 사망하고 약 78명이 부상을 입은 사건이다. 1985년 12월 27일 발생한 로마공항과 비엔나공항 동시공격사건을 포함하여 1985년에만 프랑크푸르트·나리타 등 4곳의 국제공항에서 발생하는 등 민항기·공항·항행시설 등에 대한 테러사건이 발생하게 되자 몬트리올 협약을 개정하여 국제민간항공의 안전을 저해하는 폭력행위가 공항구내에서 발생할 경우 이를 협약상의 범죄에 포함시킬 것을 논의하게 되었고 급기야 1986년의 제26차 ICAO 총회는 이의 대응방안으로 관련 협약 제정의 필요성을 강조한 결과 ICAO의 법률위원회가 1987년 26차 회의를 소집하였으며, 동 초안은 1988. 2. 9－24 몬트리올에서 개최된 항공법회의(International Conference on Air Law)에서 토의된 결과 몬트리올 협약의 보충의정서[119]로 채택되었다. 동 의정서 채택으로 몬트리올 협약상의 범죄가 국제항공에서의 폭력행사행위와 공항시설 파괴행위를 포함하는 것으로 확대되었다.[120]

그러므로 몬트리올 협약에서 간과한 공항 및 체크인카운터에서 발생하는 불법방해행위에 대한 대응을 위하여 몬트리올 부속협정서(Protocol for the Suppression of Unlawful Acts of Violence at Airports Serving International Civil Aviation: 국제민간항공의

---

118 정식명칭은 'Convention on the Marking of Plastic Explosives for the Purpose of Detection, Done at Montreal on 1 March 1991'로서 협약 제13조 2항에 의거 플라스틱 폭발물 생산국이라고 선언하는 최소 5개국을 포함, 35번째 국가가 비준서를 기탁한 60일 후 발효하도록 되어 있음.

119 정식명칭은 'Protocol for the Suppression of Unlawful Acts of Violence at Airports Serving International Civil Aviation, Supplementary to the Convention for the Suppression of Unlawful Acts against the Safety of Civil Aviation, Done at Montreal on 23 September 1971'로서 1988. 2. 24. 채택되었음. 동 의정서는 10개국이 비준한 1989. 8. 6. 발효함(의정서 제6조).

120 박원화, (1997년 개정판), 「항공법」, 명지출판사, p.286.

공항에서의 불법적 행위 방지에 관한 의정서)로 1988년 2월 24일 서명되었으며 불법적이고 의도적으로 국제공항에서 인명을 다치게 하거나 사망케 하는 폭력행위와 공항시설 또는 운항 중에 있지 아니한 항공기에 위해를 가하여 공항에서의 안전을 위협하는 파괴행위 등에 대하여 처벌하기 위하여 제정되었다. 동 의정서 채택으로 몬트리올 협약상의 범죄가 국제공항에서의 폭력행사행위와 공항시설 파괴행위를 포함하는 것으로 확대되었다. 제1조에서 동 의정서는 1971년 몬트리올 협약을 보완하고 있으며 동 의정서의 당사국 간에는 1971년 몬트리올 협약과 동 의정서가 하나의 문서로 읽혀지고 해석될 것을 명시하고 있다. 제2조는 몬트리올 협약 제1조에 새로운 1의 2(bis)가 다음과 같이 첨가될 것을 규정하고 있다.

"1의 2.

어떠한 자도 어떠한 장치, 물질 또는 무기를 사용하여 불법적으로 고의적으로

(a) 국제민간항공에 제공된 공항에 있는 인명에게 심각한 손상 또는 죽음에 이르게 하거나 그러한 우려가 있는 폭력행위를 수행하는 경우

(b) 국제민간항공에 제공된 공항의 시설 또는 그곳에 비 운항중인 항공기를 파괴시키거나 손상을 주거나 또는 공항업무를 방해하는 행위

만일 그와 같은 행위가 동 공항의 안전을 위태롭게 하거나 그러한 우려가 있는 경우"

(2) 가소성폭발물에 관한 협약에서의 항공범죄

1987. 11. 29. 바그다드발 서울행 대한항공 858편 보잉 707기가 미얀마 인접 상공에서 폭발하여 115명의 탑승자 전원이 사망한 사고라든지, 1988. 12. 21. 미국 팬암항공사의 보잉 747기가 영국 스코틀랜드 록커비에서 폭발 추락하여 269명의 무고한 탑승자가 사망한 것에 대하여 세계는 경악하였다. 이들 항공기의 폭발사고 원인은 범인이 폭발물만 항공기에 실리게끔 하여 비행 중 폭발하도록 했기 때문이며, 이들 폭발물이 탐지가 어려운 플라스틱 폭발물일 경우 속수무책임을 자각한 여러 국가는 1991년 몬트리올에서 ICAO 후원하에 플라스틱 폭발물 탐지가 가능하도록 플라스틱 폭발물에 표지(marking)를 하는 협약을 채택하였다.

5) 북경협약에서의 항공범죄

(1) 배경

2001년 9.11테러에서 보다시피 1971년에 만들어진 몬트리올 협약은 최근 발생하는 신종테러를 규율하기에는 역부족이었다. 그러자 ICAO에서는 이같이 지능적으로 발전하고 있는 항공기 테러를 방지하기 위해 ICAO 이사회에 민간항공 안전에 대한 새로운 위협에 대처할 것을 요구하는 ICAO 총회 결의안(A33-1)이 채택되었고, 2009년에는 1970년 헤이그 협약(항공기의 불법납치 억제를 위한 협약) 및 1971년 몬트리올 협약(민간항공안전에 대한 불법행위 억제를 위한 협약) 개정안인 '국제민간항공과 관련된 불법적 행위의 억제를 위한 협약'(Convention on the Suppression of Unlawful Acts Relating to International Civil Aviation) 및 '항공기의 불법 납치 억제를 위한 협약 보조 의정서'(Protocol Supplementary to the Convention for the Suppression of Unlawful Seizure of Aircraft) 등 2건의 Aviation Focus 항공보안 협정이 체결되었다.

북경조약은 국제 민간항공기에 대한 공격 및 여러 유형의 항공범죄를 규정함에 있어서 과거 1971년 9월 23일 발효된 몬트리올 조약과 1988년 2월 24일 발효된 몬트리올 의정서에서의 국제 민간항공의 공항 서비스를 침해하고, 국제민간항공의 안전을 침해하는 불법행위를 억제하는 내용을 근간으로 이번 조약에서 민간항공기를 납치하여 무기로 사용하는 행위, 민간항공기에 대해 무기 공격 행위, 민간항공기를 활용하여 무기 및 관련 물자를 불법운송하는 행위를 신규 항공범죄로 규정하였다.

북경협약에서 새롭게 규정된 범죄유형으로는 첫째, 민간항공기를 무기로 사용하거나 다른 항공기 또는 지상의 표적을 공격하기 위해 사용하는 행위도 범죄행위로 규정하고 있다. 민간항공기를 납치하여 무기로 사용하는 행위, 민간항공기내에서 무기를 사용하는 행위, 민간항공기에 대해 무기 공격 행위를 신규 항공 범죄로 규정하여 민간항공기에 대한 공격행위를 억제하며 해당 국가들에게 이를 처벌할 의무를 부여하고 있다. 둘째로 생화학 무기 및 이와 관련된 물질의 민간항공기를 활용한 불법 운송 역시 범죄행위로 간주하여 처벌을 강조하고 있다. 또한 협약의 적용범위를 비행 시에서 서비스 범위 내로 확대하였다.

가. 새로운 범죄 신설: 북경 조약 Article 1, 1항

새로운 북경 조약에서는 기존의 몬트리올 조약 Article 1에서 규정한 범죄에 추가하여 새로운 범죄를 정의하고 있다. 우선 사망, 심각한 신체 상해 또는 환경 또는 재산의 심한 피해를 주는 BCN무기, 폭발성, 방사능, 기타 비슷한 물질을 운항 중인 항공기로부터 투하한 경우와 이들 무기로 항공기에 대하여 혹은 항공기 내에서 사용을 방치한 경우를 범죄로 하고 있다

또한 인류를 위협할 목적의 인명사망 또는 심각한 부상, 피해를 야기할 만한 폭발성 있거나 또는 방사능 물질이라든지 다음 2조에서 정의하고 있는 BCN무기와 핵분열 재료 또는 장비와 관련되어 핵폭발 활동을 의도하거나 국제 원자력협회가 정하는 보호 장치 협약에 의하지 아니한 핵관련 활동 및 합법적인 허가 없이 BCN무기 활용 무기를 제작하는 데 도움이 되는 장치 등을 항공기로 운송하는 것을 첨부하여 시대흐름에 따른 새로운 범죄를 규정하고 있다.

(2) 특징: 공범 개념의 확대

이전에는 테러활동의 배후에 대한 처벌규정이나 범위에 대해서는 명확하지 않았다. 예를 들어 9.11테러사건에서 비행기 납치범들은 이미 사망했고 그들의 배후에 있는 기획자와 조직자를 어떻게 척결할 것인지에 대해 현재까지의 국제조약은 명확하지가 않았다. 그런데 2010년 '북경조약'에서 ICAO는 사람들을 조직하거나 지휘해서 범죄를 저지르거나 공범으로 범죄 또는 불법행위에 참여하거나, 의도를 가지고 범죄자의 도피 조사, 기소 및 처벌까지 돕는 사람들까지도 범죄로 본다고 하였다. 북경조약이 효력을 발생한 후 범죄행위의 배후 조직자 및 지도자도 범죄자로 규정되어 민간 항공안전을 방해하는 범죄활동 척결을 효과적으로 강화하게 될 것이다. 이는 민항영역에 대한 특수성을 충분히 고려했기 때문이다. 민간항공영역에서 범죄자는 구체적인 범죄행위를 하지 않고 단지 범죄 위협만을 했다 하더라도 심각한 파괴를 가져올 수 있다. 그러므로 새롭게 늘어난 조약은 이러한 행위를 범죄척결 대상에 포함시켜 효과적으로 범죄준비 문제를 해결하고 보호범위를 확대하였다.

구체적으로 공범자의 내용을 확대하였다. 몬트리올 협약에서는 단순하게 "범죄를 시도하려는 자의 공범자"라고만 규율하였지만 좀 더 세분화하고 구체화 된

표현을 적용함으로써 공범자의 적용을 강화하였다. 즉 몬트리올 협약에서는 단순히 공범자(accomplice)라고 표현되었던 것을 세분화 하여 정범에 참여하거나(participate) 범죄단체를 조직하거나(organize) 지휘(direct)하는 개념까지 확대하고 나아가 이들 범죄인을 숨겨주는 행위까지도 범죄로 확대 정의하고 있다.

(3) 항공기를 이용한 범죄 추가

2010년 북경 조약과 북경의정서에서는 특히 민간항공기를 이용하여 지상의 목표에 대해 공격하는 행위를 새로운 범죄 행위로 따로 열거하였다. 이는 항공기 납치범 또는 혐의자는 항공기를 공격 무기로 이용하여 지상의 목표를 공격하는 등 대규모 사상으로 이어질 수 있기 때문이다. 이러한 종류의 범죄는 일반 여객납치에 비해 매우 심각하기에 2010년 '북경조약'에서 '어떤 사람이라도 비행 중인 항공기를 이용하여 인명사망, 심각한 상해 또는 재산 및 환경에 심각한 손상을 입힌 경우 이 사람을 범죄자로 본다'는 내용이 추가되었다.

(4) Article 1, 2항 신설

북경 조약 제 1조 2항에는 항공기를 통해 특수한 물체나 물질을 이용해 범해지는 범죄의 내용을 추가함으로써 신종 범죄로 떠오른 액체를 이용한 항공기 테러 혹은 종이폭탄 등을 이용한 범죄를 규율하고 있다.

이 외에 생물무기, 화학무기 및 핵무기 척결을 강화하기 위해 북경 조약에서는 생물, 화학, 핵물질을 사용하여 민간 항공에 공격을 가하는 것과 민간 항공기를 이용하여 불법적으로 생물, 화학, 핵물질을 운반하는 데 대한 조약을 신설했다.

4. 기내 범죄

1) 승객의 안전유지협조 의무

또한 법에 따르면 ① 항공기 안에 있는 승객은 항공기와 승객의 안전한 운항과 여행을 위하여 다음 각 호의 어느 하나에 해당하는 행위를 하여서는 아니 된다고 하여 다음과 같은 사항을 명시하고 있다.

1. 폭언·고성방가 등 소란행위
2. 흡연(흡연구역에서의 흡연은 제외한다)

3. 주류를 음용하거나 약물을 복용하고 타인에게 위해를 초래하는 행위

4. 성적 수치심을 유발하는 행위

5. 전자기기를 사용하는 행위

6. 기장의 승낙 없이 조종실 출입을 기도하는 행위

동법 50조에 의하여 기장 등의 사전계고에 불구하고 운항 중인 항공기 안에서 상기 제23조제1항 제1호부터 제5호까지의 규정을 위반한 자는 500만원 이하의 벌금에 처한다. <신설 2005. 3. 31, 2008. 3. 28>

기장 등의 사전계고에도 불구하고 계류 중인 항공기 안에서 제23조 제1항 제1호부터 제5호까지의 규정을 위반한 자는 200만원 이하의 벌금에 처한다. <신설 2008. 3. 28> <종전 제3항은 제4항으로 이동 2008. 3. 28>

② 승객은 항공기의 안전이나 운항을 저해하는 폭행·협박, 위계행위 또는 출입문·탈출구·기기의 조작을 하여서는 아니 된다.

만일 이 규정을 위반하게 되면 동법 제46조(항공기안전운항저해폭행죄 등)에 의하여 5년 이하의 징역에 처한다.

③ 승객은 항공기가 착륙한 후 항공기에서 내리지 아니하고 항공기를 점거하거나 항공기 안에서 농성하여서는 아니 된다.

만일 이 규정을 위반하게 되면 동법 제47조(항공기점거·농성죄)에 의하여 3년 이하의 징역 또는 2천만 원 이하의 벌금에 처한다.

④ 항공기 안의 승객은 항공기의 안전이나 운항을 저해하는 행위를 금지하는 기장 등의 정당한 직무상 지시에 따라야 한다.

만일 이 규정을 위반하게 되면 동법 제49조(벌칙)에 의하여 1년 이하의 징역 또는 1천만 원 이하의 벌금에 처한다.

⑤ 항공운송사업자는 금연 등 항공기와 승객의 안전한 운항과 여행을 위한 규제로 인하여 승객이 받는 불편이 감소되도록 필요한 방안을 강구하여야 한다.

⑥ 기장 등은 승객이 항공기 안에서 제1항 제1호 내지 제5호에 해당하는 행위를 하거나 할 우려가 있는 경우 이를 중지하게 하거나 하지 말 것을 계고하여 사전에 방지하도록 노력하여야 한다.

⑦ 항공운송사업자는 보안검색을 거부하는 자·음주로 인하여 소란행위를 하거나 할 우려가 있는 자 등 국토교통부령이 정하는 항공기 안전운항을 해할 우려가

있는 자에 대하여 탑승을 거절할 수 있다.

2) 사법경찰관리의 직무를 행할 자와 그 직무범위에 관한 법률

(1) 개요

기장에게 항공기 안에서 발생하는 범죄에 관하여는 특별사법경찰관의 권한을 부여하고 있다. 아울러 기장의 명을 받아 행하는 승무원에게도 이의 권한의 확대해석에 의하여 특별사법경찰관에 준하는 권한이 있다. 즉 우리 사법경찰관리의 직무를 행할 자와 그 직무범위에 관한 법률 제7조에 따르면 제2항은 "항공기 안에서 발생하는 범죄에 관하여는 기장과 승무원이 제1항에 준하여 사법경찰관 및 사법경찰리의 직무를 수행한다."고 규정되어 기장의 특별사법경찰관리의 역할을 법으로 명시하고 있다. 즉 비행 중에는 기장이 곧 사법경찰관리인 셈이다.

(2) 기내난동(Air rage) 의의

'기내난동'이라는 용어는 승객의 위법행위 즉, 객실 안에서의 언어폭력부터 폭행까지 이르는 승객들의 소요형태 등을 총 망라하는 것으로 사용되고 있다. 기내 위법행위는 주로 승무원에게 범해지지만 같은 승객들 간에도 발생한다.

승객의 기내업무 방해 행위는 승무원의 정당한 직무 집행을 방해하거나 승무원과 탑승객의 안전한 운항이나 여행을 위협하는 일체의 행위를 말한다. 즉, 항공안전 및 보안에 관한 법률(제23조 승객의 안전유지협조의무)을 위반하는 모든 위법행위를 포함한다.

① 승무원 및 타 승객에 대한 폭행, 폭언, 협박, 위협 행위 등 일체의 소란행위
② 음주 및 약물 중독 상태에서의 기내 소란 행위(만취행동 등)
③ 승무원의 경고를 무시한 기내 안전수칙 위반 행위(기내흡연, 금지된 전자기기 사용 등)
④ 승객 간 또는 승무원에 대한 성추행/성희롱 행위
⑤ 기장의 승낙 없이 조종실 출입을 기도하는 행위
⑥ 항공기가 착륙한 후 항공기에서 내리지 아니하고 항공기를 점거하거나 항공기에서 농성하는 행위

⑦ 제반 비행 안전 저해 행위(운항 중인 항공기의 Door Handle 조작, 화장실 내 Smoke Detector의 훼손 또는 조종실 문을 발로 차는 행위 등)

(3) 승무원의 대처

기내소란은 대개 승객들의 권위가 손상되었다고 생각 될 때 발생하며 그 원인은 승무원의 기내서비스의 태만 또는 승객상황에 대한 인식부족과 연계되었다고 추정할 수 있다. 승객의 기내 위법행동의 형태는 지상 즉 운항 전이거나 운항 중에도 전혀 새로운 것이 없다. 신체적인 폭행은 아주 드물며 대개 언어적인 괴롭힘과 추행을 포함한 성희롱이 발생한다.[121] 그러나 항공사의 경영진에게는 그 보고가 잘 이루어지지 않았다. 그 이유는 '고객은 항상 옳다'는 경영방침 때문이다. 이런 경영방침은 외식업체, 백화점을 포함한 대다수의 기업들이 서비스가치를 지향하고 고객을 왕으로 모신다는 목표 아래서 더욱 심화되기 때문이며 승객들 또한 아직까지 서비스의 선두 업체는 항공사라는 인식을 하고 있기 때문으로 보인다. 또한 항공사 입장에서 이러한 사건들이 대중에게 알려지는 것은 회사의 이미지 실추와도 관계되므로 꺼려하기 때문이다. 이러한 분위기 속에서 승무원이 항공사에게 항의를 한다는 것은 자신이 문제 직원이라는 오해를 불러일으킬 소지가 있고 인사상의 작은 불이익이라도 받을까 두려워 대개 회사 측에 보고와 건의를 피하고 숨기려고 한다.

1995년 정신적 충격에 관한 전문가인 C. Laurence가 쓴 논문 '직장(기내)에서의 폭행'에 따르면 북미에서는 이러한 폭행을 비행중의 충돌, 대립의 노출로 보고 사회의 한 단면으로 인식했다. Lauren에 따르면 Maslow의 계급의 요구에 따라 우리는 승객의 부당행위에 대해 용인을 하게 된다. Maslow는 인간의 5가지 욕구에 대해 설명을 한다. 가장 낮은 욕구는 신체적 욕구로 배고픔, 목마름 등을 말하고 두 번째와 세번째 욕구는 안전의 욕구와 소속감과 애정의 욕구가 이에 해당한다. 네 번째 욕구는 존경에 관한 것으로 명예와 자존심이다. 다섯 번째 욕구는 자기실현 욕구이다. Lauren은 이 문제를 기내 승객들에 기인한 인간적인 문제로 보고 항공사가 책임을 지고 이에 대해 본격적으로 대처하게 했다. 그녀의 제안은 다

121 승무원의 유니폼이 대개 미니스커트 등 패션 트렌드를 따르다가 성적 욕망의 상징으로 그 이미지가 추락하기도 했다. 이것은 자극적인 광고문구 'I'm American Airlines', "Fly me"라는 자극적인 표제가 더하고 있었다. 이런 성적탈선적인 광고 문구 등은 위법행위를 조장하였다.

음과 같다. 문제가 발생했을 때 해결방안은 훈련을 통해 강화하고, 위법행위가 발생할 때 바로 보고하며 정신적 충격을 추후 상담을 통해 해결하고 기내 위법행위 발생시 무관용 정책을 받아들이도록 권고했다.

3) 성희롱 사건

(1) 2008.09.02 XXX편 승객의 승무원 성희롱 건으로 인한 공항경찰인계건

비행 중 승객의 승무원에 대한 성희롱 발언으로 인해 해당 승객을 공항경찰대에 인계하였기에 보고함.

좌석29 D에 착석한 승객(남, 지모씨)은 이륙 전 BS승무원이 벨트를 매지 않고 있는 동승객에게 벨트착용을 요구하자 승객이 "재수없으니까 손대지마"라는 말을 하였다는 말을 전해 듣고 이에 본인은 승객의 기분이 많이 안 좋은 것으로 생각하고 정보공유를 하였다. 잠시 후 항공기 이륙 후 PS가 입국 서류를 건네자 눈도 안 마주치고 구겨 버렸다는 보고를 들었다. 그 후 식사 서비스 시 AS가 음식 선택을 묻자 반말로 "아무거나 줘봐" 해서 다시 물어봤더니 "입 닥치고 아무거나 줘"라고 하였고 급기야 동승객조차도 조모 승무원에게 조XX라는 욕도 하였기에 본인이 승객과 대면하여 불편하신 점이 없는지 여쭈며 승무원이 잘못했으면 지적하시지 왜 성적 발언을 하느냐 묻자 승객은 비행과 상관없는 몇 년 전 있었던 일을 이야기하며 어쨌든 XX항공과 기분이 안 좋으니 앞에서 꺼지라고 하였다. 그 후에도 AJ승무원에게는 "갖다 대지마" 화장실 체크를 하려는 BS에게는 "니 xx도리나 체크하라"라는 둥 입에 담긴 힘든 말을 하였다기에 다시 본인이 대면하여 승객에게 구두 경고를 하였으나 승객은 법대로 하라는 말만 되풀이 하였고 이에 기장과 협의하여 경찰을 대기시키기로 결정하고 항공기 도착 후 승객을 경찰에 인계하였으며 공항경찰대로 이동하여 조서를 작성하였다.

(2) Jane Doe, a Minor v UA : 기내 미성년자 성추행

가. 사건개요

2003년 8월 4일 Jane Doe(미성년자)는 USA에서 서울발 항공기에 탑승하였다. Doe는 탑승 전에 테니스를 심하게 했고, 그로 인한 근육통과 오른쪽 손에 심한 통증을 느끼고 있었다. 오른쪽 손에 통증을 느끼며 Doe는 잠이 들었고, 그녀의

바로 옆에 앉은 한 남자(Samson)가 그녀의 손을 잡아 그의 Penis 근처에 가져가는 것에 놀라 그녀는 잠을 깬다. Doe는 근육통으로 인해 잠을 깬 것으로 생각했으나, Samson이 비행 중 내내 그의 바지 지퍼를 열고, Doe의 손을 그의 속옷 아래로 가져 갔으며, 그녀의 다리를 만지기도 하였다. 한편 승무원도 Samson이 Doe의 손을 만지고 그의 Penis에 Doe의 손을 가져가 놓자 Doe가 무척 놀라는 것을 보았다고 증언했다. 이후 Samson은 자신의 미성년자에 대한 성추행에 대해 Single Charge의 유죄 판결을 받았다. Doe는 UA를 상대로 정신적 충격에 대한 손해배상 청구소송을 하였다.

나. 판결

법원은 바르샤바조약 제17조가 순수한 정신적 상해에 대해서는 적용되지 않는다는 취지의 판결을 내렸다. 그 논거로서 동 조약의 정본인 프랑스어본 상의 'lesion corporelle'(신체적 상해)이 제17조의 해석을 지배한다는 것이었다. 법원은 프랑스 학자들도 명확히 신체적 상해와 정신적 상해를 구분하고 있으며 신체적 상해와 정신적 상해는 서로 배타적인 것이며 동 협정에서 사용하는 신체적 상해는 정신적 상해를 배척하는 것이라는 전제하에 바르샤바조약은 배상의 범위를 신체적 상해로 엄격히 제한하고 있으며 정신적 상해를 배제하고 있다고 판단하였다. Doe는 테니스로 인한 근육통으로 인한 통증이라고 진술했으며, 그의 행동으로 인한 신체적인 상해는 없었다고 진술해 기 진술을 토대로 보면 법률적인 근거가 없는 사건으로 결론지어졌다.

4) 기내 법적 분쟁 사건

실제로 기내에서 발생하는 법적 분쟁 사건은 위에서 살펴본 바 있는 기내난동 및 성희롱뿐만 아니라 승무원에 대한 명예훼손 및 모욕죄 등 형사적 범죄와 선반에서 떨어진 양주 상자에 머리를 맞은 승객이 상처를 입은 경우인 수하물 낙하 사건을 비롯한 민사소송에 따른 손해배상 문제 등 법적으로 해결해야 할 사건이 빈번하게 발생되고 있다. 또한 승무원의 직무를 방해할 경우에는 직무집행방해죄로 처벌받는데, 벌칙조항에 따르면 폭행·협박 또는 위계로써 기장 등의 정당한 직무집행을 방해하여 항공기와 승객의 안전을 해한 자는 10년 이하의 징역에 처한다.

미연방항공법 하에서의 직무집행방해죄는 20년 이하의 징역에 처하고 있다.

나아가 음주로 인한 사소한 기내소란의 경우 이에 대한 처리와 항공기 운항이 지연될 경우 문제를 해결해야 하는 등 법적 지식이 요구되는 상황을 대처하기 위해서는 객실승무원도 기초적인 권리 의무관계는 반드시 숙지해야할 필요성이 있다. 특히 최근 점차 항공교통이용자의 보호를 위한 조치가 미국부터 엄격하게 실행되는 분위기에서 형사소송 및 민사소송 등 법률처리절차에 무관심할 수는 없는 실정이다. 또한 승객과 승무원 사이와 승객과 승객 간의 법적 분쟁이 발생할 경우 관할권 등 사법처리에 대한 지식이 요구된다.

5. 비행안전과 객실승무원의 역할

항공법에 따르면 객실승무원이란 항공기에 탑승하여 비상시 승객을 탈출시키는 등 안전업무를 수행하는 승무원을 말한다. 그러나 일반인들이 생각하는 객실승무원이란 안전업무보다는 목적지까지 안락하고 편안하게 승객을 돌봐주는 사람, 그러면서 간간히 맛있는 식사와 차 간식을 서비스 하는 사람으로 인식하고 있다.

객실 승무원은 승객들이 기내에 탑승할 때부터 하기할 때까지 안전하게 서비스하는 동안 예기치 않은 돌발 상황이나 비상상황에 직면할 수 있으므로 이에 대한 예방교육과 대비가 필요하다.

즉, 객실안전이란 개념이 정립된 바 이는 운항안전의 종속적인 개념이 아닌 항공기를 이용하는 승객의 안전을 보장하기 위한 종합적인 안전개념으로 넓은 의미에서 승객을 항공기 납치와 폭파위협 등 위해요인으로부터 보호하기 위한 기내 보안활동(CABIN SECURITY)을 포함하는 승객안전(PASSENGER SAFETY) 개념이라고 말할 수 있다.

과거 당국의 항공사에 대한 관리는 항공안전에 대한 국제기준에 대하여 문서로는 국가기준을 보유하고 있었지만 최신본으로 적용, 유지되지 않았었다. 당국이 항공안전등급이 2등급으로 강등되기 전까지는 안전이라는 개념은 미미하였고 국가의 기준준수 여부에 대한 안전 품질감독도 물론 없었다.

따라서 항공운송사업자도 해당기준은 문서상 가지고 있었으나 이행은 잘 되지 않았으며 또한 승객들도 안전기준은 항공사 사내기준이므로 무시해도 된다는 인식을 갖게 되었다.

사례 1) 이륙전 점검시 등받침을 세우지 않은 승객에게 등받이를 세워야 한다고 안내하였으나 오히려 내 안전은 내가 지킨다며 큰소리 침. 안전기준 준수를 요청한 승무원에 대하여 항공사에 불만을 제기하여 담당승무원에게 징계를 요구.

사례 2) 날개위 비상구열 좌석을 점유한 승객이 휴대수하물로 가지고 온 여행용가방을 비상구 앞에 두고 이륙하려 함. 해당편 사무장이 안전기준 위반이니 가방을 다른 곳에 보관하기를 요청하였으나 사장의 지인임을 강조하며 강한 불만 제기. 지시에는 따랐으나 회사로 강한 불만을 제기하며 해당 사무장에 대한 징계요구.

2000년 초반에 항공안전 1등급 회복을 위하여 국토교통부 지침들을 재정비하여 항공선진국의 형태를 취하게 되었으며 국내 항공사의 안전기준 이행도 점검을 위한 항공안전 감독관을 운영하기 시작하였다. 이 이후로 항공사들도 안전에 대한 개념을 확립하게 되며 모든 서비스절차에 안전기준을 반영하게 되었다.

항공안전의 정의는 과거에는 위험요인을 정확하게 인지하여 완전하게 제거한 상태를 뜻하였으나 항공운송사업자가 위험요인을 완전히 제거한다는 것은 경우에 따라 승객을 탑승시키지 않아야 된다는 의미로도 생각될 수 있으므로 현재는 위험요인을 등급으로 나누어 언제나 관리할 수 있는 상태로 2008년 이후 재 정의되었다.

이에 따라 승객들의 항공안전에 대한 관심도 증가하였으며 항공산업의 역사가 길어짐에 따라 법규정에 해박한 전문가 수준의 상용고객이 등장하여 안전기준 미 준수 시 불만을 제기하기까지 이르렀다.

사례 1) 비상구열에 착석한 후 승무원의 안전사항 브리핑을 기다렸으나 아무런 이야기 듣지 못하고 그 상태로 이륙함. 해당승무원의 업무과실로 생각되며 국토부에 민원 제기하겠다며 불만제기.

사례 2) 비행시간이 짧은 중국/한국에 탑승하였음. 당일 한국승객 다수가 면세품 구매를 원하여 기내판매가 도착 전 10000ft까지 지속되었음.

따라서 승무원의 착륙 전 안전 점검이 미흡하였으며 심지어 착륙 후 지상 이동시 거스름돈을 전달하였음. 안전활동을 소홀히 하는 승무원의 교육 요청 및 항공사의 안전기준을 문의함.

국제기준 및 운항기술기준에서는 객실승무원 교육과정을 초기훈련, 정기훈련, 재 자격 훈련 등 그 이름과 과목명까지도 자세히 기술하고 있다.

기내에서 발생하는 비상사태에 적절하게 대응할 수 있도록 비상장비 사용법과 기내화재 진압, 비상 탈출, 응급 처치법 및 비상사태 발생 시 신속하게 대처, 승객들의 안전을 지켜내는 일뿐만 아니라 갑작스럽게 발생된 기체동요로 크고 작은 부상을 입은 승객을 돌보아야 하는 상황이나 비상사태 시, 혹은 기내에서 갑작스럽게 환자 승객이 발생된 경우 이들을 돌보려면 기내 서비스에 관련된 지식뿐 아니라 항공 의학적 지식과 응급처치에 대한 교육도 받아야 한다. 특히 심장마비나 당뇨 환자의 혼수상태 치료법, 인공호흡법, 비행 탈출 및 비상시 구조 절차 교육은 필수적으로 요구된다.

거기다가 승무원으로서의 기본 자질은 항공 서비스인으로 요구되는 진정한 서비스 마인드를 함양함은 물론 나아가 품격있는 세련된 매너와 올바른 인성을 바탕으로 국제적 감각 및 우수한 외국어 능력을 갖추고 있다. 평상시 비행안전에 있어 객실승무원의 역할은 비행 중 기내 승객의 안전 위해요소를 제거하고 방어하는 역할을 담당하게 되지만 무엇보다 객실승무원의 역할이 강조되는 상황은 사고가 발생한 시점이다. 그러므로 최근에는 승무원 업무 방해행위에 대한 철저한 규정준수와 규제내용을 숙지하여 각종 기내에서 발생하는 분쟁의 해결 능력을 위한 법규정 숙지와 적용능력까지도 필요로 한다.

6. 항공범죄의 분류

협약이 규정한 범죄행위를 기준으로 항공범죄를 분류를 한다면 다음과 같이 하려 한다.

1) 항공기 납치죄

우선 동경협약과 헤이그 협약에 규정된 폭력 행사 또는 폭력행사 위협의 방법으로 비행 중인 항공기를 납치하거나 통제하는 범죄행위이다. 본죄로 침해되는 법익은 비행 중인 항공기의 안전이다. 따라서 범죄의 직접적인 객체는 비행 중인 항공기이다. "비행중인"이란 용어는 동경협약 제1조3항의 규정에 근거하면 항공기가 이륙하여 항행하기 시작하는 때부터 착륙하여 정지한 때까지 또는 헤이그 협약 제3조에 근거하면 비행기가 적재를 완료하여 외부의 모든 문을 닫을 때부터 비행기의 어느 문을 열어 짐이나 승객을 내려놓을 때까지이다. 만약 항공기가 강제로 착륙을 한 때에는 주관당국이 당해 항공기 및 기상의 인원과 재물을 접수, 관할하기 전까지는 여전히 비행 중인 것으로 본다.

本罪에 해당하는 행위는 무력 또는 무력의 위협을 사용하여 불법적으로 간섭, 납치 또는 기타의 방법(정신적 협박을 포함)으로 비행 중인 항공기를 통제하거나 그 예비 또는 未遂 행위이다.

2) 항공기 안전운항위해죄

몬트리올 협약이 규정한 범죄행위는 주로 비행 중인 항공기상의 인원에 대하여 폭력을 사용하여 항공기 자체의 안전을 위협하거나(예컨대 사용 중인 항공기를 파괴하거나 항행시설을 파괴하는 행위), 허위정보를 전파하는(항공안전을 위태롭게 하는 행위) 것으로 구분되어야 한다고 본다. 이러한 범죄행위들은 총괄적으로 국제민간항공기의 비행안전을 위태롭게 하는 행위인 것이다.

본죄로 침해되는 법익은 비행 중인 항공기와 사용 중인 항공기의 안전이다. 본죄의 범죄객체는 비행 중인 항공기이다. "비행중"인지의 여부에 대한 판단기준은 원칙상 항공기납치죄와 동일하며, 다만 몬트리올 협약 제2조의 규정에 근거하여 항공기가 지상인원 또는 승무원이 비행을 위하여 항공기비행 전 준비를 하는 때부터 하강 후 24시간까지이다. 그 사용기간은 어떠한 상황하에서도 항공기가 비행 중인 모든 기간까지 연장된다. 몬트리올 협약은 비행 중인 항공기에 위해를 가하는 범죄 외에도 비행장 지상에서 사용 중인 항공기에 위해를 가하는 범죄에 대하여도 규정하고 있다.

본죄에 해당하는 행위는 비행 중인 항공기상의 인원에 대하여 폭력행위(그 업무를 간섭하는 행위를 포함)를 행사하거나 사용 중인 항공기를 파괴하거나, 또는 손괴를 초래함으로써, 항공기가 비행할 수 없도록 하거나 그 비행안전을 위태롭게 하는 행위이다. 그 밖에도 사용 중인 항공기에 항공기를 파괴하는 성질을 가진 장치 또는 물질을 설치하거나 그러한 행위를 教唆하거나 그러한 손괴를 초래하여 항공기가 비행할 수 없도록 하거나 항공기를 파괴하여 비행안전에 위태롭게 하거나, 또는 허위 정보를 전송하여 항공기의 비행에 안전상의 우려가 있도록 하는 행위이다. 이러한 행위의 미수범과 공범은 모두 본죄에 해당한다.

3) 공항안전파괴죄

몬트리올 협약 보충의정서가 규정한 범죄행위는 지상의 공항에서 어떠한 자에 대하여 엄중한 중상해 또는 사망을 초래하거나 그러할 가능성이 있는 폭력행위이다. 즉, 국제공항시설이나 비행장에 계류해있는 항공기(사용 중이 아닌 항공기를 포함)를 파괴 또는 엄중한 손상을 주거나 공항의 운영을 방해하는 행위이다.

본죄가 침해하는 법익은 국제공항에서 근무하는 요원, 시설 및 그 미사용중인 항공기의 안전이다. 본죄의 범죄의 직접적인 객체는 국제공항에서 근무하는 요원과 공항에서의 설비(비행장에 계류된 미사용중인 항공기를 포함한다)이다. 본죄의 범죄행위는 어떠한 장치, 물질 또는 무기를 불법적으로 사용하여 국제민간항공서비스가 제공되는 공항에서 어떠한 자에 대하여 엄중한 상해 또는 사망을 초래하거나 초래할 가능성이 있는 폭력행위를 행사하는 것이다. 본죄가 성질상 결과범에 속함으로 반드시 그 행위가 비행장의 안전을 위태롭게 하는 것이어야 처벌할 수 있다.

• 표 13-1 협약이 규정한 범죄행위에 따라 분류

항공기납치죄	항공기 운항안전위해죄	국제공항안전파괴죄
동경협약과 헤이그 협약에 규정된 범죄행위는 폭력 행사 또는 폭력 행사 위협의 방법으로 비행중인 항공기를 납치하거나 통제하는 것	몬트리올 협약이 규정한 범죄행위는 주로 비행 중인 항공기상의 인원에 대하여 폭력을 사용하여 항공기 자체의 안전을 위협하거나(예컨대 사용 중인 항공기를 파괴하거나 항행시설을 파괴하는 행위), 허위정보를 전파하는(항공안전을 위태롭게 하는 행위) 것	몬트리올 협약 보충의정서가 규정한 범죄행위는 지상의 비행장에서 어떠한 자에 대하여 엄중한 중상해 또는 사망을 초래하거나 그러할 가능성이 있는 폭력행위이다. 즉, 국제비행장시설이나 비행장에 착륙해있는 항공기(사용 중이 아닌 항공기를 포함)를 파괴 또는 엄중한 손상을 주거나 비행장의 운영을 방해하는 행위

동경협약과 헤이그 협약	몬트리올 협약/가소성협약	몬트리올 협약 보충의정서

14장 불법방해행위 및 항공기 테러

1. 개요

최근 항공교통의 안전도가 현저하게 향상되었지만 일단 항공사고가 발생하면 인명과 재산의 피해가 타 교통수단에 비해 매우 큰 특징이 있다. 또한 여기에는 항공테러라는 복병이 숨어있다. 물론 항공테러 발생률은 예전에 비하면 현격하게 줄어들었으나 아직도 항공기를 이용한 테러의 위협을 비롯한 국제사회에서의 항공테러의 잠재적 위험은 감소하지 않고 증가하고 있으며 그 방법도 점차 다양해지고 있다. 예를 들어 휴대용 물건, 액체용액을 이용하여 항공기를 폭파시키려는 테러행위를 기도하는 등 항공기 폭파는 고전적인 테러행위의 중요한 표적이 되고 있으며 이에 따라 민간항공기의 비행안전 문제가 큰 관심을 끌고 있는 실정이다. 무고한 민간인의 생명을 빼앗아 이러한 테러주의 행동은 현행 국제법 위반뿐만 아니라 개별국가와 국제사회의 민간항공기 운송과 그 안전에 대한 믿음을 중대하게 손상시킨다. 2001년 9월 11일 발생한 9.11항공테러사건을 계기로 "테러와의 전쟁"(War on Terrorism)이라는 새로운 개념이 국제사회에 등장하면서 항공분야에서 테러방지를 위하여 국가들은 좀 더 공항의 안전을 위하여 검색을 강화하는 등 철저한 대비를 하고 있다.

2. 항공테러

1) 테러행위의 정의

테러리즘이란 무고한 사람들을 공포 상황에 몰아넣고 여론의 주목을 받아 자신들의 주장을 극적으로 알리며 목표를 달성하려는 행위를 일반적으로 의미한다. 테러리스트는 정치적 목적을 극단적 방법으로 달성하려는 조직의 구성원들인 경우가 많지만, 기타 범죄적 동기에 의한 경우도 많다. 테러의 대상은 무고한 희생자인 경우가 대부분이므로 테러의 목적이 정당하더라도 테러리스트의 행위는 정당화될 수 없는 것이다. 국제항공이나 항공기는 주요인물을 포함하여 세계 각국의 각 계층 사람들이 이용하므로 언론 및 여론의 주목을 광범위하게 받을 수 있으므로 테러리스트들의 목적 달성에 매우 효과적인 대상으로 인식되고 있다. 따라서 항공운송산업이 급성장하고 보안 대책은 미미했던 시기에는 항공테러가 유행처럼 자행되었었다.

국제법상 테러행위라는 용어에[122] 대해서는 아직 통일된 법적 정의가 없다. 일찍이 1930년대 제3차 국제형법통일회의(The 3rd. Conference for the Unification of the Criminal Law, in Brussels, 1930)에서 국제테러행위에 대하여 언급하고 당시의 국제연맹에 테러행위방지 및 처벌 협약(the Convention for the Prevention and Punishment of Terrorism)을 기초하도록 촉구하였으나, 이 협약은 테러행위를 일종의 「공포를 조성하는 범죄행위」로 규정하는 외에 「국가는 다른 국가를 반대하는 테러활동을 조장하는 어떠한 사실을 행하는 것을 회피하여야 하며 이러한 활동의 행위를 방지할 의무를 진다」는 국제법 원칙을 천명하였다.[123] 그러나 그 후 제2차 세계대전이 발발하였고 각국의 테러주의의 정의에 대하여 중대한 시각차이가 있었기 때문에, 이 협약은 결국 발효되지 못하였다. 제2차 세계대전 후 국제연합도 마찬가지로 테러주의를 진압하는 문제를 중시하였는바, 1965년 총회에서 그 결의 제2131호에서 테러주의에 대한 관심과 비난을 표명하였으며[124] 그 후 수차의 결의에서도 모두 국제연합의 테러주의를 비난하는 기본입장을 천명하였는바, 그 중에는 총회 제2625호 결의는 이를 가장 명확히 표현하고 있다. 즉 동 결의는 “모든

122 테러주의(terrorism)라는 용어는 일지기 18세계 프랑스 혁명시기에 출현하였다. 1973년 프랑스 대혁명후 당시 귀족계급은 구질서의 회복을 위하여 反共和활동을 하였으며 많은 혁명가를 암살하였다. 이와 동시에 不法投機商들은 매점매석으로 물가를 올렸다, 당시 정권을 장악한 자코뱅(Jacobin)은 정권을 보위하기 위하여 강압적인 폭력수단을 사용하여 반란자들에 대처한다는 결정을 하였다. 이리하여 프랑스 국민공회는 의결을 하여 모든 반란음모분자들에 대하여 공포수단을 사용하고 아울러 봉건귀족들을 체포하여 처벌한다는 의결을 하였다. 그런데, 당시 봉건귀족들은 이러한 자코뱅의 고압적인 수단을 테러리즘이라고 칭하였다. 당연히 자코뱅시대의 테러주의와 오늘날 국제사회가 지칭하는 테러주의는 내용면에서 완전히 동등한 것은 아니다. John F. Murphy, State Support of International Terrorism(Westview Press, 1989), p. 4; Arthur H. Garrison, “Terrorism: The Nature of Its History,” Criminal Justice Studies, Vol. 16(Spring 2003), pp.43-44.

123 http://www.unodc.org/unodc/terrorism.html

124 G.A.Res. 2131, (1965).

국가는 다른 국가에서의 내부투쟁(civil strife)의 행위 또는 테러주의 행위를 조직, 사주, 방조하거나 또는 이에 참여하는 것 또는 자국의 영토에서 그러한 행위의 수행을 목적으로 하는 조직적 활동을 묵인하는 것을 삼가하여야 할 의무가 있다"라고 하고 있다.[125]

한편, 국제적으로 일찍이 1977년에 유럽 국가들은 테러주의방지협약을 채택한 바 있으며[126] 그 밖에도 1949년 제네바협약 및 동 협약의 추가의정서 모두 테러주의의 방지에 대한 명문의 규정을 두고 있다(예컨대, 1977年제네바협약 제1추가의정서 제51조 제2항). 특히, 1973년의 항공기불법납치의 방지에 관한 헤이그 협약 중에는 항공기를 불법 점령하는 행위에 대해서도 이를 국제법상의 형사 범죄로 인정하고 있다. 국제연합 안전보장이사회의 이 문제에 대한 처리 관행을 살펴보면 테러행위를 국제안전과 평화에 대한 위협으로 보고 있으며 따라서 헌장 제7장에 의하여 안전보장이사회가 다룰 수 있는 권한이 있음을 인정하고 있다. 또 다른 한편으로 안전보장이사회는 과거에도 각 회원국들에게 혐의가 있는 테러주의자를 기소하도록 촉구한 바 있다.[127] 그 동안 안전보장이사회는 테러주의의 방지 및 처벌에 관한 수많은 결의를 한 바 있다.[128]

1994년부터 국제연합 총회는 계속하여 국제테러행위에 대하여 일련의 결의와 선언을 하였는바, 1994년 총회는 「국제테러주의의 제거를 위한 조치에 관한 선언」(Declaration on Measures to Eliminate International Terrorism)에서 테러주의의 모든 행위와 방법은 국제연합 헌장의 목적과 원칙을 중대하게 위반한 것이며 국제평화와 안전을 위협하고 국가 간의 우호관계를 손상시키며 국제협력을 방해하고 아울러 인권을 침해하는 범죄행위임을 강조하고, 테러행위는 정치적 목적에 입각하여 일반공중과 특정한 사회집단 또는 단체에 공포상태를 야기하려고 기도하고자 모의를 하는 범죄행위라고 지적하였다.[129]

1996년에는 국제연합은 국제테러주의를 제거하기 위한 조치에 관한 선언의

---

125 G.A.Res. 2625, (1970).

126 http://ue.eu.int/ejn/data/vol_b/4b_convention_protocole_accords/terrorisme/090TEXTen.html.

127 Frederic L. Kirgis, "Terrorist Attacks on the World Trade Center and the Pentagon," ASIL Insight, September 2001, http://www.asil.org/insights/insigt77.htm.

128 각각 731, 748, 1214, 1267, 1333, 1368, 1373, 1377, 1438, 1440, 1450, 1456 및 1465호 결의.

129 聯合国反恐行動網站 (UN action against terrorism) ：<http://daccessdds.un.org/doc/UNDOC/GEN/N95/768/19/PDF/N9576819.pdf?OpenElement>

규정을 보충하여 테러주의에 대하여 자금지원하거나 획책 또는 선동하는 것도 국제연합 헌장의 목적과 원칙에 위반되는 불법행위임을 추가하고 동시에 테러주의자와 난민 대우문제에 대하여 「국제인권표준에 근거하여 적당한 조치를 위하고 난민의 지위를 부여하기 전에 비호를 구하는 자가 테러주의활동에 참여한 적이 없도록 보장하기 위하여 그러한 자가 테러주의와 관련된 죄로 조사를 받거나 기소되었거나 처벌을 받은 적이 있는지를 고려하여야 하며 아울러 난민의 지위를 부여한 후에 난민의 지위가 다른 국가 또는 인민에 대하여 테러행위의 수행을 준비하거나 조직할 의도를 이용당하지 아니하도록 확보하여야 함」을 요구하였다. 1999년 10월 안전보장이사회는 제1269호 결의를 통하여 국제테러행위는 「세계인민의 생명과 복지 및 모든 국가의 평화와 안전을 위태롭게 하는 범죄행위」라고 인정하고[130] 국제적으로 가능한 신속하게 관련조약을 통하여 상호 협력하여 국제테러행위를 소멸시키기를 의망하였다.

2001년 9.11사건의 발생은 국제사회의 테러행위방지에 대한 중대한 전환점이 되었다. 동년 9월 28일 국제연합 안전보장이사회는 제1373호 결의를 통하여 테러행위 자체와 테러행위에 대한 자금지원, 계획 및 선동행위는 모두 국제연합 헌장의 목적과 원칙에 위반되는 범죄행위임을 지적하였다. 2003년 1월 안전보장이사회는 제1456호 결의에 첨부된 「대리와 투쟁하는 문제에 관한 선언」(Declaration on the Issue of Combating Terrorism)을 통하여 국제연합헌장과 국제법의 관련 규정에 따라 모든 국가, 국제조직 및 지역적 국제조직이 적극적으로 참여하고 협력하여 테러주의와 공동으로 투쟁할 것을 선언하고,[131] 국제사회는 서로 다른 종교와 문화를 테러의 대상으로 삼는 것을 방지하기 위하여 다른 문명 간의 대화를 강화하고 이해를 증진시킴과 동시에 더욱 더 反테러행위 운동을 강화하고 아직 해결되지 못한 지역 간 충돌을 처리할 것을 강조하였다.

이상의 과정을 보았듯이 국제형법통일회의가 테러행위를 처음으로 연구한 이래 국제사회는 그 동안 국제테러주의와 그 행위의 정의에 대하여 일치된 견해를 보여주지 못하고 있고 테러주의를 방지하고 그러한 행위에 대한 제재를 규정한 관

130 聯合国安全理事会1999 年10 月19 日安全理事会第4053 次会議之1269 号決議的前言部分, <http://daccessdds.un.org/doc/UNDOC/GEN/N99/303/92/PDF/N9930392.pdf?OpenElement〉

131 聯合国安全理事会2003 年1 月20 日第4688 次会議之第1456 号決議所附之《打擊恐怖主義宣言》的前言部分, <http://daccessdds.un.org/doc/UNDOC/GEN/N03/216/05/PDF/ N0321605.pdf?OpenElement >

련 조약, 선언 또는 안전보장이사회 결의 등을 통해 살펴보았을 때, 아직까지는 이를 실질적으로 처벌하는 기능은 취약하고 비교적 많은 것들이 국제여론의 형성과 비난의 수준을 벗어나지 못하고 있다. 국가의 실천이라는 면에서 보았을 때, 미국은 테러주의의 정의를 「국가 또는 그 대리인이 비전투요원에 대하여 정치적인 동기에 기초하여 대중에 영향을 미칠 의도로 사전 모의된 폭력 범죄를 수행하는 것」이라고[132] 하고 있다. 그러나 미국 국방부는 테러주의행위의 정의를 「어느 특정한 조직이 정치적 또는 의식적인 형태의 목적을 위하여 위협 또는 불법적인 무력을 빌어 개인 또는 비군사적 목표를 공격하여 공포를 조성하거나 사회불안을 조성하는 것」으로 보고 있다.[133] 한편 영국은 테러행위의 정의를 「정치적인 목적에 근거하여 폭력을 사용하는 것으로서 공중 또는 그 일부를 공포에 빠트리기 위하여 폭력을 사용하는 모든 행위를 포함 한다」라고 하고 있다.[134] 프랑스는 또한 개인 또는 조직이 공포 또는 위협을 사용하는 방식으로 법률질서를 파괴하려고 의도하는 것」으로 정의하고 있다.[135]

이상의 국제입법 및 각국의 실천으로 보았을 때, 테러행위는 "치밀한 계획을 통하여 일반 대중에 대한 폭력위협 또는 폭력사용의 방식으로 정부가 얻고자 하는 것을 성취하거나 정부에 대항하는 행동이며 성질상 정치적 동기를 가지고 있으며 객관적으로 강박적인 위협을 통하여 개인, 또는 대중, 또는 단체 또는 정치단위로 하여금 당해 행위자가 요구하는 것을 받아들이거나 양보하도록 하는 행위"라고 정의할 수 있을 것이다. 정리하면 테러주의는 정치적 목적하에서 행위자 개인 또는 단체가 직접 개인이나 그 재산에 대하여 행하는 일종의 계획적인 폭력행위로서 그 결과 사회대중의 불안과 공포의 심리상태를 조성하는 것이다.

2) 항공테러의 정의

항공기상의 테러행위의 본질에 대해서 살펴본다면, 행위 자체가 가지는 폭력성으로 사람에 대한 사상을 초래할 뿐만 아니라 동시에 항공기의 등록국적, 기장

---

132 U.S.C. Title 22, §2656f(d).

133 美国国務院網站, http://usinfo.state.gov/mena/Archive/2006/Apr/28-604340.html

134 英国恐怖主義法案, http://www.opsi.gov.uk/Acts/acts2000/00011--b.htm

135 프랑스 정부의 2005년 수정된 恐怖主義法案, http://www.lloyds.com/Lloyds_Worldwide/Country_guides/France+(inc.+Monaco)/French_Terrorism_Act.htm

과 승무원의 국적, 범죄행위자의 국적 및 피해자의 국적 등 각기 다른 상황국제적인 요소를 가지게 되므로 이로 인하여 어떻게 국제테러행위를 효과적으로 방지하고 제재할 것인가는 국제법상의 핵심문제가 되었다. 항공기 테러행위의 국제법상의 관련 문제를 다루는 때에는 테러분자가 항공기상에서 행하는 폭력과 파괴행위의 위법성과 처벌 외에도 그러한 유형의 행위의 관할권 귀속문제도 중요한 분석대상 중의 하나라 할 수 있다. 전자는 일반적으로 국제항공법의 범주에 속하며 후자는 국가관할권행사와 인도 등의 문제와 관련되어 있다.

국제법상 이른바 항공기불법납치행위는 단순히 항공기 자체를 납치하기 위한 것은 아니며 대부분이 테러주의자들이 그 어떠한 요구조건을 성취하고자 한다. 2001년의 9.11 테러공격은 국제민간항공운송의 안전이 테러조직이 중대한 도전을 받고 있음을 보여주고 있다. 돌이켜 보면, 1960년대 이후의 테러행위와 민간항공안전사건은 일반적인 테러행위가 항공기를 대상으로 한 것에 불과하였지만, 1960년대 중반에는 팔레스타인해방기구(PLO)의 구성원이 항공기 납치를 정치적 수단으로 삼기 시작하였으며 1970년에는 PLO는 미국의 TWA Airlines의 707기, 스위스항공(Swiss Air) DV－8기, 영국의 BOAC(The British Overseas Airways Corporation) VC－10기를 팔레스타인이 점령하고 있는 비행장으로 납치한 후 항공기를 폭파하고 여객을 인질로 삼아 체포된 자신들의 동료를 석방하도록 요구하였다. 1986년에는 중동의 이슬람국가들의 테러주의자들이 미국 TWA Airlines와 Pan Am(Pan American World Airways)의 민간항공기를 납치하였으며 그 중 TWA Airlines은 727기는 그리스 아테네 공항으로 비행하던 중 폭탄의 폭발로 4명의 여객이 사망하였으며 Pan Amdml 747기는 납치된 후 테러주의자들이 카라치 공항에서 탑승한 21명을 살해하였다. 2년 후 Pam Am 101기가 스코틀랜드 록커비(Lockerbie) 상공에서 테러분자에 의하여 폭파되어 259명이 모두 사망하였다. 1994년부터 1995년의 5년 동안 국제적으로 정치적 목적으로 또는 어떠한 요구의 목적으로 항공기를 납치한 사건이 점차 감소하는 추세를 보였으나, 1999년 12월 인도항공사의 A300기가 테러주의자에 의하여 납치되어 1인의 탑승객을 살해하고 인도 당국에 수감 중인 캐시미르 이슬람유격대원의 석방을 요구하였다.[136]

136 Paul Wilkinson and Brian M. Jenkins, Aviation Terrorism and Security(Portland, OR: Frank Cass, 1999): Ch. 1.

항공테러를 정의하자면, 비행중 또는 운항 중인 항공기 자체, 승무원이나 승객, 항공 항행시설 또는 공항시설에 대한 불법 폭력 점거를 통해 정치적 목적의 달성을 그 특징으로 하는 범죄를 말한다. 국제항공 테러에 있어서 '국제'의 의미는 원래 예정된 비행이 국내 또는 국제 비행인지의 여부를 불문하고 테러행위가 항공기 등록국의 영역 내 또는 영역 외에서 발생했는가에 의하여 결정되며, 불법 납치, 점거, 파괴 범죄 실행의 착수 및 종료 장소가 2개 이상의 국가의 영역에 걸쳐 발생한 경우를 의미한다. 즉, '국제'항공테러는 일반적으로 범죄 발생 항공기의 이륙국과 실제 또는 예정 착륙국이 서로 다른 국가일 경우를 지칭한다. 따라서 범인이 항공기 국적국 소속인가의 여부 또는 탑승 승객(피해자)의 국적이 복수라는 사실 등은 적어도 현행 국제조약법상 항공테러의 '국제성' 판단 기준은 아니다. 또 근래 공항에서의 테러공격이 증가하면서 항공 테러범죄 실행의 직, 간접적 연결고리가 되고 있는 점에 비추어 국제민간항공에 이용되는 공항 시설에 대한 공격 역시 국제 항공테러로 간주된다.

일반적으로 항공테러란 항공에 대한 테러로 정치적·사회적 목적을 가진 개인이나 집단이 그 목적을 달성하거나 상징적 효과를 얻기 위하여 항공기 및 공항 승객에 대한 위해행위가 포함된 납치·폭파·위협·방화·암살·인질 등 민간항공을 위협하는 일체의 행위를 말한다.[137]

국제민간항공기구(ICAO)는 민간항공과 관련된 불법행위를 테러라고 부르는 대신 '불법방해행위'(acts of unlawful interference)[138]로 규정하고 있는데 이는 테러보다 훨씬 광의의 개념으로 민간항공 안전위협과 관련된 모든 행위를 불법방해행위로 규정하고 있다. ICAO에서 정의하고 있는 불법방해행위는 민간항공 및 항공운송의 안전을 위협할 수 있는 행위 또는 이러한 행위를 시도하는 것을 말하는데 ① 운항 중인 항공기 불법점유(항공기 납치), ② 지상주기 항공기 불법점유, ③ 기내 또는 비행장에서 인질극, ④ 항공기, 공항 또는 항행안전시설에 대한 무력 불법침입, ⑤ 범죄를 저지를 목적으로 기내 또는 공항으로 무기, 위험장치 또는 물품을 반입하는 행위, ⑥ 공항 또는 민간항공시설 내에 있는 운항 또는 주기 중인 항공기, 승객, 승무원, 지상조업요원, 일반인의 안전을 위협하는 거짓정보를 제공하는 행위

137 김철환, (2004), 「항공안전보안개론」, 대왕사.
138 ICAO 용어의 정의.

가 해당된다. 이를 정리하면 범죄행위의 유형에 대해서는 대체적으로 다음 3가지로 분류할 수 있을 것이다.

① 도망을 목적으로 하는 항공기 납치행위
② 항공기 자체를 납치하거나 재물을 요구하거나 승객을 붙잡고 정치적 요구를 하는 행위
③ 공항을 파괴하거나 비행 또는 비행의 안전을 방해하는 행위

3) 항공테러의 특성

항공테러에 있어 항공기 납치의 경우 다른 범죄행위보다 빈발한 이유는 세계적인 관심을 집중시킬 수 있어 테러리스트 요구사항을 쉽게 알릴 수 있으며, 적은 비용으로 최대의 효과를 얻을 수 있는데다 항공기 특성상 항공기를 공중에서 납치하면 원하는 지역으로 쉽게 이동시킬 수 있으며, 대형항공기의 경우 많은 승객을 인질로 삼아 협상도구로 이용할 수 있어 테러조직이 선호하고 있다. 또한 항공기 납치와 함께 공항도 테러조직의 주요 타켓이 되고 있는데 사람들이 많이 이용하는 다중시설로 사건발생시 세계적인 이목을 집중시킬 수 있으며, 공공시설로 테러리스트 접근 또한 상대적으로 쉬운데다 적은 비용과 인력으로 큰 피해를 유발시킬 수 있다.

1960년대 말부터 본격화된 항공기 납치행위는 국제사회의 대중교통수단인 항공기 여객, 승무원을 집단납치, 이를 테러조직의 정치적 목적을 달성하기 위한 협박수단으로 이용하거나 인질석방의 대가로 몸값을 요구하여 금품을 강탈하기도 하며, 그 과정에서 인질을 살해하거나 항공기를 파괴하기도 하는 야만적, 반사회적, 약탈적 범죄이다. 지난 1987년 대한항공 858편 공중폭파사건과 1989년 시아파 회교도들에 의한 프랑스 UTA 항공 772편 아프리카 니제르 상공 폭파사건에서 보듯이 항공기 내에 익명으로 폭탄을 설치, 여객, 승무원을 집단살해하는 등 범죄의 성격이 잔인하며 그 수법이 무차별, 대량 파괴적이라는 점에서 반인도적, 반문명적, 엽기적 범죄이다. 또 때로는 1988년 판암 항공 103편 로커비 폭파사건과 같이 부수적으로 지상피해를 수반하기도 한다.

이와 같이 민간항공기 불법 납치, 파괴행위는 무고한 승객, 승무원에 대한 납치, 감금, 협박, 공갈 또는 살상하는 통상의 범죄행위를 수반한다. 따라서 그러한

테러행위가 단지 정치적 동기에 의하여 촉발되어 '정치적 목적'을 달성하기 위한 수단으로 행해졌다는 이유만으로 이를 정당화할 수는 없을 것이다. 항공기 불법 납치, 파괴 행위에는 정치범 불인도의 원칙을 적용할 수 없다. 이러한 이유로 항공기 불법 납치, 파괴행위는 공히 일반국제법상의 집단살해, 전쟁범죄, 인도에 반한 죄 그리고 마약거래 또는 노예무역 등과 같이 국제형사범죄로 간주되고 있다.

4) 항공테러의 유형[139]

(1) 항공기 납치

적은 비용과 인력으로 최대의 효과를 달성할 수 있으며, 전 세계의 관심이 집중되어 테러범의 주장을 쉽게 전파할 수 있고, 또한 항공기 탑승자를 인질로 삼아 협상에 이용할 수 있으며, 또한 관련국가의 인질은 대상 국가를 협박하는 데 이용되기도 한다.

항공기 납치(unlawful seizure of aircraft)는 가장 대표적인 항공테러 유형으로 1931년 1월 21일 페루혁명분자가 혁명 행동강령을 살포하기 위해 펜암 우편물 수송기를 납치한 것이 세계 최초의 항공기 납치사건으로 기록되고 있다. 이때 납치된 조종사 리카드스는 30년후 1961년 8월 3일 컨티넨탈 항공기가 납치됨으로써 역사상 2번이나 납치된 조종사로도 기록되고 있다. 항공테러 중 항공기 납치가 수적으로 많은 이유는 테러리스트들이 그들의 정치적 목적을 주장하는 데 적은 비용과 인력으로 짧은 시간에 최대한의 효과를 발휘할 수 있는 방법이 항공기 납치임을 알고 있기 때문이다. 특히 국제교류가 증대해 다양한 국적의 항공기 이용객을 이용하여 국제적인 이목을 모을 수 있고, 통신체계의 발달로 전 세계 구석구석까지 TV 등을 통해 테러목적과 테러범의 주장을 손쉽게 알릴 수 있다는 장점을 가지고 있다. 또한 항공기 이용객을 인질로 삼아 공격목표 대상국가를 위협할 수 있다는 것이 항공기 납치 증가의 원인이기도 하다. 현재까지 900여회 항공기 납치테러가 발생했으며 항공 운송에 있어 가장 큰 위협이 되고 있다. 최근에는 단순 납치에 그치지 않고 9.11테러에서 보듯이 납치한 항공기를 이용해 제2의 목표물에 자살충돌을 감행함으로써 피해가 더욱 커지고 있다.

139 소대섭 · 고광남 공저, (2006), 「항공보안론」, 백산출판사.

(2) 공항시설 공격

항공기 납치보다 용이하며, 공항출입자를 대상으로 무차별 총격을 가하거나 항공기의 안전운항에 영향을 미치는 항행보조 시설에 대한 폭파 공격을 말한다.

1968년 12월 26일 자동소총과 수류탄으로 무장한 팔레스타인 해방인민전선(PDFL)[140] 테러리스트 2명이 그리스 공항에 이륙 대기하고 있는 뉴욕행 엘알 항공기를 향해 무차별 사격과 수류탄을 투척하는 무장공격으로 승객 1명이 사망하고 항공기가 심하게 파손되는 사건이 발생하였다. 또한, 1972년 5월 30일 이스라엘의 로드 공항터미널에서 에어프랑스 항공편으로 입국하는 승객을 향해 고조 오카모토 등 3명의 일본 적군파[141] 테러리스트들이 수류탄과 자동소총을 난사하는 무차별 무장공격으로 28명이 사망하고 70여명이 부상당하는 사건이 발생하였는데 테러리스트 2명은 이스라엘 보안요원의 반격으로 사살되었고, 나머지 한 명인 고조 오카모토는 생포되었다. 2003년 3월 4일에는 필리핀 다바오국제공항 여객터미널 승객대기실에 방치된 가방이 폭발하여 미국인 1명을 포함하여 20명이 사망하고 146명이 부상을 당하는 사건이 발생했다. 이와 같이 공항시설물 공격은 항공기 납치 또는 폭파와 같은 고도의 전문성이 요구되지 않고 특히 폭발물이 장착된 가방을 승객들이 밀집한 터미널내 방치하여 폭파시킴으로써 불특정 다수에게 피해를 입히고 쉽게 적발되지 않는다는 점에서 다시 증가추세에 있다.

(3) 휴대용 지대공 미사일 공격

이착륙중인 항공기 및 저고도 저속 항공기에 대한 휴대용 지대공 미사일 공격이 미사일 확산에 따라 급증하고 있으며, 미사일의 성능 개선으로 명중률이 향상되고 있다. 이로 인해 항공기에 대한 1차 피해 뿐만 아니라 피격 후 추락으로 인한 지상의 2차 피해의 우려가 증가되고 있다.

1952년 4월 29일 에어프랑스 소속 민간항공기가 승객 12명과 승무원 5명을 싣고 독일의 베를린을 비행하던 중 소련 전투기의 미사일 공격을 받아 2명의 승객과 1명의 승무원이 부상당하고 베를린에 비상착륙한 사건이 발생하였으며 이는

140 팔레스타인 해방인민전선(PDFL: Popular Democratic Front for the Liberation of Palestine) 아랍 민족주의 운동의 일환으로 G.하바시에 의해 창설.

141 일본 적군파(JRA: Japanese Red Army) 1969년 2개의 극좌파가 연합하여 이루어진 일본의 테러리스트 단체로서 1970. 3. 31 JAL(요도호) 공중납치사건, 대사관 점검테러 등을 자행한 테러단체

민간 항공기에 대한 최초의 미사일 공격으로 기록되고 있다. 1975년 1월 13일에는 2명의 테러리스트들이 136명의 승객과 9명의 승무원이 탑승하고 몬트리올을 향해 파리 오를리공항을 이륙하기 직전에 있는 엘알 항공사 소속의 여객기를 향해 소련제 RPG－7 대전차 미사일을 발사하였으나 미사일은 엘알 여객기를 빗나가 대신 자그레브를 향해 운항할 예정이었던 유고슬로비아 여객기 연료탱크에 명중하였으며 목표물에 대한 미사일 공격이 실패하자 테러리스트들은 추가로 한 발의 미사일을 공항 건물을 향해 발사하였다. 1998년 10월 10일에는 아프리카 콩고에서 반정부군에 의해 발사된 지대공 미사일에 민간인 긴급대피를 위해 운항 중이던 항공기가 맞아 추락하여 40명 전원이 사망하였다. 이러한 미사일 공격(MANPADS)[142]은 9.11 이후 전세계적으로 강화된 항공보안대책에 맞서 테러조직들이 원거리에서 사용 가능한 무기를 선호하고 있는데다 최근 휴대용 견착식 미사일을 손쉽게 구입할 수 있어 민간항공의 위협적인 테러형태로 등장하고 있다. 이에 ICAO 및 미국 TSA에서는 미사일공격을 방어하기 위한 시스템을 개발, 시범 운영중에 있다.

(4) 항공기 폭파

보안검색이 허술한 위탁수하물에 특수 제작된 폭발물을 장착하는 경우가 많으며, 단한번의 시도가 대량 인명살상으로 이어지고 있다. 폭발물 제조에 사용되는 폭약은 X－ray 탐색이 어려운 플라스틱폭탄 및 액체폭탄이 사용되고 있으며, 투탄의 특성상 폭파 후 증거인멸이 용이하다. 그러나 이러한 테러의 유형은 승객/휴대물품 및 위탁수하물에 관한 보안검색 강화 및 보안 장비의 개발로 인해 점차 줄어들고 있다.

항공기 공격·폭파(sabotage of aircraft)는 항공기에 대한 파괴활동행위로 1949년 5월 7일 필리핀 PAL(DC-3) 항공기가 최초로 공중에서 폭파되어 탑승자 13명이 모두 사망하는 사건이 발생했다. 이 사건은 거액의 보험금을 타낼 목적으로 남편을 살해하기 위해 저지른 사건이었으며 현재까지 100건 이상의 항공기 공중폭파사건이 발생하였다. 세계 최대의 항공기 공중폭파사건은 1988년 12월 21일 팬암 103(B747) 항공기 공중폭파사건으로 런던을 출발하여 뉴욕으로 운항하던 중 영국

142 MANPADS: Man Portable Air Defence Systems

로커비 상공에서 공중폭발[143]하여 탑승자 259명과 폭파된 기체 잔해가 지상에 떨어져 로커비 주민 11명 등 총 270명이 사망하였다. 사건 조사결과 리비아 정보원인 압델 알 메그라히가 카세트녹음기 속에 SEMTEX[144] 플라스틱 폭발물을 장착하여 몰타공항에서 보안검색이 허술한 위탁수하물로 탁송하여 폭파시켰으며 영국정부의 테러범 인도요청에 리비아 최고지도자 카다피가 인도를 거부함으로써 리비아가 서방국가로부터 경제제재조치를 당하게 되었다. 이후 국제사회의 오랜 봉쇄에 따른 정치적, 경제적 한계상황으로 인해 1999년 4월 리비아는 범인인 알 메그라히와 라멜 할리파 피마흐 등 2명의 신병을 인도하였으며, 스코틀랜드 재판부는 2001년 1월 31일 선고공판에서 압델 알 메그라히(48세)에게 종신형을 선고하였고, 라멘 할리파 피마흐(44세)에게는 무죄를 판결했다. 항공기 공중폭파는 항공기 납치사건에 비해 적게 발생하지만 공중에서 발생하기 때문에 다른 테러사건보다 피해가 엄청나다. 또한 테러범들이 자행한 항공기 공중폭파가 성공한 후에는 범인 스스로 범죄행위를 밝히지 않는 이상 배후인물은 물론 폭파 증거들을 추적하기가 쉽지 않다. 테러범들이 주로 플라스틱폭탄인 C4 또는 SEMTEX를 사용하고 있는데 모양이나 색상을 자류자재로 변형할 수 있어 항공기 어느 곳이든 설치가 가능하다.

(5) 사이버 및 생화학 등 신종테러

전통적인 항공기 테러유형과 달리 비교적 최근에 등장하고 있고 테러형태로 사이버테러와 생화학 테러를 들 수 있다. 사이버테러는 공항의 운항, 관제 등 대부분이 첨단 전산시스템으로 운영되고 있는 현실에서 전산시스템에 대한 사이버 공격시 공항과 항공기 운영이 마비되는 상황이 발생할 수 있다. 또한 9.11테러 직후 미국이 빈 라덴과 탈레반 정권에 대한 테러와의 전쟁과정에서 탄저균 우편물이 의회, 국무부, 대법원, 중앙정보부, 언론사, 백악관 심지어 일반인에게까지 배달됨으로써 탄저병 환자가 잇달아 발생하면서 미국 사회 전체가 심리적 공포 속에 빠져든 적이 있는데 테러조직에 의한 생화학무기 가능성도 점점 우려되고 있는 상황이다.

143 일명 로커비 사건.

144 SEMTEX: 체코산 플라스틱 폭발물로서 팬암 103 항공기 폭파테러 및 DC-10기 폭파에 사용된 폭발물.

(6) 액체폭발물 이용 항공기 테러위협과 대응동향

가. 액체폭발물의 정의

흔히 폭발물은 고체와 기체 형태를 띄는 것으로 생각하지만 액체 형태도 가능하다. 고체폭발물 가운데 가장 잘 알려진 것은 다이너마이트와 TNT다. 액체폭발물은 실제로 채석장에서 사용되고 있다. 일반적인 연소와 달리 고성능 폭발물의 연소율은 음속을 능가할 만큼 극도로 신속하며 대기의 압력보다 큰 '과도압력'을 유발한다. 파괴력을 일으키는 데는 상당한 과도압력이 필요치 않다. 불과 1%의 과도 압력만으로도 유리창을 깨뜨릴 수 있다. 10%의 과도압력은 인명을 살상할 수 있고 건물에 구조적 피해를 입힌다. 여객기의 경우, 2%의 과도압력이면 창이 부서지고 10%면 운항 중인 기체가 손상되고 인명피해도 일으킬 수 있다.

나. 액체폭탄의 제조

액체폭탄의 원리는 TNT와 같은 고체폭발물과 똑같으나, 고체와 액체를 혼합한 폭발물도 있다. 재료를 구입하는 데는 일반 가정에서 쓰이는 화학약품을 사용해도 될 정도로 쉬우며, 순수한 액체폭발물은 숙련된 화학 전문가라면 어렵지 않게 만들 수 있으나, 고체와 액체를 혼합하는 방식으로 집안에서 만들 수도 있다. 그다지 많은 지식도 요구되지 않는다. 다만 시행착오의 위험이 있을 뿐이다.

다. 액체폭발물의 종류

액체폭발물 중 대표적인 것은 '액체 폭탄'으로 불리는 '니트로글리세린'이다. 건설현장이나 채석장에서 많이 쓰이는 니트로글리세린은 기름기가 흐르는 노란색 액체로 폭발성이 강력해 2－3ℓ 정도만 기내에 반입해 터뜨려도 비행기의 한 면을 날려버릴 수 있을 것으로 지적되고 있다. 이 물질은 볼펜 꼭지 정도의 작은 기폭장치를 설치한 뒤 건전지로 작동되는 이동용 전자장치로 작은 충격만 가해도 폭파시킬 수 있기 때문에 테러에 악용되기 십상이다.

메틸 나이트레이트라는 액체 화학물질은 다른 물질과 섞이는 즉시 폭발하기 때문에 기폭장치 없이도 폭파시킬 수 있다. 대인 지뢰는 메틸 나이트레이트의 이런 특성을 이용해 지뢰를 밟을 경우 용기가 깨져 폭발이 일어나도록 만들어졌다.

매니큐어를 지우는 아세톤이나 소독제, 염색약 등도 따로 들고 들어가 이를 혼합할 경우, 폭발물이 되는 것으로 전문가들은 지적한다. 또 황산이나 소독제로 쓰이는 과산화수소 등도 TATP(트리아세톤 트리페록사이드)라는 폭발물질과 혼합할 경우 강력한 폭발력을 가질 수 있는 것으로 전해졌다.

액체폭탄은 그 구별이 어렵고 휴대하기도 쉬워 문제가 많이 되고 있다. 액체폭탄은 테러리스트들에게 새로운 테러병기로 각광받고 있으며, 음료수로 위장한 뒤에 휴대전화나 MP3를 기폭장치로 활용해 만들어 공항검색으로 판별을 못 해냈었다. 2006년에는 인터넷에서도 제조법이 소개될 정도였다. 게다가 2006년에 트로이 목마를 자청한 영국 국적 파키스탄계 무슬림의 액체폭탄 항공기 폭파 계획이 거사 직전에 적발되면서 세계가 한숨을 돌린 사건까지 있을 정도이다. 또한 1987년 미얀마 근해 안다만에서 추락한 대한항공 여객기 폭파 때도 북한 공작원이 알코올 술병에 액체 폭탄을 숨겨 기내에 밀반입했다가 원격조종으로 여객기 기체를 폭파시킨 것으로 알려지고 있다.

라. 테러주체 및 수법

체포된 24명은 17세~34세의 영국이민 2~3세(파키스탄 22, 방글라데시 1, 이란 1)이며 이슬람 신자로서 런던에서 거주한 자들로 파키스탄 당국은 자국의 과격테러단체 '라쉬카르 에 타에바'(LeT)[145]가 개입된 것으로 추정하고 있다. 핵심용의자로 체포된 알카에다 연계 「라쉬드 라우프」는 자신의 지휘로 2005년 파키스탄내 알카에다 캠프에서 훈련받은 영국인 9명, 노르웨이인 2명, 호주인 1명 등의 세포조직 '영어형제들'(English Brothers)이 크리스마스 연휴기간에 영국-프랑스 간 '채널터널'을 폭파할 것이라고 경고하기도 하였다.

이들은 액체 사제 폭발물을 음료수 캔에 담아 기내 반입, 기내에서 자폭을 기도하는 전형적인 알카에다 수법을 동원하려 했다. 이들이 사용하려 한 사제 액체 폭발물은 과산화수소 혼합물로 구성되며, 기폭장치는 트리아세톤 트리페록사이드(TATP) 또는 헥사메틸렌 트리페록사이드디아민(HMTD) 등으로 TATP는 아세톤, 과산화수소, 황산(촉매제)으로 제조하며 HMTD는 과산화수소, 구연산으로 제조할 수 있다.

이 사건은 두가지 의미에서 영국은 물론 전세계에 충격을 주었다. 첫째는 검거된 용의자들 대부분이 영국에서 태어나서 자란 17~34세의 파키스탄, 방글라데

145 '라쉬카르 에 타에바'(LeT): 파키스탄이 지원하는 이슬람 과격테러단체로 '신앙심이 강한 자의 군대'라는 뜻으로 08. 11. 26 인도 뭄바이 테러 자행한 혐의.

시, 이란계 이민 2~3세대들로 구성되어 있었다는 점이다. 또한, 이들이 사용하려 했던 테러수단은 액체폭발물로 이를 음료수 용기에 담아 기내 반입을 시도하는 등 공항 보안검색의 허점을 이용하려 했다. 이 사건은 9.11 테러를 기획한 「칼리드 세이크 모하메드」가 1995년에 추진했던 「보진카 계획」[146]과 유사한 수법으로 규모와 수법 등으로 볼 때 9.11테러 5주년을 앞두고 아프간, 이라크전 등 대테러 전쟁의 선봉에 선 미국과 영국에 타격을 가하려는 의도로 보인다.

영국경찰은 2006. 8. 9~10일간 알카에다 연계혐의 항공기 폭파테러 기도자 24명을 검거(파키스탄 당국도 자국인 3~4명을 적발)하였다. 이들은 8. 16을 D-day로 런던발 미국행 항공기 5대를 뉴욕, 워싱턴, 보스턴, 시카고, LA 등 5개 도시에서 동시 폭파하고, 2차로 미국행 항공기 12대에 탑승, 미국, 대서양 상공에서 폭파를 기도하였다

이들은 스포츠 음료에 액체폭발물을 넣고 카메라 또는 MP3에 숨긴 기폭장치를 연결하여 항공기를 폭파하려 했던 것으로 밝혀졌는데 이들의 폭파대상 항공기는 유나이티드, 아메리칸, 컨티넨탈 항공사 소속 여객기였던 것으로 확인되었는데 이들은 8.10~12일간 액체폭발물을 보안검색대 통과 및 기내 반입 등 사전예행연습 후 실행에 옮길 계획이었다.

비행기가 활성화되고 여러 조약과 협약이 맺어지며 항공기에 대한 수요와 운반, 수송 등이 늘어감에 따라 테러리스트들의 테러에 사용되는 목표에 비행기도 포함되어 악용되고 있다. 과거 항공기의 보안이나 여러 점검대책이 미비하던 시절에는 하이재킹이나 단지 폭발물을 설치하는 것만으로도 항공기에 대한 테러, 지상물에 대한 테러가 성공했으나 점차적으로 국가들이 테러에 대한 보안대책을 마련해 감에 따라 테러리스트들의 테러도 점차 다양화되어 가고 있다.

마. 액체폭발물의 위험성

과연 액체 화학물질을 아기 우유병이나 위스키, 감기약, 화장품병 같은 곳에 감쪽같이 숨겨서 비행기에 오른 뒤 이를 폭파시키는 일이 가능한 것일까? 경우에 따라서는 충분히 그럴 수 있다는 것이 전문가들의 진단이다.

액체폭발물 중 대표적인 것은 '액체 폭탄'으로 불리는 '니트로글리세린'으로

146 「보진카 계획」은 대만, 싱가폴 등 동남아를 출발, 한국, 일본을 경유해서 미국으로 가는 비행기 11대를 공중 폭파시키려던 계획.

건설현장이나 채석장에서 많이 쓰이는 니트로글리세린은 기름기가 흐르는 노란색 액체로 폭발성이 강력해 2－3ℓ 정도만 기내에 반입해 터뜨려도 비행기의 한 면을 날려버릴 수 있을 것으로 알려져 있다.

또 다른 액체 화학물질인 "메틸 나이트레이트"는 다른 물질과 섞이는 즉시 폭발하기 때문에 기폭장치 없이도 폭파시킬 수가 있다. 대인 지뢰는 메틸 나이트레이트의 이런 특성을 이용해 지뢰를 밟을 경우 용기가 깨져 다른 화학물질과 섞이면서 폭발이 일어나도록 만들어져 있다.

그럼에도 불구하고, 폭발물은 보통 폭탄처럼 딱딱한 물질이거나 가스통 같은 것이라는 고정관념이 널리 퍼져 있고, 기존 공항검색 시스템도 금속, 고체물질 위주로 짜여져 있어 액체폭발물의 적발이 어려워 반입제한 조치가 필요하게 된 것이다.

87.11 대한항공 858기 폭파사건에 액체폭탄 "PLX"[147]가 700ml 사용된 사례가 실제 있었는데 "PLX"폭약은 담황색으로 위스키 색깔과 비슷해 일반적인 위스키병에 넣으면 외견상으로는 육안 식별이 곤란하다.

그러나 전세계에서 액체·젤류 기내반입제한조치가 확대된 직접적 계기가 된 사건은 2006년 8월 영국에서 있었던 항공기 납치테러 기도사건이다. 테러조직은 보안검색과정에서 적발 위험이 적은 액체폭약을 스포츠음료 등으로 위장, 탑승하여 기내에서 1회용 카메라와 핸드폰을 기폭장치로 이용하여 폭파하려 한 시실이 알려짐으로써 액체·젤류에 대해 기내반입을 전면 제한하였다.

바. 각국의 대응동향

이 사건으로 미국, EU는 물론 우리나라도 액체물질의 기내 반입을 금지하게 되었다.

08. 6월 런던발 미국행 항공기를 납치해 액체폭발물을 이용해 폭파시키려던 테러조직의 테러기도는 비록 실패로 끝났지만 기존 공항의 검색시스템이 적발해내기 불가능한 액체폭발물을 이용하려 했다는 것 자체만으로도 충격적인 사건이었다. 이 사건 직후 액체류에 대한 기내반입제한조치가 미국, 영국에서 즉각 시행되었으며 연이어 유럽연합(EU)도 06. 11. 6부터 액체·젤류에 대한 기내 반입제한 조치를 시행하였다.

147 PLX: Picatinny Liquid Explosive

뿐만 아니라 ICAO는 07. 1. 5 190개 전 회원국에 액체·젤류(LAGs)[148]에 대한 보안통제 지침을 하달, 체약국들이 시행할 것을 권고함에 따라 전세계적으로 확대 시행되었으며 우리나라도 07. 3. 1 00:01부터 우리나라를 출발하는 모든 국제선 항공편과 환승·통과편을 이용하는 승객들에 대해 액체류 기내반입제한 조치를 시행하고 있다.

액체·젤류·에어로졸류 물품의 항공기내 휴대반입 제한의 내용은 다음과 같다.

① 용기 1개당 100㎖(cc) 이하의 액체, 젤류 및 에어로졸을 가지고 항공기에 타는 것은 허용되지만, 1리터 이하의 투명하고 개폐가 가능한 플라스틱 봉투(TRSPB, 규격: 약 20㎝×20㎝)[149]를 초과하지 않도록 포장하여 보안검색과정에서 보여주어야 하며, 비닐봉투는 1개만 가지고 탈 수 있으며

② 기내 반입이 제한되는 물품은 탑승수속시 위탁수하물로 부쳐야 하는데,

1. 어린 아이가 마실 우유나 음료수, 음식물 2. 여행 목적지에 도착할 때까지 필요하다고 판단되는 의약품은 기내 반입이 허용되나 검색대 진입 전 검색요원에게 확인시켜 주어야 한다.

③ 면세점에서 액체, 젤류 및 에어로졸 면세품을 구입하는 경우, 면세점에서는 제작한 별도의 투명한 비닐봉투에 영수증을 봉투 안에 넣은 후 봉인 및 포장한 것은 용량에 관계없이 기내에 가지고 탈 수 있지만 최종 목적지 도착 시까지 절대 포장을 뜯지 말아야 한다.

④ 해외공항 면세점 또는 기내에서 액체, 젤류 및 에어로졸 면세품을 구입한 경우에는 우리나라 공항에 도착하여 연결 편을 이용하는 경우에도, 별도로 제작된 투명한 비닐봉투에 영수증이 들어 있고 봉인된 포장지에 넣어야 기내에 가지고 탈 수 있다. 단, 포장 봉투를 뜯으면 기내에 가지고 탈 수 없다.

5) 항공테러사건 발생 추이[150]

항공테러의 추세는 항공기 납치의 경우 국가 간 국제협약과 공항 및 항공사의 계속적인 보안 강화와 효과적인 검색 시스템의 발전으로 점차 줄어드는 경향(연대

148 LAGs: Liquids, Aerosols and Gels

149 TRSPB: Transparent Re-sealable Plastic Bag

150 김철환, 「항공안전보안개론」, pp.30-33.

별 평균 9.9% 감소)을 보이나, 비행 중인 항공기에 대한 공격은 1980년대 이후 일정한 비율을 유지하고 있으며, 지상 목표물 공격은 지속적으로 증가(연대별 평균 8.6% 증가)하는 추세를 보이고 있다. 이는 항공기로의 직접적인 접근이 점차 어려워짐에 따라 상대적으로 접근이 용이하고, 공격이 쉬운 목표를 선택하여 공격하기 때문이다. 이러한 이유로 항공기에 직접적으로 접근하지 않고도, 안전하게 항공기를 공격하고 도주할 수 있는 휴대용 지대공 미사일 공격이 점차 증가하고 있다.

선진국들을 중심으로 각 국가들은 테러지원국을 공격하거나 경제적인 제재를 가함으로써 테러 지원국의 테러 지원 활동을 약화시켰으며 테러 분자나 테러 조직을 사전에 분쇄하는 작전을 사용하기도 하였으며, 특수부대를 육성, 이용하는 Anti－Terrorism Program을 운영(예: SWAT, Delta Force 등) 하는 등의 적극적 테러 방지 활동을 수행해 왔다. 그러나 항공운송은 테러리스트들의 매력적인 대상이 될 수밖에 없는 상황이어서 항공보안 수준의 향상은 항공운송업의 지속적인 과제로 인식되고 있다.

(1) 1940～1950년대

항공 테러리즘은 초창기 동구 공산권 국가에서 서방 자유국가로 탈출하여 정치적 망명을 하기 위한 수단으로 사용되었다. 제2차 세계대전 이후 동서로 나누어져 공산권국가들과 심각한 이데올로기 내셜을 벌였던 서방국가들은 자유민주주의 체제의 우월성을 과시하기 위해 공산국가에서 서방자유진영으로 항공기를 납치하는 하이재커(Hijacker)에 대해 대부분 아무런 처벌없이 정치적 망명을 허락하였으며 심지어는 이들 하이재커들을 영웅시하는 경향을 보이기도 하였다. 이러한 경향은 항공기 납치를 더욱 촉진시키는 요소로 작용하기도 하였다.

(2) 1960～1970년 초반

1960년 중반이후 테러리스트들이 항공기 납치를 그들의 정치적 목적을 달성하기 위한 수단으로 이용함으로써 항공기 납치는 심각한 문제로 등장하였다. 실제 1968년과 1972년 사이에 절정을 이룬 항공기 납치는 1969년 한 해만 해도 85건이 발생해 매주 2건의 납치사건이 발생하였는데 주로 미국에서 쿠바로 향하는 항공기 납치사건이 많이 발생하였다.

(3) 1970년 중반~1990년

이 시기는 각국이 항공기 납치에 대한 대응을 위하여 모든 국제항공승객과 기내반입 수하물에 대하여 보안검색을 실시하는 것을 국제표준으로 하고, 각국 정부가 국가 민간항공보안프로그램을 운영하는 등 보안을 강화함에 따라 항공기 납치뿐만 아니라 직접적인 항공기 폭파 등 다양한 항공테러의 수법이 등장하게 되었고 항공범죄의 발생 건수는 점차 줄어들게 되었다.

(4) 1990년~2000년

그동안 감소되었던 항공기 납치사건이 다시 증가하였는데 92년 한해 12건의 항공기 납치사건이 발생하기도 하였다. 특히 중국을 탈출하여 대만이나 다른 국가로 향하기 위하여 항공기를 납치하는 경우가 많이 발생하였다.

(5) 2001년~현재

2001년 9월 11일 항공기를 납치, 무기로 사용하는 새로운 형태의 테러가 발생하였으며, 생화학 테러와 견착식 미사일을 사용한 지상 외곽에서 이착륙하는 항공기에 대한 공격이 증가하고 있으며, 테러리스트들이 공항의 보안검색에 적발되지 않는 위장형 무기, 액체폭발물 등 신종 테러무기를 이용한 테러시도가 등장하고 있다.

(6) 9.11테러[151]

① 사건 개요

2001년 9월 11일 미국 뉴욕, 워싱턴 등에서 오사마 빈 라덴의 지시로 알 카에다 테러조직원 19명이 항공기 4대를 동시에 납치하여 조종사와 승무원 등을 살해하고 납치범들이 직접 조정하여 납치한 항공기 2대는 세계무역센터 건물에 충돌시키고, 1대는 미국 국방성(펜타곤) 건물에 충돌시켰으며, 나머지 1대는 백악관으로 향하다 승객들과 격투과정에서 펜실베니아 들판에 추락하는 동시 다발적인 자살충돌테러 사건이 발생하였는데 이는 사상 최대의 항공테러사건이었다. 이 사건으로 항공기 4대에 탑승하고 있던 탑승객(승객 228명, 승무원 33명)을 포함해 세계무역센터 붕괴로 총 3,021명이 사망하고 약 2,000억달러의 재산상 피해가 발생하였다.

151 미 9.11테러 진상위원회 보고서, 2004.

9.11테러는 알 카에다 테러조직이 항공보안이 상대적으로 허술한 미국내 국내선 항공기를 납치하였고 사전에 치밀한 계획과 납치범들이 직접 항공기 조정훈련을 받아 감행한 사건으로 이런 엄청난 테러를 자행하는데 동원된 테러범은 겨우 19명이었고 테러범들이 사용한 테러무기도 우리가 상상하는 총이나 폭발물이 아니라 단순한 휴대용 칼 또는 박스 절단용 커터 등을 이용하였다. 이 테러사건은 사상 유례가 없는 비국가적 행위자에 의한 테러행위였으며, 최초로 미국본토에서 자행된 대형테러공격이었다. 경제패권의 상징인 세계무역센터와 군사패권의 상징인 국방성을 공격함으로써 미국이 주도하는 세계경제체제와 국제안보체제에 도전한 것이다.

② 9.11테러 이후 항공보안 대응

ICAO는 9.11테러 직후 몬트리올에서 개최된 제33차 ICAO 총회(01. 9. 25～10. 5)에서 A33－1 결의안으로 민간항공기를 민간항공과 관련된 테러행위 및 파괴무기로 오용하는 것에 대해 강력히 비난하는 선언을 채택하였다. 2002년 2월 19일에는 ICAO체약국 장관급 항공보안회의가 개최되어 ICAO 관련 부속서 및 항공보안 규정을 보완하고 부속서 17에 항공안전 감독 규제능력을 강화하여 3년내 체약국이 보안점검을 실시토록 결의하였으며, 체약국의 공항 및 항공보안프로그램을 점검하는 항공보안 감사프로그램을 수립하여 체약국에 대한 ICAO 부속서 17(항공보안)의 준수실태를 점검하는 항공보안감사를 2008년까지 모든 체약국에 실시토록 결의하였다.

미국은 9.11 항공테러의 직접적인 피해국가로서 항공보안을 강화하여 많은 대책을 강구하였다, 2001년 11월 19일에 항공 교통보안법을 제정하였는데 이는 항공교통보안업무를 담당하는 FAA의 문제점을 보완하고, 교통보안 업무만을 전담하는 조직을 구성하여 미 교통부(Department of Trasnport, DOT) 산하에 차관을 청장으로 하는 교통보안전문 국가기구인 교통보안청(TSA)[152]을 신설하여 항공을 비롯한 버스, 철도 등 육상교통 및 해상운송, 항만보안 등 교통전반의 보안업무를 담당하도록 하였으며, 공항보안검색 강화를 위해 연방정부에 고용된 보안검색요원 28,000명을 배치하였다.

한편으로 부시 행정부는 '새로운 전쟁'을 선포하고 테러참사 후 26일 만인 10

152 TSA: Transportation Security Administration

월 7일 테러주모자로 지목된 오사마 빈 라덴과 탈레반 정권하의 아프가니스탄에 대한 무력공격을 개시하였는데 이 전쟁은 160여개국이 테러리즘 규탄에 동참하고 40여 개국이 직·간접적으로 지원하고 있는 가운데 수행되어 다국적, 다원적, 다기능적, 다차원적 전쟁인 동시에 정치, 군사, 외교, 경제, 재정, 과학, 기술 등 복합적인 수단으로 동원된 전쟁이었다.

우리나라는 9.11테러 이후 보안검색 장비와 인원보강에 주력하였는데 노후장비는 폭발물 탐지기능이 강화된 신형장비로 교체하고 국제공항 및 군 지원이 곤란한 공항에는 폭발물처리(EOD) 전문인력을 보강하였으며, 항공기 내 보안을 위해 항공기조종실 출입문 출입통제 강화차원에서 안전보안장치인 방탄문 및 보조잠금장치를 설치토록 하였다. 또한 항공보안 관련 법규 제정 및 국가 민간항공보안지침을 제정하고 국제화 및 지능화된 테러에 대비하기 위하여 항공보안업무 전담부서 신설(항공안전본부 및 항공보안과 신설), 항공보안 점검 및 감독 강화, 항공보안 감독관 제도를 도입하였다.[153]

6) 소결

항공테러의 역사를 보면 테러를 막기 위한 항공보안의 노력의 흔적들을 알 수 있다. 최근 들어 항공테러는 단순히 항공기 납치, 폭파, 공항시설물 파괴 등 하나의 불법행위로 끝나는 것이 아니라 이러한 것을 통해서 인명과 재산상 피해가 더 크고 충격적인 복합적인 양상으로 변화하고 있다. 21세기 들어 등장한 항공기 납치 자살충돌테러나 액체폭발물을 이용한 테러는 과거의 전통적인 테러와 달리 보안당국의 상상력을 뛰어넘는 위협적인 테러위협이었다. 2001년 9.11테러의 공포가 잊힐 즈음인 2006년 8월 영국에서 있었던 액체폭발물 테러기도 사건은 또 다시 항공테러의 공포를 되살리기에 충분했다. 테러조직들이 기존 X-ray 장비나 ETD, CTX 등 폭발물탐지기 등 현재의 공항 보안검색시스템으로 적발해내기 어려운 액체폭발물을 이용하려 했다는 것은 테러조직들은 끊임없이 테러목적을 달성하기 위해 지능화되고 교묘해지고 있다는 것을 보여주고 있다. 현재로서는 보안검색과정에서 액체폭발물을 완벽하게 걸러낼 수 있는 방법과 가능성이 없기 때문에 비효율적이긴 하나 가장 원초적 방법으로 액체· 젤류의 기내 반입을 전면 통제하

---

153 고광남·소대섭 공저, 「항공보안론」, pp.42-43.

는 방법 밖에 없다. 이 방법은 간단해 보이긴 하지만 승객의 불편과 인내를 요구하고 공항보안검색과정에서 액체·젤류를 찾아내야 하는 수고를 가중시키고 면세점 등 관련 항공업계에 미치는 파급영향도 크다. 무조건 액체류의 기내 반입을 제한하는 원초적 해결방법이 아니라 승객과 보안기관과 항공업계 전반에 불편을 해소하면서도 보안에 충실할 수 있는 방안을 하루 속히 찾아내는 것이 필요하다.

제 4 부

항공사 보안운영

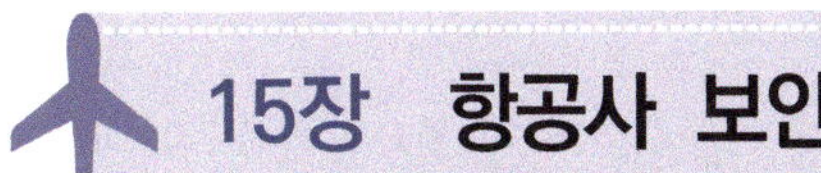

15장 항공사 보안

1. 개요[154]

항공사 보안에 대한 정부와 항공사의 역할을 다루며, 보안 훈련과 승무원 안전을 포함한 항공사의 자체 보안 프로그램 운영의 필요성에 대해 설명하여 항공사 보안 프로그램의 승인 절차와 요구 조건을 소개하고자 한다. 전세기 또는 12-5 보안 프로그램과 같은 특별 보안 프로그램의 특성이 상이하기 때문에 승무원, 항공사, 보안 직원, 지상 보안 협력업체, 기내 보안 담당자와 같은 책임자와 관련된 기능과 책임을 다루고자 한다. 이는 항공 산업에서 직면할 수도 있는 항공심리학과도 관련되어 있다.

항공기 운항에 있어 보안은 특히 다루기 힘든 분야이다. 매년 수백만 명의 승객과 수 억 톤의 화물을 운송하고 전 세계의 국경을 운항하는 항공사는 보안에 있어서 상당한 허점이 존재한다. 이러한 대규모 항공운송시스템에서는 보안 절차와 규칙적인 빕 적용의 관짐에서 항공사에게 많은 어려움이 발생한다. 특히 힝공사 본사로부터 전 세계적으로 분포해있는 수 백개의 항공사 지부에 위협 정보와 보안 지시를 전송할 때 보안에 취약하다.

이러한 광범위한 통제는 항공사 보안 운영과 공항 보안 운영에 있어 많은 차이점이 있다. 예를 들어 공항에서 보안사고가 발생했을 때, 공항보안 담당자는 사고 현장에 즉각 출동할 수 있고 상황을 예의주시 할 수 있다. 또, 사건 목격자로부터 직접 정보를 얻어, 문제를 바로잡을 수 있다. 하지만 항공사의 경우, 보안 사무실로부터 멀리 떨어진 항공사에서 문제가 발생했을 때, 항공사 보안 담당자는 그 지점까지 가야만 한다. 잠재적으로 매일 발생하는 수많은 보안 사고들이 있을 때마다, 그 지역으로 직접 가는 것은 실용적이지 못하고, 다수의 경우에서 불가능하다.

154 Price, jeffrey C. MA and Forrest, Jeffrey S.PhD. Practical Aviation Security : Predicting and Preventing Future Threats, 2014, pp.287-330.

2. 항공사 보안의 역사

항공사들은 1970년대 초기에 일어난 수많은 공중납치에 대한 대응점으로서, 보안의 정형화된 역할을 받아들였다. 이 기간 동안, 항공사들은 자체적으로 승객과 수하물 검색을 실시하였다. 1973년에 이러한 검색은 의무화되었고 모든 항공기에 적용되었다. 항공사들은 1980년대와 1990년대 내내 검색을 지속하였다. 1988년에 일어난 팬암 103호기의 폭발(Lockerbie, Scotland)에 대한 대응으로, 승객과 수하물을 대조하는 것은 국제선을 운항하는 미국 항공사의 규제적인 의무가 되었다. 1996년에 ValuJet의 추락이 발생한 후, 위험물 운송에 대한 화물 보안이 항공보안의 중심점으로 자리 잡았다. 또한 1996년에 TWA 800호기의 사고와 이에 따른 입법은 항공사의 보안의무에 위탁 수하물에 대한 제한된 검색을 추가하게 했다.

1980년대와 1990년대 동안 행해진 검색은 연방 기준에 부합되어야 했고, 최소한의 훈련을 요구했다. 사업으로서의 항공사 보안은 수입 창출 작용보다는 손실 예방에 중점을 두었다. 비용을 최소화하고 이익을 최대화하기를 추구하는 사업으로서, 고용된 보안검색요원에게 자금을 지원하는 것은 우선권이 낮게 책정되었다.[155] 보안검색요원들은 이러한 집중도의 부족을 고민하였고, 9.11 테러 이전에 검색요원들은 매출량과 실적에 대해 심각하게 고민하게 되었다. 지역에서 충분한 보안검색요원들이 채용되지 않아 보안에 있어 허점을 야기함으로써, 검색에 대한 실적이 매우 저조했다. 검색요원들은 전형적인 스트레스, 낮은 보수와 단순한 업무로부터 멀어져갔고, 더 합리적인 보수를 보장해주는 공항의 패스트푸드점으로 직장을 이전하게 되었다.

9.11 전에 계약직 보안검색요원들을 제공했던 미국의 대규모 회사인 Argenbright와 같은 회사들은 수많은 항공사들과 공항들을 위한 계약된 검사 업무를 제공했다. 이러한 업무들은 미국 기준보다 훨씬 더 높은 기준을 적용하는 보안 인력들을 요구했다. 미국 검색요원들의 저조한 실적은 미국의 항공보안에 대한 중요성 인식

155 손실 예방이 수입예방이나 수입 창출 작용의 형식이라고 알려졌음에도 불구하고, 테러리스트나 다른 범죄로부터의 미국의 위험도는 추가적인 보안비용으로 규정될 수 없다. 1990년대 미국 항공에 대한 테러의 분석자료들은 '사고로부터의 손실을 크더라도, 발생빈도는 매우 낮음'을 나타낸다.

부족과 그에 따른 저조한 투자의 결과였다. 국제적으로 보안 검색은 미국에서 보다 더 심각하게 조망되었다. 항공에 대한 테러리스트들의 공격은 다른 국가에서는 매우 높은 비율로 일어나고 있었다. 이에 따라 외국의 항공 관련 기관들은 보안시스템의 중요성을 지각하였고, 이를 발전시키기 위해 노력했었다. 미국 또한 항공 보안 시스템을 향상시키기 위해 여러 가지 법안을 상정하였지만, 9.11 이전에 완성시키지는 못 하였다. 9.11을 겪은 후, 미국은 세계 어느 나라보다도 항공 보안에 매우 큰 노력을 기울이고 있다.

항공사 보안은 항공기와 승객 그리고 승무원을 보호하는 데에 목적이 있다. 그 목적을 달성하기 위하여, 항공사 보안 책임자들은 테러 뿐 아니라 다른 다양한 양상에 대해서도 관심을 가진다. 항공사 보안은 손실 예방, 직원 안전, 배경 조사와 같이 대규모 회사에서 찾아볼 수 있는 보안의 기능들과 비슷하다. 회사의 자산과 인력 보호에 대한 관점으로부터, 항공사 보안 요원들은 공항의 업무가 최소한의 보안 기준에 부합되는지를 증명하기 위해 항공사의 항공기를 사용하여 검사를 실행한다. 어떠한 항공사 책임자도 폭발이나 항공기 납치로 항공기가 유실되는 것을 원치 않는다. 어떤 사건들은 보통 인명 피해와 공격받은 항공사에 대한 대중적인 신뢰의 하락과 회사 자산의 손실을 야기한다. 그러나 기업으로서, 항공사들은 안정적인 운항과 항공기의 적절한 관리를 보장하기 위해 공항 등 여러 지역에 대한 보안에 있어 얼마나 많은 시간과 노력이 투자되어야 하는지를 항상 파악하고 있어야 하며, 이런 요소들의 균형을 맞춰야 한다.[156]

3. 항공사 표준 보안 프로그램

항공사들은 항공사 표준 보안 프로그램(Aircraft Operator Standard Security Program, AOSSP)을 보안 표준안으로 사용하고 있다. AOSSP는 항공사가 미국 상업 항공기 운항에 적용 가능한 보안 프로그램을 어떻게 관리해야 하는지를 묘사한다. 각 공항마다 특별하게 적용되는 공항 보안 프로그램(Airport security program, ASP)과 다르게 AOSSP는 모든 항공사에 적용 가능한 표준화된 문서양식이 있다. 또한

156 Price, Jeffrey C. MA and Forrest, Jeffrey S. PhD. Practical Aviation Security : Predicting and preventing future threats, 2014, pp.287-288.

AOSSP는 ASP처럼, 각각의 항공사들이 어떻게 AOSSP의 요구사항을 따를지를 구체화한 내부 보안 프로그램도 만들었다. 미국의 교통안전청(Transportation Security Administration, TSA)의 검사관들은 이러한 보안 프로그램들을 제공하며 이를 집행하고 있다. AOSSP의 구체적인 정책과 절차들은 SSI(security sensitive information)로서 분류되어지고, 이러한 부분은 단지 AOSSP의 일반적인 사항을 대체할 것이다.

9.11 테러 이전에는, AOSSP에 포함되는 대부분의 정보는 승객과 휴대용 수하물에 대한 검사에 중점을 두었다. 비록 AOSSP에 대한 수정이 있었지만 여전히 이 같은 절차들이 포함되어 있고, 미국의 교통안전청은 보안검색이 실시되지 않는 장소에서만 이 절차들을 적용하고 있다. 항공사들은 여전히 승객과 수하물을 항공기에 탑재시키기 전에 보안검색을 확실히 할 책임을 가지고 있다. 그러나 실제 수행되는 보안검색의 책임은 보통 미국의 교통안전청의 통제를 받고, 외국 공항일 경우는 보안검색요원의 영향을 받는다. AOSSP의 다른 분야는 항공사들이 어떻게 공중납치, 폭탄 테러, 폭발물 발견 절차를 다뤄야 할지에 대한 일반적인 전략에 중점을 두고 있다. 일반적인 전략은 항공에서 찾아 볼 수 있는 다른 위협사항에 대한 보안 방법과 관련한 특별 비행 절차가 포함된다.

1) 항공사 보안 프로그램

항공사는 보안 책임과 항공사 통제하에 있는 장비와 시설에 대한 사항을 다루는 보안 프로그램을 보유해야만 한다. 항공사 보안 프로그램에는 배타적인 지역의 지리학적인 경계, 승객을 검사하는데 사용되는 장비, 휴대용 수하물과 화물 등 여러 다른 요소들이 포함되어 있다. 보안 프로그램은 항공사에 대한 사항을 승인하고 수정하는 것과 같은 방식으로 다뤄진다.

신생항공사에 대한 초기 보안 프로그램은 적어도 영업 90일 이전에 승인을 받아야만 한다. 이후 미국의 교통안전청은 프로그램을 수정하라는 공고문을 항공사에 보내거나 프로그램을 승인 하기 위해 30일이 소요된다. 항공사들은 30일 동안 수정안에 따르거나 미국의 교통안전청 관리자에게 프로그램 수정에 대해 항의할 수 있었다. 항공사가 요청한 보안 프로그램의 수정안은 수정사항의 발효일 45일 이전에 미국의 교통안전청에 제출되야 한다. 만약 미국의 교통안전청이 제안된 수정안을 거부하면 항공사는 30일 동안 교통안전청 관리자의 결정에 항의할 수 있는 기간이 주어진다. 보안 프로그램에 대한 수정안은 항공사에게 발효 30일 전에 공지되어야 한다.

미국의 교통안전청은 항공사가 즉각 이행해야만 하는 사항에 대해 긴급 수정안을 발행할 수 있다. 항공사는 긴급 수정안의 사항들에 대해 항의할 수도 있으나 항의기간 동안에는 그 사항을 따라야 한다. 긴급 수정안들은 외국 항공사가 SSI(Sensitive Security Information)을 받는 것을 허용하지 않는 조건으로 외국 항공사에게도 사용된다.

2) 항공사의 보안 운영과 검색에 대한 책임

Title 49 CFR Part 1544 Operations의 Subpart C는 항공기 운항을 위한 일상적인 업무의 요구사항에 대해 자세히 서술되어 있다. 이것은 인사 식별시스템, 소지품의 검사, 법집행 요원, 외딴 지역, 조종실 특권 및 Known Shipper Program에 대해 항공화물과 관련된 섹션이 포함되어 있다. 이 섹션에서 검토되는 많은 요구사항들은 검색을 담당하는 교통안전청과 법 강화에 대한 지원을 하는 공항관리회사와 같은 다른 기관에 의해 충족될 수 있다.

교통안전청이나 미국 내의 인증된 민간검색회사들이 보통 화물 검사를 수행한다. 그럼에도 불구하고, 사람이나 화물이 항공기에 실리거나 무해 탑승지역(Sterlile area)에 들어가기 전에 폭발물이나 방화물의 운반을 막기 위한 조치를 행하는 것은 항공사의 책임으로 규정되어 있다. 교통안전청이나 공인된 미국의 회사가 검색을 할 때, 항공사도 이에 일부 참여를 한다. 미국항공사가 다른 국가나 미국 내의 작은 공항에서 운영하는 경우, 항공사는 승객들과 휴대용 수하물을 검색하는 조치가 적절히 취해졌다는 것을 보장할 수 있어야 한다. 항공사는 검색을 거절하는 사람의 운송을 거절할 수 있다.

여객을 운송하는 모든 화물 항공사(Supernumaries라고 불린다)는 인증된 승객과 휴대용 수하물만이 선적되는 것과 승객들이 무기, 폭발물, 인화성물질 등을 소지하지 않은 것을 확인해야 한다. 화물 항공사들은 주로 화물을 운송하지만 가끔 승객, 항공사 직원, 동물 조련사, 위험 물품 감시자와 사람의 장기 운반에 필요한 사람을 운송하는 경우가 있다.

보안 프로그램에 따르는 항공사들은 항공기의 화물실에 탑재된 화물이 적절하게 검색되었고, 승인받지 않은 사람, 폭발물, 인화성 물질 등이 항공기에 실려 운송되는 것을 막기 위해 철저한 검사를 받았다는 것을 보장할 수 있어야 한다. 항공사는 화물을 수령한 시점부터 적절한 기관에 배송될 때까지 무결성을 유지해야 한다. 항공사는 인증되지 않은 폭발물, 인화성물질과 다른 파괴적인 물질들이 화물 컨테이너에 적재되지 않게 해야 하며, 적절한 검색을 받지 않은 화물의 운송을 거절해야 한다. 더 나아가, 항공사는 보안프로그램을 따르고 있는 화주의 화물만 받아야 한다.

교통안전청은 Screen과 Inspect라는 단어를 구별한다. Screen은 물리적인 조사가 필요하지 않은 형식을 의미한다(Known Shipper program의 경우). Inspect는 폭발물 추적 감지, K－9이나 인증된 다른 수단에 의해 행해지는 화물의 물리적인 조사를 의미한다.

4. 항공사 보안과 관련된 법 집행의 운영

1) 법집행요원

항공사가 Part 1542의 보안 프로그램이 필요하지 않은 국내공항에서 승객 운영을 할 때 Part 1542.215와 1542.217에서 다뤄진 법집행의 요구사항들을 부합시켜야 한다. 이것은 특정한 항공사와 전체적이거나 부분적인 보안 프로그램, 12－5 프로그램, 화물 프로그램, 전세기 프로그램, 그리고 외국공항에서의 여객기 운항을 포함한다. 이러한 요구사항들은 법집행요원을 위한 훈련과 이들의 이용가능성을 표명한다. 필요한 법집행요원의 수와 구체적인 대응 시간은 항공사 보안 프로그램에서 설명되어지고 SSI(Sensitive Securtiy Information)으로 여겨진다. 법집행요원에 대한 지원이 불가능한 곳에서, 항공사는 이러한 지원을 제공하기 위해 교통안전청과 협력해야만 한다. 항공사는 승무원을 포함한 항공사의 직원들이 법집행요원의 도움이 필요할 때 이들에게 연락할 수 있는 도구들을 준비해야 하며 이에 대한 훈련을 제공해야 한다.

2) 위탁수하물 내 총기 운반

연방정부 규정에서는 총기 운반시 총기자체가 포장되지 않은 채 선적되지 않고 두꺼운 면을 가진 상자에 잠겨서 운반되어야 한다고 명시되어 있다. 총기를 검사하는 요원만이 자물쇠번호나 키를 가질 수 있으며, 총기는 티켓 카운터에서 확인되어야 하고 승객들이 접근 불가능한 곳에 보관되어야 한다.

항공사는 총기가 위탁수하물에 실려 운송되는 것에 대한 추가적인 정책을 필요로 할 수도 있다. 예를 들어, 소수의 항공사는 총기에 탄알이 장전되지 않은 채로 총기와 총알이 같은 컨테이너에 실리는 것을 허용한다. 또한 소수 항공사는 승객이 총기를 소지하고자 하면 예약 이전에 사전 공지할 것을 요구한다.

실제적으로, 승객이 자신의 위탁수하물에 무기가 있음을 신고했을 때, 특정 자격을 갖춘 검색요원이 티켓 카운터에 이를 보고하고 그 즉시 총기를 검사한 뒤, 총기를 상자에 넣어 봉인하여 위탁 수하물에 놓게 된다. 이러한 조치는 위탁수하물 검색을 하는 요원(티켓 카운터나 로비 지역이 아닌 곳에 위치할 수도 있다.)이 화주 앞에서 위탁 수하물을 여는 것을 방지한다.

3) 접근 가능한 무기의 운송

이 부분에서는 승객에 의해 항공기에 탑재되어 운송되는 접근가능한 무기에 대해 설명한다. 일반적으로 기내에서 총기를 휴대하도록 승인 받은 사람은 법집행요원 뿐이다.

검색을 요구하는 항공편의 경우, 법집행요원은 연방 법집행임원이나 정부 소속의 전임 지역, 군의 법집행의원이어야 한다. 이런 직책은 취임 선서, 형사 법령 또는 출입국 관리 법령에 적용시켜 위임해야 한다. 법집행요원으로 지정된 사람들은 배정된 책임과 관련하여 무기를 소지하는 것에 대해 기관의 승인을 받아야 하며, 특정 훈련 프로그램을 완료해야 한다. 적절한 증명서를 소지하고 있는 연방요원들이 연방 정책에 따라 무장하고 있다면, 무기를 휴대하고 탑승하는 것에 대해 별도로 항공사에 설명할 필요가 없다.

법집행요원은 위험물 운송, 죄수 운송, 고위직 공무원 등의 비행 시 항공기 내에 무기를 두어 비행 중 비상상황이 발생하였을 때 무기를 사용할 수 있도록 해야 한다.

무장한 법집행요원은 비행 한 시간 전에 무기가 필요하다고 항공사에 통보해야 한다. 법집행요원은 항공사에 본인의 사진과 서명이 있는 기관 ID 카드와 승인서를 제시하여 신원을 확인 받아야 한다. 신원확인 수단으로 법집행요원의 휘장이나 호신용 방패는 허용되지 않는다.

항공기 운영자는 제시된 문서를 조사하고 법집행요원을 위한 특별 절차를 항공사에게 권고해야 한다. 항공사는 법집행요원들이 특별하게 교통안전청에 의해 무장훈련프로그램을 면제받지 않았다면 이들에게 이를 수료했는지를 확인해야 한다. 항공사는 지상보안담당자에게 무장한 법집행요원의 신원을 알려야 하며, 조종사와 다른 승무원에게 이들이 기내의 어느 부분에 탑승하는지를 공지해주어야 한다. 연방 항공 보안관을 포함한 무장된 법집행요원들은 기내의 좌석을 서로 알고 있어야 한다.

무장한 법집행요원들에게 있어 항공기 내에서의 음주와 비행 8시간 이내의 음주는 절대 금지사항이다. 무장 비행 중, 유니폼을 입지 않은 법집행요원들은 총기를 동료에게 숨기거나 손에 닿는 곳에 두어야 한다. 유니폼을 입었을 경우는 총기를 항상 소지해야 한다.

이 부분에 대해 실제적으로 적용하는 것은 공항의 보안 프로그램과 항공사의 보안프로그램에 따라 달라진다. 무장한 채 비행하는 법집행요원은 티켓 카운터에서 신고해야 한다. 몇몇 항공사들은 무장한 법집행요원이 비행을 예약할 때 적절한 증명서와 서류를 항공사에 제시해야 한다고 규정하고 있다. 법집행요원들은 이러한 절차를 검색지점에서 또 한 번 거쳐야 한다. 공항에 배정된 법집행요원은 무장한 다른 법집행요원을 검색지점에서 검사해야 한다. 하지만 이 부분의 조건들을 충족시킨다면 무장한 법집행요원은 검색을 받지 않아도 된다.

교통안전청은 특정한 알파벳과 숫자로 이뤄진 고유 연방정부 번호를 각각의 연방 법집행요원, 기업, 다른 조직에 발행한다. 이 숫자는 각각의 기관과 교통안전청만이 알고 있다. 이 식별자는 법집행요원이 무기를 소지하여 탑승 무해지역에 들어가기 전에 공항의 검색지점에서 확인 받게 된다.

4) 수감자 호송

수감자는 고위험수감자와 저위험수감자로 구별된다. 고위험 수감자는 예상치 못한 탈출위험이나 폭력적인 범죄활동을 일으킬 수 있다. 저위험 수감자는 고위험으로 분류되지 않은 수감자들이다. 적절한 기관에 의해 위험도가 분류되지 않은 수감자의 운송은 항공사에 의해 거절될 수 있다. 저위험 수감자의 경우, 적어도 한명의 무장한 법집행요원이 4시간 미만의 수감자 호송 비행에 동반해야 한다. 한 명의 무장한 법집행요원은 2명 이하의 수감자들을 담당할 수 있다. 최소 2명의 무장한 법집행요원 한 명이나 두 명의 저위험 수감자들의 4시간 이상의 호송 비행에 요구된다.

한 명의 고위험 수감자는 특별한 비행기에 의해 수송되어야 하고 두 명의 무장한 법집행요원이 동반해야 한다. 법집행요원들은 수송 시간동안 그들의 책임 하에 다른 범죄자들을 두어서는 안 된다. 교통안전청은 각각의 수감자들에 최소 한 명의 무장한 법집행요원과 추가적으로 무장한 요원이 한 명 더 있다면 특정한 비행에 있어 한 명 이상의 고위험 수감자들의 호송을 승인할 수 있다(표 15-1 참고).

법적집행요원들은 수감자 호송여부와 그 수감자의 위험도에 대해 적어도 출발 24시간 전에 항공사에게 알려야 한다. 법집행요원은 비행 출발 1시간 전에 도착해야하며 수감자가 철저하게 수색되었다는 것을 보장해야 한다. 법집행요원의 좌석은 수감자와 통로 사이에 배정되어야 하며, 법집행요원은 비행 동안 항상 수감자와 동반해야 한다. 이상적으로, 수감자들은 제일 먼저 탑승되고 가장 나중에 하기되며 출입구와 떨어져 항공기의 가장 끝 부분에 좌석이 배정된다. 법집행요원들은 수감자의 자유로운 손 사용을 억제해야 한다. 하지만 디리에 족쇄를 채우는 것과 같은 수갑의 사용은 위급 상황 시 요원과 수감자의 항공기 탈출을 방해할 수 있으므로 허용되지 않는다. 족쇄는 또한 잠재적으로 탈출하려는 다른 승객과 승무원의 탈출에도 영향을 미친다. 호송하는 법집행요원의 승인을 받지 않는 한 수감자는 식기류를 제공받을 수 없고, 주류 제공도 금지된다.

• **표 15-1** 이송되는 수감자 유형과 수에 따른 법집행요원의 수

수감자의 유형과 수	법집행요원
1명이나 2명의 저위험 수감자 : 4시간 미만의 비행	1
1명이나 2명의 저위험 수감자 : 4시간 이상의 비행	2
1명의 고위험 수감자	2
2명의 고위험 수감자(승인 시)	3

5) 지상과 비행 중의 항공기 보안

항공사는 승인받지 않은 사람들이 항공기와 주기장, 보안 지역과 같은 시설에 접근할 수 없도록 해야 한다. 만약 항공기가 항공사 보안 프로그램에 따라서 보호받지 못했다면 항공사는 각 항공기에 대한 보안 검사를 실시해야 한다. 또한 항공사는 항공기 운항 전에 항공기가 고장이 났는지를 매일 같이 점검해야 한다.

항공기 수색은 공중납치와 폭탄을 억제하는 효과적인 방법이며 이는 비행 전에 운항 승무원과 객실 청소부에 의해 행해진다. 항공기 수색을 하는 운항 승무원은 숨겨진 무기나 폭발물을 발견할 수 있다. 예를 들어, 국제적인 항로를 운항하는 미국 항공기 12대를 폭파하고자 했던 1995년 Ramzi Yousef의 음모는 그러한 수색이 철저히 수행되지 않았을 것을 가정하여 계획되었다. Yousef와 그 조력자들은 승객 좌석 밑에 폭발물을 숨긴 후 경유지에서 내리는 것을 계획했다. 그들의 예상은 항공기가 다시 이륙해 태평양 상공을 지날 때 승객 좌석 밑에 두었던 폭발물이 폭발하는 것이었다. 이로부터 파생되는 인명 피해와 항공기 12대의 손실은 매우 재앙적인 일이다. Yousef는 앞선 비행에서 이런 방식을 테스트하여 성공적으로 일본 중역을 사망에 이르게 하였지만 이번 경우에 대해서는 승객 검사가 그 재앙을 막았다.

또한 조종실을 보호하는 것은 매우 중요하다. 항공사는 보안 프로그램에 따라 조종실 문이 있는 모든 항공기에 대해 조종실에 대한 접근을 통제해야 한다. 이 제한은 조종사와 조사자, FAA와 국립 교통안전위원회 등에게는 적용되지 않는다.

6) 기내 보안

2003년 5월에, 예루살렘 국립 공원 벽에 항공기를 추락시켜 악마에게 승객과 자신의 영혼을 바치기 위해 뾰족한 나무 말뚝으로 항공기를 납치하려는 시도가 있었다(Baum, 2011). 그가 성공했다면, 많은 인명 피해를 가져왔을 것이다. 테러 위협이 비교적 적은 국내 항로에 수준 낮은 기술력을 사용하는 것은 항공 보안에 있어 큰 위험을 나타낸다. 위 사건의 범인은 또한 2003년 1월에 항공기 조종석으로 돌진하려고 했었다. 이 두 개의 상황에서 항공기 납치는 승무원에 의해 저지되었다(Baum, 2011).

항공기 폭발의 위협을 해결하기 위해, 모든 상업용 항공사는 항공기가 폭발이 되더라도 가장 안전한 부분으로 확인된 최소폭발위험지역(Least-Risk Bomb Location)을 가지고 있다. 이 지역은 뒷문과 같은 자연적인 개구부 근처에 있다. 최소폭발위험지역은 기내에 실린 폭발물이 발견되었을 때 사용된다. 공항에서 의심스러운 장치를 발견했을 때와 달리, 폭탄이 움직임에 의해 폭발하지 않고 폭탄을 위해 설계된 지역에서 폭발이 일어나는 것이 더 낫다는 가정 하에 기내의 의심스러운 물질을 다른 곳으로 이동시키는 것이 바람직할 것이라고 여겨진다(그렇지 않으면 어떻게 항공기가 움직이는데 폭탄이 안 터지겠는가). 또 다른 고려 사항은 아주 드문 상황으로 개인이 폭탄을 만들어 민간 항공기에 놓고 폭발 위험을 가할 수 있다는 것이다. 하지만 만약 어떤 사람이 애써 폭발 기기를 만들었다면, 항공기 운영자에게 폭발물이 존재한다는 사실을 왜 알리겠는가? 그러나, 테러를 일으키려 하는 테러범의 생각과 동기가 꼭 이치에 맞을 것이라는 생각은 버려야 한다.

폭발물을 재배치하는 것뿐만 아니라, 승무원은 폭발의 파괴력을 낮추기 위해 폭발물로 의심되는 기기 주변에 수하물과 담요 등의 물건을 사용해 완충제를 만들 수도 있다. 이런 사고를 위해 방탄 모포가 사용가능하지만, 민간 항공기에 항상 이것이 상비되어 있다는 것을 보장할 수 없다.

운항 승무원에 대한 나른 고려사항은 납치된 비행기를 재탈환하려는 시도를 승객이나 승무원이 할지에 대한 여부이다. 9.11 테러에 대해 미국인들은 이 사건이 미리 예측된 결과물이라고 생각하지만 9.11 테러 이후 발생한 많은 납치사건들을 보면 항상 9.11과 같은 결과를 내는 것은 아니란 것을 알 수 있다. 항공기 납치에는 너무나도 많은 변수가 있다. 조종사는 항공기 납치에 대해 어떻게 대응하며, 납치 시 승객의 행동에 어떻게 반응해야 되는지에 대해 최선의 판단을 해야 한다. 항공기를 납치해서 대량 살상 무기로 사용하려는 것 같이 보이지 않는다면, 런던 증후군, 스톡홀름 증후군, 리마 증후군과 존 웨인 증후군과 같은 특정 상황들도 조심해야 한다. 런던 증후군은 승객의 말이나 행동이 납치범을 화나게 했을 때 발생하며 보통 승객 폭행이나 살해라는 결과를 가져온다. 스톡홀름 증후군은 인질이 인질범에 대한 동정을 느낄 때 발생한다. 특히 협상이나 구출 시도를 하는 동안 최초 대처자는 인질을 대할 때 이 증후군을 고려해야 한다. 리마 증후군은 인질범이 인질에게 동정심을 가질 때 발생한다. 존 웨인 증후군은 무기력한 상황에 뭔가를 해야 한다고 믿을 때 발생한다(보통 인질이 되었을 때 남자에게서 발생). 승무원 담당자는 특히 이런 증후군의 징후를 감시해야 하고, 자신이 중요한 역할을 수행해야 한다는 것을 기억해야 하며 물리적 개입이 필요한 시점을 기회로 삼아 자제력을 상실하지 않고 다른 사람들과 협력하여 대응해야 한다는 것을 명심해야 한다.

비행 승무원은 공중납치와 같은 운항 중의 보안 긴급 상황을 처리하기 위해 취할 수 있는 선택사항들을 가지고 있다. 그 중 하나는 항공기를 난폭하게 조종해 납치범의 균형을 잃게 하는 것이다. 이 방법은 1970년 Leilia Kahaled의 이스라엘 항공기 피랍, 1988년 브라질 항공의 항공기 피랍, 1994년 페덱스 항공기 피랍 시도, 2007년 모리타니 항공기 피랍 중에 공중 납치범에 대해 우위를 선점하기 위해서 시도 된 적이 있다. 하지만 대부분의 항공기 비행 매뉴얼과 항공사 정책은 공중 납치에 대해 저항하기 위해 위와 같이 항공기를 조작하는 것을 금지하고 있고, 조종사는 위와 같이 항공기를 조종할 때 항공기의 제어 상실, 동체에 부하되는 과한 응력과 항공기가 공중분해 될 가능성을 염두에 두어야 한다.

7) 기내식 및 물품

기내식이나 재고품을 보충하기 위해 항공기에 접근권한을 가진 사람들은 금지된 물품을 항공기에 숨기기 위해 이용되어질 수 있다.

기내식에 대한 보안은 음식 업체 직원을 고용 하는 것과 직원을 관리하는 것으로부터 시작한다. 직원이 범죄기록이 없고 영주권자이며 과거에 테러리스트나 범죄 조직에 소속된 적이 없다는 것을 확인하기 위해 철저한 배경조사를 수행해야 한다.

케이터링 시설과 공급업체의 시설에 대한 보안은 매우 중요하다. 비행기 내의 주방과 케이터링 시설을 방문하는 사람은 확인 및 승인을 받은 뒤 방문증을 발급받고 시설 내에 있는 동안 직원과 함께 다녀야 한다. 또한, 음식 준비 및 포장 지역과 통제 시스템에 접근하는 것을 감시하기 위해 CCTV와 같은 추가적인 보안장비가 필요하다. 탑재구역에서 기내식을 운송하는 데 사용되는 차량들에 대해서는 미사용 시 일어날 수 있는 도난과 무단 변경에 대해 감시해야 한다.

음식과 주방기구는 항공기 내의 보안 지역에서 포장하고 봉인되어 항공기로 운송되어야 한다. 봉인은 훼손되지 않아야 하고, 트럭 배송 중에는 교통수단의 무결성이 유지되어야 한다. 항공기 주방 내의 보안, 감시, 관리 담당자는 승인되지 않은 물품을 포장 속에 넣으려 시도하는 직원들을 경계해야 한다. 다른 음식 담당자는 포장 지역 내에서 승인되지 않은 물품을 밀수하려는 시도가 있을 수 있다는 것을 염두해 두고 있으며 그러한 행동을 보고하는 방법을 알고 있어야 한다.

일단 물품이 항공기 주방에서 포장 되면, 보안 담당자는 트럭에 기내식이 탑재되는 것을 감시해야 한다. 기내식과 물품을 운송하는 차량과 직원은 보안지역에 들어가기 전에 검사를 받아야 한다.

케이터링 물품에 대한 보안 중 문제가 되는 것은 탑재자와 운전자 같은 케이터링 인력이 보안지역과 탑승 무해 지역에서 커터칼 같은 금지된 물품을 소지하는 것이다. 케이터링 인력은 업무에 필요한 금지 물품을 등록해야 하고 직원들이 승인된 금지 물품을 업무 목적을 위해서 사용하는지를 감시해야 한다. 항공사는 또한 케이터링 인력이 항공기에 탑재할 때 그들을 감시해야 한다. 주로 승무원이 이런 감시를 한다.

8) 항공사 보안 직원의 운영과 문제점

항공사는 수천 명의 직원을 가진 큰 기업이다. 항공사는 여느 대기업과 같이 일반 보안 및 손실 방지에 대한 문제를 처리해야 한다. 항공사의 보안 책임에는 불만을 품은 직원의 처리, 항공사 시설 보호, 정신 질환이 있는 직원, 수하물 및 화물 도난, 항공사의 자산 도용, 비행 특권의 남용, 폭행, 협박, 사이버 보안과 일반적인 손실 방지가 포함된다. 실제적으로 회사나 직원과 교류하는 사람들과 고객에 의한 절도는 어떤 사업이든 일정 수준 이상 존재한다.

항공 산업에는 항공기가 국가 경계를 넘나들기 때문에 항공기 손실(loss) 방지를 위한 조치라는 추가적인 과제가 있다. 항공사 지점은 보통 항공사 본사와 떨어져 있어 별다른 관리 없이 독립적으로 운영된다. 마약 밀수 및 수하물 절도단은 항공 보안 담당자에게 매우 중요한 안건이다.

매일 수백만 달러에 상당하는 개인 소지품들이 항공사에 위탁되지만, 항공사가 수하물을 자주 분실한다는 평판은 수하물을 절도하려는 사람들에게 좋은 범행 기회를 제공한다. 수하물이 위탁된 동안 화주는 수하물에 대한 책임을 항공사에 넘긴다. 화주의 시야에서 수하물이 분실되면 절도가 이뤄질 가능성은 매우 높다.

조직화된 수하물 절도단은 정기적으로 여러 국가를 방문한다. 항공 보안 담당자는 절도단을 피하기 위해 법집행기관과 연방수사국(FBI)과 자주 협력한다. 내부 보안은 수하물 절도의 영향성을 감소시키기 위해 매우 중요하다.

인터넷 쇼핑몰의 출현은 훔친 물품을 익명으로 처분하는 방법을 제공했다. 항공사와 공항 직원이 물건을 훔쳤을 때 그들은 인터넷으로 그 물품을 처리한다. 다음은 실제 사례이다.

- 2005년 시카고에서, 한 항공사 직원이 전자 기록 장비를 훔쳐 eBay에 팔았다.
- 2004년 11월에는 가방 절도 혐의로 미국의 30개 공항에서 일하는 60명 이상의 교통안전청 검사자(Screener)들이 체포되었다. 미국의 교통안전청은 15,000명의 승객에게서 항의를 받았고 150만 달러를 변상해주었다(ABC News,2004).
- 워싱턴 주에서는 검사자가 승객의 가방을 뒤적거리다가 가방에서 승객의 처방약을 꺼내 먹은 것이 감시카메라에 잡혔었다(ABC ActionNews, 2005).
- 뉴욕시에서는 4명의 검사자들이 카메라, 노트북, 휴대폰 등에 대한 절도 혐의로 유죄 판결을 받았었다(ABC ActionNews, 2005).
- 2012년 로스엔젤레스에서는 500명의 교통안전청 직원들이 약물 및 뇌물수수 혐의로 체포되었다(Forgione, 2011). 50,000명의 검사자들 중에서는 0.01% 미만에 불과하지만, 승객들은 보안 인력에 대해 더 높은 보안 기준을 적용할 것을 기대하고 있다.

항공사 직원과 교통안전청 검사자들이 위탁된 수하물을 다루기 때문에 수하물 절도를 수사하는 것은 더 어렵다. 승객이 자물쇠를 이용해 가방을 잠글 수 있지만, 가방에 달린 자물쇠는 쉽게 부서진다. 사람이 수하물을 처리하는 과정을 줄일 수 있는 내부 수하물 시스템이 구성되는 것은 수하물 절도를 감소시킬 수 있는 한 방법이다.

다른 형태의 수하물 절도는 수하물 찾는 곳에서 일어난다. 공항과 항공사들은 찾아진 수하물이 승객의 수하물 태그와 일치하는 것을 확인하지 않는다. 범죄자가 수하물 찾는 곳으로 가서 가방을 훔치는 것은 쉽지만, 훔치고자 하는 가방에 대한 사전 정보가 없다면 훔친 가방에 돈이나 고가치의 물품이 있다는 것을 알 수 없다. 결국 절도범은 노트북, 보석과 같은 고가치의 물건보다는 옷 같은 물품이 들어있는 가방을 훔칠 가능성이 높다. 가방 절도가 절도범에게 이득이 되려면 미리 어떤 가방에 고가치 물품이 들어있는지를 확인해야 하지만 수하물 찾는 곳에서 물품을 확인하는 것은 실제적으로 어렵다. 수하물 찾는 곳은 공공장소이기 때문에, 여기서 일어나는 절도는 보통 전자기기나 고가치 물품이 들어 있을 가능성이 더 높은 핸드백이나 서류가방을 훔치는 것이다.

2006년 런던에서 액상폭탄이 발견된 이후 승객이 보통 휴대하고 탑승하는 노트북, mp3, DVD 플레이어, 카메라, 캠코더 등을 위탁된 수하물에 보관해야 한다는 규정이 만들어졌다. 위탁 수하물은 항공 산업에 있어 매우 큰 경제적인 부담사항이다. 승객들이 그런 물품들을 위탁하라고 강요되었던 짧은 기간 동안, 고가치 물품이 든 위탁 수하물이 도난되는 것은 항공사에게 있어 매우 큰 경제적 문제를 야기시켰었다. 이러한 어려움을 겪은 후 정부는 새로운 제한사항이나 규정을 시행하기 전에 새로운 정책을 시행함에 따라 나타날 수 있는 총체적인 영향을 평가하는 것의 중요성을 인식했다.

국제선을 이용한 마약 밀수는 정부의 또 다른 관심 분야이다. 항공사 보안 요원은 자사의 항공기를 탑승한 사람이 마약을 밀수하는 것을 막기 위해 마약단속국과 함께 일한다. 항공사는 마약 밀수 방법으로서 널리 사용되어 왔다. 콜롬비아 마약 밀매 소식은 항공사를 이용해 뉴욕과 플로리다에 미리화니를 밀수하는 것을 지속적으로 시도하고 있다. 헤로인은 남미와 멕시코에서 미국으로 비행하는 항공기를 이용해 밀수한다. 미국 마약단속국의 최고 담당자인 Rogelio E. Guevara에 따르면 항공기로 여행을 다니는 마약 운반자들이 콜롬비아산 헤로인 밀수입의 주류를 이룬다고 강조했다. 이들의 주 진입 지점은 마이애미, 플로리다, 뉴욕이다.

몇몇 사례에서는 연방 항공 보안관이 불법적이지만 수익성이 높은 마약 거래에 참여했었다. 2006년 4월에 여객기 보안요원 두 명이 15,000 달러를 받고 라스베가스, 네바다에서 그들의 지위를 이용해 마약 밀수업자를 공항 검색대에서 통과하게 해준 죄를 인정했다(AP 통신, 2006). 다시 말하지만 이 구역에 있는 직원을 지속적으로 경계하는 것은 이런 종류의 문제점을 방지할 수 있다.

5. 항공사 직원 안전

항공사직원의 안전은 항공사의 일상적인 관심사이다. 비행 중인 항공기는 보통 지상 35,000ft 이상의 고도에서 시간당 400마일의 속도로 운항된다. 일반적인 항공기에는 법집행요원이 보통 있지 않다. 이러한 환경은 높은 위험상황에 대한 잠재적인 가능성을 제공한다. 마약을 한 사람들과 혼자 여행을 하는 정신적 장애를 가진 사람들은 그런 잠재성을 더 높인다. 항공사 보안 담당자들은 비행 중인 승객 뿐 아니라 비행 승무원의 안전도 걱정한다.

1) 기내 난동

기내 난동은 상업적인 항공이 생긴 이후 지속적으로 존재해왔다. 기내 난동은 1978년 항공사 규제 완화가 이뤄진 뒤 증가했다. 규제 완화 이후, 항공기를 탈 여유가 없었던 수천 명의 사람들이 갑자기 항공기를 이용하기 시작했고, 이에 따라 항공사가 다양한 사업 모델을 도입하게 되었다. 몇몇 항공사들은 퍼스트 클래스나 비즈니스 클래스의 구분 없이 선착순으로 좌석을 배정하는 제도를 도입했고, 휴가를 가는 가족들과 기업 중역들을 같은 좌석등급에 배정하였다. 1980년대에는 수십개의 항공사가 빠른 속도로 폐업을 하게 되었고 승객들은 쓸모없게 된 항공권을 가지게 되었다. 극단적인 예로, 승객들이 집을 떠나 오도 가도 못하게 되는 경우가 있었다.

규제완화 전에, 항공 여행객들은 항공여행에 대한 예의범절에 익숙했다. 비록 규제완화 전에는 항공권 가격이 비쌌지만, 항공을 이용하는 데에 있어 모범적인 시민의 모습을 보였었다. 규제 완화로 항공권이 다른 교통수단만큼이나 저렴해짐에 따라 갑자기 많은 사람들이 항공을 이용하게 되었고, 새로운 문제가 야기되었다.

항공여행은 스트레스를 주는 경향이 있다. 여행객들은 탑승 수속을 위해 보통 몇 시간 전에 공항에 도착한다. 보안에 대한 규제들은 자주 바뀌고 다양하게 해석될 수 있다. 출발 공항에서 허용된 승객의 물건이 다른 공항에서는 압수될 수 있고, 이런 상황은 승객에게 스트레스를 준다. 오버부킹, 티켓 카운터에서의 긴 대기시간, 공항 식당의 비싼 음식 값, 긴 탑승 대기 시간과 승객들이 일상 생활에서 완전히 벗어나 있다는 것은 승객에게 스트레스를 주는 요인이 되며, 이 모든 것들은 승객이 항공기에 탑승하기 전에 발생한다.

비행 중에 여행객들은 좌석이 비좁으며 자신의 뜻대로 무언가를 할 수 없다는 생각을 갖게 된다. 이러한 요인들이 혼합되어 승객은 기내를 스트레스를 많이 받는 곳으로 여기게 된다. 승객들은 또한 자신의 일상적인 스트레스를 받고 있다. 때때로, 이런 스트레스들은 승객이 기내 난동을 일으키게 한다. 기내 난동에 대한 공식적인 정의는 없지만 일반적으로 떠올릴 수 있는 기내 난동의 정의는 항공기에 탑승한 폭력적인 승객을 포함한다. 기내 난동의 요인은 다음과 같다.

- 술과 약물
- 항공기에 갇혀 있다는 생각
- 형편없는 서비스
- 제공받을 수 있는 음식과 음료가 제한되어 있다는 점
- 비좁은 좌석과 개인 공간의 침해
- 성별과 성적 선호도
- 무게 및 크기
- 당신의 인생에 대한 통제력을 잃는다는 느낌
- 휴대용 가방에 대한 검시를 강요하거나 짐을 둘 공간이 부족한 경우

2) 운항 승무원 보호

유나이티드 항공 93편이 공중납치를 당했을 때 탑승객들과 운항승무원들은 범인에 반격했다. 이들이 항공기 납치범의 실제 의도를 알았을 때 그들은 저항세력을 조직했고 그들의 생존을 위해 싸우다 목숨을 잃었다. 비록 탑승한 모든 사람들이 사망했지만 항공기 납치범들이 주요 목표인 백악관과 미 국회의사당으로 항공기를 조종해가는 것을 막을 수 있었다. 9.11 테러 전의 피랍된 항공기의 처리를 위한 일반적인 전략에서는 승무원들에게 항공기 납치범들에게 협조하라고 명령했다. 이런 조치의 목적은 협상이 시작될 수 있는 지상에 항공기를 착륙시키는 것이었다. 이러한 협조를 계산했던 9.11 테러 항공기 납치범들은 승객들과 승무원들에 대한 자신들의 통제권을 유지할 수 있었다. 하지만 일반적인 전략은 소극적인 협조에서 점차 적극적인 저항으로 바뀌었다. 어떠한 탑승객들 또는 승무원들도 항공

기 납치범의 의도가 항공기를 무기로 사용하는 것 이외의 다른 행동을 하는 것이라고 쉽게 단정지을 수 없다. 이러한 새로운 패러다임에 대응하여 미 의회는 일부 항공사 조종사들이 화기를 휴대하고 조종실을 보호하기 위해 치명적인 물리력을 사용하는 권한을 가진 연방 조종실 경찰관의 대리가 되는 것을 승인하는 법안을 통과시켰다. 게다가 ATSA(항공교통보안법령) 2001은 조종사와 승무원을 위한 의무적인 자기 방어 훈련을 명령했다.

항공사 직원들은 주변 국가 및 세계의 다른 도시들로 업무상 이동하며 여행을 하기도 한다. 심지어 익숙한 도시로 정기적으로 비행하는 승무원들은 종종 휴가를 위해 목적지로 가족 및 친구들을 데려가기 위해 그들의 비행 혜택의 이점을 이용한다. 승무원들의 여행에 대한 보안은 개인 승무원 및 해당 승무원을 채용한 항공사의 관심사이다.

기내 보안 및 승무원 대응은 인지된 위협을 고려하고 적절한 대응 전략을 적용함으로써 다루어져야 한다. 혼란스럽고 논쟁적인 탑승객은 해당 상황을 완화하기 위하여 구두 대응을 받을 것이다. 만약 해당 승객이 신체적으로 폭력적이 된다면 승무원들은 그들 자신과 다른 탑승객들의 안전을 보호하기 위해 적절한 대응을 할 수 있어야 한다. 만약 탑승객이 승무원들, 탑승객들 또는 비행 안전을 위협하는 테러리스트인 해당 탑승객의 생존을 위협하고 있다면 승무원들은 항공기 및 그들 자신을 보호하기 위해 적절한 역량과 지식을 가지고 있어야 한다. 항공기를 보호하기 위한 구두 대응에서부터 치명적인 물리력까지의 모든 경우에 대해 승무원 훈련되어야 하고 한 단계에서 다음 단계로 악화되는 시기를 알고 있어야 한다.

① 여행 중 항공사 직원의 보호

"내가 운항 승무원에게 그들이 여행하는 도시가 얼마나 위험하고 항상 호텔 근처에서 머물러야 한다는 것을 여러번 말해도 그들은 여전히 관광지들을 보기 위해 여기저기 돌아다닌다."

–익명의 항공사 보안 담당자

일반적으로 조종사들과 객실승무원들은 여행을 즐긴다. 업무의 일환이건 그들의 비행 혜택의 일환이건간에 운항 승무원들은 매년 무수한 목적지들을 여행한다. 잦은 여행은 운항 승무원들을 대부분의 다른 사람들보다 더 많은 위험에 노출시킨다. 운항 승무원들은 그들의 유니폼 또는 신분증이 공항 또는 항공기에 접근하기 위해 이용 될 수 있기 때문에 범죄자 및 테러리스트들의 표적이 된다. 유감스럽게도 특정 도시가 얼마나 위험하건간에 운항 승무원들은 휴식 또는 휴양을 위해 신변 안전의 위험을 무릅쓸 준비가 되어있을 것이다. 비록 운항 승무원들이 안전한 호텔 주변을 떠나는 것을 금지하는 것이 쉬워보일지라도 이것은 현실적으로 불가능하며, 승무원들에게 다른 일반적인 여행자의 안전을 위한 관행을 인식시키거나 그들에게 자기방어 훈련을 제공하는 것이 아마도 더 나은 해결책이 될 수 있다.

여행자의 안전 관행을 인지하는 것은 직원 및 고용주 모두를 위한 것이다. 일반적인 여행 보안은 여행자가 자신의 위치 및 그들 주변 상황에 대해 높은 수준의 인식을 하고 있는 것을 중요히 여긴다. 또한 항공사 직원은 그들의 여행 서류, 유니폼 및 장비를 보호하기 위한 그들의 책임이 얼마나 중요한지를 인지해야 한다. 이러한 물품들의 절도는 범죄자 또는 테러리스트의 활동을 수월하게 할 수 있다.

호텔 객실 및 거리에서의 절도는 모든 여행 절도의 거의 70%를 구성한다. 차량 및 공항에서의 절도는 전체 절도의 약 30%를 차지한다.(Foster, 2004) 특히 이런 절도는 관광객들을 대상으로 한다. 이런 절도를 대비하기 위해서 여행자들은 자신이 관광객이라는 것을 나타내는 지표들을 최소화 해야 한다(예: 공공장소에서 지도, 가이드북 읽기, 그 지역의 스타일과는 다른 복장 등). 또한 여행객들은 낯선 사람에게 호텔문을 열어줘서는 안되며, 헬스장이나 수영장 시설 등을 이용할 때 추가적인 주의를 기울여야 한다.

호텔에 도착하자마자 운항 승무원들은 항공사 옷과 복장을 그 지역 문화와 어울리도록 환복해야 하며, 귀중품들을 객실 금고 또는 호텔의 귀중품 보관소에 맡겨야 한다. 연방 조종실 경찰관들은 화기를 가지고 여행할 때 추가적인 주의를 기울여야 한다. 수중에 소량의 현금을 가지고 다니고 보안 지갑을 사용하는 것이 가장 좋다. 국제 여행자들은 항상 여권을 휴대해야 한다. 호텔 직원은 주변 환경과 자주 가는 지역 및 피해야 할 지역을 잘 알고 있다. 따라서 여행자들은 호텔 직원으로부터 식당 및 다른 목적지로 가는 조언을 구하거나, 경찰관 또는 상점 주인으로부터 목적지로 가는 정확한 길이 적혀진 메모 등을 얻어야 한다.(Foster, 2004)

공항 범죄는 테러리스트들이 폭발물을 설치하기 위해 여행자의 수하물에 접근할 수 있기 때문에 특히 위험도가 높다. 여행자들은 지켜보는 사람 없이 절대

수하물을 떠나면 안 되고, 다른 사람의 무엇이든 받거나 운반해서는 안 된다.(McAlpin, 2003) 만약 수하물이 호텔 셔틀 밴의 트렁크 칸에서와 같이 승무원의 통제를 벗어난 적이 있다면 그것을 되찾은 후 수하물을 검색해 봐야 한다. 만약 수하물을 누군가가 손댔다는 의심이 든다면 즉시 공항 경찰에게 통보하고 적절한 당국에 의해 확인될 때까지 수하물을 만지면 안 된다.

미 국무부는 웹 사이트에 외국 여행 및 여행시 주의사항 등에 관한 정보를 열거한다(http://www.state.gov). 이 웹사이트는 안전한 국제 여행을 위한 조언 및 각 나라의 미 대사관 정보 시트 등의 참조 사항들을 제공한다. 해외를 여행하는 미 시민권자는 비상시 대사관에 연락하는 것이 필요할 경우, 미국인 여행객의 존재를 알리는 미 국무부 여행 등록 웹사이트(https://travelregistration.state.gov)를 통해 가장 가까운 미 대사관 또는 영사관에 등록할 수 있다.

여행자들은 "bourbon street에 계속 머무르는 것"이 장려된다. bourbon street는 미국의 도시 또는 마을의 가장 인기 있는 거리를 나타내는 비유이다. 미국의 모든 주요 도시는 bourbon street의 자체적인 버전을 가지고 있다. 일반적으로 미국 뉴올리언스의 bourbon street에서 여행자에게 발생할 수 있는 최악의 범죄는 소매치기의 피해자가 되는 것이다. 무장 강도, 살인, 강간, 폭행과 같은 더 심각한 범죄들은 비교적 적은 수의 순경과 목격자들이 있는 중심가에서 떨어진 곳에서 발생할 가능성이 더 높다. 라스베이거스, 뉴욕에서 가장 인기 있는 장소는 Las Vegas Strip이다. 콜로라도 주 덴버 시내의 bourbon street은 LoDo 또는 16th Street Mall로 알려진 지역이다. 모든 여행자는 bourbon street의 그들의 목적지 버전을 찾아야 하고 이 street에 머물러야 한다. 호텔 안내원은 해당 도시의 중심지가 어디인지 여행객들에게 말해줄 수 있다. 현지 보호자 없이 관광명소로부터 떨어진 도시의 지역들로 가는 것은 문제를 초래한다. 낯선 지역에서 호텔 외부로 여행할 경우 단체들은 범죄의 대상이 될 가능성이 적기 때문에 단체로 여행하는 것이 가장 좋다.

항공사 직원은 항상 휴대 전화를 휴대하고 외출 전에 배터리가 충전된 것을 확인해야 한다. 혼자 또는 다른 사람 단 한명과 위험을 무릅쓰고 호텔 밖으로 나간다면 호텔 직원에게 목적지와 돌아오는 예상 시간을 알려야 한다. 만약 폭력적인 상황에 직면한다면 싸워서 싸움에서 승리하는 것이 아니라 해당 상황에서 안전하게 탈출하여 사건을 경찰관에게 알려야 한다.

항공사는 안전한 국가뿐 아니라 총격과 폭발이 이례적이지 않은 위험한 국가에도 취항한다. 총격과 수류탄 및 급조폭발물(IED)의 폭발들은 테러리스트 행동의 특징이다. 사람들은 다음의 몇 가지 기본 원칙에 의해 공격에서 생존할 확률이 증가될 수 있다.

– 일반적으로 총격에 대한 최고의 대응은 바닥에 엎드리는 것이다. 저격수들은 그들의 시선에서 목표를 찾기 때문에 이 선의 아래에 머무르는 것은 생존할 기회를 높일 수 있다.(Aviv, 2003) 게다가 위험에서 떨어진 곳으로 기어갈 때 낮은 포복을 사용하고 척추나 머리를 바닥 위로 너무 떨어지게 두는 것을 피해라.(전통적인 four-point crawl)

– 수류탄 및 그 밖의 IED가 폭발할 때 돌풍이 원뿔 모양으로 위쪽과 바깥쪽으로 이동한다. 보호 덮개가 즉시 이용가능하지 않다면 바닥에 엎드리는 것이 보호 방법으로 권장된다.(Aviv, 2003) 어떠한 폭발돌풍 이후에 이동하는 것이 안전하다면 이차적인 폭발물이 폭발할 준비가 되었을 수도 있기 때문에 가능한 한 빨리 해당 장소를 떠나라.

– 시선을 마주치는 것을 피하라. 여성들은 자신감을 나타내는 선글라스 착용을 고려하고 두 명 이상 단체로 여행하며 항상 당신이 어디로 가는지 알고 있는 것처럼 보여라.(Aviv, 2003)

② 승무원과 승객을 위한 자기 방어

항공의 역사 동안 탑승객이 운항 승무원, 객실 승무원 및 다른 탑승객을 공격하는 사례들이 있었다. 9.11의 테러리스트 공격은 항공기 승무원 자기 방어 훈련이라는 오랫동안 무시된 주제를 드러냈다. ATSA 2001과 항공기 운항을 다루는 ICAO Annex 6은 운항 승무원 보안 교육에 포함되는 8개 요소의 개요를 서술했다.

1. 어떠한 사건의 심각성 확인
2. 승무원 의사소통 및 협조
3. 자기 자신을 보호하기 위한 적절한 대응
4. 보호 장비의 사용
5. 항공기 납치범 행동 및 승객 반응에 대처하기 위한 테러리스트의 심리

6. 다양한 위협 조건에 대한 실제 상황 연습
7. 항공기 보호를 위한 조종실 절차 및 항공기 조종
8. 관리자가 타당하다고 생각하는 어떠한 다른 주제 사안

ICAO Annex 6은 항공기 검색 절차 및 추가적인 방법으로서의 최소 위험(least-risk) 폭탄 위치 수색 방법을 포함한다.

운항 승무원을 위한 자기 방어는 세 가지 기본 단계를 포함한다. 혼란스럽고 논쟁적인 탑승객은 그저 위협적이지 않은 구두 대응이 필요할 것이다. 해당 탑승객이 계속해서 혼란스러워하고 신체적 공격을 시작할 기미를 내비치면 승무원은 즉시 지상 또는 기내의 경찰관에게 이 상황을 알리고 적절한 규제를 사용할 수도 있다. 또한 약물, 술로 인해 정신능력과 인지능력이 감소된 상태에 있는 탑승객들은 위협의 정도에 따라 신체적 규제 조치가 더 필요할 수 있다. 극도로 폭력적인 탑승객 또는 테러리스트들에게는 다른 승객들, 운항 승무원 및 항공기를 보호하기 위해 가장 높은 수준의 대응이 필요하다. 주어진 상황에서 어떤 수준의 대응이 필요한지를 이해하는 것은 기내에서 발생한 사건들을 성공적으로 처리하는 데 필수적이다.

또 다른 고려 사항은 한 사람이 다른 사람과 직면하는 심리이다. 광범위한 연구들은 단순히 싸우거나 도망가는 것(fight or flight)에서부터 여러 복잡한 대응 방안에 대한 사항들에 대해서도 수행되어 왔다. 스트레스를 많이 받는 치명적인 상황에 조우하는 동안 다른 사람들과 자기 자신이 어떻게 대응하여 무엇을 기대해야 하는지를 이해하는 것은 기내 사건과 실제 테러리스트 공격을 성공적으로 해결하는데 필수적이다.

객실 승무원 및 운항 승무원들은 술이 취하거나 무질서한 탑승객을 처리할 때, 문제가 되는 승객은 요금을 지불한 고객이고 권리를 가진 시민이기 때문에 함부로 처리하기 어려운 위치에 있다. 인간은 실수를 저지르며 화를 내고 정당화 시킬 수 있는 어리석은 행동을 하곤 한다. 승무원들은 해당 승객이 단지 혼란스러운 것인지 사고를 일으킬 가능성이 있는지에 대한 여부를 파악해야 하며, 그에 따른 적합한 규제와 실용적인 대책을 모색해야 한다. 어떤 특정한 상황에서는 전체적인 비행의 안전은 위험에 처할 수 있고 항공기는 즉시 착륙해야 하는 상황이 일어날

수 있다. 2001년 루프트한자 항공에서의 기내 난동 사고 이후 유명한 항공 전문가와 Aviation Security International 잡지의 편집장인 Philip Baum은 "승무원들은 개인 및 비행 안전을 위해 사고가 악화되기 전에 초기에 경고 징후를 감지하고 이를 해결하기 위한 탑승객 정보 수집 능력이 필요하다."고 언급했다.(Baum, 2001, p.27)

자기 방어 훈련에서 다루어져야 하는 대응의 세 가지 방법에는 구두, 신체적 및 극단적인 방법이 있다. 구두 자기 방어에서 사람은 그들을 진정시키고 평화로운 해결을 지향하는 방법으로 혼란스러운 개인과 이야기하는 방법 및 절차를 훈련받는다. 이것은 잠재적으로 폭력적인 상황에서 누구도 상해를 입지 않고 고객 관계를 향상시킬 수 있는 가능성을 높일 수 있다. 자신의 감정의 통제를 유지하는 누군가는 사건을 제어하고 더 나은 결과를 조절할 수 있다. George Thompson과 Jerry Jenkins는 그들의 책 Verbal Judo에서 모든 단체들에 대한 존중을 유지하는 방법에서 혼란스러운 사람의 관리와 긴박한 상황의 감소를 다루었다.

Thompson은 누군가를 진정시키는 데에는 여러 가지 방법이 있지만 기본적인 원칙은 "진정시키려는 사람은 반드시 공감을 보여주어야 한다."라고 언급했다.(Jenkins와 Thompson, 2004, p.30)

Jenkins와 Thompson은 "공감은 타인의 입징을 대신하고 긴박감을 흡수하는 공감이 어디에서 나오는지에 대해 이해하는 자질이다"라고 말했다.(2004, p.64.). 운항 승무원 전 직원은 다른 사람들 앞에서 개인을 난처하게 하거나, 모욕하거나 또는 그들이 무력감을 느끼지 않게 함으로써 혼란스러운 개인을 존중해야 한다. 그런 승객들이 요구하는 것을 따라주면서 그들이 지속적으로 원하는 것을 들어줌으로써 승무원들은 해당 상황을 통제 하에 둘 수 있으며 동시에 승객들에게 존중을 보여준다. Thompson과 Jenkins는 "좋은(nice)"사람, "어려운(difficult)"사람 및 "겁쟁이(wimps)" 사이의 차이를 논의했다.

일반적으로 좋은 사람은 그들이 요구받은 것을 한다. 어려운 사람은 일반적으로 처음에는 요구받은 것을 하지 않지만 따르는 것의 긍정적인 이점이 보인다면 보통 따를 것이다. Jenkins와 Thompson은 좋은 사람으로 가장한 어려운 사람으로 "겁쟁이"를 설명했다.(2004) 그들은 승무원의 앞에서는 따를지도 모르지만 그 이후 승무원이 돌아서자마자 지시를 무시할 것이다. 이러한 행동 유형은 적발되어야 하고 빠르게 대처해야 한다.

자기 방어의 신체적인 수준은 취한 또는 난폭한 탑승객을 주로 다룬다. 이 수준은 승무원과 탑승객 사이의 접촉을 포함한다.(때때로 다른 승객들의 도움을 요청) 신체적인 접촉은 치명적인 물리력을 정당화하는 것은 아니다.

세 번째 자기 방어 단계는 생명 또는 항공기의 안전이 위험할 때이다. 다른 옵션이 없는 경우에만 이 단계가 사용되어야 한다. 불행하게도, 작은 말다툼이 2단계의 신체적 상황에서 3단계의 생명을 위협하는 상황으로 몇 초 내에 빠르게 이동할 수 있다(Jenkins와 Thompson, 2004).

③ 폭력적인 승객 또는 테러리스트

일단 폭력에 대응하는 수준까지 도달하고, 법적 조치가 필요하다면 승객 구속이 고려되어야만 한다. 승객 구속은 잘못된 구속방법을 포함하여 승객구속의 합법성을 고려하는 심각한 이슈가 된다. 효과적인 승객 구속 기술은 안전하고 효율적인 도구들과 정확한 법적 조치를 적용할 수 있는 훈련된 승무원을 필요로 한다. 승객이 구속되기 전, 승객은 반드시 통제하에 있어야 한다. 이는 수갑과 같은 도구를 사용하는 것과 같이 효율적인 통제방법들을 포함한다. 이러한 방법들은 전통적으로 사법경찰의 권리이나, 그들의 기술은 항공사 직원의 훈련 프로그램으로 통합되어 교육된다.

묶는 등의 승객통제방법들은 폭력적인 승객을 통제할 수준을 필요로 한다. 만일 폭력적인 승객을 묶는 등의 통제가 적절치 못하였을 경우 폭력적인 승객이 난동을 부리거나 통제하기가 더 어려워질 것이다.

미국의 한 가지 유명한 자가 보호 방법은 Krav Maga(KM)이다. Israeli Defense Force에 의해 개발된 KM은 격투의 기본적인 자세이며 본능적인 이점을 살린 자가 보호법이다. KM은 남녀 상관없이 유용한 기술이고 마스터하기가 어렵지 않으며 칼, 몽둥이, 총과 같은 무기를 소지한 사람을 상대할 때 효과적인 기술이다. KM의 한 가지 기본전제는 정신을 분산시키는 것이다. 사람 간 직면하는 순간에는 언제든 상당한 혼란이 있을 수 있다. KM은 공격자의 일시적인 집중도 분산에 의해 방어자가 초기 진압할 수 있도록 하는 몇 가지 기본적인 방어 기술을 포함한다.

보안 관련 상황에서 사용되는 전략들은 상황들에 의해 정당화된다. 총을 소지한 테러리스트가 기내에서 승객들에게 소리치는 것은 즉각적인 물리적 대응이 필요할지도 모르나, 그들의 시선을 분산시키는 등의 몇 가지 훈련들 또한 필요할 수도 있다. 그러나 청사 내에서 총으로 사람들을 쏘는 테러리스트는 추가 피해 방지를 위해 즉각적인 물리적 대응이 필요하다.

승무원 보안에서, Waltrip and Williams(2004)는 폭력성을 보이는 화난 승객을 다룰 때 적용할 수 있는 몇 가지 기본적인 사항들을 제시하였다. 승무원들은 승객들로부터 거리를 유지하여야 하고, 안정된 자세로 손을 가지런히 하여 위협을 주지 않는 자세를 유지하고, 승객의 손을 주시하며 가능하다면 승객으로부터 뒤돌아보지 않도록 하며 상황이 악화될 때를 인지하여야 한다.

항공사의 사법정책은 명확하고 분명해야 하며 승무원 보안교육 프로그램에 통합되어 있어야 한다. 일반적인 정책은 음성, 손, 화학 스프레이, 테이저건 등의 사용으로 진행되어지고 있다. 화학 스프레이, 테이저건과 같이 제한된 무기류, 항공사의 법적인 정책에 따라 승객이 폭력성을 보일 때만 무기로서 사용되어 질 수 있다.(Waltrip and Williams, 2004)

또 다른 고려사항은 이유 있는 물리적인 힘의 사용이다. 승무원들과 승객들은 다양한 항공사 보안 사고와 관련된 주요 쟁점이 테러리스트를 상대하는 것이 아니라 화난 승객들의 행동을 다루는 것이라는 점을 인지하여야만 한다. ATSA 2001 섹션 144에서는 다음과 같이 말하고 있다.

> 만일 범죄 행위가 일어나거나 막 발생할 것이라 느껴질 때, 기내상의 범죄 행위를 막기 위한 시도를 하는 중, 연방 또는 지역의회의 조례에 의해 피해를 주는 어떠한 행동이 일어났을 때, 개인이 이에 대해 책임의 의무가 있는 것은 아니다.

Waltrip and Williams(2004)는 위 인용의 운영 기간은 적절하다고 지적하였다. 승객과 비행 승무원은 공중 납치 시도에 대응하기 위한 다양한 아이템을 사용할 수 있다. 신발, 펜, 서류가방, 노트북, 열쇠고리, 물병, 캔음료, 뜨거운 커피, 유리병, 심지어 큰 지갑이나 가방과 같은 모든 여행 물건들은 방어나 대응을 위한 무기로 사용될 수 있다. 상업 항공기들은 또한 칼에 의한 공격 방어를 위한 좌석 쿠션, 담요, 소화기, 응급처치 구급함과 같이 기내에 있는 물건들이 무기로 사용될 수 있다.(Holt, 2002) 또한 소화기는 일시적인 안개를 발생시켜 시야를 가릴 수 있는 수단이 된다. 메가폰과 구명복은 칼에 의한 공격을 막거나 공격 수단으로 사용될 수 있는 물건이다.

처방전 의약품 또는 비상약품 또한 착륙할 때까지 위험승객을 억제하기 위한 수단으로 사용될 수 있다. 상업 항공기는 비상시를 대비한 밴드, 진통제, 멀미약 등과 같은 기본적인 물품이 포함된 응급 처치함을 상비하고 있다. 2001년 Richard Reid가 아메리칸 항공 여객기를 폭파하려고 시도할 때, 기내에 탑승한 세 명의 의사는 그를 진정시키기 위해 진정제를 주사하고, 항히스타민제를 복용하게 하였다.(CNN, 2002)

승객들과 승무원은 상당히 불안해하거나, 조용히 대화를 하고, 다른 승객에게 수신호를 보내는 등의 미심쩍은 행동을 하는 승객들을 감시하여야 한다. 상황이 악화된 순간 납치범들의 중심을 흩뜨리기 위해 기장이 항공기 기동을 급격히 할 수도 있기 때문에 기내 승객들은 또한 자리에 있을 때 항시 안전벨트를 매고 있어야 한다. 비록 대부분의 비행 매뉴얼에 이러한 사항들이 명시되어 있지는 않지만, 과거 조종사들이 사용하였던 전략들이다.(Barrett, 2003)

만일 항공기가 공중에서 납치되었다면 승객들은 항공 보안관 또는 다른 사법 경찰이 사태진압을 위한 비상조치를 취하기까지 기다려야 하며 상황을 지켜봐야 한다. 승객의 갑작스런 행동은 납치범으로 오해될 수도 있다. 만일 사법 경찰이 기내에 없거나 즉각적인 대응이 없을 것이 명백한 경우에는 누구든지 납치 초기가 매우 혼란스럽다는 것을 알고 있어야 한다.

On Killing(David Grossman 저, 1996)이라는 책에서는 상대방을 통제하는 효과적인 방법에 대해 설명하고 있다. 공중납치범들은 승객들에게 위협하기 위해 납치 초기에 신속히 행동하고 소음을 만들 것이다. 진압하는 사람들 또한 진압을 하는 과정에서 납치범들에게 동일한 방법으로 행동할 것이다.

6. 외국 항공기 운영

외국 항공기 운영에서는 항공 보안 시스템을 특별하게 소개하고 있다. 외국항공기 운영자들은 미국의 항공 보안 규정을 고수해야만 한다. 공항 운영자에게 있어 외국 항공기 도착 지역은 미국 국경을 나타내고 있다. 그러므로 세관, 출입국 관리, 농산물 보호 직원들은 공항 보안 프로그램의 일부가 되고, 공항 운영자는 미국 국경을 확고히 하기 위해 적절한 시설을 제공해야 한다. 외국 항공기 운영에 대한 규정은 국내 항공기 운영을 반영하고, 동일한 표준을 충족하여 미국 내 진입하는 항공기에 적용되는 보안 절차를 보장하기 위해 설계되었다. 몇몇 사례에서, 보안검색 지역으로부터 도착한 항공기 또는 미국 표준이 아닌 다른 보안 시설로부터 도착한 항공기에서, 승객과 수하물은 미국 본토에 진입하기 전에 한 번 더 보안검색을 받아야만 할 것이다. 공항 운영자들은 보안검색을 운영하기 위한 추가 지역을 마련해야만 할 수도 있다.

1) 위협과 위협에 대한 대응

외국 항공사의 규정은 미국 국내 항공사처럼 비상 계획에 관련된 부분이 없으며, 외국 항공사는 국토안보부의 경보 시스템이 격상될 경우 보안 수준을 증가할 필요가 없다. 모든 외국 항공사는 미국의 교통안전청(TSA)이 승인한 보안 프로그램을 보유하고 있어야 한다. 외국 항공사의 영업은 FAA와 TSA의 결정에 따르므로, TSA가 적절하다고 인정하는 강화된 보안 조치를 외국 항공사가 취하도록 요구할 수 있다. 외국 항공사는 미국 내 운영 또는 미국으로 운항하려는 항공기에 대해 위협이 되는 모든 것을 TSA에 보고해야 하는 의무가 있다. 항공사가 위협을 받으면 즉시 PIC에게 통보하고 최대한 빠른 시간에 보안 검색을 실시해야만 한다. 폭탄 테러위협을 받은 미국 내 모든 외국 항공사나 미국으로 향하는 항공기는 보안검색이 이루어지지 않는 이상 이착륙 허가를 받을 수 없다. 비행 중 위협을 받은 외국 항공기라도 가능한 빨리 관련 당국에 통보하여 착륙을 해야 하며 운항을 계속하기 전에 반드시 보안검색을 실시해야 한다.

2) 외국 항공사 운영에 대한 추가 고려사항

외국 항공사에 대해서는 미국 정부에 승객 명단을 제공하는 등 추가 요구사항이 있다. 외국 항공사 또는 국내 항공사는 미국행, 미국발, 또는 미국을 통과 비행하는 항공기는 출발 후 15분 이내에 TSA에 승객 명단 목록을 제공해야 한다. TSA는 사전 승객 정보 시스템(Advance Passenger Information System, APIS)에 데이터를 입력한다. 항공사는 선임 승무원 명단(MCL)과 승무원 명단을 TSA 세관 및 국경 보호(CBP) 웹 사이트에 데이터를 제공해야 한다. TSA는 비행 금지 목록과 알려진 테러리스트에 대한 데이터 목록을 보고 명단을 검토한다. 일부 경우, 미국으로 향하던 운항은 회항되어 의심승객은 경찰에 의해 연행되었다.

3) 국경 보호

공항 운영자는 연방 검사 서비스(FIS) 지역(세관, 출입국, 농업부)을 운영해야 하며 국제승객이 항공을 통해 미국을 입국하는 경우 FIS 요원이 국내선 승객 및 화물의 적절한 검사가 이루어질 때까지 분리되도록 설계해야 한다. 2005년 G8 회의에서 미국은 다음과 같은 근거를 기반으로 Smart Border of the Future 생성을 발표했다:

> 수입 허가와 목록의 승인을 보장하기 위해 미국에 도착하기 전에 제품과 사람이 검사가 이루어져야 하며 입국 및 수입 허가를 준수해야한다 … 주요 무역 파트너 및 민간기업과의 협약은 저위험 운송의 사전 보안검색을 가능하게 할 것이며, 보안검색과 관련한 제한된 자산을 위험도가 높은 운송에 관심을 집중시킬 수 있을 것이다. 화물 및 개인의 진출입 이동을 추적하기 위해 첨단 기술을 사용하는 것은 수억 명의 인원, 수송 및 차량 이동을 관리하는 작업에 필수적이다.(White House, 2002)

이를 위해, FIS 시설의 설계는 CPB 기관의 재량과 요구에 따라 크게 좌우될 수 있다. 미국 외에서 항공편을 받는 모든 공항은 FIS 영역이 있어야 한다:

> 여객 처리 시설은 일반적으로 공항에서 정부에게 무료로 제공하며, 검사 서비스는 정부

에서 공항에게 무료로 제공된다. FIS 기관이 제대로 작동하기 위해 필요한 적절한 여객 및 수하물 처리 공간, 여객 휴게실, 사무실 공간, 장비, 차량 주차 공간 등 적절한 시설을 제공하기 위해 공항은 비용 측면에서 법적인 측면이 요구된다.(TSA, 2006)

이민법(Immigration and Nationality Act, INA)의 Section 233 (b)에 의거 항공사는 FIS 시설비용에 대한 책임이 있다. 이것은 시설의 소유자/운영자로서 공항에 의한 수수료의 수집을 통한 것이다. FIS 시설은 미국의 국경을 대표한다. 공항에서 정의되는 국경은 미국의 지리적 경계 내에 있으며, 이를 명확하게 바다 또는 국경 지역처럼 묘사하지는 않지만, 이곳을 국경이라고 할 수 있으며, 입국을 위해서는 미국 법률과 조약을 준수해야 한다. FIS 시설의 설계는 CBP Airport Technical Design Standard(또한 Air Technical Design Standards 라고도 알려져 있으며 DHS CBP 부서에 있다)에 의해 설계된다. 이 문서는 미국 외부로 출발 전 구역, 사전 검역, 허가와 미국 진입중 도착하는 승객과 수하물에 대한 CBP 검역을 수용하기 위한 새로운 공항 터미널 건물 설계에 대한 CBP 요구사항을 포함하고 있다. 이는 국제 여객 및 수하물 도착 처리를 위해 여객 및 수하물의 흐름, 터미널 건물 공간 사용, 지침 예컨대 사무실, 검사 부스, 보안실, 보안 요구, X-ray 시스템 및 기타 장비 등의 관리 영역을 지원하는 설비의 모니터링, 제어 및 시설의 동작을 포함한 FIS 영역의 물리적 특성을 의미한다.

CBP의 주요 임무는 미국으로 테러리스트와 무기류가 들어오는 것을 방지하는 것이다. 미국에 들어오는 합법적인 관광객의 효율적인 처리도 중요하지만, 첫 번째 우선순위를 배제하지는 않는다. 모든 FIS 시설 설계는 우선순위를 고려해야 한다. FIS 시설로 미국 이외의 지역에서 도착하는 승객의 경우, 최초의 이민국 직원이 승객 여행문서를 검토하며, 미국에 입국하는 이유를 검토, 그리고 관광객의 머무르는 기간을 알아본다. FIS 설비의 설계는 이러한 과정을 승객이 거치지 않는 것을 방지해야 한다.

출입국 심사가 완료되면 승객은 위탁 수하물을 찾으러 위탁 수하물 찾는 곳으로 이동한다. 세관 요원은 미국에 불법으로 무기나 약물을 포함한 밀수품을 밀수하려고 하는 승객을 감시한다. 요원들은 이전의 정보 및 무작위 검사에 따라 검사할 승객을 결정한다. 농무부 요원들은 특정 음식 및 기타 항목이 국내로 반입되지 않도록 검사를 실시한다. 가끔 U.S. Fish and Wildlife Service, Public Health Service 및 기타 연방 정부 기관의 요원은 현장에 있을 수 있으며 보호된 물고기, 야생 동물, 그리고 식물의 불법적인 반입을 포함한 여러 가지 이유에 대한 검사를 실시하며, 또한 전염성 질병의 도입, 전파, 확산을 방지하기 위한 목적으로 있을 수 있다. 주요 공항에서는 Immigration and Customs Enforcement(ICE)는 현재 공항의 국경을 통해 범죄 활동이 지속되어지는 사건을 조사 할 수 있다.

FIS 시설의 크기는 운영의 피크 시간에서 처리 승객 수 및 특정 기간에 도착하는 항공기의 수에 의해 결정 된다(TSA, 2006). 보안검색에 대해 미국 표준에 부합하지 않는 공항에 도착하는 항공기의 경우에는 승객과 기내 반입 수하물에 대한 검사가 이루어질 수 있는 FIS 시설이 마련된 장소를 설치하여야만 할 수도 있을 것이다. 보안검색 시설이 사용될지 여부는 승객이 FIS 시설을 떠난 후 갈 수 있는 위치에 따라 달라진다. 시설 설계는 승객이 FIS 시설을 통과 한 후 공항의 무균 영역을 출입을 할 경우 공항 TSA 검사에 대한 FIS 시설을 설치할 공간을 만들어야 한다. 만일 시설의 디자인으로 인해 공공 영역에 모든 승객이 이동 할 경우, 공항은 일반적으로 검사 지점을 제공 할 필요가 없다.

FIS 시설의 통합은 다양한 방법으로 보호되어져야만 하며, CCTV의 사용과 컴퓨터 접근 제어 시스템 등이 포함되어야 한다. CBP는 FIS 시설에 있을 수 있는 (승객 이외의)사람에 대해 엄격한 기준을 적용하여 공항에서 필요한 근로자 같은 항공사 인원, 공항 운영의 인원, 보안의 인원, 또는 경찰에게 추가적인 신분증을 휴대하게 해야 한다. CBP는 access/ID 카드를 받은 공항이나 항공기 운영자에게 특정 기호를 카드에 삽입해 FIS 시설에 출입이 가능하도록 해야 한다. 누군가가 CBP의 컴퓨터 시스템을 통해 특정 기록 검사를 통과 한 후 CBP는 일반적으로 이를 발부한다.

4) Global Entry

Global Entry는 미국 도착 시 사전 승인으로 위험도가 낮은 여행자를 위한 신속통관을 허용하는 CBP 프로그램이다. 신청자는 지정된 공항에 있는 자동 키오스크를 이용하여 미국을 입국할 수 있다. 공항에서 프로그램 참가자는 Global Entry 키오스크로 가서 자신의 여권이나 미국 영주권 카드를 제시, 지문 인식 스캐너에서 신분 확인 후 세관 신고를 하면 된다. 키오스크는 여행객에게 거래 영수증을 발행하고 수하물 찾는 곳 및 출구로 여행자를 안내한다.

여행자는 Global Entry 프로그램에 대한 사전 승인을 받아야 한다. 모든 여행객은 신청하기 전에 엄격한 배경조사와 인터뷰를 실시하여야 한다. Global Entry 프로그램은 개발 가이드로써 TSA가 사용하고 있으며 Global Entry 신청자는 사전 검사를 받아야 한다. Global Entry에 등록되기 위해서는 온라인 신청서, 미국 세관에서 인터뷰가 필요하며 유효한 여권, 운전 면허증 및 거주 증명서 같은 적절한 서류를 구비해야만 한다.

16장 항공화물보안

1. 개요[157]

항공화물에 대한 사업과 물류는 범죄와 테러에 매우 취약하며, 세계적으로 복잡한 구조의 시스템이다. U.S Government Accountability(GAO)는 다음과 같이 항공화물의 특성을 묘사했다.

'항공화물에는 자동차 엔진, 전자 장비, 기계 부품, 의류, 의료 제품, 꽃, 해산물, 열대어, 그리고 다른 부식 가능한 물품들에 이르기까지 매우 다양한 Freight와 크기가 다양한 Express package가 있다. 화물은 단위화물, 나무 상자, 팔레트나 Break bulk cargo로 알려진 별도 포장 등의 다양한 형태로 운송되어질 수 있다.'

2010년에, 항공화물로 운송된 컴퓨터 프린트에 숨겨진 폭발 장치를 이용하여 항공사를 폭발시키려는 시도가 있었다. 테러의 목적으로서 항공화물이 취약하다는 대중적인 관심을 불러일으킨 이 사건은 예맨 항공화물 음모(Yemen air cargo plot)라고 알려졌다. 그것은 공격을 가할 방법으로서 정기적인 항공화물을 이용한 첫 번째 테러 활동이었다.

대부분의 고객들은 고속화물이나 당일 배달은 항상 항공화물서비스를 이용할 것이라고 알고 있다. 그러나, 매우 적은 비율만 항공화물로 보내지고 더 작은 양은 승객의 휴대용 수하물로 보내진다. 이러한 적은 비율은 여전히 미국 내에서 매년 100,500,000톤을 넘는 양을 보인다. 8,000,000톤을 넘는 양은 미국으로 또는 미국으로부터 항공화물로서 운송된다.

화물을 운송하는 항공사들은 화물의 운송에 중점을 두고 있고, 보통 paying passenger[158]를 탑승시키지 않는다. 그러나, 화물 항공기에 탑승한 승객들은 과잉

157 Sweet, Kathleen M. Aviation and Airport Security: Terrorism and Safety Concerns, second Edition, 2011, pp.217-238.

158 승객들은 때때로 화물 운송 항공사에 신체 장기, 동물 또는 지속적인 주의가 필요한 부패 가능한 고가치 물품과 같은 화물과 같이 탑승한다.

인원으로서 알려져 있고 Transportation Security Administration(TSA)에 의해 지시된 배경 조사를 받아야 한다. U.S GAO(Government Accountability Office)는 이러한 승객이 미국 승객의 적어도 22%라고 추정하고있다. 9,000,000톤이 넘는 거대한 양의 항공화물은 매년 FedEX, UPS와 DHL과 같은 항공화물 운송 항공사에 의해 운송된다. 나머지 2,000,000톤이 넘는 양은 객실 바닥을 이용하여 여객 항공기에 의해 운송된다. 여객 항공기에는 보통 해산물, 꽃과 같은 부식 가능한 물품이나 컴퓨터, 보석과 예술품과 같은 부서지기 쉬운 고가치 물품으로 구성되는 just-in-time 화물이 있다. 제조업자들은 또한 재고 비용을 줄이기 위해 just-in-time 항공화물 운송에 의지하고 세계 시장에 있어 경쟁자로 남아 있는다. 항공화물로 운송되는 물품의 사이즈와 무게는 철도나, 배, 트럭에 의해 운송되는 화물에 비교하면 보통 더 작고 더 가볍다. 항공화물은 보통 목적지에 다른 운송 방법보다 더 빠르게 운송되는 것이 요구된다.

항공화물산업에는 다음과 같은 테러가 일어날 수 있다.

1. 항공화물 항공기 납치와 그것을 무기로서 사용할 가능성
2. 항공화물 공급 체인을 통한 여객 항공기에 폭발물을 반입하는 것
3. 항공화물을 통한 화학적, 생물학적, 방사능 물질 또는 무기, 폭발물의 불법적 신적

항공화물 산업은 2010년의 예맨 항공화물 폭탄과 1994년에 일어난 FedEx 직원들의 항공기를 추락을 목적으로 비행기를 납치한 시도가 일어났을 때 1, 2에 해당하는 사항들을 이미 경험했다. 다른 보안 위험들은 절도, 밀수 그리고 항공기에 감지되지 않거나 확인되지 않은 위험 물질의 선적을 포함한다.

2. 항공화물에 있어서의 테러와 범죄

1979년에 Ted Kaczynski(Unabomber)는 아메리칸 항공사 항공기로 운송되는 미국 우편물을 통해 폭발물을 두었었다. 이것은 검색된 수하물에 폭발물을 둔 첫 번째 사건이었다. 이 사건은 운항 승무원에 의해 발각되어 폭발물을 터트리는 데에 실패했다. 운항 승무원은 즉각적으로 항공기를 착륙시켰다. 비록 그의 신원이

적시에 알려지지 않았지만, Kanczynski는 대학 교수들에게 우편 폭발물 공격을 가했던 기록이 있다. FBI는 아메리칸 항공사에 대한 공격의 시도가 같은 용의자에 의해 이루어졌다고 의심했었다. 그래서 FBI는 그 용의자를 University and Airline Bomber의 약자를 이용하여 Unabomber라고 별명을 지어주었다.

9.11 이후로, 2001년의 항공과 교통 보안에 관한 법률(ATSA 2001)은 연방 정부에 모든 승객과 메일, 화물, 휴대용 수하물과 검색된 수하물과 같은 소유물에 대한 검색을 제공하는 것을 요구했다. 미국 내에서 운항하는 외국 항공사는 국제 보안 절차를 따라야만 한다.

2003년에 Department of Homeland Security(DHS)가 핵 발전 시설, 다리, 댐 같은 미국의 표적들에 알카에다가 항공기를 이용하여 공격할 수도 있다는 경고를 제기했을 때, 항공화물 보안은 국가적인 보안 문제로 제기되었다. 또한 2003년에 Charles McKinley는 항공화물 운송 상자에 숨어서 부모님을 만나기 위해 뉴욕의 Newark 공항에서 Dallas 공항으로 갔다. 그는 기적적으로 그 여행을 버텨냈고, 체포되었으며 비용을 지불하고 감옥에서 1년을 살았다. 2004년 2월에는 세 명이 수축 포장 팔레트 안에 숨어 도미니카 공화국의 Santo Domingo에서 Miami로 갔다. 그들은 Miami 국제 공항에서 붙잡혔다. 2004년 8월에는 어떤 여성이 화물 상자에 숨어 바하마의 Nassau에서 Miami로 갔다. 이러한 사건들은 항공화물 산업에 있어 보안에 대한 명백한 필요성을 부각시켰다.

항공화물 보안의 부족에 대한 비판은 앞서 언급된 사건에서 사람들이 어떻게 쉽게 무기와 폭발물, 심지어 테러리스트들조차 항공화물에 의해 운송될 수 있었는지를 설명하는 것에 집중되었다. 2010년 이전에, 많은 항공 보안 전문가들은 승객과 수하물 검색에 대한 기술 발전과 비교했을 때, 항공화물에 대한 검색 기술이 미비했기 때문에 승객과 관련되지 않은 항공화물이 테러리스트들의 목표가 될 것이라고 예측해왔다. 이러한 의견은 2003년의 의회 보고서에도 나타나있다.

: 항공기에 폭발물이나 방화 장치를 두는 수단으로서 화물을 사용하는 것이 역사적으로 매우 드물었지만, 승객, 수하물 그리고 항공기에 대한 강화된 검색은 미래의 테러리스트들이 이러한 물질을 항공기에 두기에 화물을 더 매력적인 수단이 되게 할 수도 있다.(Elias, 2008, p.8)

몇몇은 예측되지 않은 항공화물 공급 체인에서의 물류의 특성이 항공화물을 통해 항공기에 폭발물을 두는 시도의 성공 가능성을 줄일 수도 있다고 추측했다. (물품을 송하인이 항공사에 직접적으로 보내지 않고 화물 주선업자를 이용하는 경우와, 직접적으로 운송하는 경우의 예측하기 어려운 변수들)

그러나, 테러의 한 모드로서 항공화물을 지속적으로 사용하는 것에 대한 가능성은 예맨 항공화물 음모와 같은 실패한 공격도 사회에 심각한 경제적인 영향을 미칠 수 있기 때문에 중요하다.

비행기를 폭파하고 국가에 손해를 미치기 위한 목적으로 모든 화물 항공기에 사제폭발물(IED)을 두는 것은 9.11 공격의 초반 계획이었다. 그러나 이 계획은 오사마 빈라덴이 너무 불필요하게 복잡하다고 느껴 수정되었다. 알카에다가 모든 화물 항공기를 폭발시키는 것을 고려했다는 사실은 테러리스트들이 항공화물이 세계 경제에 있어 매우 중요한 부분임을 인식했다는 것을 나타낸다. 다음 문장에서, TSA는 항공화물이 항공에 위협이 될 것이라고 표명했다.

: TSA는 연간 보고에 기초해 테러리스트들이 여객항공기를 폭파시킬 가능성은 35~65%로 고려하고 있고, 화물 항공기에 대한 테러 또한 이미 이 정도 수준을 보이고 있거나, 곧 이런 수준을 보일 것이라고 예측하고 있다.(Elias, 2009, p.5)

알카에다의 선동 출판물인 Inspire에 따르면, 알카에다가 예맨 항공화물 음모에 사용한 비용은 $4,200인 반면, 미국은 항공화물 공급 체인을 감시하는 데에 수십억 달러를 썼다고 한다. 예멘에서 일어난 항공 공급 체인에 두 개의 폭발물이 발견되었을 때, 보안 전문가들이 예측한 것이 정확했다.

2006년에는, 항공화물보안법의 최종 규칙제정이 FACAOSSP(Full All Cargo Aircraft Operator Standard Security Program)와 IACSSP(Indirect Air Carrier Standard Security Program)을 만듦으로써 완성되었다. 그 법은 구체적으로 개인이 관리하는 항공화물에 대해 보안위협평가(Secure Threat Assesments, STAs)를 요구한다. 그리고 항공기에 접근 가능한 화물 지역에서 일하는 사람의 범죄 기록 확인(Criminal History Record Checks, CHRCs)과 보안위협평가(STAs)를 요구한다. 법제정은 또한 공항이 화물지역의 SIDA(Secure Identification Areas)를 만들어야 하고 항공사가 항공기의 마지막 책임을 진다고 하였다. 모든 화물 항공기, 램프 그리고 화물에 접근이 가능하지 않은 항공 종사자에게는 범죄 기록 확인이 필요하지 않았다. 그 대신에 범죄 기록 확인과 다른 위험들을 완화하는 수단으로서 보안위협평가(STAs)의 사용에 우선권을 주었다. 또한 그 법은 여객 항공기에서는 발효되었지만 화물 항공기의 승무원에 대해서는 발효되지 않았다. 게다가, 조종실 문에 대한 강화된 요구사항들이 구체화되지 않았다. 그리고 가장 중요한 사항인 모든 화물 항공기에 실린 화물의 검사에 대한 요구사항들이 규정되지 않았다.

불행하게도, 가장 큰 화물과 수하물 절도에 대한 고리들은 미국에 있는 공항들에서 발견되지 않았고, 위조품, 밀수품의 반입과 불법 복제된 물품들 또한 항공화물 보안에 있어 큰 문제였다. 항공화물 범죄의 큰 부분은 화물 노동자와 화물 노동자의 조수 모두에 의해 일어났다. 그래서 증가된 화물 지역 보안과 화물 노동자의 강화된 배경 조사는 항공화물과 관련된 범죄와 테러를 막는 데 도움이 되었다.

역사적으로, 테러리스트들은 공격의 성공에 중요한 시간과 계획에 따른 특정 근거로 목표물을 선정했다. 우회하는 항공사를 사용할 때, 화물이 어떤 비행기에 실릴지 모르기 때문에, 특정 비행이나 여객 화물기를 목표물로 선정하는 것을 어렵게 한다. 언제 화물이 항공사 분류 시설로부터 항공기로 실릴지 또는 그것이 여객 항공기에 실릴지 화물 항공기에 실릴지 모르기 때문에 시계 장치를 쓰는 사제 폭발물 또한 효과적이지 못할 수 있다. 기압 계기를 이용하여 폭발하는 사제 폭발물은 비행 중에 폭발한다는 확신을 줄 수 있다. 상상컨대, 테러리스트들은 기압계기 스위치와 함께 항공화물에 폭탄을 둘 수 있고, 사회적인 두려움과 일반적인 경제 영향 그리고 정부에 의해 실행되는 새로운 보안 조치에 대한 증가된 예산과 같은 특정한 결과가 있기 때문에 어떤 비행기가 공격 받을지는 관심 없을 것이다.

항공사의 화물 지역은 구조적으로 보강되어야 한다. 게다가, 항공기 화물 지역은 폭발의 완충작용을 할 수 있는 큰 물체들이 상대적으로 많다. 그러므로, 강력한 화력의 폭탄이 심각한 손해나 파괴를 일으키는 데 이용되어질 것이다. 이것은 보통 검색 기술에 의해 쉽게 감지되지 않을 것이며, 객실에서 폭발하는 폭탄은 크지 않고, 폭파범은 항공기의 창문이나 외피 근처에 그 장치들을 둘 것이다. 이러한 테러들을 막기 위해 화물의 검색 기술 보강과 공항과 항공사의 화물 지역에 대한 강화된 보안이 앞으로 이뤄져야 할 것이다.[159]

159 Price, Jeffrey C. MA and Forrest, Jeffrey S. PhD. Practical Aviation Security : Predicting and preventing future threats, 2014, pp.371-377.

• 항공화물 관련 News

2002년 6월 17일: L−3 Communication이 성공적으로 Perkin Elmer의 탐지 시스템 사업을 인수했다고 공개되었다. Perkin Elmer는 위탁수하물, 대량화물 및 항공화물을 검사할 수 있는 1600개 이상의 장비를 가지고 있다,

2002년 6월 19일: Invision Technologies Inc.는 자사 브랜드인 CTX의 폭발물 탐지 시스템에 대해 이뤄진 주문량을 발표했다. 주문량은 약 66억 달러에 이른다.

2003년 5월 29일: Ridge는 국토 안보부 하원위원회 연설에서, "우리는 화물의 검사와 관련한 부족성을 인식하고 있다. 우리는 수하물과 승객 초점을 맞췄었지만, 이제 우리는 화물에 초점을 두기 시작했다. 현재, 항공기에 탑재되는 화물의 약 5분의 1정도에 대해서만 검사가 이뤄진다. 하지만 이 문제를 해결하기 위한 즉각적인 계획이 없다."라고 말했다.

2005년 8월 10일: 2001년 9월 11일 이후 거의 4년이 지났지만, 항공기 하부에 실리는 수백만 톤의 화물에 대해 행해지는 느슨한 검사 때문에 여객 항공기를 이용하는 미국인들은 항공 테러 공격에 있어 취약점으로 남겨져 있다.

2005년: FAA 관리자와 9/11 위원회의 부회장은 다음과 같이 말했다. '세계무역센터, 국방부(펜타곤), 그리고 펜실베니아에 납치범이 항공기 4대를 추락시킨 후 승객과 수하물에 대한 검사는 더욱 강해졌지만, 화물의 보안 부분에서는 큰 변화를 찾아볼 수 없었다.'

2007년 3월 26일: 국토 안보부가 이전에 발표한 3천만 달러 상당의 Air Cargo Explosives Detection Pilot Program의 한 부분으로서 항공화물 검사 기술을 Cincinnati Northern Kentucky 국제공항(CVG)에 시험운행 할 것이다.

3. 화물 운송사의 책임

수하물은 앞서 FAA Regulation Part 108에 명시되어 있다. 특히, FAR 108.13 (b)는 책임 있는 요원에 의해 확인된 수하물이 항공기에 적재될 것을 요구하며, 항공기에 화물과 물품을 선적하고자 하는 알려진 화주(known shipper) 외의 모든 사람들에 대한 신원확인을 할 것을 요구한다. 현재 49 CFR Chapter XII Part

1548.9 Acceptance of cargo에는 이렇게 명시되어 있다:

a. 폭발물이나 방화물의 운반을 예방하거나 제지한다.

각각의 간접 항공사(Indirect air carrier, IAC)는 승인되지 않은 폭발물이나 방화물이 여객 항공기에 적재되는 것을 예방하거나 제지하기 위한 자사의 보안 프로그램에서 묘사된 시설, 장비, 절차를 사용해야 한다.

b. 운송에 대한 거부

각각의 IAC는 화주가 화물의 검사와 수색에 동의하지 않는다면 화물의 운송을 거부해야 한다. 간접 항공사의 보안 프로그램에서 서술된 바와 같이, IAC는 화물을 검사하거나 수색해야 하며, 화주가 이에 동의하도록 이끌어야 한다.

항공사가 수하물을 방치한다면, 그것에 대한 파생 효과는 매우 심각할 수 있다. 한 사례로 수하물 컨테이너가 30분 이상 방치된 팬 아메리칸 항공 103기를 볼 수 있다. 이를 예방하기 위해서 여객 또는 화주로부터 화물이 일단 받아들여지면 지속적인 통제 관리를 하는 것이 중요하다. 항공사 체크인 카운터에서 수하물을 받으면 이것은 보통 컨베이어 벨트를 통해 중앙 정렬 시설로 이송 된다. 모든 수하물은 매 순간 관찰할 수 없지만, 화물에 대한 접근을 제한하는 것은 도난 및 무단 침해를 줄일 수 있다. 수하물이 항공기에 적재되기 위해 수하물 카트에 실렸을 때, 수하물 카트가 봉인되는 일은 거의 없다. 그냥 화물 지역을 일반인들에게 제한하는 것으로는 불충분하다. 이 지역은 직원에 대한 엄격한 접근 통제와 사전 선별이 필수적인 구역이다. 모든 수하물에 대해 검사가 실시되었거나 직원에 대한 직접적인 검사가 이루어지더라도 그 구역에 허가된 직원이 나쁜 일을 하려고 결정하면 아무 의미가 없어진다.

또 다른 문제는 주인이 없는 수하물이다. 여행을 해본 사람은 수하물이 주인으로부터 분리되는 데에 여러 가지 이유가 있다는 것을 알고 있다. 대부분의 여행자는 수하물 없이 자신의 목적지에 도착하는 것에 대해 별로 신경 쓰지 않으며, 그 이유는 매우 미스터리하다. 그러나 주인 없는 수하물이 실제적인 위협이 되지 않는 데에는 많은 이유가 있다(앞선 비행의 승객이 화물을 가져갔거나, 항공사의 실수로 인해 잘못 보내진 화물의 경우). 한편, 항공기에 위험을 야기하거나 약물 또는 밀수품의 불법적인 이동을 포함하는 상황에서 분리된 화물은 의도적일 수 있다. 이런 상황은 처리된 수하물의 총량의 관점에서는 통계적으로 중요하지 않지만, 만약 테러가 진행 중인 경우에는 매우 중요하다.

이전에는 FAR의 Part 108과 129에 의하면 미국 및 외국 항공 운송사는 보안 프로그램을 채택하고 수행해야만 했다. 각 프로그램은 FAA의 승인이 필요했다. 미국 내에서 미국 및 외국 항공사에 대한 요구 사항은 비슷했다. TSA 49 CFR Chapter XII, Part 1548.7 Approval and Amendments of the Security Program에서는 항공사가 보안 프로그램의 시행 90일 전에 TSA로부터 그 프로그램의 승인을 받아야 한다고 규명했다. 기존 규칙에 대해서 많은 개정안이 발표되었다. 그 중 한 개정안은 "알려진 화주(Known shipper)"의 정의를 변경했다. 너무 많은 항공사가 화물의 출발점을 정확히 모른 채 화물을 받아 운송했다. 1995년에 FAA는 새로운 국가 데이터베이스로 항공사 및 공항 검사 데이터를 기록하기 시작했다. 이 프로그램은 항공사 및 공항 검사보고 시스템(Air Carrier and Airport Inspection Reporting Systems, ACAIRS)을 개발했다. 이 시스템은 화물 보안의 요건을 포함한 항공사의 보안의 필요조건에 부합되는 모든 양상의 데이터를 기록했다. 항공기 안전에 대한 가장 큰 위협사항 중 하나는 위험한 화물의 허가되지 않은 운송이다. 화주들은 항공사나 FAA가 확인하지 않기를 바라면서, 허용되는 화물 사이에 검정 플라스틱으로 밀봉하여 위험 화물을 발송하려고 종종 시도한다.

4. 무장한 화물 항공기 조종사

화물 조종사는 지상에서 항공기에 접근 가능한 직원이나 공항의 여객 터미널에 있는 직원들이 검사되지 않는다는 사실을 알렸다. 여객 터미널에는 보안확인표시영역(Secure Identification Display Area, SIDA)가 있다. 그 지역에서 호위 되지 않은 사람은 항상 공항 당국에서 발급한 배지를 달아야 하고, FBI에 의해 지문 검사를 포함하는 10년의 범죄 경력을 확인 받아야 한다. 화물지역은 보통 SIDA 경계 외부에 위치하고 있다. 멤피스에서는 FBI의 지문 검사를 배경 조사를 받지 않은 직원이 있는 지역에 MD-11 화물기가 주기하고 있다. 또한 컨터키의 루이빌에서도 SIDA 지역 외부에 UPS(United Parcel Service) 항공기가 위치하고 있다. 화물 항공사들은 항공기 근처에 접근하는 직원에게 광범위한 검색을 수행한다고 하지만 정부의 명령 없이는 지문 조사를 할 수 없다. 조종사 자신과 승무원들을 보호하기 위한 화물 조종사의 능력은 중요한 문제이며 운송 수단의 모든 운영자에게 적용된다. 이런 규칙은 일괄적이지 않다.

운명에 대한 장난처럼, 민간항공기 조종사에게 무장을 허락하는 40년 된 FAA 법은 9월 11일 테러 두 달 전에 무효화 되었었다. FAA는 1961년 쿠바 미사일 위기 직후 미국 항공사에 대한 공중 납치를 예방하기 위해 무장한 조종사 법을 채택했다. 그것은 40년 간 효력을 유지했다. 이 법으로 인해 조종사는 공인된 총기 교육 과정을 통해 총기를 조종실에 휴대할 수 있게 되었다. 그러나 항공 기관은 법의 효력 기간 동안 이 법으로부터 이득을 본 것이 미국의 항공사만이 아니라고 했으며, 충분히 논의될 여지가 있었다. 이 법이 무효화된 배경은 아직도 미스터리로 남아있지만 TSA는 9.11테러 이후 조종사가 무기를 휴대하도록 하는 법의 시행을 거절하고 있다.

화물 조종사는 현재 국토안보부의 법의 허점을 없애는 새로운 법에 따라 무기를 소지할 수 있다. 법안은 2003년 3월 미국 상원에서 정치적 반대 성향을 가진 상원 의원 Barbara Boxer(D-CA)와 상원 의원 Jim Bunning(R-KY)에 의해 소개되었다. 무기 소지에 대한 허가는 원래 2002년 Arming Pilots Against Terrorism and Cabin Defense Act에 의해 화물 및 여객 조종사로 확장 되었다. 앞서, 정치적인 목적에서 조종사를 포함하는 단어가 국토안보부 법에 만들어졌는데. 이 변화가 조종실에서의 무기 소지에 대한 변화를 초래했다. "조종사"라는 단어 앞에 "여객"이라는 단어가 삽입되었으며, 이로부터 화물 조종사는 무기를 소지할 수 없었다.

화물 항공사들은 화물 조종사가 무기를 소지하는 것을 반대했으며, 기존에 자기들이 유지해왔던 지상에서의 보안을 더욱 강화시키는 것을 선호했다. 법령 HR 3262는 화물 조종사와 비행 승무원이 총기나 테이저 총을 휴대 할 수 있게 했다. 이 법안은 공동 개최가 없으며 2004년 2월까지 House of Transportation and Infrastructure Committee's Subcommittee on Aviation에게 소개되었으며 현재까지 시행되고 있다. 많은 사람들은 정부가 더 활기차게 법안을 실행하지 못한 것에 대해 비판을 했다. 하지만 이 개념에 표준 위험 평가 방법을 적용했을 때 화물 항공사의 말이 결코 틀리지는 않았다는 것을 알 수 있다. 화물 조종사가 무장을 한다고 해서 화물에 안전을 보장할 수 없다는 것이다.

화물 산업은 전기 충격 총을 포함한 무기가 실제로는 화물과 승무원을 위협한다고 주장한다. 그러나 2004년 11월 10일에 대한항공은 미국 정부로부터 항공기에 전기 충격 총을 휴대하는 것을 최초로 허가 받았다. 대한항공은 일주일에 약 50번의 미국으로의 비행을 실시하고 있다. 테이저 총은 상해 없이 사람을 잠시 동안 무력화시키는 전기 충격을 주도록 설계되었지만 가끔 사망사고가 보고되었다. TSA는 테이저 총이 항공기의 복잡한 전자 시스템에 손상을 주지 않는다는 사실에 동의하기 전에 조종석 계기판에 테이저 총을 발사하는 실험을 했다.

의회가 특별 훈련을 받은 조종사들만이 권총으로 무장해야 한다고 결정했을 때, 이 프로그램은 추진력을 잃었다. 2003년 4월 TSA에 의해 시작된 별도의 프로그램에서, 48명의 여객기 조종사가 40 구경 반자동 권총의 사용 훈련을 시작했다. 수천 명의 미국 여객기 조종사가 정부가 지급한 무기를 휴대하고 있다. 조종사가 공항을 걸어가거나 조종석을 비울 경우 항공기에 있는 무기는 식별할 수 없는 가방에 들어있어야 하며 이 가방은 항상 잠겨있어야 한다. 이 프로그램은 임의적으로 일부 남아있다. FedEx, UPS 및 기타 화물 조종사의 경우 2004년 5월 1일부로 총을 휴대 할 수 있다. 첫 화물 조종사들은 2004년 4월에 56 시간에 교육을 시작했고 과정을 완료한 조종사들은 연방 정부의 임원으로 임명되었다. 교육은 아테시아, 뉴멕시코 경찰 센터에서 실시된다. 실제로 2% 미민의 여객 항공기가 무장 조종사라고 한다. 조종사 연합은 잠긴 상자에 무기를 운반하는 등의 요구 사항을 삭제하여 추가 지원자를 모집하는 법안을 지지한다. 이 연합은 또한 화물 항공기를 무장 조종사가 운항하는 것을 주장했다.

이전에 언급 한 바와 같이 멤피스 기반 FedEx, 애틀랜타 기반의 UPS를 포함하는 화물 항공사들은 무기가 업무 지역에 있는 것이 금지되어야 한다고 주장했다. 그에 관계 없이, 보안 기관은 매주 두 번 실행하는 조종사 훈련에 올해 2천 5백만 달러를 지출했다(Internet: http://quote.bloomberg.com/apps/news?pid=10000103&sid=a7uf61jzROg0&refer=us.14 May 2004). 그 개념을 승인한 법안은 TSA가 2004년에 약 1,600만 달러와 2004년부터 2008년까지의 기간 동안에 8,300만 달러가 필요할 것이라고 예상했다. 의회의 예산 기획처는 8000명의 화물 조종사의 약 25%가 프로그램을 신청할 것을 예상해 계산 했다. 조종사 한 명당에게 8천 달러를 사용할 것이며 그 프로그램을 관리하는 직원을 유지하기 위해 50만 달러가 필요할 것이라고 예상했다. 이 법은 어떤 지역의 법률을 대체하며 화물 조종사가 총기를 휴대하며 비행하는 것을 허용하고 특정 행동에 대한 책임에서 그들을 보호한다.

5. 자살

이 부분은 자살을 논의하기에 이상한 부분이라고 생각 될 수도 있다. 그러나 승객은 우울증 또는 그들의 의도를 표출하기 위해 폭발 또는 방화 장치를 사용해 자살하려는 상황이 있을 수 있으며, 따라서 승객은 언제나 위험한 존재로 분류된다. 또한 항공기 사고로 사망하여 그 가족에게 상당한 금액의 돈을 남기려고 하는 사람도 상당히 위험한 존재로 분류된다. 이러한 사건의 신속한 조사는 종종 이를 자살로 분류하며 대부분의 보험 정책은 이에 대한 금액을 지불할 수 없게 된다.

이런 유형의 잠재적인 범죄 부정행위 때문에 항공사 조종사 협회(Air Line Pilots Association, ALPA)는 적극적으로 공항 터미널에서의 항공 보험의 가용성에 반대 하고 있다. 공항에서의 보험 자동판매기는 일반적으로 자주 볼 수 있는 상황이었지만, 미국에서는 더 이상 쉽게 볼 수 없는 환경이 되었다. 항공 보험의 모든 종류에를 기입하는 것에 대한 관리는 매우 중요한 일이다. 아메리칸 익스프레스 플래티넘 카드는 현재 카드를 사용하여 표를 구매 한 사람을 위한 자동 항공 보험 프로그램이 있는데, 이는 사기를 칠 수 있는 완벽한 기회를 제공한다. 물론 항공기 내에서 자살을 시도하는 것은 계속적으로 잠재성을 가지고 있는데, 이는 특히 보험에 백만 달러의 보상이 포함되어 있기 때문이다. 한편 보험사는 위험성이 작고 큰 잠재적인 수입을 고려한다. 아메리칸 익스프레스는 표당 $18의 가격을 포함시키지만 사망보험금을 지급한 적이 별로 없다.

또 다른 문제는 조종사의 심리적인 상태이다. 자살 충돌을 가진 조종사는 폭탄과 같은 치명적인 무기가 될 수도 있다. FAA에 따르면 자살 충돌을 가진 조종사가 1999년에 대서양 바다에 이집트 항공사의 비행기를 의도적으로 추락시킨 적이 있다고 한다. 심리학자들은 직원이 실제로 자살 충돌을 가지고 있는지를 확인하기 위해 경고 신호 표준을 서술한 가이드라인을 발표했다. 보험 회사 또한 동일한 경고 신호를 확인할 필요가 있다. 공항 터미널에서 자동 보험 시스템은 이러한 기준을 평가할 수 없으며, 자살 충동이 있는 조종사 또는 승객에게 불필요하게 이런 기회를 제공하게 된다.

살인 행위도 간과해선 안 된다. 1955년 덴버에서 포틀랜드로 향하던 유나이티드 항공 DC-6B는 이륙 후 몇 분 후에 폭발했다. 폭탄은 화물칸에서 폭발했으며 항공기에 탑승한 모든 인원이 사망했다. 다행히 법의학 전문가들은 Jack Gilbert Graham의 어머니의 수하물에 들은 폭탄을 추적 할 수 있었다. 그는 어머니의 가방에 폭탄을 설치했고, 어머니의 상당한 사망 보험금을 탈취했다. 그는 결국 살인 혐의로 유죄 판결을 받았고 사형을 선고 받았다. 이 일로 인해 모든 승객에게 "당신이 당신 자신의 가방을 쌌나요?" 또는 "누구라도 무엇을 운반해달라고 요청했나요?" 라고 물어봐야 했다. 많은 사람들이 이 질문의 대답에 대한 신뢰성에 의문을 제기했다. 현재의 보안 상태에서 승객이 이런 짓을 했을 것이라고 생각하기는 어렵지만 분명히 그런 행동을 하는 사람들은 있다. 질문의 효과 부족을 이유로 2002년 8월에 TSA는 항공사에게 더 이상 위와 같은 질문을 할 필요가 없다고 발표했다.

6. 수하물 태그

개인이 와서 항공사에 수하물을 위탁하고 가는 일은 그렇게 오래 된 일이 아니다. 의심 할 여지없이 오늘날의 보안은 긴 역사를 가지고 있다. 수하물의 태그는 소중한 자산이다. 현재, 수하물 태그에 대한 보안이 강화되어 예전보다 더욱 안전하다. Curbside 체크인 서비스는 대규모의 비행 전에 경쟁력이 있는 마케팅 기능으로 보이며, 매우 빠른 시스템이다. 하지만 Curbside 체크인 지역 주변이 매우 혼잡하여 공항 포터의 주의가 산만해질 때 화물 손실의 위험이 증가한다. 모든 승객은 최대한 불편 없이 체크인을 하고 싶어한다. 수하물을 끌고 터미널의 대기선에서 기다리지 않게 하는 것은 항공사에게 차별화된 경쟁력을 줄 수 있다. 한편, Curbside 체크인 지역에서는 부정행위나 주인 없는 수하물에 대한 보안이 매우 취약 할 수 있다는 단점이 있다. 특히 국내의 분주한 공항에서는 쉽게 태그를 받아 수하물에 부착해 항공기에 탑재 된다. 하지만 현재 이런 서비스는 위협의 존재에 따라 국제항공편에서는 제공되지 않으며, 국내항공편에서도 때때로 제공되지 않는다. 모든 수하물 태그의 사용을 추적하는 것은 중요한 관행이다. 그렇지 않으면 잠재적으로 위험한 폭발물은 화물실로 적재될 수 있다. 예를 들어, 이러한 제한사항은 걸프 전쟁 중과 9.11 이후 미국 공항 내의 국내외 항공편에 적용되었다. 위협은 증가하였고 추가 예방 조치가 적절할 것이라고 보였지만 보안상의 이유로 표준 절차가 되어야 한다.

7. 승객과 수하물의 일치

1988년 12월 21일에 독일의 프랑크푸르트에서 한 테러리스트가 팬 아메리칸 항공 103기에 본인의 위탁 수하물인 휴대용 라디오에 폭발물을 함께 탑재시켰다. 하지만 그는 그 항공기를 타고 있지 않았다. 폭발물이 들어있는 수하물은 독일의 함부르크에서 몰타와 다른 곳으로부터 온 수하물과 혼재되었다. 항공기는 결국 스코틀랜드의 로커에서 폭발했으며 모든 탑승객은 사망했다. 그래서 그 이후 미국의 조지 부시 대통령은 항공 보안과 테러에 대해서 위원회를 소집했다. 위원회의 권고에 따라 미국의 항공사들은 실제로 탑승하지 않은 승객의 수하물을 모두 제거하기 위해 엄격한 수하물 일치 정책을 만들었다. 이런 절차는 미국에서는 일반적이지만 모든 해외 항공사와 공항은 그러한 프로그램의 요구사항에 부합하지 않았다.

20세기 말까지 미국의 공항에서 출발하는 모든 국제항공편은 여객과 수하물의 일치가 완벽히 이뤄져야 했다. 이러한 시스템은 해당 승객 없이 화물의 일부분이 항공기에 실려 운송되지 않는다는 증명을 필요로 했다. 승객과 화물의 100% 일치가 미국의 국제항공편에서 보편화되기 전에, 항공사의 보안은 확인된 모든 수하물에 대한 통제를 하는 것만이 요구되었었다. 1997년 12월에 만들어진 이 개념은 승객과 수하물의 일치, x-ray 검사, 신체검사, 폭발물 탐지 검사 또는 이런 검사의 조합을 필요로 하는 것으로 해석되었다. 하지만 이런 모든 검사 방법이 필요하지는 않았다. 항공사는 새로운 기술로 인해 특정한 승객과 그 사람의 수하물을 연결하는 것에 대한 성공률이 올라갔다. 많은 항공사는 현재 수하물과 탑승권에 컴퓨터 링크를 사용하며, 승객이 항공기에 탑승하면서 탑승권을 스캔하여 각각의 수하물과 연결시킨다. 다시 말하지만 모든 도시의 항공사가 이러한 절차를 사용하는 것은 아니다.

항공사가 수하물이 확인되었지만 수하물의 주인인 승객이 항공기에 탑승하지 않은 것을 확인했을 경우, 이런 수하물의 위치를 파악해 항공기에서 제거하게 된다. 이런 절차는 비행 시작단계에서 이뤄진다는 의미에서 "Originating" 승객-수하물 일치라고 한다. 불행하게도 이 절차는 이미 항공기 화물칸에 실려 있는 수하물에 대해서는 고려하지 않는다. 항공기 또는 항공사의 비행 변경으로 인해 승객이 항공기에서 내릴 경우, 수하물은 승객 없이 계속 운송되어질 수 있다. 결과적으로, 각 경유지마다 승객과 이미 실린 수하물을 대조하지 않는다면 Originating 승객-수하물 일치 시스템은 실제론 부분적인 수하물 일치 시스템이 된다. 이것은 물론 행정적으로 상당히 많은 비용과 시간이 소요된다. 이와 유사한 상황은 팬 아메리칸 103호기의 Lockerbie 추락의 직접적인 요인이었다.

2008년을 시점으로 이러한 주요 취약점들은 여전히 남아있다. 정부는 여전히 항공사가 연결 항공편에 대해 승객과 그의 수하물을 일치해야 한다고 요구하지 않는다. 심지어 이러한 시스템을 테스트하기 위한 구체적인 시간표가 없다. 유럽에서는 확인된 수하물과 승객 명단을 자주 확인을 하며 승객 없이 수하물이 항공기에 탑재되는 것을 예방한다. 미국 정부는 비행의 시작점에서만 수하물이 승객 명단과 일치하는지를 확인하는 것을 요구한다. 그래서 잠재적인 폭탄 테러범은 그런 허점을 이용해 경유지가 많은 비행에 폭발물을 적재시킨다.

클린턴 대통령은 Gore Commission을 설립했으며, 여기시는 목적지까지 모든 항공사가 전자적으로 승객 목록과 탑승 승객을 일치시키며 적재된 수하물을 추적할 수 있을 때까지 지목되거나 무작위로 선택된 승객과 수하물을 일치하는 절차를 추진할 것을 권고했다. 현재 이 절차는 어떤 이유로 지목되거나 무작위로 선정된 승객만 추가 조사의 방법으로 추적한다. 이 절차는 많은 비판의 대상이 되어왔다. 특정 승객이나 무작위로 선택된 승객이 프로필을 충족하는 경우, 승객의 모든 수하물은 X-ray와 폭발물 탐지 시스템에 의한 추가 검사를 받게 된다. 이 절차는 프로필을 충족하지 못하거나 무작위로 선택되지 않은 테러리스트를 검사하지 않는다. 위원회는 승객의 여행 습성과 전적에 대한 국가 데이터베이스의 개발을 촉구하며 이것을 Computer Assisted Profiling System(CAPS)라고 명명했다. FAA는 CAPS에 대한 설명에서 "체크인 시 승객의 이름을 기입한 항공사 직원은 승객이 해당 프로필에 맞는지의 여부에 따라서 빨간불이나 초록불을 보게 될 것이다."라고 했다. 기존 개념은 단지 여행 정보만을 기반으로 한 데이터베이스로 고안되었다. 하지만 FAA가 정보의 사용을 거절했음에도 불구하고, 후에 FBI, CIA의 기록과 범죄기록의 사용이 가능해졌다. 이 시스템은 관련된 위험을 상당히 줄여준다. 또한 테러리스트가 매우 영리하지는 않을 것으로 추정된다. 프로필이 알려지지 않은 경우에도, 해당 변수는 쉽게 추측 할 수 있다.

8. 공항 사물함

시설이 대중에게 공개되면 누군가가 그 시설의 사람이나 자산에 손상을 가하려는 최소한의 위협이 존재한다. 테러의 경향은 항공기를 공중에서 납치하는 것보다 터미널이나 지상의 항공기에서 폭탄을 폭발시키는 것을 선호한다는 것을 보여왔다. 물론 일부 사건은 테러리스트와 연결되어 있지 않으며 단순한 범죄적인 부정행위였다. 다른 어떤 공공시설처럼 공항에서도 지속적인 범죄 활동이 발생한다. 예를 들어 일반 대중에게 공개된 공항 터미널의 부분(예: 주차장)에서 매일 발생하는 절도사건, 재산 손괴, 폭행과 구타, 일반 범죄적인 위법 행위가 있다.

자살 충돌은 없지만 공항 터미널의 정상적인 활동을 방해하기를 원하는 사람의 경우 셀프 서비스 사물함 중 하나에 폭탄을 남기는 선택을 할 수 있다. 대부분의 공항은 이러한 사물함을 보안 시설 이후에 있는 출국장으로 이동 시켰다. 출국장으로 들어가기 전에 이러한 물건에 대한 검사가 이루어진다. 그러나 이러한 조치를 시행함에도 불구하고, 1974년 로스앤젤레스 국제공항에서는 사물함에 있던 폭탄이 폭발하면서 3명이 사망하고 30명 이상에 부상자가 발생했다. 또 1975년에는 뉴욕의 라 과디아 공항에서 사물함에 있는 폭탄이 폭발하면서 11명이 사망하고 다른 57명이 심각하게 부상당했다. 정부가 보다 엄격한 규칙을 권장하기 전에 이 사건이 모두 일어났다.

미니애폴리스－세인트 폴 공항은 지문을 이용하는 사물함을 테스트 해 왔다. 린드버그와 험프리 터미널에서는 보안 검사를 받은 후에 동전을 사용하는 사물함이 위치해있다. 원래 TSA는 185개의 생물학적인 사물함을 포함하는 6개월의 테스트 프로그램을 허용했다. 모든 사물함 대여는 48시간으로 제한된다. 불행히도 많은 국제공항은 동전 사물함을 주로 사용한다. 예를 들어, 도쿄 나리타 공항의 제2터미널은 매우 높은 보안 수준이 요구되지만 동전 사물함을 사용한다. 동전 사물함의 필요성은 반드시 분석되어야 한다. 개인에게 제공되는 작은 서비스는 대중에게 위험이 아닐 수도 있다.

9. 컨테이너 강화

1993년에 FAA는 특정 폭발물로부터 항공기를 보호하고 의회에 보고하기 위해 고안된 여러 다른 종류의 기술을 연구하도록 요청받았다. 그 전에 항공기 강화 프로그램은 1991년에 시작되었다. 이 프로젝트의 전반적인 목적은 기내 폭발로 인해 항공기의 심각한 구조적 손상 또는 중요한 시스템 장애가 발생하지 않게 하는 시스템을 만드는 것이었다. 프로그램의 변수는 감수성과 취약성에 중점을 두었다. 첫째, 특정한 성질과 양의 폭발물이 성공적으로 항공기에 배치될 수 있는 확률을 기준으로 하였다. 연구는 항공기가 그러한 장치에 의해 손상되거나 파괴될 수 있다는 조건적인 가능성의 측정에 중점을 두었다.

보고에 따르면 업무는 다음을 규정하기 위해 설계 되었다

(Internet: http://cas.faa.gov/reports/98harden.html):

- 항공기가 손실 될 수 있는 최소한의 폭발물
- 민간 항공기의 현재와 미래의 항공기에 폭발에 대한 취약성을 감소하기 위해 적용할 수 있는 방법과 기술들

완충기술은 폭발을 견디기 위해 항공사의 수하물-화물 컨테이너에 적용되었다. 이 기술은 현존하지만 현재는 완충기술이 적용된 컨테이너를 동체의 폭이 넓은 항공기에서만 사용하기 때문에 완충기술에 대한 다른 연구가 여전히 필요하다. 여러 연구 보고서에서는 항공사 산업에서 사용되어지고 있는 항공기의 종류마다 폭발의 영향을 감소시킬 해결책을 찾는 것이 중요하다고 결론지었다. 폭발물에 대한 예방책은 테러 방법의 발전 속도보다 앞서 나가야 한다. 이런 관점에서 강화 컨테이너는 단기적인 해결책으로만 여겨진다.

현재 LD-3 컨테이너는 항공화물산업에서 가장 흔하게 사용되는 화물 컨테이너이다. 이 컨테이너는 가벼운 무게에서 시작하여 점점 중량을 늘려 파괴가 일어날 때까지 광범위적으로 시험운행되었다. 결과는 폭발이 폭발물을 담고 있는 화물

컨테이너의 밀도에 좌우되고 다른 수하물과의 배치와 컨테이너의 위치에 의존한다는 것을 명확하게 나타냈다. 집중적인 분석 후에 컨테이너에는 폭발 저항 능력이 거의 없다고 결론 지었다. 다시 말해, 테러리스트가 기내로 폭발물을 반입해서, 폭발물이 폭발하면 항공기가 추락할 가능성이 매우 높은 것이다.

10. 폭발억제기술과 폭발관리기술

기술자들은 폭발억제와 폭발관리 기술의 효과를 연구했다. 폭발억제 설계는 컨테이너 내에서 일어나는 폭발을 완벽하게 억제하는 것을 시도하였다. 폭발관리 설계 개념은 항공기의 화물 베이 안의 배치를 위한 부분으로 컨테이너를 여겼다. 이 두 방법은 장단점을 가지고 있다.

시험운행으로부터 폭발억제의 개념이 잠재적인 재해를 막는 데에 가장 좋은 대책이라는 결론을 얻었다. 이 시스템은 또한 독립적인 장치로서, 화물칸 내에서 특별한 처리 또는 배치를 필요로 하지 않는다. 한편, 폭발관리 개념은 컨테이너가 본질적으로 실패하게 하고, 인접한 컨테이너로 폭발을 보낼 수 있도록 하는 능력에 대한 통제력을 기반으로 한다. 항공사는 시스템이 유용성을 갖게 하기 위해서 적절하게 화물을 배치해야 한다. 이는 지루한 과정이며 시간이 많이 소요된다. 결과적으로, 초기에는 파편 침투에 대한 저항성과 화재방지 성능을 가진 최첨단 고강도 복합 재료로 만들어진 폭발 억제 컨테이너에 집중하기로 결정되었다.

1990년 초에 대대적인 시험이 실시되었고 많은 LD－3 형의 컨테이너가 시험운행되었다. 자동차 기술자 협회는 FAA를 도와 컨테이너 사양을 개발하였다. FAA는 개발자들에게 폭발 저항, FAA의 감항성 및 항공사 운용 요구사항에 대해 확립된 조건들을 충족하는 디자인을 부탁했다. 불행하게도 1996년에는 실제적으로 요구된 사양에 맞는 디자인은 없었다. 하지만 후에는 그러한 모델이 만들어졌다.

새로운 모델은 예상했듯이 높은 비용을 필요로 했다. 알루미늄 컨테이너는 1,000~3,000달러로 가격이 정해져있다. 폭발 방지 컨테이너는 적어도 시제품으로 제작 했을 때 각각 약 3만8천 달러의 비용이 들었다. 따라서 비용은 컨테이너의 발전에 심각한 고려 사항이다.

2000년에 소집된 교통 및 인프라시설에 대한 소위원회는 폭발 방지 수하물 컨테이너에 대한 증언을 들었다. 1998년 3월 이전에 FAA는 폭발 방지 컨테이너의 사용을 승인했지만 가격이 엄두도 못 낼 만큼 비쌌다. 항공운송 협회에서 한 추정에서는 이러한 컨테이너가 항공사들에게 연간 50억 달러의 비용을 부담시킬 것이라고 했다. 게다가, 컨테이너들은 동체가 넓은 항공기에만 이용 가능했으며, 총 항공기의 25%만이 이런 항공기였다. 대부분의 항공기는 폭이 좁은 항공기이며, 폭탄 테러의 70%가 이 항공기들에게 겨냥되었다(Screeners Under Fires, 2001). 최근에는 2004년 국가 정보 개혁 법(P.L. 108－458)에서는 폭발 방지 화물 컨테이너의 배치를 평가하기 위한 조종사 프로그램을 설정하는 조항을 포함했다.

11. 항공우편의 보안

1979년도 말, 금속 우편 용기 내부에 폭탄을 넣어 아메리칸 항공에 탑재시켜 운송하려 했던 사건은 FAA와 UPS(U.S Postal Service)가 MOA 합의 각서에 서명하는 것을 촉진시켰다. MOA는 UPS를 포함한 모든 직접 및 간접 운송 항공사가 항공 우편 소포에 승인되지 않은 폭발물이나 방화성 물질을 넣는 것을 예방하고, 감지하기 위한 절차로 구성된 항공 우편 보안 프로그램을 실시할 것을 요구했다. 불행하게도, UPS는 항공사가 우편을 검사하는 것을 절대 허용하지 않았고, 오직 제한된 상황에서만 우편물을 검사할 것이라는 위치를 고수했다. 따라서 MOA는 실행되지 못 했다.

원래 우편의 보안에 대한 기준은 항공화물의 특성마다 달랐다. 화물 운송사는 이미 밀봉된 봉투로 우편물을 받는데, 우편물에는 목적지가 표기되어 있다. FAA는 항공사에 의해 우편물이 수령될 때 봉해져 있기 때문에 법적으로 항공 보안에 대한 책임을 포기했다.

상업용 항공기에 의해 운송되는 우편물의 운송비는 정해져있고 항공사의 규모가 큰 사업을 구축하기 위해 지속되었다. 그러나, 1991년 1월 행해진 사막 폭풍 군사 훈련에 따르면, UPS는 간단한 안전 조치로서 화물 운송의 대부분을 여객 항공사에 이전 시키는 것 대신에 화물 항공사로 이전시켰다.

과거에는 자체적인 규정 때문에 우편 서비스는 X－ray 또는 다른 방법으로 우편물을 검사했었는데, 봉인된 우편물에 대해서는 수색영장 없이는 검사를 할 수 없었다. Title 18 USC section 3263에서는 우편 관계당국에게 편지 운송을 위한 우편 중 봉인된 우편을 위한 등급이 하나 또는 두 개가 되어야 한다고 했으며, 또한 그러한 등급이 없는 국내로부터 보내진 우편물은 법에 의해 승인된 수색 영장의 경우를 제외하고는 개봉되어서는 안 된다고 했다. 우편 서비스 규정의 Part 115.4와 115.5에서는 만약 봉인된 편지나 우편물이 위험할 수도 있는 특별한 상황이 있지 않은 이상 어떤 누구도 수색 영장 없이 봉인된 우편물을 개봉하여 내용물을 봐서는 안 된다고 했다. 게다가, 18 USC Section 1702에서는 우편물의 수신 방해, 사업 비밀의 공개, 횡령 또는 파괴행위를 하려는 자에 의해 우편물이나 화물의 지연이 발생될 경우, 이것을 연방 범죄 혐의로 규정했다. 이러한 조항들은 항공기에 적재되기 전에 이뤄지는 우편물의 검사를 매우 심하게 제한한다.

FAA와 UPS의 협동력을 향상시키기 위해 1994년 5월에 두 번째 MOA가 체결되었다. 이 협정은 두 기관들 사이의 협동력을 향상시켰다. 이 협정의 목적은 폭발물이나 방화물이 우편물에 실려 항공기에 적재되는 것을 예방하는 것과 봉인된 우편물의 범주를 다시 정하는 것이었다. 항공기 수하물 검색의 취약점 중의 하나는 UPS에 달려있다. 인정하건데, 이 규제 이전의 긴 역사는 민주주의 국가의 기반 설립의 일부분을 형성한다. 정부가 사적인 우편물에 개입하지 않는 것은 기본적이고 중요한 권리다. 그러나, 다른 많은 헌법적 권리처럼, 이것도 절대적이지는 않다. 항공기에 잠재적인 폭탄이 실린 상황은 정당한 몇몇 예외사항의 하나로 볼 수 있다.

두 기관에 의해 만들어진 광범위한 절차들을 재고해 보니 지속적으로 몇몇 수정사항들이 만들어져 왔다. UPS는 우편업자가 특정 비행을 명시하는 “Airport to Airport” 서비스를 취소했다. 또한 UPS는 항공사로 넘겨진 우편과 분리된 특정 “profiled” 우편물에 있어서 매주 내부 보안 회계 감사의 시스템을 시행했다. 또한 UPS는 해외로 보내지는 우편물을 위한 관세 형식을 수정했다. 이런 형식들은 현재 우체국이 보유하고 있는 복사본과 각각의 우편물에 대한 “안전” 증명서를 필요로 한다. 1996년 이래로, 더 강한 보안 방법들이 시행되었다. 현재, 우편물함(drop box)에 놓여진 “profiled” 우편물은 발송자에게 돌려보내진다. 우편을 통해 소포가 운송된다면, 우편업자는 몸소 그 소포를 확인해야 한다. 더 구체적으로 말해서, 우편 요금으로서 우표만 부착되어있는 13온스가 넘는 모든 우편물들은 우체국에 있는 서비스 카운터에서 직원들에게 확인받아야만 한다. Canie teams는 항공화물 검색 및 수색을 하는 산업에 의해 지지를 받는데, 이 teams는 11개의 공항에서 long-running pilot program에 따라 여객 항공기에 실리는 1파운드 이상의 우편을 검색하는 방법으로 현재 TSA에 의해 승인받은 방법만을 제공한다.

12. Indirect Air Carrier

Indirect Air Carriers(IAC: 간접 항공운송회사)는 항공사에 물품을 운송하고 받는 업무를 제공하는 회사이다. 화물 주선업자들은 전형적으로 물품과 문서를 다루는 것부터 세관을 통해 물품을 증명하고 최종 수하인에게 배달을 완료하는 것까지의 모든 운송 과정을 다룬다. 항공사가 이런 운송을 수락했을 때 시스템의 큰 허점이 항공사의 특정한 취약점이 된다. 이론적으로, 우편물은 항공사에 도달하기 전에 몇몇 IAC(Indirect Air Carrier)를 통해 전달되어질 수 있다. 이것은 최초 운송지를 추적하는 것을 매우 어렵게 한다. FAR Part 109는 1979년에 법으로 제정되었다. 이 법은 "허가받지 않은 폭발물과 방화물이 항공화물에 실리는 것을 예방"하기 위한 보안 프로그램을 IAC가 개발하고 FAA의 승인을 받기 위해 제출할 것을 요구한다. 이 법의 목표는 항공사에 화물을 적재하는 관점보다 수용력의 관점에서 검색을 위한 필요조건을 만드는 것이다.

주요한 문제는 FAA가 대부분의 국가 IAC의 신원을 모른다는 것이다. 1990년 5월 15일에 개최된 항공 보안과 테러리즘에 대한 위원회에서, 미국에는 4,000~6,000개의 IAC가 있지만 FAA는 오직 이들 중 400개에 한해서만 정체를 파악하고 추적을 할 수 있다는 것을 알아냈다. 결과적으로, 강화된 IAC 기준들이 제정되고 실행되었다. FAA는 IAC에 의한 화물의 수용성에 대한 필요조건과 정의, 전문용어를 포함하는 IAC를 위한 표준 보안 프로그램(Indirect Air Carrier Standard Security Program, IACSSP)을 만들었다. 이런 필요조건들은 1994년에 효력이 발휘되었다. TSA 49 CFR, Chapter XII, Part 1548는 IAC를 위한 보안 프로그램의 필요조건을 상세하게 기술해 놓았다. 이 부분은 운송업을 위한 프로그램을 고안할 것을 요구한다. 운송회사와 IAC에게 적절한 프로그램을 시행하라고 강요하는 것은 다른 문제이다.

13. Known Shipper

Known Shipper 제도는 과거에 정기적으로 항공사와 거래를 하지 않은 고객들이 화물을 받는 것에 있어 여객 항공사를 보호한다. FAA는 이미 2000년에 이 제도를 강화해왔다. FAA는 known에 대립되는 unknown shipper의 새로운 정의를 내렸다. 제조업자는 1999년 9월 1일 이후로 같은 화물 주선업자와 적어도 24번 운송했다는 것을 다음의 모든 사항을 완료하여 증명해야 한다. 제조업자는 화물 주선업자와 함께 고객 기록을 보유해야만 한다, 제조업자는 화물 주선업자와의 거래에 대해서 6개월 이상의 기록이나 형식적인 계약서를 보유해야만 한다. 제조업자는 연속적이지 않게 적어도 3일 동안 주선업자와 운송해야 한다, 화물 주선업자는 제조업자의 사무실을 방문하여 “Aviation Security Known Shipper Regulation”을 작성해야만 한다. TSA는 11월 19일부터 모든 여객 항공기의 하물을 검사하라고 명령했다. 그러나, 그것이 뭘 의미하는지는 아직 정해지지 않았다. 천문학적인 수의 모든 화물을 직접 검사하는 것은 불가능할 수도 있다. 현재 시스템의 허점은 수하인이 송하인으로 보여질 수 있다는 것이다. 산업의 악몽은 이전에 정부가 여객 항공기를 통한 1파운드 이상의 개인 우편물 운송을 금지한 것과 같은 방식으로, 여객 항공기를 통한 모든 화물 운송을 금지시키는 것이다. 미국 여객 항공사의 우편 양은 매우 감소했고, 이는 항공사 화물 수입을 적자로 만들었다. 항공 산업을 억누르지 않는 새로운 보안 조치들을 보장하기 위해 새로운 항공화물 산업 단체인 화물 항공 보안 연합(Cargo Aviation Security Coalition)이 만들어졌다. 오늘날, 미국 정부는 물품이 운송되기 전에 모든 화물 회사가 최종 수하인으로부터 구두 확인을 받아야 한다는 것을 요구한다. 결과적으로, 운송은 특히 시간차가 있는 화물을 다룰 때 자주 지연된다.

Known Shipper는 아래의 두 가지 조건 중 하나에 부합하는 회사나 개인을 말한다.

1. 24개월 이내에 적어도 24번을 같은 화물 주선업자나 IAC로 운송했고 1991년 9월 1일 이후로 화물 포워더와 활발한 거래관계를 유지해 왔을 것

2. 다음의 자격들에 부합한다.

a. 고객 기록(믿을 수 있는 계좌 등)을 보유한다.

b. 6개월 이상의 화물 포워더나 IAC와의 운송 기록을 보유하고 있거나, 형식적인 계약서를 보유한다(형식적인 계약서에는 포워더나 IAC의 대표자와 송하인 모두에 의해 서명된 운임표 등이 있다.).

c. 포워더나 IAC와 연속적이지 않게 세 번 운송했다.

d. 송하인의 회사 또는 사무실을 방문했고, 대표자 중 한 명이 "Aviation Security Known Shipper Revalidation"을 작성했다.

14. Unknown Shipper

몇몇 항공사와 IAC는 모든 운송 서류를 적절하게 검토하여 Unknown shipper를 식별하는 것에 여전히 어려움을 겪고 있다. 정부는 결국 앞선 "unknown shipper" 제도를 모든 화물의 범위로 확장했고 모든 "unknown shipper"와 known shipper의 화물의 검사를 요구했다. 과거에는 미국의화물에만 필요했던 송하인의 보안 보증서와 모든 화물에 대한 확인서가 여객항공사에게도 요구되어졌다. 게다가, 외국 항공사와 IAC 또한 모든 송하인(Known과 unknown)으로부터 비슷한 확인서를 받아야 했고, 각각의 운송이 감사 추적을 받는다는 것을 증명해야 했다. FAA는 또한 항공사가 화물 항공기와 여객 헝공기로부터 얻은 모든 화물에 보안 통제를 적용할 것을 명령했다. unknown shipper에 대한 제한사항들은 2002년 10월 9일로부터 다음과 같다.

- 미국 화물은 여객 항공기에 의해 운송될 수 없다.
- 미국 화물은 오직 항공사의 수락을 받은 화물 항공기에 의해서만 운송된다.
- 미국으로부터의 운송은 다른 운송과 혼재될 수 없다.
- 화물 포워더가 화물을 "known shipper status"에게 운송하라는 문서를 작성한 후에 미국으로부터의 운송은 7일 동안 보류될 수 없다.

15. 항공화물운송주선자의 주요 목표들의 개요

(1) 3년

: 우리는 법안에서 나타나는 빠른 변화 단계에 대해 매우 걱정하고 있다. 의

회의 법안과는 달리, 단지 3년 단위의 화물을 위한 목표만 있을 뿐 연도별 기준은 없다. 그러나 그 효과는 병목현상, 지연, 그리고 산업의 능력에 극적으로 영향을 줄 수 있는 짧은 기간마다 이뤄지는 매우 비싼 업그레이드로 거의 비슷하다. 우리는 이러한 걱정사항들을 표현해왔고 이 조항에 대해 국회의원들과 지속적으로 연구할 것이다.

(2) 검사시스템(Screen System)

: 이 단어는 의원 법안에서 쓰이는 "Inspection"과는 다르다. 우리는 "Screening"이라는 단어의 사용이 다층의 위험기반 접근 방법을 발전시키기 위한 공급체인의 부단한 노력들의 결과와 그로 인해 만들어진 개선사항이라고 여긴다. TSA와 의회의 수많은 회의 끝에, "screening"은 물리적 또는 기술 기반의 해결책을 해석하는 "inspection"보다 위협평가에 의존한다는 점에서 위험기반 접근방식을 구현한다고 생각했다.

(3) TSA에 의해 결정되는 장비, 기술, 절차, 요원, 또는 다른 수단들

: 이것은 단지 몇 년 전의 기술 또는 물리적 검사 규정보다 훨씬 더 광대하다. 이것은 또한 '다른 방법들'이 포함되었다는 점에서 의원의 단어보다 훨씬 더 광범위하다. 우리는 TSA에게 주어진 이러한 유연함이 TSA는 어떤 방법을 증명하기 위한 권한을 가지게 할 것이기 때문에 우리 산업을 잘 도와줄 것이라고 믿는다. 새로운 절차들, 기술, 그리고 장비를 위한 TSA의 심사과정은 지금까지 엄격했으며, 우리는 효율적이라고 증명된 정책들을 옹호하고 같은 수준의 주의를 기울일 것을 기대한다.

(4) 여객의 위탁수하물에 대해 효과적인 보안수준의 비교

: 우리는 이 조항에 대해서도 관심을 가지고 있다. 의원 법안은 보안의 보안의 수준에 있어 "Equivalent" 수준을 요구했다. – 수하물과 화물은 같지 않으며 같게 취급해선 안 된다는 개념을 가지고 비교하는 것이 좋다. 그러나, 이런 설명은 이 문제에 대해서 분명하지 않고, TSA가 상당한 보안 수준을 이룰 수 있는 수하물 검색을 위한 방법(기술적으로 또는 손수)으로서 이를 해석할 수 없다는 식으로 바뀌어야 할 필요가 있다. 이런 것들은 위에서 언급된 다른 검색 방법의 포함에서 만들어진 긍정적인 이익들을 지울 것이다. 우리는 이것을 분명하게 하기 위해 의원들과 함께 연구를 하고 있다.

(5) 비용

: 비용은 법안에서 여전히 다뤄지지 않는다. 하원의원회에서 추정한 항공화물 부분의 예측지는 5년 간 37억 달러이다. 우리는 의회가 국토 보안 정책과 이것에 관련된 비용들에 대한 책임을 맡는 것에 동의했다고 믿고, 그러므로 사용자들의 비용, 세금, 또는 추가적인 비용 부담들(공급체인 상)에 반대한다.

16. 진공실

진공실은 기압에 따라 폭발되는 폭탄들의 위험을 최소화하기 위해 항공사 그리고 공항관리자들에 의해 설치될 수 있다. 항공기에 선적하기 전에, 항공화물은 진공실에 실린다. 연속되는 비행은 진공실 내에서 시뮬레이션 되고, 화물은 정상적인 비행동안 예상되는 다양한 기압의 대상이 된다. 비행 세부사항들은 진공실을 운영하는 컴퓨터에 공급된다. 진공실에 대한 감시는 지역적으로 떨어진 곳에서도 할 수 있다.

17. 위험한 화물의 검사

1996년 5월 11일, Valujet Flight 592의 비극적인 파괴는 항공화물의 선적에 있어 엄청난 성장을 이끌 만큼의 주의를 끌었다. 사고 몇 주 내에, FAA는 FAA의 위험 물질들과 화물보안강화 프로그램을 검토하기 위해서 대책위원회를 형성했고 그 결과 새로운 화물 보안 프로그램과 위험 화물 프로그램이 만들어졌다. 이것은 9개의 국내구역과 1개의 유럽구역에서 효력이 발휘되었다. 프로그램에 배정된 검사자들은 3개의 국제지역 사무실 뿐만 아니라 미국 내 38개가 넘는 지역의 사무실에 여전히 상주하고 있다. 본부의 감독 하에, 대행사들은 조사승객과 모든 화물 항공 운송사들에 의한 운송체인을 따라 위험한 물질의 선적과 선적처리업자들의 규정 준수를 감독한다. 그들은 또한 관련된 모든 화물보안조치들이 모든 유형의 화물에 확실하게 적용되어질 수 있도록 하기 위해 동시에 발생된 화물 보안 조사들을 수행한다.

FAA는 화물보안의 특정 전문분야와 조사활동을 결합했다. 마침내 인증기관은

100명 이상의 특별한 화물 검사자들을 고용하는 것을 승인했다. 프로그램은 조사와 시험, 현황 분석, 그리고 배송 지역 사회에 대한 지원을 위한 활동에 중점을 둔다. FAA는 또한 새롭게 고용된 직원들을 위한 수많은 과정들을 개발했다. 화물 보안 기본 과정이라는 한 과정은, 화물조사 임무를 위한 모든 직원들을 위한 표준과정이다. 이 과정은 국내와 국제 선적회사들, 항공화물을 보내고 받는 항공사들에게 규정된 필요조건들을 배정했고 이와 함께 새롭게 고용된 화물 보안검사자들과 위험물 검사자들에게 익숙하도록 개발되었다. 재앙이 일어나게 되면 안전과 보안에 있어 부족한 부분에 상당한 발전을 야기 시킬 수 있다. 이와 같은 양상에서 Valujet Flight 592의 손실은 항공화물선적 분야에 엄청난 성장을 가져왔고 위험물질의 사고에 대해 직원들이 그 위험성을 인식하도록 했다. 정부는 FAA의 위험 물질들과 화물안전강화프로그램을 조사하기 위해 위원회를 만들었다. 여객 항공사에서와 같이 화물 운송사에서 이뤄지는 화물 검사는 매우 중요하다. 화물 항공기에는 비교적 적은 사람들이 있어서 이런 검사가 소홀히 해질 수도 있다. 하지만, 차후에 화물 검사에서 실수가 만들어져서 공중 폭발과 같은 사고가 일어나게 되었을 때, 화물 항공기에는 승객이 없기 때문에 승무원을 과실사 시켜도 된다고는 볼 수 없다.

18. 국제적인 화물 보안의 기준

ICAO의 보안 계획은 Annex 17에 수록되어 있다. EU Regulation 2320/2002와 ECAD Document 30 또한 적용 가능한 화물 규정들을 수록한다. 보안 계획은 보안의 모든 측면들을 설명한다. 그러나, 특별하게 국제여객항공기로 운송되는 화물과 우편을 더 자세히 설명한다. Annex 17의 Chapter 4는 화물과 우편에 대한 통제를 만들었고 또한 화물 주선업자가 보안 프로그램의 일부분이 되도록 정부가 보장하게 하는 것을 권고한다. 미국이 아닌 곳에서 운항하는 미국 항공사들은 ICAO 권고사항을 채택한 국가의 화물 주선업자에 의해 수행되는 보안 절차만을 따른다. 봄베이, 홍콩, 라고스 혹은 브뤼셀에서 선적된 화물이 안전하다는 보증도 없고 위험을 계산한 것도 없다. 미국 운송사들은 Annex 17의 요구를 따르는 화물 주선업자와 외국 공항에 전적으로 의존해야만 한다. TSA는 권고하거나 제안할 수 있지만, 외국 공항들의 운영에 대한 실제적인 권한은 없다. 미국에서 규정을 집행하기 위해, TSA는 벌금을 산정할 수 있고 연방법정에서 특별하게 지독한 상황을 만들어 해당 공항을 밀어붙일 수 있다.

19. 공항에 대한 검사

FAA는 어떤 공항이나 기관에 대한 벌금, 정지, 또는 취소를 명령했을 때 집행정보시스템에 따라 이러한 조치의 분기별 보고서를 발간해왔다. 이 부분에서는 화물과 관련해서 보안 위반사항들을 저지른 항공사나 공항에 대한 정부의 조치사항들을 다룬다. 대부분의 이런 위반사항들은 위험물과 관련된 것들이지만 FAA는 검사 기준과 검사 중에 의해 종종 발견되는 차이점들을 묘사하고자 한다.

정부는 규정 위반사항에 대해 5만 달러까지의 금전적인 벌금을 가늠해 청구할 권한을 가진다. 한 번의 위반 당 항공사에 1만 1천 달러까지의 비용을 부담시킬 수 있다.

일단 결정이 내려지면, 벌금을 측정하는 것은 행정법원과 직접적인 관리자에 의해 행해진다. 통제된 기관들과 정부 사이에서 많은 협상이 생길 수 있다. 기관은 정부와 합의에 도달할 수 있으며, 만일 판결이 5만 달러 미만인 경우, 기관의 집행 기록에 위반사항이 기입되지 않는다. 따라서, 규제받는 기관들은 이런 사항들이 정착화되기 위해서 실제적인 이점을 가진다. 협상된 위반사항들은 미국 지방법원에서 기소를 위해 미국 변호사에게 언급될 수 있다. 이런 일은 드물지만 종종 일어난다.

벌금의 측정에 덧붙여, 정부는 억제책으로서 이용 가능한 다른 몇몇 대안들을 가지고 있으며, 정지와 폐지의 증명서들을 만들 수 있다. 무제한의 정지는 증명서 보유자가 보안 기준을 포함한 증명서 보유자의 기준에 부합되게 함으로써 증명서의 특권을 사용하는 것을 예방하기 위해 발행된다. 증명서 보유자가 그 증명서를 보유할 자격이 더 이상 없다고 판단될 때 증명서의 취소가 발행된다. 기간제 정지는 가해자를 징계하고 다른 이들이 이와 같은 행동을 하지 못하게 하려는 의도로 발행된다. 예를 들어, 2001년 5월 10일, FAA는 KLM에게 위험물질위반에 대해 벌금 $95,000을 내라고 했다. 아마 KLM은 표명되지 않은 산소발생기를 운송했을 것이고, 이 화물에 대해 알리고자 했던 승무원이 없었을 것이다. 마지막으로, 발전기 포장은 규격을 충족하지 못했다.(FAA Office of Public Affairs, Press Release, 2001년 5월 10일). 규정에 따라서, KLM은 FAA의 결정에 응답하기 위해 30일을 부여 받았다. 비슷한 상황에서 2001년 5월 3일 FAA는 Trans-Brasil 항공사에 23만 5천 달러의 벌금을 부과했다. 그들은 또한 그들의 권리대로 반응했다. 검사규칙과 집행도구의 목적은 위험하거나 유해한 물질의 운송을 방지하는 것임을 반복해서 떠올려야만 한다. 벌금을 부과하는 것은 단지 규칙을 어긴 것에 대한 적절한 제지가 아니다.

처음 민간항공사에 벌금이 부과된 후에, 이런 벌금의 발행을 해결하기 위해 비공식적인 절차들을 만들고자 했다. 부족함을 채우고 문제점들을 해결하고자 한 것은 가장 중요한 요소이다. 각각의 경우에 대한 모든 소송은 너무 비쌌고 규제의 목적을 제대로 표명하지 못했다. 현실적으로 소송은 처벌하기 위한 것이다. 결과적으로, FAA는 결함을 고치고 미래의 긍정적인 자세를 투영하는 노력이 있는 한 협약을 따르는 것에 동의하고 타협안을 발행한다.

제 5 부

공항보안

17장 공항보안의 의의

1. 공항보안의 개념

'보안'이라는 용어는 다양하게 정의되어 사용되고 있지만 보안대상과 보안방법에 따라 구분되어 정의되는 경향이 있다. 이러한 맥락에서 볼 때, '공항보안'이란 공항을 대상으로 하는 보안의 한 분야로 볼 수 있으며, 따라서 '공항보안'이란 공항에서 발생 가능한 위협 및 위험으로부터 공항을 안전하게 보호하기 위해 이루어지는 제반 조치로 정의할 수 있다.

(여기서) 공항이란 "공항시설을 갖춘 공공용 비행장으로서 국토교통부장관이 그 명칭 및 구역을 지정고시한 것"으로 항공법에 규정하고 있으며, 국내에 있는 국제 국내비행장을 포함한다.

공항보안은 '항공보안'을 위해 이루어지는 중요한 보안영역이라 할 수 있으며, 다른 보안과 마찬가지로 공항보안을 위하여 위협 또는 위험으로부터 발생 가능한 사고를 사전에 예방하고 사고가 발생했을 경우 신속하고 적절하게 대응하는 것이 필요하다.

공항보안을 위해 공항 내 중요시설이나 항공기에 불필요한 사람이나 위험한 물품이 접근하는 것을 통제하는 것이 중요하며, 불필요한 사람이나 위험한 물품으로부터 주요시설이나 항공기를 보호하는 것이 항공보안의 중요한 목표이기도 하다.

1972년 미국 FAA(Federal Aviation Agency)는 모든 항공사가 승객과 휴대품을 검색하도록 하는 법규를 실행했으며, 1988년 12월 21일 테러리스터에 의해 팬암(Pan Am) 항공사의 비행기가 스코트랜드 로커비 상공에서 폭발하여 270명의 사망자를 낸 사고 후 FAA는 더 엄격한 검색절차를 규정하였으며, 컴퓨터나 라디오, 다른 전자장비의 검색을 강화하게 하였고, 승객이 휴대한 가방만 기내에 반입할 수 있게 했다.

그리고 2011년 9월 11일에 발생한 9.11테러사건은 공항보안에 대한 관심을 높이는 새로운 계기를 마련하게 했으며, 항공보안전략과 보안체계를 전반적으로 개선하는 계기가 되었다. 승객의 신발을 벗게 하여 신발을 검색기에 통과시키는 과정을 추가하고 폭발물을 은닉할 수 있는 액체물질을 담은 용기의 기내반입을 금지시켰으며, 리지 16온스(약 454g) 이상의 토너나 잉크카트 반입을 금지시켰다. 이어 전신검색기(full-body scanner)의 도입과 신체 직접검색방법을 도입하면서 개인 프라이버시 침해에 대한 논란을 유발하였다. 뿐만 아니라 승객의 거짓말이나 무언가를 숨기는 행위를 찾아내기 위한 행동분석기법이나 프로파일링 기법의 도입 등 공항보안을 위한 조치를 강화하고 있다.

2. 공항보안의 영역

공항보안은 기술적 영역과 관리적 영역으로 구분하여 생각할 수 있는데, 기술적 영역은 물리적 보안조치와 정보보안조치 등과 같이 가시적이고 실질적인 보안조치를 포함하며, 관리적 영역은 물리적 보안조치와 정보보안조치가 제대로 그리고 효율적으로 실행될 수 있도록 하는 관리적 차원의 보안조치라 할 수 있다.

아래의 <그림 17－1>에서 보는 것처럼 공항보안의 기술적 영역에는 발생 가능한 위해 및 위협으로부터 공항을 보호하기 위한 시설경비에서부터 항공기 안전을 위한 보안검색 및 접근통제, 안전사고예방 및 대응, 해킹이나 바이러스 등으로부터 보호하기 위한 정보보안 업무를 포함한다. 이에 비해 관리적 영역에는 공항보안을 위해 필요한 법규 및 정책에서부터 보안업무 지침 및 매뉴얼, 보안의식 및 보안수준향상을 위한 교육·훈련, 보안점검 및 감사를 통한 보안수준향상 등의 관리적 부분을 포함한다.

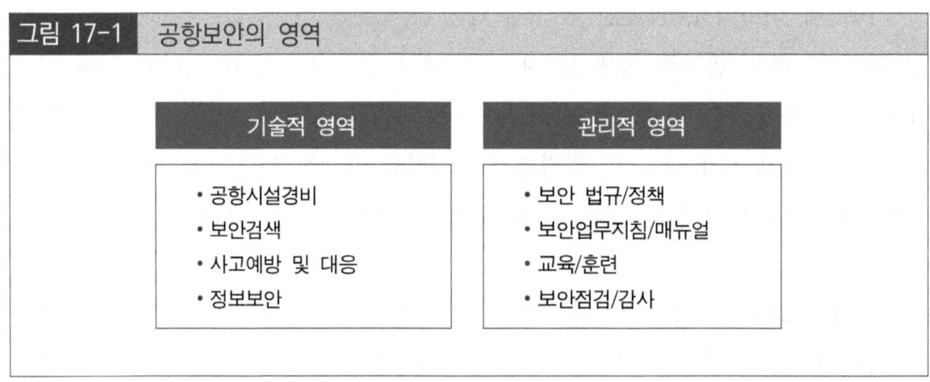

그림 17-1 공항보안의 영역

3. 공항보안의 기능

공항보안을 위해 공항의 주요시설 및 항공기 등을 위협할 수 있는 사람 및 물품이 접근하는 것을 통제할 수 있어야 한다. 불필요한 사람이 항공기로 접근하는 것을 통제하기 위하여 여권 심사과정 등의 업무가 항공보안 영역에서 이루어지지만 이와 함께 공항보안목적 달성을 위하여 다음과 같은 업무가 요구된다.

① 공항시설 경비

② 보안검색 및 위험물품 반입통제

③ 항공기 안전관리

④ 화재 및 안전사고예방 및 대응

⑤ 정보유출 방지 및 전자적 방해·공격으로부터 공항시설 보호

공항보안을 위해 파괴나 테러행위 등과 같이 외부의 의도적이고 계획적인 공격으로부터 공항시설이나 항공기 등을 보호하는 것도 중요하지만 사람의 부주의나 무관심으로 발생할 수 있는 화재 및 안전사고 등과 같은 위험 요인으로부터도 공항시설이나 항공기를 안전하게 보호할 수 있어야 한다. 특히 화재는 시설이나 자산을 순식간에 잃어버릴 수 있게 하므로 화재로부터 자산을 보호하는 것은 아주 중요한 부분이라 할 수 있으며, 개인정보 보호와 시설기반 제어를 위해 적용되는 전자적 원격제어기능을 방해하려는 위협으로부터 공항을 안전하게 보호할 수 있어야 한다.

4. 공항보안 운영체계

공항보안을 위한 보안조치는 보안인력과 보안장비, 보안시스템 등과 같은 물리적 수단을 이용하여 위해상황을 예방하고 위해상황에 대응하는 것이라 할 수 있다. 즉 발생 가능한 위해요인을 감시 또는 감지하여 위해상황의 발생을 예방하고, 위해상황이 발생했을 경우 이에 적절한 대응행위를 통해 피해를 예방 또는 최소화하게 된다.

<그림 17-2>에서처럼 공항의 실질적인 보안조치는 보안실행조직(담당)인

시설경비조직 및 정보보안조직에 의해 이루어지며, 가시적인 보안조치를 위해 시설경비조직의 경비원이나 보안검색요원 등의 보안인력이 주체가 되어 경비시스템, 검색장비 등 공항보안업무에 동원되는 모든 요소를 운영하여 보안목적을 달성하게 된다. 일반적으로 보안업무 실행조직(담당) 위에 보안관리 조직(담당)을 두어 보안업무 실행 조직이 보안목적을 적절히 달성할 수 있도록 조정 및 통제하는 업무를 하게 된다. 이 외에 공항의 보안업무는 공항운영자, 항공운송사업자 및 공항보안을 관할하는 국가기관과의 협조, 지원, 지도·감독 등의 관계를 유지하면서 수행된다.

그림 17-2 공항보안 업무체계

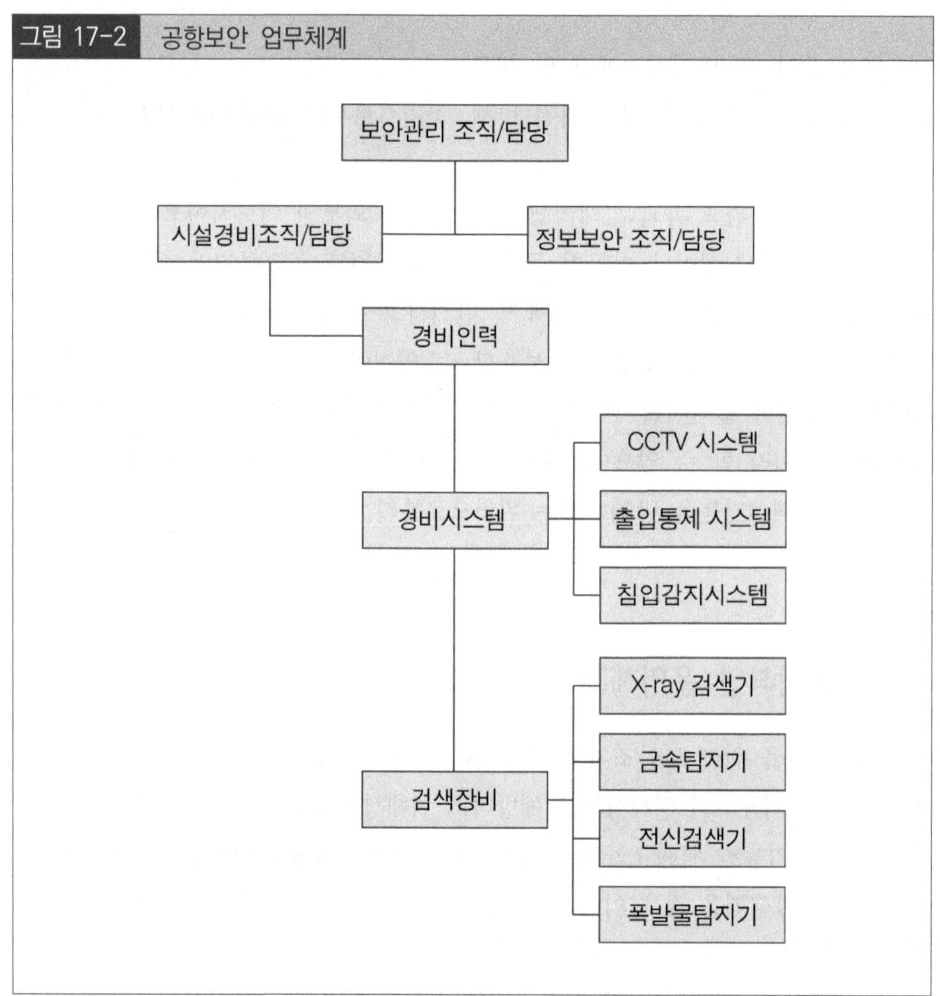

18장 공항시설경비

1. 공항시설경비의 의의

공항의 물리적이고 가시적인 보안조치는 시설경비의 형태로 이루어지고 있다. 공항시설경비는 공항보안의 목적과 기능이 상당 부분 일치하며, 따라서 공항보안의 중요한 부분이라 할 수 있다. 시설경비란 "발생 가능한 위해로부터 사람의 생명과 재산을 보호하기 위해 특정한 지역을 경계, 순찰, 방비하는 제반 행위"로 정의할 수 있으며,[160] 시설경비는 시설을 경비대상으로 하여 이루어지는 경비로 해석할 수 있다. 경비업법에서는 시설경비를 "필요로 하는 시설 및 장소 등 '경비대상시설'에서의 도난·화재 그 밖의 혼잡 등으로 인한 위험발생을 방지하는 업무"로 규정하고 있다.

우리나라의 경우, 국제공항과 국내공항을 국가중요시설로 분류하여 공항시설경비를 '특수경비'라는 용어를 사용하여 설명하고 있다. "특수경비는 공항 등 국가중요시설의 경비 및 도난·화재 그 밖의 위험발생을 방지하는 업무"로 경비업법에 규정하고 있으며, 국가중요시설이란 "공공기관, 공항·항만, 주요산업시설 등 적에 의해 점령 또는 파괴되거나 기능이 마비될 경우 국가안보와 국민생활에 심각한 영향을 주게 되는 시설을 말한다"라고 통합방위법에 규정하고 있다.

국가중요시설은 가급, 나급, 다급으로 구분하며, 가급에는 청와대, 국회의사당, 대법원, 원자력발전소, 대규모 산업시설, 국제공항, 항만시설 등이 있고, 나급에는 대검찰청, 경찰청 청사, 일정수준의 발전시설, 국내주요 비행장 등이 있으며, 다급에는 중앙행정기관 청사, 송신시설 등이 있다.[161]

달리 '국가보안목표관리지침'에서는 '국가보안목표시설'이라는 용어를 사용

160 김두현, (2002), 「경호학개론」, 백산, p.336.
161 김두현 외 김정현, 앞의 책, pp.497-498.

하고 있는데,[162] 국가보안목표시설은 통합방위법에서 규정하는 '국가중요시설'과 거의 동일한 성격을 가진 시설로 볼 수 있으며, 공항은 국가중요시설이면서 국가보안목표시설이기도 하다.

국가중요시설인 공항은 시설의 소유주 및 관리주 등의 시설주(한국공항공사, 인천국제공항공사)가 경비책임을 지고 경비업무를 수행하게 되며, 관련법규[163]에 근거하여 국토교통부를 비롯하여 국가정보원, 국방부, 경찰, 관련행정기관 등의 협조·지원·지도·감독 등을 받게 된다. 국가정보원장은 국가보안목표관리지침을 정하여 경비인력 운용, 경비시스템 운용, 출입통제, 보안검색, 유관기관과의 비상연락체계 및 지원방안 등을 포함한 경비계획을 수립하여 시행할 수 있게 하고 있다.

2. 공항시설경비업무

1) 업무의 범위

공항시설경비는 공항에서 발생 가능한 위협 또는 위험 등의 위해로부터 공항시설 및 항공기 등의 자산과 사람의 생명을 보호하는 것을 주요 목적으로 한다. 시설경비업무의 범위는 시설주와 경비업체 사이에 체결된 계약내용에 따라 다를 수 있지만 공항시설경비는 일반시설과 달리 국가중요시설 또는 국가보안목표시설이라는 특수한 상황을 고려한 범위에서 이루어지게 된다.

시설경비업무는 위해의 발생을 사전에 방지하는 예방업무와 위해 발생 시의 조치업무를 포함하며, 공항시설경비 목적을 위해 다음과 같은 업무를 수행하게 된다.

① 인원 및 차량의 출입통제

② 물품의 검색 및 반입·반출 통제

③ 질서유지, 도난·화재 등 사고예방

④ 비상상황 대응

⑤ 부가서비스(안내, 방문자 관리, 주차 관리, 주요인사 신변보호, 행사지원 등)

---

162 국가정보원에서 작성된 국가보안목표관리지침에는 공공기관, 공항, 항만 주요산업시설 등 적 및 불순분자에 의하여 점령 또는 파괴되거나 기능이 마비될 경우 국가안전관 국민생활에 심대한 영향을 미치는 시설을 '국가보안목표시설'로 정의하고 있다.

163 국가중요시설 경비관련 법률에는 통합방위법, 국가대테러활동지침, 국가보안목표관리지침 등이 있다.

⑥ 기타 요구사항(경비업체와의 계약서 및 규정에 명시된 업무)

2) 주요 근무 방법

① 초소 근무

② 순찰 근무

③ 경비시스템 및 보안검색장비 운영

④ 상황관리 및 지원체계 관리(상황실 운영)

⑤ 대기 및 지원 근무

⑥ 비상상황 대응 근무(초동조치, 군 · 경찰 · 소방 등 지원)

경비업무는 24시간 근무를 요구하며, 이를 위해 일별, 근무지별, 시간대별 근무교대를 실시하며, 효율적인 근무를 위하여 근무지침 또는 매뉴얼을 작성하여 이용하게 된다.

3) 시설경비 계획

경비계획은 경비업무의 기초가 되는 것으로, 경비에 관련된 여러 요소에 대한 분석 및 운용방안을 제시하여 경비의 연속성과 전문성을 제공하게 된다. 경비계획에 근거하여 지침 또는 매뉴일을 작성하게 되며, 경비인력 운용, 경비시스템 및 보안장비 등의 과학보안장비 구축 · 운영 등 다양한 경비요소를 통합적으로 운용하여 경비목적을 달성하게 된다.

경비계획 수립을 위하여 위협 및 위험요인, 취약성 등을 분석하고 사고발생시 나타나게 될 손실의 형태와 대상시설에 미치는 영향 등을 분석하는 것이 필요하며, 이를 근거로 경비요소에 대한 운영체계 및 운용방법 등에 대해 작성하게 된다.

공항의 경비계획은 국가보안목표관리지침에서 정하는 내용을 포함하게 되지만 일반적으로 다음과 같은 여러 가지 사항을 포함하게 된다.

① 위협 및 취약성

② 경비업무의 범위

③ 경비인력 운용

- 근무체계: 조직체계, 인력편성, 근무교대 등
- 근무방법: 초소 운용, 순찰, 출입통제, 보안검색 등

④ 경비시스템 및 보안검색장비 운용
⑤ 경비시설 운용(정문 및 출입문, 울타리, 바리케이드 등)
⑥ 상황실 운용, 우발상황 대응, 유관기관 지원체계
⑦ 기타 교육훈련, 통신장비 운용, 무기 및 장구 운용 등

경비계획에서 중요한 부분은 경비업무의 주체인 경비인력과 이를 보조할 수 있는 경비시스템 및 장비, 경비시설의 운영방안이라 할 수 있다. 시설 내 보호가 요구되는 장소로 이동하는 과정을 구역별·등급별로 구분하여 단계적으로 감시·통제할 수 있는 방안을 마련하고 이에 맞게 적절한 경비인력 및 경비시스템을 구축·운영하는 것이 필요하다.

4) 출입통제

시설경비는 "인원, 차량, 물품 등의 출입통제업무를 기반으로 이루어진다"라고 할 정도로 시설경비를 위해 출입통제가 중요하다.

출입통제를 위해 기본적으로 울타리, 튼튼한 출입문과 잠금장치가 필요하며, 무단 진입하는 것을 통제하기 위해 울타리 및 바리케이드 등과 같은 물리적 장애물을 설치하게 된다. 효과적인 출입통제를 위해 출입통로를 최소화 하거나 단일화 하는 것이 필요하며, 국가중요시설의 경우, 상시 출입자에 대해 신원조회를 통한 출입증 발급, 보안준수 서약, 보안교육 등의 조치를 하게 된다.

보다 높은 수준의 출입통제를 위해 개인별로 출입등급을 구분하여 출입 가능 지역을 지정하는 것이 필요하며, 이를 위해 출입가능지역을 출입증에 표시하거나 출입통제시스템의 관리서버에 출입자의 등급과 출입가능지역을 입력하여 출입자를 자동으로 인식하고 구분할 수 있게 하는 조치를 취할 수 있다.

그리고 더 높은 보안수준이 요구되는 장소의 출입을 통제하기 위하여 다음과 같은 몇 가지 방법을 추가로 적용할 수 있다.

① 경비인력과 출입통제시스템을 같이 운용
② 출입문에 CCTV 카메라와 인터폰을 사용하여 출입자를 직접 확인 및 출입문 통제
③ 보안검색 및 물품보관소 운영으로 물품 반입을 최소화

그리고 시설로 돌진하는 차량의 진입을 막기 위해 로드블럭이나 볼라드 등과 같은 차량돌진방지장치를 추가로 적용할 수 있다.

그림 18-1 차량돌진방지장치(볼라드)의 형태

많은 사람이 동시에 출입이 이루어지는 상황에서도 큰 불편 없이 출입자를 통제할 수 있고 일정한 경계구역을 형성하여 인가되지 않은 사람이 시설로 들어가려는 것을 물리적으로 통제할 수 있는 스피드게이트를 사용할 수 있다. 스피드게이트는 소수의 경비인력으로 많은 출입자를 효과적으로 통제할 수 있게 하며 무선인식 기능이 있는 RFID(Radio Frequency Identification)기술과 결합하여 편리성과 보안성을 높일 수 있으며, 인가되지 않은 사람이 인가된 사람을 따라갈 경우 센서가 이를 감지하여 출입을 통제하는 기능이 있다.

5) 보호구역의 설정

국가중요시설/국가보안목표시설의 경우, 보호구역을 지정하여 인가되지 않은 사람에 대한 출입통제 등의 보호대책을 강구하게 된다. 국가중요시설의 보호구역은 그 시설의 기능과 특성을 고려하여 일정한 범위를 정하여 제한지역, 제한구역, 통제구역으로 구분하여 지정하게 되는데, '항공보안법 제12조'에 근거하여 보안검색이 완료된 지역과 출입국심사장, 세관검사장, 관제탑 등 관제시설, 활주로 및 계류장, 항행안전시설 설치지역, 화물청사 등을 공항의 보호구역으로 지정하고 있다.

제한지역은 공항의 울타리 내 전 지역으로 일반인의 출입이 제한되는 지역이고, 제한구역은 계류장, CIQ(Customs, Immigration, Quarantine)장, 경비상황실, 공조시설, 전자통신실, 인화·폭발성 물품 저장고 등과 같이 중요한 지역으로 출입인가자를 지정하고 비인가의 출입에 대한 안내가 요구되는 지역이다. 그리고 통제구역은 무기고, 탄약고, 중앙제어실, 관제탑 지역 등 최고의 보호가 요구되는 중요한 구역으로 비인가자의 출입이 금지되는 핵심구역이며, 출입이 필요한 자는 사전 관리책임자의 허가를 받아 출입이 가능하고 안내 및 감독이 필요한 구역이다.

6) 상황실 운용

경비업무에 동원되는 여러 경비요소들을 통합적으로 운영할 수 있어야 효율적인 경비업무 수행이 가능하고 우발상황에 효율적으로 대응할 수 있다. 경비업무에 적용되는 CCTV와 출입통제시스템, 침입감지시스템을 하드웨어적 · 소프트웨어적으로 통합하고, 경비인력과 경비시스템의 기능을 체계적으로 연계하고 통합하기 위해 상황실을 운용하게 된다. 상황실은 무단침입 등의 이상상황 감시 · 감지에서부터 경보, 상황 전파, 비상상황 대응 등의 여러 경비요소를 통합 · 조정 · 지휘하는 기능을 수행하며, 정문이나 초소 등의 근무자 및 유관부서와 연락을 유지할 수 있는 통신체계를 구축함으로서 이상상황에 효과적으로 대응할 수 있게 한다.

갈수록 시설이 조명제어와 냉 · 난방 제어, 전력 제어, 공조기 제어 등 시설관리적 기능에 출입통제와 영상감시 등의 경비적 기능과 화재 및 위험가스 감시 및 경보, 소화 및 자동제어 등의 기능이 연계가 가능하게 통합적으로 설계되면서 상황실도 통합화로 변화하고 있다.

경비상황실은 시설의 기능 및 규모에 따라 지역상황실과 종합상황실을 구분하여 운용할 수 있으며, 상황실의 기능을 고려하여 규모 및 위치를 선정하고 24시간 지속적인 근무가 가능하게 인력을 운용하게 된다.

3. 경비인력 운용

1) 자체경비와 용역경비

국가중요시설의 경비업무는 주로 자체경비인 청원경찰 또는 용역경비인 특수경비원에 의해 수행되는데, 대부분의 공항에서 특수경비원이 경비업무를 수행하고 있다.

자체경비는 경비가 필요한 기관·기업 등의 경비부서 또는 담당자가 직접 선발한 경비인력에 의해 경비업무가 실행되는 것을 의미한다. 자체경비는 시설주(관리자)가 경비원을 채용하여 교육·훈련·인사 등을 담당하므로 시설주에 대한 충성심이 강하고, 내부진급으로 비교적 높은 보수를 받을 수 있는 정규직원으로서 안정적인 근무여건을 제공받을 수 있으나 용역경비에 비해 비용이 많이 들기 때문에 청원경찰보다 특수경비원을 선호하고 있다.

청원경찰은 국가기관 또는 공공단체 및 그 관리 하에 있는 중요시설과 사업장, 국내주재 외국기관, 선박·항공기 등 수송시설, 금융 또는 보험회사, 언론사, 통신사, 방송사, 인쇄소, 학교, 기타 공안유지와 국민경제상 고도의 보호를 필요로 하는 중요시설과 사업장에 확대 적용하고 있다.

용역경비는 개인 및 기관, 기업 등이 경비업체와 도급계약에 의해 실시되는 경비를 의미하며, 정부기관, 산업체, 개인 등 다양한 대상에게 경비업무를 제공할 수 있고 자체경비보다 경제적이라는 장점이 있어 선호되고 있다. 특히 경비수요 변화 시 경비원 감축 및 추가 고용으로 능률적인 인적관리를 할 수 있고, 시설주를 의식하지 않고 소신껏 경비업무에 임할 수 있다는 장점이 있으나 일정기간 동안 이루어지는 계약의 연속성을 얻지 못하거나 이직이 많을 경우 업무의 안정성이 떨어진다는 단점이 있다.

2) 특수경비원 운용

(1) 특수경비원의 주요 임무 및 자격

특수경비원은 배치된 경비구역 안에서 관할 경찰서장 및 공항경찰대장 등 국가중요시설 경비책임자와 국가중요시설의 시설주의 감독을 받아 시설을 경비하고 도난 화재 그 밖의 위험의 발생을 방지하는 업무를 수행하게 된다.

특수경비원은 특수경비업자의 부담으로 신임교육(88시간)과 정기적인 직무교육(매월 6시간)을 받아야 하며, 신임교육을 받지 아니한 자를 특수경비업무에 종사하게 하여서는 아니 된다. 경비업법 시행규칙 제15조(특수경비원 교육과목)에 교육

과목(경비업법 및 관련법, 헌법 및 형사법, 범죄예방론, 테러대응요령, 화재대처법, 출입통제요령, 시설경비요령, 사격 등)과 교육시간이 규정되어 있다.

지방경찰청장은 국가중요시설에 대한 경비업무의 수행을 위하여 필요하다고 인정하는 때에는 시설주의 신청에 의하여 무기를 구입하며, 이 경우 시설주는 무기의 구입대금을 지불하고 구입한 무기를 국가에 기부채납 하여야 한다. 지방경찰청장은 국가중요시설 경비업무를 위해 필요하다고 인정하는 때에는 관할경찰관서장으로 하여금 시설주의 신청에 의하여 기부채납된 무기를 대여하게 하여 이를 특수경비원으로 하여금 휴대하게 할 수 있다. 이 경우 특수경비원은 정당한 사유없이 무기를 소지하고 배치된 경비구역을 벗어나서는 아니 된다. 특수경비원은 국가중요시설의 경비를 위하여 무기를 사용하지 아니하고는 다른 수단이 없다고 인정되는 때에는 필요한 한도 안에서 무기를 사용할 수 있다.[164]

특수경비원은 직무를 수행함에 있어 시설주·관할 경찰관서장 및 소속 상사의 직무상 명령에 복종하여야 하고 소속 상사의 허가 또는 정당한 사유없이 경비구역을 벗어나서는 아니 되며, 파업·태업 그 밖에 경비업무의 정상적인 운영을 저해하는 일체의 쟁의행위를 하여서는 아니 된다.

만 18세 미만 또는 60세 이상인자, 금치산자, 한정치산자, 금고이상의 형의 선고유예를 받고 그 유예기간에 있는 자, 파산선고를 받고 복권되지 아니한 자 등은 특수경비원이 될 수 없게 규정하고 있으며, 특수경비원의 신체조건을 팔과 다리가 완전하고 두 눈의 맨눈시력 각각 0.2이상 또는 교정시력 0.8이상으로 규정하고 있다.[165]

(2) 특수경비원의 법적 지위

민간경비원인 특수경비원은 사인에 불가하므로 시설경비업무 중 특별한 권한이 부여되지 않으며, 경비업자는 경비대상시설의 소유자 또는 관리자의 관리권의 범위 안에서 경비업무를 수행하여야 하며, 다른 사람의 자유와 권리를 침해하거나 그의 정당한 활동에 간섭하여서는 아니 된다. 그리고 경비업자의 임·직원이거나 임·직원이었던 자는 다른 법률에 특별한 규정이 있는 경우를 제외하고는 그 직무상 알게 된 비밀을 누설하거나 다른 사람에게 제공하여 이용하도록 하는 등 부당

---

164 경비업법 제14조(특수경비원의 직무 및 무기사용 등)

165 경비업법 제10조(경비지도사 및 경비원의 결격사유), 시행규칙 제7조(특수경비원의 신체조건)

한 목적을 위하여 사용하여서는 아니 된다.[166]

경비업무 중 현행범체포, 정당방위, 긴급피난, 자구행위는 위법성 조각사유에 해당하며,[167] 경비업자는 경비원이 업무수행 중 고의 또는 과실로 경비대상에 발생하는 손해를 방지하지 못한 때나 제3자에게 손해를 입힌 경우에는 이를 배상해야 한다.[168]

3) 공경비와 민간경비

공항경비업무는 청원경찰 또는 특수경비원에 의해 이루어지지만 국가중요시설인 공항의 중요성을 고려하여 경찰 또는 군 등 국가기관의 지원을 받게 되므로 서로 보완적인 관계를 유지하는 것이 필요하다.

경비는 기준에 따라 여러 가지로 구분할 수 있는데, 대표적으로 경비활동의 주체에 따라 공경비와 민간경비(사경비)로 구분할 수 있다. 공경비는 공공의 안전을 위하여 경찰 등의 국가기관에 의해 공권력과 강제력을 가지고 수행되는 경비를 말하며, 민간경비는 개인 또는 법인(경비업체 등)에 의해 그들의 영리를 위해 수행되는 경비를 말한다. 민간경비는 개인 또는 단체, 기관 등의 이익이나 생명·재산보호 등을 위해 특정한 고객으로부터 일정한 보수를 받고 제공하는 경비서비스로 주로 개인 및 영리법인에 의해 시행된다.

• 표 18-1 공경비와 민간경비의 차이

구분	공 경 비	민간 경비
경비업무의 주체	국가기관	개인 또는 법인
법적 권한	공권력(법집행 권한)	특별한 권한이 없음
주요 기능	범죄예방 및 범인체포 · 수사, 질서유지 등	특정 의뢰자의 생명 · 재산보호 등 (예방적 기능에 우선)
주요 목적	공공의 안전과 이익	영리, 특정한 의뢰자의 이익

166 경비업법 제7조(경비업자의 의무)
167 형법 제21조(정당방위), 제22조(긴급피난), 제23조(자구행위)
168 경비업법 제26조(손해배상)

공경비와 민간경비의 목적은 달라도 범죄예방, 질서유지, 재산보호 등의 공통적 기능을 수행한다. 특히 공경비는 관할구역 내에서 법집행 권한을 가지고 개인의 생명과 재산보호, 공공의 질서유지, 범죄예방, 범인의 체포 및 수사, 교통통제 등과 같은 공공의 안전과 이익 또는 보호를 위한 일반적 업무를 포함한다. 공경비의 주체는 국가 공권력을 집행하는 국가기관으로 경찰, 대통령경호실, 법원, 검찰, 교정기관, 소방과 같은 기관을 말하나 주로 경찰을 의미하는 경우가 많다.[169]

공경비의 대표기관인 경찰의 경우, 공공의 안녕과 질서를 문란케 하는 소요, 집단적 폭력사태, 범죄, 화재, 혼잡, 파괴, 전복 등의 행위를 예방 또는 진압 · 조사하는 활동을 하게 된다. 그리고 홍수, 태풍, 군중의 혼란과 혼잡으로부터 발생 가능한 사태를 예방, 경계, 진압하는 활동과 요인의 경호 · 경비, 중요시설의 경비 활동을 하게 된다.

4. 경비시스템 운용

시설경비를 위하여 경비인력이 주체가 되지만 경비인력을 보조하여 경비업무를 보다 효과적으로 수행하기 위해 경비시스템을 이용하게 된다. 경비시스템은 경비인력과 함께 감시, 인원·차량·물품 등의 출입통제, 이상상황 감지 및 경보 등의 기능을 수행하게 되며, 기술의 발달로 경비인력과 연계된 새로운 형태의 근무를 가능하게 하며, 경비업무의 효율을 증가시키는 역할과 함께 인건비를 줄여 경제적인 보안업무를 가능하게 한다.

경비시스템은 CCTV시스템(영상감시시스템), 출입통제시스템, 침입감지시스템(침입경보시스템)으로 크게 3가지 영역으로 구분할 수 있으며, 출입통제시스템에는 차량통제시스템, 검색시스템, 물품 도난방지시스템을 포함한다.[170] 일반적으로 경비시스템은 기능과 용도에 맞게 CCTV, 출입통제시스템, 침입감지시스템 중 한 개 또는 2개 이상의 경비시스템을 연계하여 사용된다.

경비시스템 운용에 대한 세부적인 내용은 다음 장에서 설명하기로 한다.

---

169 김두현 외, (2002), 「민간경비론」, 백산, pp.33-34.
170 정태황, (2001), 「기계경비개론」, 백산, p.15.

5. 사고 예방 및 대응

1) 안전사고의 예방

범인의 의도적인 위협이 아니라도 대상시설에 피해를 유발할 수 있는 요인은 다양하다. 비, 눈, 태풍, 지진 등으로 인한 자연재해에서부터 혼잡으로 인한 안전사고, 교통사고, 화재 등은 대상시설에 심각한 피해를 초래할 수 있다. 따라서 시설경비를 위해 여러 가지 형태의 위협상황에 대비하는 것도 중요하지만 무관심이나 부주의로 인해 발생 가능한 사고적인 위험에 대비할 수 있어야 한다.

안전사고는 위험한 환경 요인에 따라 다양하게 발생하게 되는데, 넘어지거나 옷이나 신체의 일부가 끼이거나 떨어지거나 부딪치는 등 그 종류가 다양하며, 주로 부적절한 시설물이나 소음, 부적절한 청소, 부적절한 공기정화, 부적절한 조명 등과 같은 부적절한 환경조건에 의해 발생하게 된다.

미끄러지거나 넘어지는 것을 방지하기 위하여 바닥 광택이나 물기 등 미끄러운 상태를 알려 조심할 수 있게 하고, 턱은 제거하거나 이를 알릴 수 있는 표지판을 설치하여 보행자의 주의를 유도할 수 있어야 한다. 머리가 부딪치거나 투명한 유리창에 보행자가 부딪치는 사고를 방지하기 위하여 보행자가 주의할 수 있도록 장애물이나 안내표지만을 설치하고, 계단이나 발코니, 옥상 등에서 발생 가능한 추락사고를 방지할 수 있도록 난간이나 손잡이를 설치하는 것이 필요하다.

위험한 장소 근처에서 보행의 집중을 방해할 수 있는 물건은 제거하거나 조정하는 것이 필요하다. 거울은 보행하는 사람의 집중을 방해할 수 있고, 때로는 어디로 가고 있는지를 혼란스럽게 할 수 있고, 잘못된 정보를 제공할 수 있으므로 거울의 설치 위치를 고려할 수 있어야 한다. 벽에 걸린 그림이나 카펫 등도 보행자의 집중을 방해하여 보행 중 사고를 유발할 수 있다. 문이 열리면서 문에 통행자가 부딪치는 것을 방지하기 위하여 내부나 외부를 볼 수 있게 하던지 열리는 방향을 고려할 수 있어야 한다.

2) 차량사고의 예방

공항에서 발생 가능한 차량사고를 방지하기 위하여 차량이동로는 보행로와 충분히 격리시켜 안전을 확보하는 것이 필요하며, 주차장처럼 보행자와 차량이 같이 사용하는 경우 차량용 도로와 보행로는 구분하여 서로 방해받지 않게 하는 것이 필요하다. 이를 위해 각각의 노면을 쉽게 구분할 수 있도록 다른 색으로 도색하거나 보행로를 차량용 도로보다 높게 설치하는 것을 고려할 수 있다.

주차장 입구나 출구에서 차량과 보행자의 안전을 확보할 수 있어야 하며, 차량의 출구나 입구에서 이동하는 차량이 잘 보이지 않는 경우에는 식별이 용이한 방지턱을 설치하여 차량과 통행자가 주의할 수 있게 하고, 경고판 또는 경고등을 사용하여 차량과 보행자가 주의할 수 있도록 하는 조치가 필요하다. 출구 및 입구, 이동로 등이 혼잡할 경우 인위적으로 근무자에 의한 차량통제가 필요하다.

3) 화재의 예방 및 대응

화재는 다른 사고와 달리 짧은 시간에 엄청난 피해를 줄 수 있으므로 화재예방과 화재사고 대응은 시설경비차원에서 중요하게 다루어져야 한다. 극소수의 방화나 자연발화를 제외하고는 대부분의 화재는 사람들의 부주의로 인해 발생한다는 사실을 감안해 볼 때, 사람들의 관심과 주의만으로도 화재로부터의 손실을 예방할 수 있다.

화재로 인한 피해는 도난 등의 피해와 비교가 안 될 정도로 엄청나지만 화재예방과 소방에 대한 관심이나 업무 비중은 도난 등과 같은 범죄예방활동에 비해 소홀히 다루어지는 경향이 있다. 화재로부터 피해를 방지하기 위하여 예방의 노력이 우선되지만 화재를 신속하게 인지하고 초기에 진화하는 것이 중요하며, 화재상황을 주변사람에게 알려 안전하게 대피할 수 있게 하는 조치가 중요하다.

화재시 발생하는 연기는 사람에게 시각적인 장애를 주어 피난활동을 어렵게 하고 소화활동을 방해한다. 그리고 연기 속에 함유된 유독가스는 의식불명 또는 질식 등 생리적인 치명상을 주게 된다. 가연물이 연소하면 공기의 양이 감소하고 일산화탄소와 이산화탄소 등 여러 종류의 가스가 발생하는데, 발생하는 대부분의 가스는 인체에 여러 가지 질병을 유발하고 순식간에 사망하게 하는 독성을 가지고 있다. 독성가스는 시야를 흐리게 하여 행동을 방해하고 운동기능을 상실하게 하며, 오판, 통찰력 억제, 당황 등을 유발하게 된다.

건축물 화재 시 발생하는 연기는 팽창되어 더욱 큰 압력으로 확산되는데, 화재 발생 장소에서 복도, 계단 또는 환기장치를 통하여 상층으로 올라가 건축물 내부에 확산되며, 공기가 유통할 정도의 틈만 있으면 어느 장소든지 스며들어 건축물 내부의 구석구석까지 스며들게 된다. 그리고 연기는 부력을 얻어 천장 면에 이르게 되어 바닥면의 열 기류에 의하여 사방으로 확산하여 두꺼운 층을 형성하면서 실내에 가득 차게 되고 창문이나 그 밖의 개구부를 통하여 빠져나가게 된다.

(1) 대피

화재발생시 초기진화가 중요하며, 초기진화가 힘들어 전문적인 소화가 요구되는 상황에서는 사고현장에서 가능한 안전하고 신속하게 이탈하는 것이 중요하다. 이를 위해 육성으로 또는 화재경보 비상벨을 눌러 다른 사람이 대피할 수 있게 알리고, 소방서에 신고하는 기본적인 절차가 이루어져야 한다.

연기층 아래에는 맑은 공기층이 있으므로 가능한 낮은 자세로 대피하는 것이 좋다. 엘리베이터 대신 계단을 이용하여야 하며, 아래층으로 대피하기 어려울 때에는 옥상으로 대피하는 것이 좋다. 그리고 젖은 수건을 이용하여 코와 입을 막아 연기가 폐에 들어가지 않도록 하는 것이 필요하며, 물에 적신 담요나 수건 등으로 몸과 얼굴을 감싸는 것이 필요하다.

일단 밖으로 나온 뒤에는 안으로 들어가면 안되고 문을 열 때 손잡이를 만져 뜨거우면 문을 열지 말고 다른 길을 찾는 것이 안전하다.

(2) 화재진압

화재 시 초기진화가 중요하므로 초기진화를 위해 소화기의 특성과 사용방법을 잘 알고 있어야 한다. 화재를 진압하기 위해 소화기구로부터 대피장비, 구급·의료장비 등의 다양한 장비를 사용할 수 있다. 공기호흡기는 화재상황이나 유독가스가 배출되는 상황에서 자신과 주변사람을 구조하기 위하여 휴대할 수 있는 장비이며, 산소호흡기나 비상구급약품 등은 환자 발생 시 구급 및 응급처치를 위하여 사용할 수 있는 장비이다.

소화기는 화재발생 초기에 신속하게 조작하여 화재를 소화시킬 수 있는 가장 간단하면서도 편리한 기구로, 소화약재를 가압용 가스와 함께 용기 내에 충전하여 용기 내부 또는 외부에 부착된 용기개방장치를 개방함으로써 용기 내의 소화약재를 외부로 방사할 수 있게 제작되어 있다.

소화기는 소화기 본체 용기에 충전하는 소화약제의 종류에 따라 몇 가지로 구분할 수 있는데, 화학적으로 제조된 소화분말을 소화기 용기에 충전하여 소화하는 분말소화기와 할론가스를 소화약제로 사용하는 할론소화기, 이산화탄소를 소화약제로 사용하는 이산화탄소 소화기 등이 있다. 이 중 분말소화기는 소화능력이 우수하고 유지 관리가 편리하여 가장 많이 보급되어 있다.

그리고 초기 소화에서부터 중기 소화를 위해 사용할 수 있는 소화전이 있는데, 소화전함에 설치된 화재자동경보장치의 발신기 또는 전용 펌프기동푸시버튼을 조작하여 실행하며, 호스를 전개하고 개폐밸브를 개방시켜 소화작업을 실시한다.

6. 주요인사의 신변보호

시설경비를 통해 대상시설에 있는 인원의 보호업무가 이루어지지만, 공항을 이용하는 특정 요인에 대하여 별도의 신변보호업무가 필요할 수 있다. 공항을 이용하는 주요인사 또는 국내·외 과학자나 운동선수, 연예인 등과 같이 대중의 현저한 주목을 받아 혼잡 또는 무질서를 야기시킬 수 있고 이로 인해 공항의 안전을 위협할 수 있다. 무질서 또는 위해로부터 주요인사의 신변에 가해지는 위협을 방지하기 위하여 신변보호업무를 제공할 수 있는데, 주요인사에 대한 신변보호는 국가차원 또는 민간차원에서 제공된다.

신변보호란 대상자를 보호하기 위하여 직·간접적인 위해의 발생을 방지하고 제거하기 위해 취하는 제반 활동을 의미하며,[171] 일반인에게는 '경호'로 알려져 있다. 신변보호업무를 수행하는 기관에 따라 신변보호에 대한 용어의 정의를 달리하고 있는데, 민간 분야에서는 '신변보호'라는 용어를 사용하지만 국가 경호기관인 대통령경호실에서는 '경호'라는 용어를 사용하며, 경찰은 경호·경비라는 용어를 사용하고 있다.[172]

---

171 정태황, (2002), 「경호실무론」, 백산, p.20.
172 대통령 등의 경호에 관한 법률에서 '경호'를 "경호대상자의 생명과 재산을 보호하기 위하여 신

국가기관에 의해 이루어지는 신변보호업무는 관련법에 근거하여 광범위하고 대규모의 경호활동이 가능하지만 경비업체나 개인 등에 의해 실행되는 신변보호업무는 특별한 법적권한이 없으므로 활동 영역과 규모가 제한적이다.

신변보호업무는 경호대상자와 위해 요인 사이에 벌어지는 모든 상황에 완충역할을 하는 방호벽의 역할과 대상자를 각종 음모나 사건, 안전사고 등의 모든 위험과 곤경으로부터 보호하고 대상자의 업무수행이나 공·사의 활동에 도움이 되도록 하는 역할을 한다.

대상자를 각종 위해로부터 보호하기 위한 1차적 활동은 사전 안전조치 즉 예방활동이라 할 수 있다. 사전 안전조치란 대상자에게 위해 상황이 발생되지 않고 안전하게 보호되게 하기 위하여 위협요소를 사전에 제거하거나 최소 수준으로 감소시키거나 무력화시키는 방법이라 할 수 있다. 경호원이 대상자 주변에 있다는 사실만으로 대상자에 대한 위해의 기도나 의지를 차단할 수 있어 대상자의 안전에 기여할 수 있다는 맥락에서 경호원의 존재 자체를 예방활동의 일환으로 볼 수 있다.

보호활동은 사전 안전조치에도 불구하고 대상자에 대한 공격행위나 사고 등의 위해상황이 발생할 경우에 대처하기 위한 방호 또는 대피와 같은 행위라 할 수 있다.

위해상황 발생시 위험한 현장에서 대상자를 얼마나 신속하게 방호하고 대피시키느냐가 중요하며, 위해자의 공격행위가 있을 경우 공격자를 제압하는 과정에서 대상자가 무방비로 노출되거나 제2, 제3의 공격에 노출되지 않게 방호와 대피가 공격자 제압보다 우선되어야 한다. 대상자에 대한 공격은 순식간에 발생하므로 정확한 상황을 파악할 수 있는 시간적 여유가 없기 때문에 일단 대상자를 보호하고 이후의 상황 전개에 따라 적절한 대응조치가 이루어져야 한다.

신변보호업무를 수행하는 기관의 성격, 행사의 성격, 대상자의 특성, 신변보호활동이 이루어지는 장소 등에 따라 신변보호활동을 달리하게 되지만, 공항에서 이루어지는 특정인의 신변보호활동은 일반인의 출입통제가 제한되는 구역이 많다는 공항의 특성에 맞게 이루어지게 된다. 다수의 인력 운영이 가능할 경우 선발경

체에 가해지는 위해를 방지하거나 제거하고, 특정지역을 순찰 및 방호하는 등의 모든 안전활동"으로 규정하고 있으며, 경찰관직무집행법에서 경찰관의 직무범위를 규정함에 있어 '경비·요인경호'라는 용어를 사용하고 있다.

호와 수행경호로 구분하여 실행하는 것이 좋다. 선발경호는 경호대상자가 행사장에 도착하기 전에 실시되는 사전 안전 활동으로, 행사 관련자와의 협의를 통한 필요한 정보획득, 안전점검, 시설물 구조, 대상자의 동선, 주차장, 출입구, 비상대피소 파악 등 신변보호기관의 법적 권한 범위 내에서 이루어지는 통제방안이 포함된다.

다수의 경호인력 운용이 가능할 경우 통제를 위해 비표를 운영하는 것이 효과적이며, 신변보호 대상자 근접에서 발생 가능한 위해에 대비하여 적절한 도보대형을 운용할 수 있다.

7. 시설경비를 위한 범죄예방환경설계

1) 범죄예방환경설계(CPTED)의 개념

범죄예방환경설계(Crime Prevention through Environmental Design, CPTED)는 적절한 설계 및 건축환경의 효과적인 활용을 통해 범죄발생 수준 및 범죄에 대한 두려움을 감소시키고 삶의 질을 향상시킨다는 논리에 근거한 방법론이다.[173]

CPTED는 환경과 인간의 행동에 관한 이론이며, 진보된 건축과 현장설계가 범죄행위를 억제하고 범죄의 두려움을 줄여준다는 제안에 근거한 일종의 방법론이다.[174]

CPTED의 목적은 사람이 원치 않는 행위나 범죄행위에 노출되는 기회를 줄이는 것이다. CPTED는 시설의 관리 및 유지와 시설을 이용하는 사람의 정상적인 행위를 지원할 수 있는 원리의 적용과 자연적 접근통제, 자연적 감시, 자연적 영역강화 기능을 통해서 기본적인 보안기능을 지원한다.

자연적 접근통제는 건축구조물과 출입문, 울타리, 관목숲과 같은 자연적인 장

173 Joseph A. Demkin, 「Security Planning and Design」, WILEY, 2000, p.40.

174 CPTED이론은 자연과학과 사회과학이론을 기반으로 만들어졌으며, 1971년 오스카 뉴먼(Oscar Newman)의 저서 "defensible Space"를 통해 행동심리학과 인간 행동의 사회학을 안전환경을 위한 건축설계와 연계하여 환경설계와 범죄와의 상관관계를 연구가 발표되었으며, CPTED이론을 발전시켰다. CPTED는 레이 제프리(C. Ray Jeffery)의 "Crime Prevention Through Environmental Design"의 책제목을 딴 것이다. 1970년대 미국에서 범죄예방 환경설계를 주거지역뿐 아니라 공공시설, 학교 등에 적용하기 시작하면서 관련 연구가 본격적으로 발전하였다. 한국에서는 2005년 경찰청에서 관련정보 및 지침을 배포하고 신도시에 적용되면서 관련 학계 및 연구기관 등에서 제도화 표준화 연구가 이루어지고 있다.

애물이 건물이나 보호가 요구되는 특정 시설에의 출입을 제한하여 범죄목표에 대해 접근을 어렵게 하고, 범죄행위에 노출된 가능성을 줄이는 설계 원리를 말한다. 예를 들어 유리창 가까이 빽빽하게 심은 나무는 유리창을 부수고 내부로 침입하는 행위를 막을 수 있게 해준다.

자연적 감시는 건물이나 시설물의 배치에 있어 일반인의 가시권을 최대화하는 방법으로, 시설을 이용하는 사람이나 경비인력이 무슨 일이 일어나고 있는지 관찰하는 것을 향상시켜 무단침입이나 비행행위를 잘 감시할 수 있게 해준다. 예를 들어, 높고 견고한 울타리는 훔치고 싶어 하는 물품이 보이는 것을 차단해 주지만 내부가 보이는 울타리는 지나가는 사람이 하는 행위를 잘 볼 수 있게 해준다.

자연적 영역강화는 자연적인 환경이 자신이 이용하게 되는 영역에 대한 소속감을 제공하여 그 영역에서 발생할 수 있는 범죄에 대한 관심을 높여주고, 잠재적 범죄자에게 영역성을 인식시켜 그 영역을 침범하는 행위를 억제시키는 것이다. 소유의식은 특정한 영역에 더 주의를 기울이게 해주고, 관심을 증가시켜 무단침입 등의 범행이 확인되면 이에 대한 조치를 할 수 있게 한다. 예를 들어 시설의 보도 모퉁이에 조성한 작은 관목숲은 잠재적인 무단침입자가 시설 영역을 가로지르는 행위를 막아주는 기능을 할 수 있다.

시설의 관리 및 유지는 시설물을 깨끗하고 정상적으로 유지하여 범죄를 예방하는 것으로 '깨진 창문 이론'과 그 맥락을 같이 한다. 어떤 시설이 보호받고 범죄를 피하기 위하여 적정한 수준으로 관리·유지되어야 하는데, 효과적인 관리는 적절한 유지를 위한 기본이다. '창문이 깨져 있는 건물이나 차는 빠르게 파손된다'는 '깨진 창문 이론'에서 제시되는 것처럼 시설의 조명이나 페인트, 울타리, 보도 등을 잘 관리·유지하는 것이 중요하다. 그리고 정상적인 행위의 지원은 사람들이 함께 어울릴 수 있는 환경을 조성하여 자연적인 감시 활동을 강화하는 것으로, 시설을 이용하는 사람이나 관리자의 정상적인 행위가 장려되지 않은 공간에서는 범죄행위가 더 쉽게 발생할 수 있다.

2) CPTED 적용

CPTED는 시설경비를 위해 다음과 같은 세 가지 방법으로 적용할 수 있다.

첫째, 기계적 방법으로, 울타리, 출입문, 자물쇠, 창문창살을 비롯하여 CCTV,

출입통제시스템, 침입감지시스템 등과 같은 기술적인 시스템 및 장치에 무게를 두는 것이다. 그러나 기계적인 방법 그 자체만으로 보안환경을 제공하기 어려우며, 시설보안을 위하여 기계적인 방법과 자연적인 방법을 유기적으로 결합하는 방법을 적용할 수 있다.

둘째, 유기적 방법으로, 감시와 출입통제를 위해 경비인력을 비롯하여 시설에 상주하는 인원, 이웃 감시프로그램, 경찰 등 주변 상황을 정당하게 관찰할 수 있는 다양한 사람과 방법을 유기적으로 이용할 수 있다.

셋째, 자연적 방법으로, 시설에서 범죄를 억제시키기 위해 설계된 시설의 건축물과 같은 물리적이고 공간적인 특징을 이용하는 것이다. 자연적 방법에는 조경, 의자, 화분, 울타리, 벽, 출입문, 창문, 계단 등이 있으며, 이러한 것들은 사용자들이 시설을 이용하는 과정에서 발생하는 충돌을 완화시키기 위해 활용될 수 있다.

19장 공항보안을 위한 경비시스템 운용

1. 경비시스템의 의의

앞 장에서 간단히 설명했듯이 경비시스템은 경비업무의 주체인 사람을 보조하여 경비업무를 보다 효과적이고 경제적으로 수행할 수 있게 하는 경비수단의 일종으로, 국가보안목표관리지침에서 정의하는 과학화 장비 중 중요한 부분을 차지한다. 경비시스템은 CCTV시스템(영상감시시스템), 출입통제시스템, 침입감지시스템(침입경보시스템)으로 크게 세 가지 영역으로 구분되며, 이 세 가지의 보안시스템은 단독으로 또는 두 가지 이상이 서로 연계·통합되어 감시, 인원·차량·물품 등의 통제, 경보 등의 기능을 수행하게 된다.

CCTV(Closed Circuit TV)는 감시지역에서 발생하는 이상상황을 근무자에게 시각정보 형태로 제공하여 이상상황에 대응할 수 있게 해주며, 출입통제시스템(Access Control System)은 인가된 사람이나 차량을 식별하여 출입을 허용 또는 통제하는 기능을 수행한다. 그리고 침입감지시스템((Intrusion Detection System)은 무단침입이나 이상상황 등을 감지하고 경보신호를 발생하여 이상상황에 적절히 대응할 수 있게 해 준다.

• 표 19-1 경비시스템의 기능 및 주요 장치

경비시스템	주요 기능	주요 장치
CCTV	- 인원·차량 등 실시간 감시 - 영상 녹화, 영상 인식 - 영상 전송	- 카메라, 렌즈, 모니터, 부수장치 - DVR, Motion Detection, 지능인식 - 동축케이블, 인터넷 등 통신매체
출입통제 시스템	- 인원·차량출입, 물품반출·입 통제 - 물품 도난방지	- 인식장치(카드, 지문인식, RFID 등) - 물품도난방지장치
침입감지 시스템	- 무단침입 감지 및 경보 - 비상 통보 및 대응 - 무인경비서비스	- 감지기, 주장치 - 경보장치 - 관제 S/W

이상상황에 대응하기 위하여 이상상황을 인지 또는 감지할 수 있어야 하는데, 이상상황은 경비인력의 관찰에 의해 감지되거나 인간의 능력을 확장하기 위해 사용하는 침입감지시스템이나 CCTV에 의해 감지되며, 출입통제시스템은 사람이나 차량, 물품 등이 시설이나 시설내의 특정한 지역으로 이동하는 것을 통제·관리하는 기능을 제공한다.

경비시스템을 효과적으로 사용하기 위해 무엇보다도 시설로 접근하는 행위를 막거나 지연시킬 수 있는 보호장치가 같이 구비되어야 하는데, 튼튼한 담이나 울타리 그리고 사람과 차량의 출입을 기본적으로 통제할 수 있는 튼튼한 출입문 등이 필요하다.

침입행위 등 이상상황 감지는 외부에서 시설내부로 들어오는 과정을 단계적이고 중복적으로 감지하는 것이 효과적이며, 외곽에 설치된 울타리 또는 벽에서부터 건물의 출입문, 창문 등으로 침입하는 것을 감지하고 감시하는 것이 효과적이다.

경비시스템을 효과적으로 운영하기 위하여 화재경보시스템과 각 경비시스템의 기능을 서로 연계·통합할 수 있는 통합운영시스템을 구축·운영하는 것이 필요하다. 경비시스템은 전기·전자, 정보통신, 영상처리, 프로그램 등 여러 가지 기술을 기반으로 하며, 경비시스템 기술이 향상되면서 경비시스템이 경비인력이 하게 되는 많은 부분을 대신하게 되고, 특히 디지털 기술과 소프트웨어 기술이 적용되면서 경비시스템을 통합 운영할 수 있는 기반을 제공하고 있다.

2. CCTV시스템 운용

1) CCTV의 개념

CCTV(Closed Circuit Television)는 폐쇄회로 TV를 의미하며, 카메라와 모니터를 케이블로 연결하여 특정인만 볼 수 있는 TV를 의미한다. CCTV는 카메라와 TV수상기 사이를 VHF나 UHF로 연결하는 공용 TV와 구분하기 위해 사용한 용어지만 공용 TV에 케이블이 사용되고, CCTV에 무선이 사용되면서 용어 자체의 의미는 상실되었지만 CCTV라는 의미는 그대로 유지되면서 사용되고 있다.

CCTV는 "촬영된 영상정보를 특정 대상에게 전송하여 볼 수 있게 하는 시스템"으로 정의할 수 있으며, 영상신호 전송방법의 변화와 함께 방범 외에 교통상황 감시, 공장에서의 공정 감시, 의료용, 회의용 등과 같이 특정한 감시목적을 위해 널리 사용되고 있다.

2) CCTV의 구성 체계

CCTV는 기본적으로 촬상부와 전송부 그리고 수상부로 구성되며, 선택적으로 녹화장치 등의 부수장치를 사용한다.

그림 19-1 CCTV의 구성 형태

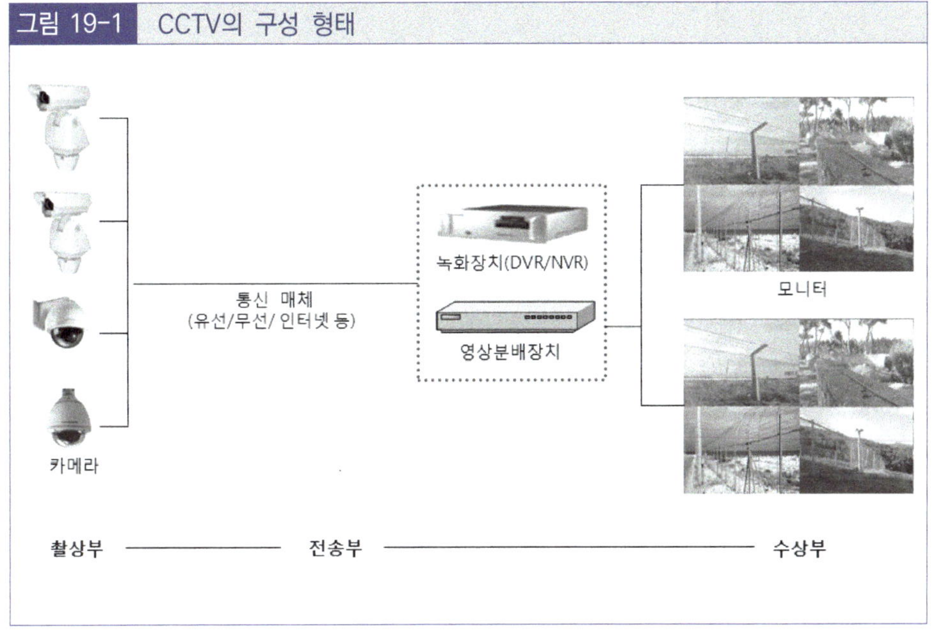

(1) 촬상부

촬상부는 피사체를 촬영하고 이를 전기적신호로 변환하여 촬영된 영상을 모니터에서 볼 수 있게 하는 역할을 한다. 카메라와 렌즈가 이 기능을 수행하며, 피사체로부터 받은 빛은 렌즈를 통해 카메라의 촬상소자로 보내지고 촬상소자에서 상을 맺게 된다.

촬상부는 카메라를 주변의 열악한 조건들로부터 보호하기 위해 사용되는 하우징이나 카메라를 고정하는 브라켓, 카메라를 좌·우·상·하로 조정할 수 있는 팬·틸트 장치와 같은 주변기기를 포함한다.

(2) 전송부

전송부는 촬상부에서 촬영한 영상을 수상부에 전송하는 역할을 하는데, 영상신호 전송을 위해 여러 형태의 통신매체를 이용하게 된다. 영상신호 전송매체로 동축케이블이나 광케이블, UTP(Unshielded Twisted pair Cable) 등의 유선망이 주로 이용되고 있으며, VHF · UHF, 마이크로웨이브, 이동통신 등의 무선통신매체가 이용되기도 한다.

특히 인터넷 기술이 CCTV에 적용되어 CCTV를 보다 편리하고 효과적으로 이용할 수 있는데, 인터넷을 영상전송매체로 이용하여 모니터 외에 PC나 스마트폰 등을 통해 시간과 장소에 구애받지 않고 편리하게 영상을 감시할 수 있다.

(3) 수상부

수상부는 촬상부에서 전송된 전기신호를 영상신호로 재생하여 사람이 영상을 볼 수 있게 하는 역할을 한다. 모니터가 수상부의 기능을 수행하며, 모니터는 기존의 CRT 모니터(브라운관형) 모니터를 대신하여 LCD(Liquid Crystal Display) 모니터 및 LED(Light Emitting Diode) 모니터의 사용이 증가하고 있다.

3) 녹화장치

영상녹화를 위해 이전의 VTR(Video Tape Recorder)을 대신하여 DVR(Digital Video Recorder)이 주로 사용되는데, DVR은 영상신호를 디지털신호로 변환하여 하드디스크 또는 USB메모리, CD, DVD 등에 영상을 녹화하므로 많은 양의 영상을 저장할 수 있고, 보다 깨끗한 영상을 얻을 수 있다. 그리고 하드디스크의 수명이 길어 녹화된 영상을 재생하는 횟수가 증가하여도 깨끗한 화질을 얻을 수 있다는 장점 외에 다양한 기능을 수행할 수 있다.

DVR은 녹화된 영상을 시간대별 또는 카메라별 등으로 쉽게 검색할 수 있으며, 별도의 장치 없이 여러 채널의 영상을 한 개의 모니터에서 분할된 화면으로 볼 수 있게 한다. 그리고 영상전송장치를 내장하거나 별도의 장치없이 소프트웨어로 여러 채널의 영상을 분할된 화면으로 보여주고, 모션디텍션(Motion Detection) 기능을 수행하게 해 주며, 카메라의 팬 · 틸트 · 줌 제어 기능과 설비제어 기능을 수행할 수 있게 한다.

모니터 화면의 영상 변화를 감지하여 경보음이나 경보등을 발생시켜 근무자의 주의를 끌어내어 모니터 화면을 주시할 수 있게 하는 Motion Detection 기능은 보다 진화된 지능형 영상인식장치로 발전하고 있다.

이처럼 DVR은 단순한 녹화장치의 범위를 벗어나 다양한 기능을 수행할 수 있는 장치로 변화하고 있으며, 카메라에 인터넷 서버를 내장한 'IP카메라' 또는 '네트워크 카메라'에서 전송된 영상을 녹화·관리하기 위해 NVR(Network Video Recorder)이 적용되기도 한다.

3. 출입통제시스템 운용

1) 시스템의 개념

출입통제시스템은 인가된 사람과 인가되지 않은 사람을 인식하여 자동으로 출입을 허용 또는 통제하는 시스템이다. 출입통제장치는 출입통제의 기본 기능 외에 출입자의 인식기능과 관리기능을 이용하여 근태관리 · 식당관리 등 부가적인 기능을 수행할 수 있다.

2) 시스템의 구성 체계

출입통제시스템은 인가된 사람을 식별하는 인식장치와 그 결정을 통제하는 제어장치(Access Control Unit) 그리고 문의 열림을 통제하는 문잠금장치로 구성되며, 출입상황의 관리·조회·통제 등을 위하여 관리서버를 운용할 수 있다.

그림 19-2 출입통제시스템의 구성 형태

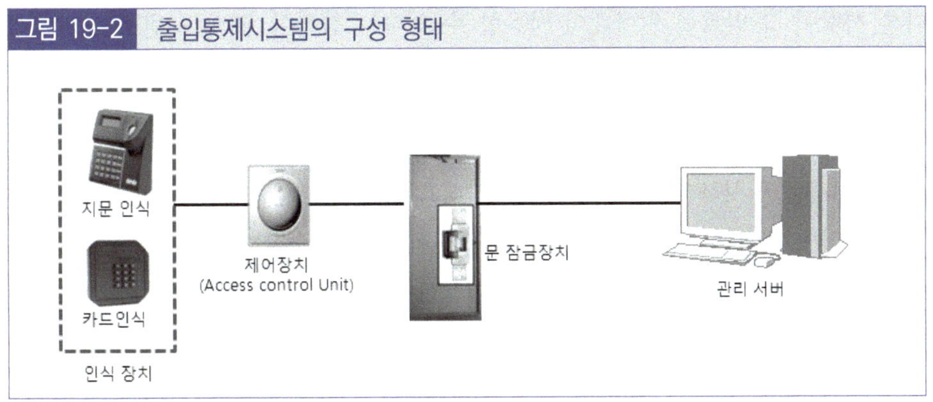

출입통제장치의 인식장치에서 출입자를 인식하여 출입을 허용할 것인가를 자동으로 결정하여 출입문잠금장치로 알려주며, 출입문잠금장치는 제어장치가 결정한 출입허용 또는 출입거절을 시행하기 위해 문의 잠금을 해제하여 인가된 사람이 들어오게 하거나 문의 잠금 상태를 유지시켜 사람의 출입을 거절한다.

달리 인가된 차량을 식별하여 자동으로 출입을 허용 또는 거절하기 위해 차량출입통제장치를 사용하고 있는데, 차량출입통제장치는 인원을 대상으로 하는 출입통제장치와 유사한 형태로 구성된다. 인가된 차량을 인식하기 위해 RFID기술이나 차량번호판 인식기술이 사용되며, 인가되지 않은 차량의 무단진입을 통제하기 위해 차단기를 사용하게 된다.

3) 인식 방법

출입통제를 위해 인가된 사람을 인식하는 방법은 크게 세 가지 범위로 구분할 수 있다. 하나는 인식카드와 같이 인가된 사람에게 주어진 증표에 의한 방법이고, 다른 하나는 지문이나 얼굴, 홍채, 음성 등과 같이 사람의 신체적 특징을 이용하는 방법이며, 나머지 하나는 비밀번호를 사용하는 방법이다. 인식을 위해 주어진 증표나 신체적 특징, 비밀번호를 같이 사용할 수 있으며, 이처럼 두 가지 이상의 인식방법을 함께 사용하는 방법을 다중인식이라 부른다.

인식의 안전성 확보를 위해 인식장치와 키보드를 같이 사용하게 되는데, 키보드는 숫자가 적힌 버튼에 여러 개의 마이크로 스위치를 연결한 전자·기계식 장치가 주로 사용되고 있다. 키보드 사용시 걱정되는 것은 인가된 사람이 사용할 때, 다른 사람이 그 암호를 알아내어 사용할 수 있다는 점이며, 키보드 번호판을 마개로 가려서 이러한 단점을 보완할 수 있다.

(1) 기계식 인식장치

출입자를 인식하기 위해 사용되는 인식표 중 가장 잘 알려진 것이 키이며, 키를 대신하여 비교적 쉽게 사용할 수 있는 것이 간단한 숫자나 기호가 표시된 버튼누름 장치이다. 키나 버튼누름 장치를 이용하는 인식방법은 직접적이고 기계적인 방법을 사용하는 것이며, 최근에 사용이 증가하고 있는 '디지털 도어락'이라 불리는 장치는 전자·기계적 방법을 사용하는 일체형 출입통제장치로 출입통제장치의 구성요소가 하나의 장치에 갖추어진 것이라 할 수 있다.

(2) 플라스틱 카드

플라스틱 카드는 출입통제시스템의 인식 증표의 한 형태로 널리 사용되고 있으며, 개인의 신분확인 기능을 이용하여 금융거래, 출퇴근관리, 식수관리 등과 같이 다양한 목적으로 사용되고 있다. 그리고 플라스틱 카드에 특정한 디자인이나 사진, 출입구역 등을 표시하여 출입증으로 사용되기도 한다,

카드는 카드리더와의 통신을 통하여 필요한 정보를 교류하게 되는데, 카드의 인식방식으로 ① 카드를 카드리더에 수직 또는 수평으로 형성된 얕은 홈 안으로 삽입하거나 완전히 통과시키는 방식, ② 카드를 카드리더에 접촉하는 방식, ③ 카드를 카드리더 가까이 노출시켜 무선주파수를 통한 통신이 이루어지는 비접촉식 방식으로 사용된다.

마그네틱 카드(자기카드)는 플라스틱 카드의 후면에 정보가 기록된 마그네틱 띠를 부착하고 마그네틱 띠가 카드리더를 지나면서 정보를 인식하는 방법으로, 제조비용이 저렴하여 많이 사용된다. 그러나 마그네틱 카드는 입력 가능한 정보의 양이 제한적이고 데이터를 손실할 위험이 있으며, 비교적 위·변조가 용이하다는 단점이 있다.

이에 비해 플라스틱 카드에 CPU와 메모리가 내장된 IC칩이 삽입된 스마트카드는 보안, 금융, 의료, 통신 등 다양한 용도로 사용된다. 스마트 카드는 많은 양의 정보를 저장할 수 있고, 보안성이 향상되어 한 개의 카드로 여러 기능을 수행할 수 있으며, 기능향상과 응용분야의 확장에 따라 사용이 증가하고 있다.

(3) 생체인식

인식표의 위조 또는 복제로부터 보호하기 위해 개인별 차이가 있는 인간의 신체적 특징을 인식방법으로 이용하고 있다. 출입통제시스템의 인식을 위해 사용될 수 있는 신체 특징에는 지문, 얼굴, 홍채, 정맥, 손가락의 길이, 음성, 필체 등 다양하다. 생체인식은 바이오인식이라고 불리며, 향후 인간의 편의성 향상과 첨단화로 인해 적용 범위가 확대될 것으로 전망된다.

지문은 모양이 개인마다 다르고, 태어날 때 모습 그대로 평생 변하지 않는 특성이 있어 생체인식을 위한 수단으로 널리 사용되고 있다. 지문인식장치는 다양한 형태로 적용할 수 있고, 사용자의 편의성이 뛰어나며 다른 생체인식장치에

비해 비용이 저렴하고 구조가 간단하다는 장점이 있어 가장 많이 사용되고 있으나 사용자에게 거부감을 줄 수 있고, 여러 사람이 같이 장치에 접촉하여 사용함에 따른 위생상의 문제가 있다는 단점이 있다.

얼굴인식은 카메라로부터 얼굴 정보를 입력받아 필터링 과정을 거쳐 추출 및 표준화해서 인식하게 된다. 얼굴인식은 비접촉으로 자연스럽게 확인할 수 있다는 장점이 있으며, 사용자는 자신이 현재 검사 당하고 있다는 사실을 전혀 눈치 채지 못하고 있는 중에 인식 과정이 수행된다. 그러나 얼굴인식은 얼굴의 각도, 표정, 조명, 포즈, 표정 등에 취약하다는 단점이 있다. 기존의 얼굴인식방법과 매우 다른 3D 얼굴인식기술은 얼굴표면의 3차원 이미지를 캡쳐해 얼굴의 뚜렷한 특징을 이용하는데, 여러 각도에서 조명할 수 있고 전체얼굴을 커버하는 새로운 방법으로 정확도가 높고 처리가 빠르며, 사용이 편리하다.

사람의 홍채는 태어난 후 약 18개월 내에 모양이 생성되고 일생동안 모양이 쉽게 변하지 않는 특징이 있어서 생체인식 수단 중 가장 완벽한 식별수단으로 평가된다. 홍채인식은 눈에 적외선을 조사하여 검은 동공과 흰자위 사이에 존재하는 링 형태의 홍채 무늬 패턴을 코드화 해서 사용자를 인식하게 된다.

손모양 인식은 손가락 길이와 손바닥의 차이를 분석하여 인식하는 방법이다. 출입허용을 위해 사용하는 지문확인 방법은 범죄를 연상시키는 별로 좋지 않은 인식으로 일반인들이 지문확인 방법의 사용을 꺼리지만 이러한 단점을 개선하는 효과를 위해 달리 선택할 수 있다.

달리 인가된 사람의 음성을 사전에 녹음시켜 놓았다가 출입을 원할 때마다 인식장치 앞에서 소리를 내어 녹음된 목소리와 대조하여 출입허용을 결정하는 음성인식방법이나 자신의 이름을 사인할 때, 그 압력과 속도를 측정하여 인가된 출입자를 확인하는 필체 인식방법을 사용한다.

(4) RFID

RFID(Radio Frequency Identification)는 실리콘 반도체칩을 내장한 태그, 카드 등에 저장된 데이터를 주파수를 이용하여 리더에서 자동으로 인식하는 기술을 말하며,[175] RFID 태그가 달린 물체는 언제 어디서나 무선으로 인식 및 추적이 가능하

175 조대진, (2005), 「RFID 이론과 응용」, 홍릉과학출판사, p.2.

므로 출입통제시스템의 인식장치로 이용되고 있다.

RF카드는 RF칩을 내장한 카드로, 카드와 리더기 사이에 물리적인 접촉이 필요없기 때문에 사용이 편리하고 카드의 손상이 상대적으로 적으며, 카드 내부의 칩 파손 위험이 없어 비교적 안정적으로 사용할 수 있다. RF카드는 카드와 카드리더와의 인식거리 내에서 비교적 빠른 속도로 정보가 처리되어 신속하고 편리하게 이용할 수 있고, 출입통제 목적 외에 대중교통, 주차, 신분확인, 근태관리 등 여러 분야에서 적용되고 있다.

RFID를 이용하여 사람 및 차량의 출입을 구역별로 통제할 수 있고, 출입문마다 직책이나 업무 등에 따라 차별화된 출입통제를 할 수 있다. 그리고 RFID시스템이 지닌 인식·추적기능을 이용하여 방문자의 등록과 신분확인 뿐 아니라 방문자가 불필요한 지역에 진입하는 것을 통제할 수 있다. 특히 노트북, 소형 저장장치, 문서 등에 RFID태그를 부착하여 반입과 반출을 효과적으로 감시·통제할 수 있어 출입통제시스템의 효과를 한층 더 높일 수 있다.[176]

4. 침입감지시스템 운용

1) 시스템 개념

침입감지시스템(Intrusion Detection System)은 침입상황과 같은 이상상황을 현장에 설치된 감지기에서 감지하여 그 정보를 경보형태로 제공하여 이상상황에 적절하게 대응할 수 있게 해 주는 시스템이다.

시스템은 기본적으로 감지기(센서), 주장치(Controller), 경보장치로 구성되며, 경보신호전송을 위한 통신매체와 경보상황의 관리·조회 등을 위하여 관제서버가 필요하다.

감지기는 이상상황을 감지하여 주장치에 신호를 발생시키는 역할을 한다. 주장치는 감지기를 통제하고, 감지기가 감지한 경보신호를 필요한 사람에게 전송하는 역할을 수행하며, 시스템에 전력을 공급하기 위한 전원장치를 포함하는데, 사용자는 주장치를 통해 경비를 개시하거나 해제한다. 그리고 경보장치는 경보신호

176 정태황, (2009), "RFID의 보안업무 적용환경과 적용방안에 관한 연구", 한국경호경비학회지, 제21호, pp.167-169.

가 필요한 사람에게 알려 적절한 조치를 취할 수 있게 하는 역할을 한다.

2) 시스템의 적용 형태

침입감지시스템은 외곽감지시스템처럼 일정 경비지역을 단위로 시스템을 구성하는 로컬시스템 형태로 적용되거나 경비업체가 용역경비서비스 제공을 위해 시스템을 구성하는 기계경비시스템 형태로 적용된다.

그림 19-3 외곽감지시스템의 구성 형태(예)

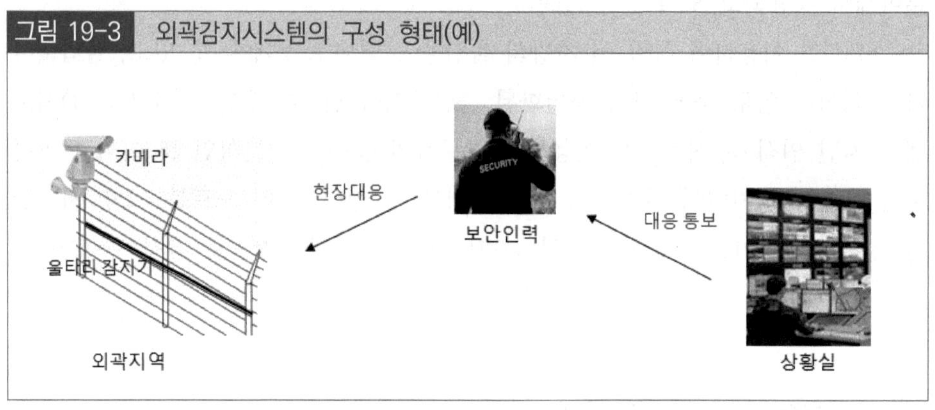

외곽감지시스템은 시설의 외곽에 설치된 벽이나 울타리 등을 통해 시설내부로 침입하는 행위를 감지하기 위해 사용하는 시스템으로 '울타리 감지시스템'으로도 불리며, 감지기가 작동한 침입상황을 확인하기 위하여 CCTV와 같이 적용되기도 한다.

경비업체가 침입감지시스템을 이용하여 경비서비스를 제공하는 경우, 경비대상시설에 설치된 감지기에서 발생한 경보신호를 경비업체의 관제센터에서 수신하여 출동요원이 이상상황에 대응하는 형태로 운영되는데, 이러한 형태의 경비를 기계경비라 부르기도 한다.

기계경비는 침입감지시스템과 소수의 근무자를 이용하여 다수의 경비대상시설을 경비할 수 있기 때문에 경제적인 경비서비스 제공이 가능하지만 경비대상시설로 출동하는데 일정한 시간이 소요되므로 신속한 현장조치에 불리하다는 단점이 있다.

3) 감지기

(1) 침입 감지기

침입을 감지하기 위해 장소 및 환경에 따라 여러 종류의 감지기를 사용하게 된다. 자석 감지기는 자력의 변화에 의해 스위치회로가 작동하여 경보신호를 발생시키는데, 전원이 필요 없고 구조가 간단하여 널리 사용되고 있으며, 주로 출입문이나 창문이 열리는 것을 감지하기 위해 사용된다.

적외선 감지기는 적외선 빔을 발생하는 송신기(투광기)와 이를 받아들이는 수신기(수광기)로 구성되며, 침입자에 의해 송신기와 수신기 사이의 빔이 차단될 때 순간적으로 경보신호를 발생시킨다.

열선 감지기는 침입자에 의해 발생하는 온도변화를 감지하여 경보신호를 발생한다. 열선 감지기는 침입자가 방사하는 원적외선 에너지에 의해 수동적으로 작용하는데, 이는 송신기와 수신기 사이의 적외선 빔을 사용하여 능동적으로 작용하는 적외선감지기와 구분되어 수동적외선 감지기(Passive Infrared Sensor)라 불린다.

열선 감지기는 주위 환경변화에 민감하지만 침입자를 거의 빈틈없이 감지할 수 있으므로 벽이나 천장에 부착하여 내부 공간 감지를 위해 가장 많이 사용된다. 특히 열선 감지기는 온도 변화에 민감한데, 자연발생적이든 인공 발생적이든 주변 온도를 변화시킬 수 있는 많은 요인들이 있기 마련이다. 이러한 이유로 열선 감지기는 비교적 온도변화 요인이 적은 실내에서 많이 사용된다.

그리고 마이크로웨이브 감지기는 송신기와 수신기 사이에 형성된 마이크로웨이브 빔이 침입자에 의해 차단될 때 경보신호를 발생시키며, '마이크로웨이브 펜스 감지기'라 불릴 정도로 울타리 감지를 위해 많이 사용된다. 마이크로웨이브 에너지는 빔 차단원리 외에 레이더원리를 적용하여 사용되는데, 이를 마이크로웨이브 레이더 감지기라 부른다.

유리파손 감지기는 유리가 깨지는 것을 감지하며, 유리에 직접 부착하여 유리가 깨질 때 발생하는 탄성파나 진동을 감지하는 방법과 유리창 정면의 천장이나 벽면에 설치하여 유리가 깨질 때 발생하는 일정한 음파를 감지하여 경보신호를 발생하는 방법이 있다.

(2) 화재 감지기

화재 감지기는 화재발생시 발생하는 열 · 연기 · 불꽃을 감지하며, 기능에 따라 열감지기, 연기감지기, 화염감지기로 구분되다.

열감지기는 화재로 인한 온도변화를 감지하며, 다른 화재 감지기에 비해 가격이 저렴하고 오작동률이 낮지만 화재감지시간이 늦다. 열감지기는 주위 온도의 상승률이 일정 수준 이상(보통 분당 7~8도 정도)으로 변화하는 것을 감지하는 차동식과 주위 온도가 일정온도 이상이 되는 것을 감지하는 정온식, 그리고 차동식과 정온식의 특징과 기능을 함께 갖춘 보상식이 있다. 보상식 감지기는 주위온도가 급격히 상승한 경우에는 차동식 감지기와 마찬가지로 작동하지만, 주위온도가 완만하게 상승하더라도 일정 이상의 온도가 되면 정온식 감지기와 같은 특성으로 작동한다.

연기감지기는 화재상황에서 발생하는 연기를 감지하는 방식으로 열감지기보다 빨리 화재에 반응한다. 연기감지기는 일반적으로 작동원리에 따라 광전식과 이온식으로 분류되는데, 광전식은 내부에 발광 및 수광소자를 가지고 발광소자의 광이 산란 또는 감쇠되는 것을 감지하며, 연소 중 발생한 연기입자에 의해 광선의 진행이 방해받을 때 경보신호가 발생한다. 이온식은 미량의 방사성 물질로 공기를 이온화하여 이온전류의 변화를 감지한다.

그림 19-4 화재 감지기의 형태

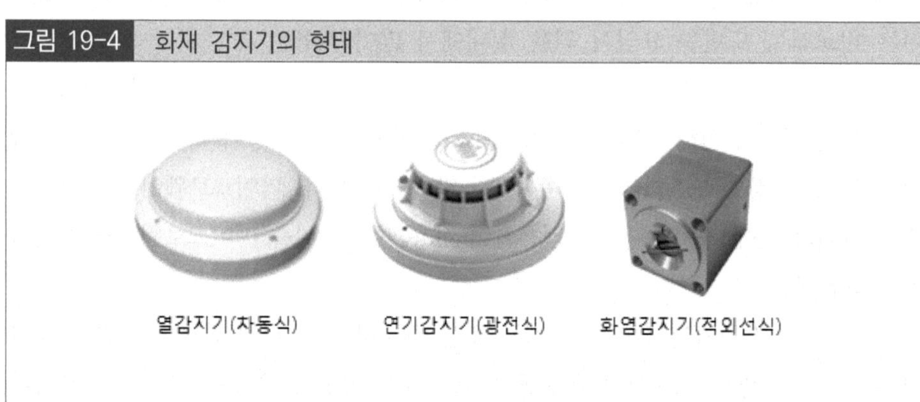

화염감지기는 화재의 불꽃을 감지하는 것으로 화재를 신속하게 감지하므로 폭발성이 있거나 화재가 빨리 퍼질 수 있는 환경과 같이 화재위험이 큰 장소에서 사용된다. 화염감지기에는 화염에서 방출되는 적외선을 검출하는 적외선식 감지기와 자외선을 검출하는 자외선식 감지기 그리고 적외선과 자외선을 복합적으로 감지하는 복합식 감지기가 있다. 화염감지기는 창고, 격납고, 영화관 등과 같이 천정이 높거나 넓은 지역으로 연기감지기 설치가 부적당한 장소에 사용한다.

(3) 울타리 감지 센서

울타리 감지 센서는 기준에 따라 여러 가지로 구분할 수 있는데, 감지형태에 따라 울타리 또는 주변에 직접 설치하는 형태와 공간을 감지하는 형태로 구분할 수 있다.

• 표 19-2 울타리 감지 센서의 형태

구분	센서
울타리설치형 센서	장력 센서, 광케이블 센서, 광망 센서, 전계 센서, 진동 센서, 분극케이블 센서
지반매설형 센서	광케이블 센서, 지중청음 센서
공간 감지형 센서	마이크로웨이브 센서, 마이크로웨이브 레이더 센서, 적외선 센서, 레이저 센서, 영상감지 센서

장력 센서는 침입행위에 의한 울타리의 장력 변화를 감지하여 경보신호를 발하는 센서로 울타리에 설치된 철선에 오르거나 절단 등에 의한 장력의 변화를 감지한다. 장력 센서는 기후 및 소동물에 의한 영향이 적으나 설치가 까다롭고 유지비용이 많이 소요된다는 단점이 있으며, 장력을 유지하기 위한 적절한 관리를 하지 못하면 오작동 발생 가능성이 높아진다.

그림 19-5 장력 센서의 형태

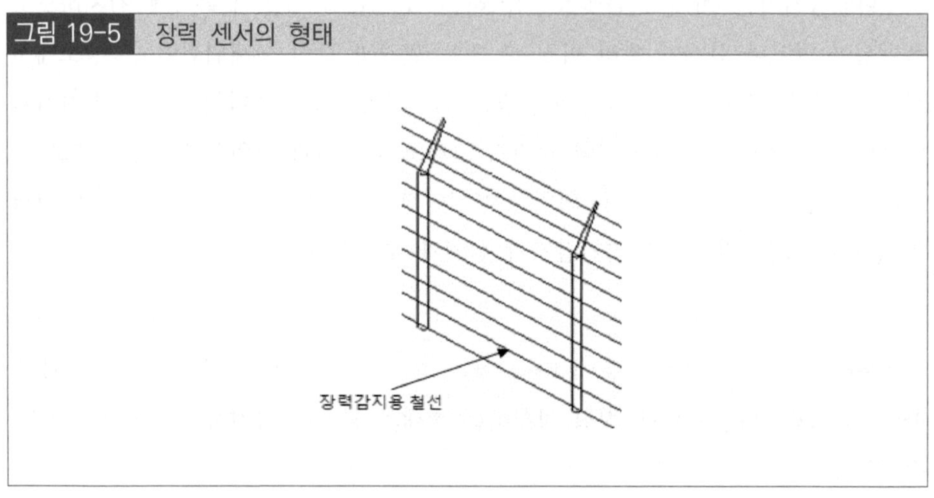

광케이블 센서는 광섬유의 한족 끝에서 다른 끝으로 파동을 전달하고 외부의 요인에 의해 광섬유의 광원이 굴절되거나 산란되는 것을 감지하는데, 광케이블 센서는 침입자에 의해 발생하는 진동이나 절단, 압력 등을 감지하여 경보하며, 그물망 형태로 제작되어 '광망 센서'라는 이름으로 사용된다.

그림 19-6 광케이블 센서 및 광망 센서의 형태

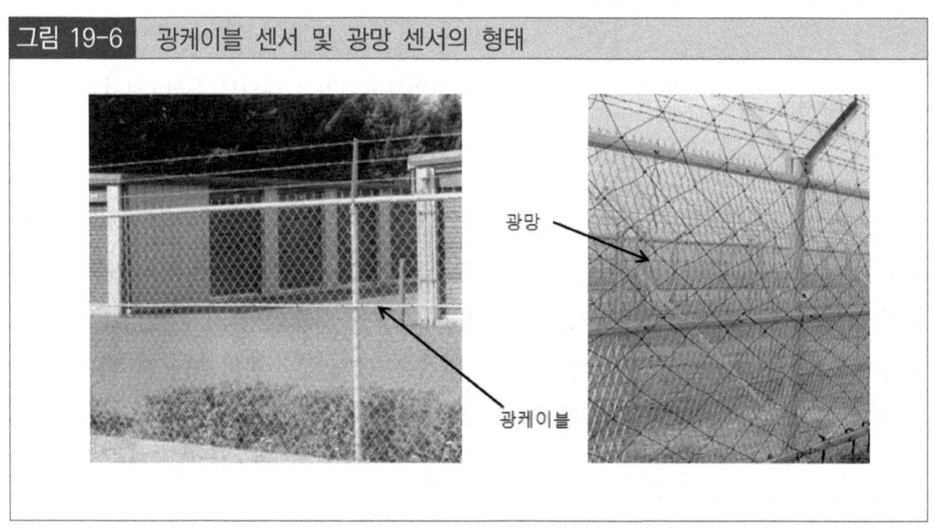

마이크로웨이브 센서는 송신기와 수신기 사이에 형성된 마이크로웨이브 빔이 침입자에 의해 차단될 때 경보신호를 발생시키며, 일정 공간에 설치하여 침입자를 공간감지 형태로 감지한다. 마이크로웨이브 센서는 '마이크로웨이브 펜스 센서'라 불릴 정도로 울타리 감지를 위해 많이 사용된다. 마이크로웨이브 센서는 송신기와 수신기가 마주보는 형태와 달리 마이크웨이브 송신기와 수신기가 같은 방향을 보는 레이더 원리로 작동하게 되는데, 이를 '마이크로웨이브 레이더 센서'라 부른다.

그림 19-7 마이크로웨이브 센서의 형태

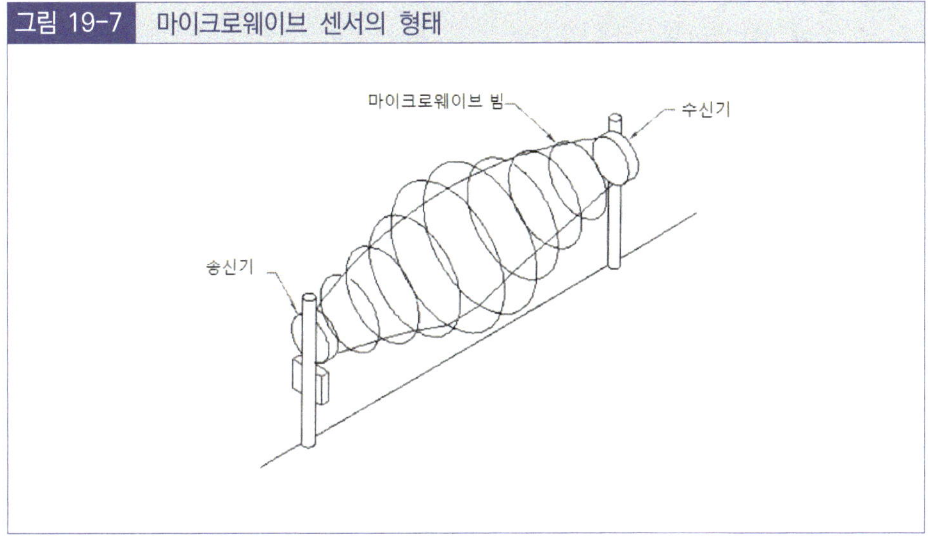

5. 보안조명

시설경비를 위해 위해요소가 보호대상에 접근하는 것과 상황의 변화를 잘 볼 수 있어야 하는데, 이를 위해 조명이 필요하다. 조명은 상황변화를 인지할 수 있게 하고 일정 수준의 안전성을 제공할 뿐 아니라 빛을 적절히 사용함으로서 피로를 줄이고 집중력을 강화할 수 있게 한다.

시설보안을 위해 사용되는 인공조명은 보안인력이 시야를 확보할 수 있게 도와줄 뿐 아니라 CCTV카메라의 시야를 확보하기 위하여 필요하며, 물리적인 통제를 위한 보조적인 기능을 제공하여 결과적으로 보안인력을 줄여 경제적인 보안업무가 가능하게 한다. 그리고 조명은 침입자에게 침입하는 과정에 누군가에게 발각

될 수 있다는 심리적인 두려움을 주어 범행의지를 약화시키는 역할을 할 수 있다.

시설보안을 위해 적용할 수 있는 인공조명을 선택하기 위해 다음과 같은 몇 가지 고려할 수 있다.

① 장소별·기능별로 적절한 조도
② 광원의 종류 및 작동형태
③ CCTV 카메라 조명을 위해 카메라의 감시범위, 명암대비, 빛 반사 등
④ 눈부심과 그림자
⑤ 유지·관리 비용

장소별·기능별로 적절한 조도를 결정하는 데 있어, 침입자의 이상행위를 구분하기 위해서 외곽에 적용되는 조명이나 이동로에 사용되는 조명은 작업장에서 일반적으로 사용되는 조명의 강도보다 낮아도 되지만 출입증과 신분을 확인하거나 물품을 검사하기 위한 장소에서는 작업장 수준의 조도에 맞추는 것이 필요한데, 조도를 선택하기 위해 <표 19-3>을 참고할 수 있다.[177]

• 표 19-3 지역별 권고 조도

구분	조도(lux)	특징
울타리 지역	5	울타리 양쪽의 지표면에서의 조명
입구	100	지표면에서의 조명
경비실	300	지표면에서의 조명
대규모 개방지대	5~20	개방공간이 넓을수록 더 높은 조명이 필요
건물	5~20	정면에서의 수직조도, 정면면적이 클수록 더 강한 조명이 필요

177 최선태, (2009), 「21세기 산업보안론」, 진영사, p.344.

20장 보안검색

1. 보안검색의 의의

항공기 안전확보를 위해 무기나 폭발물 등의 위험한 물품이 항공기에 반입되는 것을 통제하는 것이 중요하며, 위험한 물품이 항공기 내로 반입되는 것을 통제하기 위해 보안검색을 실시한다. 항공기에 반입되는 물품은 그 종류가 다양할 뿐 아니라 반입경로도 다양한데, 승객이 직접 휴대한 물품에서부터 가방 등에 적재하여 직접 항공기로 들어가는 화물, 별도 화물로 취급되어 기내로 반입되는 물품 등이다.

우리나라의 경우, '항공보안법'에 근거하여 보안검색을 실시하게 되며,[178] 공항운영자가 항공기에 탑승하는 사람과 휴대물품 및 위탁수하물에 대한 보안검색을 하게 하고 항공운송사업자가 화물에 대한 보안검색을 하도록 규정하고 있다.

항공기 내로 반입되는 물품은 검색요원의 육안검사 및 신체수색 또는 검색장비를 통한 일정한 검색절차를 통해 반입되며, 검색장비를 사용하여 검색의 효율을 높이게 된다. 보안검색과 함께 항공기 내 반입금지 물품을 정하여 위해물품이 항공기내에 반입되는 것을 통제하게 된다.

공항을 이용하는 승객에게 안전과 함께 편리성을 제공하는 것이 중요하므로 보안검색요원의 전문성 뿐 아니라 서비스 마인드, 검색장비의 효율적 배치 등이 필요하다. 보안검색요원의 전문성을 위하여 보안검색전문교육기관에서 일정시간의 교육과정을 이수하고 현장직무교육 실시 후 평가과정을 거쳐 보안검색 자격을 부여하고 매년 정기교육을 받게 하고 있다.

---

178 항공보안법 제15조(승객 등의 검색 등)에 항공기에 탑승하는 사람은 신체, 휴대품 및 위탁수하물에 대한 보안검색을 받아야 한다고 규정하고 있고, 동법 제16조에 공항운영자는 보호구역으로 들어가는 사람 또는 물품에 대하여도 보안검색을 하여야 한다고 규정하고 있다. 그리고 동법 제 17조에는 공항운영자는 항공기에서 내린 통과승객, 환승승객, 휴대품 및 위탁수하물에 대하여 보안검색을 하여야 한다고 규정하고 있다.

휴대물품 검색을 위해 사용할 수 대표적인 장비가 X-RAY 검색기와 금속탐지기이며, 추가로 폭발물 탐지기 및 탐지견을 활용하게 된다.

2. 검색 장비 운용

1) X-ray 검색기

항공기에 반입되는 무기나 위험물 등의 물품을 검색하기 위하여 가장 널리 사용되는 장비는 X-ray검색기이다. 항공기에 반입되는 물품은 항공기 탑승객이 휴대한 물품과 위탁수하물, 항공사가 처리하는 화물 등이 있으며, 탑승객이 휴대한 물품과 항공사가 처리하는 화물에 대한 보안검색장소가 다르고 물품의 종류와 크기가 다르므로 보안검색장소와 검색대상물품의 크기에 맞게 적절한 X-ray검색기를 사용하게 된다.

X-ray검색기는 대상물질의 밀도 차이를 구분하여 판독하는 방법과 물질의 성분을 구분하여 판독하는 방법이 대표적이며, 다음과 같은 몇 가지 방법을 사용한다.

첫째, X선 빔이 검색대상물질을 관통하여 검출기에 형성된 형상을 구분하는 방법,

둘째, X선 빔이 검색대상물질로부터 산란되고 반사되어 검출기에 형성된 형상을 구분하는 방법,

셋째, 검색대상물질의 소재를 구분하고 색상을 부여하여 판독하는 방법이 있다.

한층 발전된 새로운 형태의 X-ray 검색기는 가방 속에 든 내용물을 입체적으로 투시한 영상을 제공하여 더욱 세밀한 검색을 할 수 있게 한다.

(1) 관통식 검색

관통식 검색은 <그림 20-1>에서 보여주는 것과 같이 X선 발생기(X-ray Generator)에서 발사된 X선 빔이 검색대상물질을 관통하여 검출기(Detector)에서 형성된 형상을 모니터를 통해 보여주는 방법으로, 검색의 정밀도가 높아 가장 많이 이용된다.

그림 20-1 관통식 X-ray 검색방법

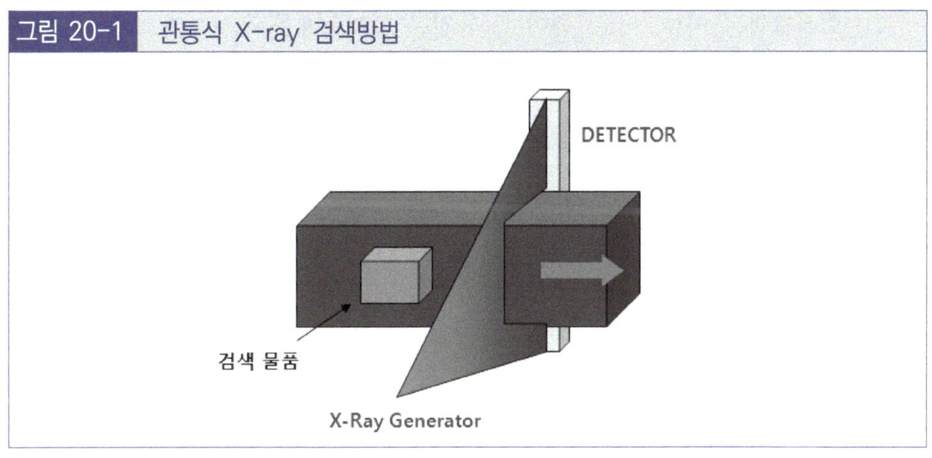

(2) 산란식 검색

산란식 검색은 <그림 20-2>에서 보여주는 것과 같이 X선 발생기(X-ray Generator)에서 발사된 X선 빔을 검색대상물품에 투사하여 대상 물질에서 산란되고 반사되어 검출기에 형성된 것을 모니터를 통해 영상 형태로 보여주는 방법이다.

그림 20-2 산란식 X-ray 검색방법

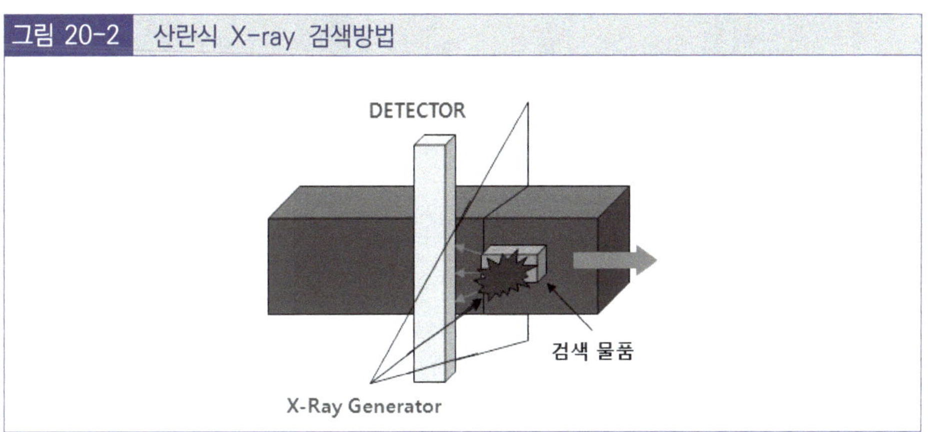

(3) 색상에 의한 구분

X-ray 검색기에서 검색대상물품이 영상의 형태로 표시될 때 나타나는 색상은 검색물품의 소재에 관한 특성을 나타내며, 이로써 보다 편리하고 효과적으로 검색할 수 있게 하는데, 표시되는 색상은 다음과 같이 구분할 수 있다.

① 오렌지색은 의류, 비누, 종이 등과 같은 유기소재를 표시하며, 보통 저밀도의 물질에 해당하는 경우가 많다.

② 청색은 철이나 구리 등과 같이 금속소재를 표시하며, 보통 고밀도의 물질에 해당하는 경우가 많다.

③ 녹색은 유리, 알루미늄이나 금속소재와 유기소재가 겹쳐있는 경우를 표시하며, 보통 중밀도에 해당하는 경우가 많다.

④ 흑백은 물질의 정보를 알 수 없을 때 표시하게 되며, 명암의 차이로 구분하는 경우이다.

예를 들어 스프레이의 경우, 철성분과 유기물, 혼합물이 복합적으로 구성되어 있으므로 여러 가지 색상으로 표시된다.

그림 20-3 X-ray검색기에 검출된 영상(자료: 대동 하이텍 제공)

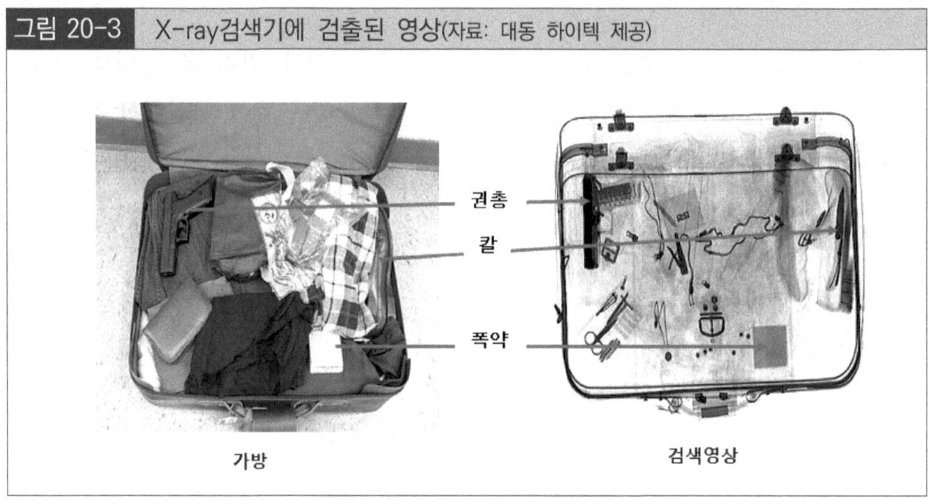

위의 그림에서처럼 총기나 칼 등의 금속물질은 밀도가 높아 일정한 형태를 잘 보여주며, 총기의 경우 금속성 물질과 플라스틱 물질이 겹치는 부분은 녹색으로 표시된다. 비금속성이고 유기물질인 폭발물은 오렌지색으로 표시되는데, 흑색으로 표시되거나 의심스러운 물질은 최종적으로 개방하여 확인하는 절차를 거침으로써 검색의 신뢰성을 높일 수 있다.

(4) X-ray 주사방법

대상물품을 검색하기 위하여 X선의 주사방향은 <그림 20－4>에서 보여주는 것과 같이 수직상향 대각선 주사방식이 많이 사용되고 있는데, 이 방식은 투과력과 해상도가 다른 주사방식보다 우수하다.

그림 20-4 수직상향 대각선 주사방식

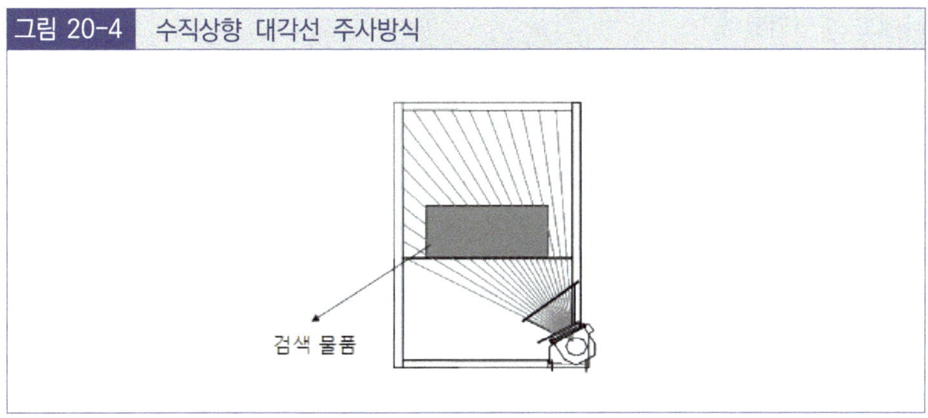

수직상향 대각선 주사방식 외에 수직하향 대각선주사방식, 수평상향 대각선 주사방식이 사용되고 있으며, 단방향 주사방식의 단점을 보완하기 위하여 수직하향－수평상향 양방향 주사방식 또는 수직상향－수평상향 양방향 주사방식을 사용하기도 한다.

그림 20-5 양방향 주사방식(수직상향 수평상향)

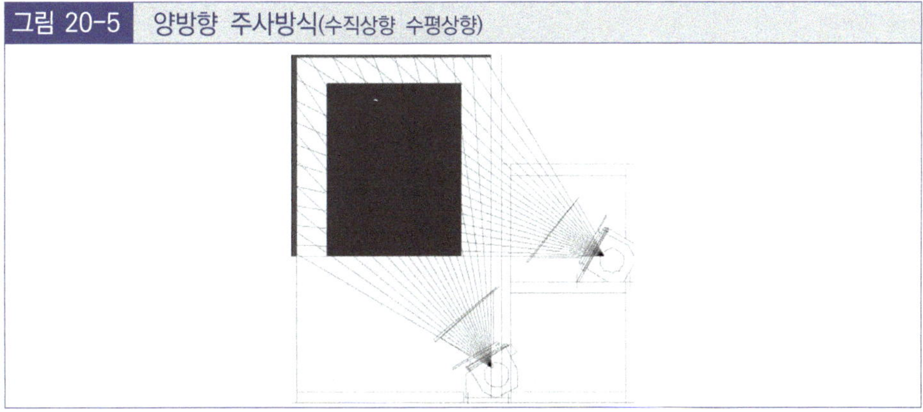

2) 전신 검색기

전신검색기(Body Scanner)는 인체에 X선 등의 전자파를 투시하여 인체에 은닉한 물품을 검색하는 장비로, 프라이버시에 대한 논란이 제기되지만 저장기능 및 신체부위 표시 등을 보완하는 방법을 제시하면서 사용이 증가하고 있으며, 우리나라에도 도입되었다.[179]

전신검색기는 주로 X－ray와 고주파 대역인 밀리리터파를 사용하고 있으며, X－ray 검색기의 검색방법처럼 관통식 방법과 산란식 방법이 사용되고 있다. 아래의 <그림 20－6>은 X－ray를 사용한 산란식 전신검색기의 형태와 작동원리를 보여주는 것이다.

그림 20-6 산란식 전신검색기의 형태(자료: 대동하이텍 제공)

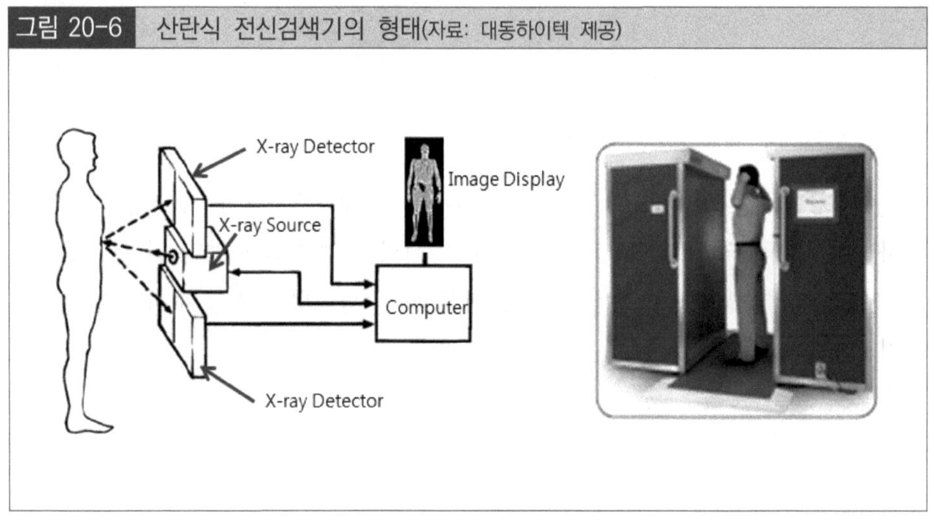

3) 폭발물 검색장비

(1) 폭발물의 개념

폭발물 검색을 설명하기 위하여 폭발물에 관한 기본적인 사항과 폭발물을 이용한 위해수법을 이해할 필요가 있다. 폭발물은 다양한 형태로 제작이 가능할 뿐

179 인천공항에는 X-ray를 사용한 산란식 인체검색기가 도입되었으며, 김포공항 · 김해공항 · 제주공항에는 고주파 대역의 밀리리터파를 사용한 산란식 인체검색기가 도입되어 시범 운용되고 있다.

아니라 일반 물품과 위장하여 은폐하여 사용이 가능하고 비교적 식별과 탐지가 어렵다.

폭발물은 대상목표에 대한 공격의 정밀성이 낮다고 하지만 일단 폭발물이 터지게 되면 어떤 형태로든 큰 피해를 유발시키며, 주변에 있는 많은 사람들에게 피해를 주게 된다. 그리고 범인의 입장에서 보면 범인이 현장에 없이도 폭발물을 폭발시킬 수 있기 때문에 범행 준비 후 안전하게 도망할 수 있고 증거인멸이 용이하다는 이점이 있으므로 목적달성을 위해 사용할 가능성이 높다.

폭발물이란 열, 충격 또는 기계적인 작용에 의해 급격한 반응을 일으켜 다량의 가스와 열을 방출하면서 분해 또는 재배열하는 화합물 또는 혼합물을 말한다. 일반적으로, 폭발물을 폭발시키기 위하여 '기폭장치'라는 것이 필요하며, 많은 경우 기폭장치는 뇌관이라는 형태로 폭발물을 폭발시킨다. 따라서 이 뇌관을 기폭시키는 방법이 곧 폭발물을 이용한 위해수법이라고 할 수 있다.

폭발물은 본질적으로 그 화학구조가 불안정한 것으로 주위의 조그마한 충격이나 열에 의해 자체 분해하려는 성질이 강한 물질이다. 한편, 폭발물로 분류되지는 않지만 화염병은 누구나 쉽게 만들어 사용할 수 있으며, 휘발성이 강한 유류의 폭발로 큰 피해를 줄 수 있다.

범행에 주로 사용되는 폭발물의 경우, 폭발물을 폭발시키기 위한 뇌관과 뇌관을 작동시키기 위한 전원이 필요로 하므로 폭발물 검색을 위하여 폭발물과 기폭장치인 뇌관, 배터리, 스위치 등의 구성품을 검색하는 것이 필요하며, 검색장소에 적합한 검색장비를 선택하여야 한다.

(2) 폭발물의 구분 및 성능

폭발물은 일반적으로 그 성능에 따라 고성능폭발물과 저성능폭발물로 나눈다. 화학적 조성에 따라 혼합화약과 화합화약으로 분류하기도 하지만 이 경우 화학적 지식이 필요하기 때문에 일반적으로 성능에 의한 분류법을 인용하는 경우가 많다.

폭발물은 공장에서 완제품으로 제조한 폭발물 외에 개인이 여러 가지 화학약품을 섞어 만든 사제폭발물이 있으며, 사제폭발물은 그 화학물질의 성질, 조성 등에 따라 저성능폭발물 또는 고성능폭발물이 결정된다.

저성능폭발물은 일반적으로 화약이라 부르며, 그 폭파속도는 초당 400m 내외

이고 단계적 연소방식에 의해 폭발이 일어난다. 고성능폭발물은 주로 파괴용으로 사용되지만 저성능폭발물은 주로 총탄 또는 포탄을 쏘아 보내는 추진제로 사용된다. 그러나 저성능폭발물도 폭발시 생긴 압력을 보존할 수 있는 장치와 함께 사용된다면 고성능폭발물과 유사한 정도의 피해를 가져올 수 있다.

고성능폭발물은 일반적으로 폭약 또는 작약이라 부르며, 순간적인 분해에 의해 폭발이 일어나며, 그 폭발속도는 초당 1000~8000m 정도에 이른다. 또한 고성능폭발물의 폭발시간은 1/10000초 정도로 거의 순간적이며, 강한 폭발압력으로 주위의 물질을 순간적으로 분해·파괴시킬 수 있다.

(3) 폭발장치

폭발물을 폭발시키기 위해 기폭장치가 필요하다. 기폭장치로 뇌관이 많이 사용되며, 뇌관은 전기식 뇌관과 비전기식 뇌관으로 구분할 수 있다. 비전기식 뇌관은 도화선의 불꽃에 의해 기폭되며, 전기뇌관과 같이 전기선이 부착되어 있지 않고 구리 또는 알루미늄 관체로 되어 있다. 전기뇌관은 뇌관 속에 들어 있는 필라멘트가 전기저항에 의해 내는 불꽃에 의해 기폭되도록 장치된 뇌관으로, 전기식 뇌관의 종류에는 전기가 흐르는 즉시 폭발하는 순발뇌관과 일정한 시간이 경과 후 폭발하는 지발뇌관 등 두 종류가 있는데, 지발뇌관의 경우 겉부분 표지에 표시되어 있다.

(4) 위해 수법

폭발물을 이용한 위해 수법은 폭약의 기폭장치인 뇌관을 어떻게 기폭시키느냐에 따라 구분된다고 할 수 있다. 뇌관을 작동시키기 위하여 여러 가지 방법을 사용할 수 있지만 크게 몇 가지로 구분하여 생각해 볼 수 있다.

뇌관을 작동시키는 기본 원리는 스위치 원리이며, 스위치를 작동시키는 형태에 따라 시한장치식 폭발, 부비추랩식 폭발, 무선통신을 이용한 원격조정식 폭발로 구분할 수 있다. 스위치를 작동시키는 방법은 재래식 스위치를 사용하는 방법에서부터 정밀한 센서를 이용한 방법까지 다양하다.

가. 시한장치식 폭발

시한폭발장치는 폭발물이 정해진 시간에 폭발할 수 있도록 폭발시간이 설정된 시계를 전원과 뇌관스위치 사이에 연결하여 범행 장소에 은닉하여 사용된다.

폭발시간 설정을 위해 사용이 간단한 아날로그시계를 이용하는 방법과 정밀한 작업이 요구되는 디지털시계를 이용하는 방법이 선택될 수 있다.

나. 부비추랩식 폭발

부비추랩식 폭발장치는 기폭장치와 연결해 놓은 스위치 장치를 고의로 또는 우연히 건드릴 때 스위치가 작동하여 폭발하는 방법으로, 가령 편지를 개봉하거나 차문을 열거나 차량이 지나면서 기폭장치와 연결된 스위치 장치를 건드릴 때 폭발하게 하는 등 다양한 방법이 있다. 특히 시설경비를 위해 사용되는 적외선 감지기를 이용하여 사람이 지나갈 때 감지기가 작동하여 폭발하도록 하는 방법도 사용된다.

다. 원격조정식 폭발

원격조정식 폭발방법은 범행 장소에 폭발물을 설치한 후 범인이 목표물을 확인하고 원거리에서 기폭장치를 직접 조작하여 폭발시키는 방법이다. 원격조정을 위하여 유선장치보다 사용이 간편한 무선장치가 선택되며, 범행시도자는 목표물을 관찰할 수 있는 높은 지점에 위치하여 범행을 시도하게 된다.

(5) 폭발물 검색장비 운용

반입되는 무기나 위험물을 검색하기 위하여 널리 사용되고 있는 X-ray 검색기는 폭발물 검색을 위해 사용할 수 있는 좋은 장비이다. X-ray 검색기로 폭발물을 검색하기 위하여 폭발물과 폭발물을 폭발시키기 위하여 이용될 수 있는 다음과 같은 부품이나 장치를 검색할 수 있어야 한다.

① 폭약

② 뇌관

③ 스위치

④ 전원

가. 흡입형 폭발물탐지기

흡입형 폭발물탐지기는 폭발물에서 발생하는 기체를 화학적으로 분석하여 폭발물을 탐지하는 장비이다. 폭발물은 여러 가지 형태로, 여러 장소에 설치될 수 있으므로 폭발물 탐지를 위하여 폭발물이 숨겨져 있을 가능성이 있는 곳으로 이동하면서 사용할 수 있는 장비를 사용할 수 있다. 휴대형 흡입형 폭발물탐지기는 휴대하면서 사용할 수 있는 탐지장비이며, 인체에 은닉한 폭발물을 탐지하기 위하여 고정식 폭발물탐지기를 사용하기도 한다.

<그림 20-7>과 <그림 20-8>은 가방이나 특정한 장소에 은닉한 폭발물을 탐지하는 휴대형 폭발물탐지기와 사람이 통과하면서 인체에 은닉한 폭발물을 탐지하는 고정형 폭발물탐지기를 각각 보여주는 것이다. 달리 차량에 적재된 폭발물을 탐지하기 위한 대규모의 폭발물탐지장비를 사용할 수 있다.

그림 20-7 휴대형 폭발물탐지기의 형태

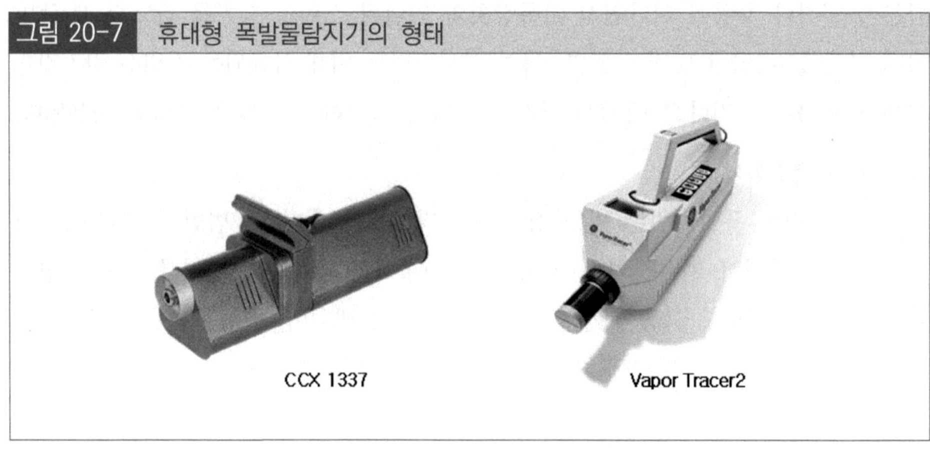

그림 20-8 고정형 폭발물탐지기의 형태(모델: ENTRISCAN)

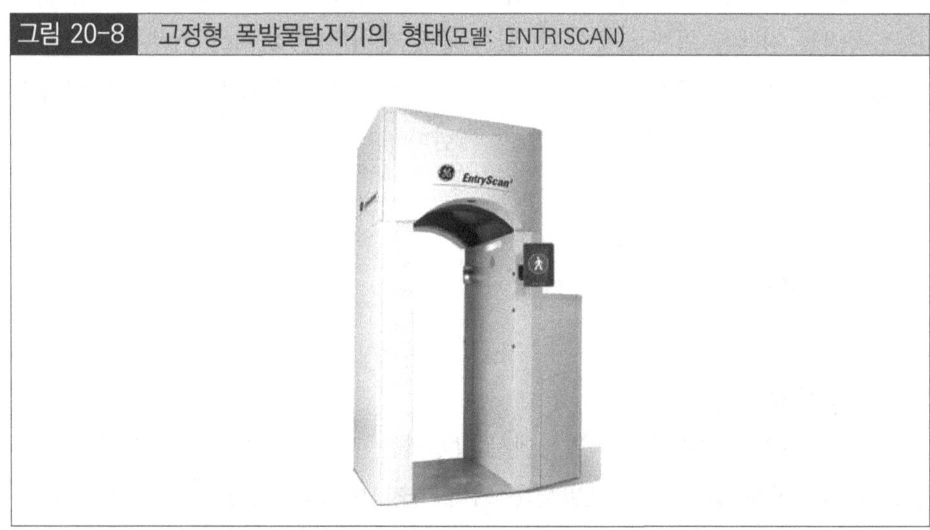

나. 검색 거울

차량의 하부에 숨겨진 폭발물을 검색하기 위하여 검색 거울을 이용할 수 있다. 차량의 하부는 사람이 직접 들어가 확인하기 어렵기 때문에 검색 거울을 이용하여 거울에 반사되는 모습을 관찰함으로써 폭발물을 검색할 수 있다.

검색 거울은 평면거울과 볼록거울이 주로 사용되는데, 평면거울은 무게가 많이 나가고 각도조절장치가 필요하며, 거울이 파손되는 불편함이 있어 각도조절장치가 필요없이 가볍고 사용하기 쉬운 볼록거울이 많이 이용된다.

검색 거울로 숨겨진 폭발을 정밀하게 검색하는 데는 한계가 있으므로 다른 검색방법과 같이 중복으로 검색하는 것이 효과적이다.

그림 20-9 검색 거울의 형태

다. 기타 폭발물 탐지장비

개방하기 어려운 내부나 물품 내부 등과 같은 곳에 숨겨둔 폭발물을 탐지하기 위하여 시각적으로 볼 수 있게 해주는 탐지장비를 사용할 수 있다.

<그림 20-10>에서 보여주는 폭발물 탐지장비는 레이더 원리를 이용하여 약 25.5Cm 정도 두께의 마루 아래에 숨겨진 물체를 검사하여 투시된 물체의 영상을 컴퓨터 모니터에서 볼 수 있게 해주는 장비이다.

그림 20-10 레이더형 폭발물탐지기의 형태(모델: SSR 2000)

4) 금속탐지기

(1) 개요

총기나 칼 등과 같이 사람에게 피해를 입힐 수 있는 무기는 대부분 금속성 물질로 제작되어 있으며, 금속성 물질을 검색하기 위하여 금속탐지기를 사용할 수 있다. 금속탐지기는 철금속 물질과 금, 은, 동과 같은 일부 비철금속 물질을 탐지할 수 있으며, 비금속성 물질은 탐지가 곤란하므로 다른 탐지방안을 적용할 수 있어야 한다.

금속탐지기는 형태에 따라 문형 금속탐지기와 휴대용 금속탐지기로 구분하여 사용되고 있으며, 신발 부위나 인체의 특정부위를 검색하기 위한 금속탐지장비를 사용하기도 한다. 문형 금속탐지기는 일정한 장소에 설치하여 문형의 탐지판을 통과하는 사람이 휴대하고 있는 금속성 물질을 검색하기 위하여 사용된다. 휴대용 금속탐지기는 사람의 신체 가까이에 접촉하여 신체 내에 은닉한 금속성 물체를 검색하거나 가방 속에 있는 금속성 물질을 검색하기 위하여 간편하게 사용할 수 있는데, 일반적으로 문형금속탐지기에서 금속성 물질이 탐지되면 휴대용금속탐지기로 추가 검색을 하게 된다.

(2) 금속탐지기의 작동원리

문형 금속탐지기는 <그림 20-11>에서 보여주는 것처럼 송신코일과 수신코일로 이루어져 있다. 송신코일에 전류가 흐르면 주변에 자기장이 발생하고 주변 자기장으로 인해 수신코일에는 유도자기장이 발생하고 유도자기장으로 인해 유도전류가 발생하는데, 금속성 물체는 금속탐지기 주변의 자기장을 변화시켜 유도전류 값을 변화시키게 되는데, 이를 측정하여 금속물질을 탐지하고 그 결과를 경보음 또는 경보등으로 표시하게 된다.

금속성 물체가 탐지된 위치를 표시하기 위해 문형금속탐지기 내에 여러 개의 수신코일을 설치하여 수신코일이 위치한 부위에 금속성 물체가 통과하면 이를 탐지하여 그 부위에 장착된 LED를 발광시켜 금속성 물체의 통과 위치를 표시하여 준다.

그림 20-11 문형 금속탐지기의 작동원리 및 형태

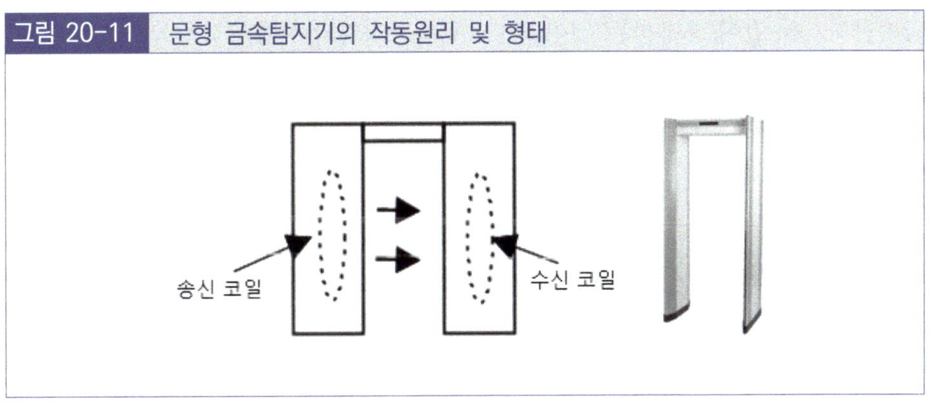

그림 20-12 휴대용 금속탐지기의 작동원리 및 형태

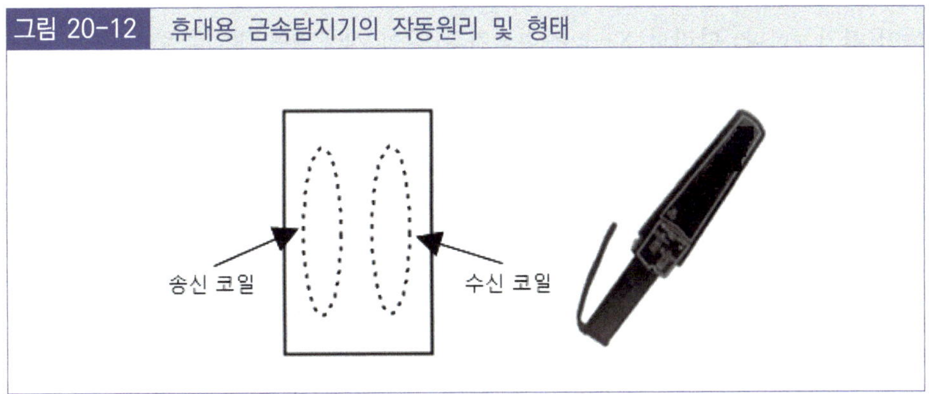

휴대형 금속탐지기의 감지부 안에는 <그림 20-12>에서 보여주는 것처럼 송신코일과 수신코일이 나란히 위치하여 있으며, 송신코일에 전류를 흘려주면 수신코일에 일정한 유도전류가 흐르게 되고 금속성 물질이 주위를 통과하면 유도전류의 값이 변화하는 것을 감지하게 된다.

(3) 금속탐지기 운용

금속탐지기는 공항 뿐 아니라 특별히 안전이 요구되는 시설에 출입하는 사람이 휴대한 금속성 물품을 탐지하기 위하여 사용하는 장비로, 상시 출입자의 검색이 요구되는 공항이나 정부청사, 국회, 법원 등과 같은 장소에 고정적으로 문형금속탐지기가 설치 운용되고 있으나, 한시적으로 사용되는 행사장에 출입하는 인원의 금속성 휴대품 탐지를 위해 필요시에만 설치하여 사용하기도 한다.

금속탐지기를 효과적으로 운용하기 위하여 보안근무자의 촉수검색과 휴대용 금속탐지기를 같이 운용하는 것이 좋다. 금속탐지기의 사용목적은 안전이 요구되는 곳에 들어가는 사람의 휴대품을 검색하는 것이지만 많은 인원이 동시에 통과하는 경우가 많으므로 참석자를 신속하고 편리하게 통과시킬 수 있어야 하고, 금속탐지기를 통과하는 사람으로 인한 혼잡을 방지할 수 있어야 한다.

문형금속탐지기를 운용할 경우, 금속탐지기를 통과하는 사람 사이의 간격을 최소한 1m 이상 유지시키고, 휴대용 금속탐지기는 오작동방지를 위하여 문형금속탐지기에서 약 50Cm 이상의 일정한 거리를 유지하는 것이 좋다. 그리고 의심스러운 물품의 검색을 위하여 양해를 구한 후 직접 사용해 보면서 확인하는 것이 좋다.

금속탐지기는 금속성 물질만을 검색할 수 있으므로 폭발물과 같은 물품은 검색이 불가능하다. 따라서 X-ray 검색기와 같이 사용하여 반입물품에 대한 별도의 검색과정을 거치게 함으로써 보다 정밀한 검색을 할 수 있다.

3. 탐지견 운용

개는 인간에 비하여 뛰어난 후각능력을 지니고 있는데, 냄새를 맡는 기관에 있어서 개의 후각영역과 감각영역은 인간보다 14배나 크다. 이 영역 내에 있는 냄새를 감지하는 특수한 후각세포는 인간보다 훨씬 많고 촘촘하게 구성되어져 있으며, 냄새감지와 관계하는 대뇌세포가 인간보다 40배 정도가 많아 인간에 비하여 수만배 이상의 후각능력을 지닌 것으로 알려져 있다. 개의 뛰어난 후각능력을 이용한 탐지능력은 다른 어느 장비보다 우수한 것으로 평가되고 있다. 그리고 탐지견은 냄새를 추적하여 탐지한 폭발물 등의 위치를 알아낼 수 있다는 장점이 있으나 탐비장비와 달리 계속 활동할 수 있는 시간이 짧다는 한계가 있다.

몇 종의 개는 특별히 예리한 후각을 가지도록 개량되어 여러 가지 물질을 탐지하기 위해 이용되고 있는데, 냄새로 마약이나 불법의약품, 폭발물과 같은 물질을 탐지하는 용도로 널리 이용되고 있다. 개의 후각능력을 이용하여 물품이 항공기내로 반입되는 과정에서 검색하거나 항공기에서 반출되는 과정에서 검색하기 위해 효과적으로 이용할 수 있다.

4. 위해물품의 기내반입 통제

항공기 안전을 위하여 보안검색과 함께 위해물품이 기내로 반입되는 것을 통제할 수 있어야 한다. 항공기내에 반입이 금지되는 위해 물품은 항공기 및 탑승자에게 위협을 가할 수 있는 물질로 9.11사고 이후 액체 종류 물질까지 광범위하게 규정하고 있으며, 최근에는 다소 완화되어 가는 분위기이다.

'항공보안법'에 근거하여 항공기 내 반입금지 위해물품을 정하고 있는데, 항공기내반입금지 위해물품은 객실 반입금지 물품과 위탁수하물 반입금지 물품으로 구분하여 다음과 같이 정하고 있으며, 세부 반입금지물품은 국토교통부 고시로 정하고 있다.

① 무기류: 도검·무술호신용품·총기 등 무기류는 객실 반입금지, 위탁수하물은 반입가능

② 폭발물류: 폭발물, 폭발장치 등은 객실 및 위탁수하물 모두 반입금지

③ 공구 및 생활용품류: 흉기로 사용될 수 있는 공구류는 객실 반입금지, 위탁수하물은 반입가능

④ 스포츠 및 레저용품류: 무기로 사용될 수 있는 스포츠 용품은 객실 반입금지, 위탁수하물은 반입가능

⑤ 의료·구조용품류: 의료용 물품은 객실 및 위탁수하물 모두 반입가능하나

일부 위험가능 물품은 제한될 수 있음

⑥ 기타 인화성 · 화학성 · 유독성 물질: 인화성 물질 등은 원칙상 객실 및 위탁수하물 반입이 모두 금지되나 국토교통부에서 고시한 '항공위험물 운송기술기준'에 정한 안전요건을 충족하는 경우에 한해 가능

국토교통부에서 정하지 아니한 물품이나 반입이 허용된 물품이더라도 해당공항의 보안검색감독자 또는 항공운송사업자가 항공기 안전 및 승객 · 승무원에게 위해를 줄 수 있다고 판단하는 경우에는 항공기 내 반입을 금지할 수 있다.

21장 공항보안을 위한 IT보안

1. IT보안의 의의

다양하게 적용되는 IT기술은 온라인 매체와 결합하여 공항에 위협을 가하기 위한 수단으로 사용될 수 있다. 공항의 주요시설 도면, 시설경비계획서 등의 정보 유출은 공항보안에 타격을 줄 수 있으며, 승객에 대한 정보 또는 화물관련 정보유출은 공항의 신뢰도에 악영향을 주게 된다.

주요 기반시설에 자동화 및 원격제어시스템이 도입되면서 기반시설의 제어시스템에 침투해 시스템의 작동을 마비시키거나 방해할 수 있는 가능성이 존재하므로 공항에서 운용되는 시설의 제어시스템이 위협에 노출되지 않도록 보호하는 것이 필요하다.

이메일, 웹하드, 메신저 등 다양한 수단을 이용하여 공항의 중요한 정보를 빼내 가거나 정보사용을 방해하는 등 온라인을 통해 이루어 질 수 있는 위협은 다양하게 존재할 수 있다. 공항은 국가중요시설로 보안인력 운용, 보안시스템 및 보안장비 운영, 초소 및 울타리 등의 시설 도면, 경비계획서 등 공항시설경비에 관한 문서도 중요하게 보호되어져야 하며, 웹문서, 데이터베이스, 파일 문서 등 정보시스템에 산재되어 있는 정보를 보호하기 위한 IT보안체계의 구축·운용이 필요하다.

외부에서 악의적으로 해킹 툴, 바이러스 등을 통하여 개인용 컴퓨터, 서버 및 데이터베이스에 침투하여 정보를 훼손하거나 저장된 정보를 빼내갈 수 있으며, 네트워크를 통하여 전송되는 데이터를 훼손·교란시키거나 정보를 빼나갈 수 있다. 외부에서 악의적인 공격 외에 컴퓨터 사용자가 이메일이나 이동성 저장장치 등을 사용하거나 무단으로 아이디와 패스워드를 도용하여 서버 및 데이터베이스에 접속하여 임의로 정보를 훼손하거나 빼내갈 수 있으며, 컴퓨터 관리 부실이나 패스워드 부실 등 사용자의 부주의에 의해 정보가 외부의 위협에 노출될 수 있다. 그리고 보호가 요구되는 전자문서 중 암호화 되지 않거나 일반문서와 같이 관리될 경우, 불필요한 사람이 접근하여 문서를 훼손하거나 정보를 빼내갈 수 있다.

2. 주요 IT보안

1) 개인 컴퓨터 보안

(1) 방화벽

방화벽은 백신만으로는 높아지는 사이버 위협에 대응, 개인용 컴퓨터의 안전성을 담보할 수 없다는 인식에서 탄생한 보안기술로, 네트워크 방화벽과 마찬가지로 공격에 사용되는 포트를 차단하고, 허용되지 않은 프로그램의 외부 통신을 차단하는 등 개인 보안 정책을 설정할 수 있다. 바이러스 백신에 더해 개인용 컴퓨터 방화벽, 호스트 침입방지시스템, 안티스파이웨어 등 다양한 보안 기능을 포괄하고 있는 통합형 기술이 등장했으며, 듀얼코어 프로세서의 등장 등 비약적으로 발전하고 있는 하드웨어의 진화에 힘입어 통합형 솔루션으로 발전하고 있다.

(2) 이메일 및 메신저 보안

이메일 및 메신저 보안이란 인터넷을 통한 전자메일 및 메신저의 내용을 암호화 하고 규칙에 의한 사전 필터링을 통해 정보유출을 통제하는 기술을 말한다. 이 기술은 전송 ID, 메시지 크기, 키워드(제목, 본문, 첨부파일), 첨부파일 이름, 첨부파일 개수, 수신지 주소 등의 규칙에 따라 필터링을 진행하고, 규칙에 걸리는 내용을 탐지하는 기능(사건 및 사고 징후를 포착하는 profiler 및 pattern 처리 엔진)이 있다. 다음으로 메일 및 메신저와 같은 인터넷 도구를 통하여 다양한 형식의 문서가 첨부되어 유출되는 취약점에 대응하여 첨부된 문서를 동일한 형식으로 변환 후 저장하고 사후 유통경로를 추적할 수 있는 기능이 있다.

(3) 이동 저장장치 보안

이동 저장장치 보안이란 개인용 컴퓨터에 연결될 수 있는 다양한 이동 저장장치(Mobile Phone, Memory Card 등)에 대한 권한 통제를 수행하는 IT 보안기술을 말하며, 이동 저장장치 메모리의 양이 커지면서 중요성이 증가하고 있다.

이동 저장장치 보안을 위하여 다양한 이동 저장장치 및 통신채널을 통하여 파일이 유출되는 취약점에 대응하기 위한 복합적 기능이 사용되고 있으며, 다음과 같은 여러 기능을 포함하고 있다.

첫째, 사용자 식별 및 인증이 가능하도록 이동 저장장치를 보안 관리자에게 등록한 후 사용하게 하는 기능과 지정 데이터 암·복호화 기능이 있는데, 이 기능은 파일을 암호화하여 보안 에이전트가 설치되지 않은 곳에서는 복호화를 불가능하게 하는 기능이다.

둘째, 저장된 정보의 임의복제 방지기능이 있는데, 이 기능은 등록된 이동 저장장치만 사용이 가능하고 실시간 로그 전송을 통한 사용자 상태가 관리되며, 무단 반출 시에는 이동 저장장치의 사용을 원천적으로 금지하는 기능이다.

셋째, 데이터가 유출될 경우 저장 데이터를 삭제하는 기능이 있는데, 이 기능은 서버에 등록된 이동 저장장치가 도난 또는 분실된 경우에는 불법 이동 저장장치로 등록되어 보안 에이전트가 작동됨에 따라 이동 저장장치에 대한 접근통제 및 파일의 삭제가 이루어지게 하는 기능이다.

넷째, 사용자, 그룹, 개인용 컴퓨터별로 이동 저장장치 자체에 대한 사용 권한을 통제하는 기능과 외부로 전달하는 파일에 대한 보안파일 생성 기능이 있는데, 보안파일 생성 기능은 '사용자 인증 정보+권한 제어 정보+암호화된 데이터 내용'을 하나의 실행 파일 형태로 생성하여 보안파일을 생성하는 기능이다.

다양한 IT 보안기능 개발에도 불구하고, 근래에 들어 다양한 이동식 저장장치(Secure Digital Card, Compact Flash Card, Memory Stick 등) 및 통신방법(Infrared Data Communications, Wireless Internet, Blue Tooth 등)이 출현할 때마다 이를 통제할 수 있는 Device Security 기능이 개발되고 있으나, 기존의 다른 장치들에 대한 통제 방법과 충돌하는 문제가 발생하고 있다.

2) 문서보안

정보유출 방지와 내부통제, 그리고 효율적인 데이터 관리와 보안을 위해 데이터 자체에 대한 보안이 중요하며, 데이터 보호를 위해 데이터 암호화 기술과 문서보안기술이 선택되고 있다. 특히 웹을 통해 유통되는 각종 디지털 콘텐츠의 안전한 분배와 불법 복제를 방지하기 위해 문서보안기술이 적용되고 있다.

DRM(Digital Rights Management)은 기존의 파일 암호화를 기반으로 각종 권한관리 및 인증관리가 첨부되어 인증되지 않은 사람이나 권한이 없는 사람은 전자문서에 대한 접근을 불가능하게 하는 기술로, 개인용 컴퓨터에서 문서가 생성되는 순간부터 암호화하는 개인용 컴퓨터 문서보안 방식과, 개인이 만든 문서가 조직의 문서관리시스템으로 올라가고 공유 시 암호화함으로써 인증된 사용자만이 문서를 사용하게 하는 서버 문서보안 방식이 있다.

이 기술은 문서의 생성단계부터 저장장치 사이의 유통 및 폐기에 이르기까지의 전 과정에 보안 규칙을 적용하고 중요 문서의 유출경로까지 파악이 가능하게 함으로써 기밀문서 및 제품도면 등의 무단 유출을 방지하는 IT 보안기술을 말하며, 다음과 같은 몇 가지 기능을 포함한다.

첫째, 보안이 필요한 문서가 비밀문서로 적절히 분류되지 않고 일반문서와 같이 관리되거나 암호화 되지 않는 취약점에 대응하여 개인용 컴퓨터에 저장된 사용자 파일 및 폴더에 대하여 선택적 파일 암호화, 강제적 파일 암호화, 폴더 암호화를 수행하는 실시간 암호화 기능이 있다.

둘째, 문서에 대한 사용자별 접근권한 오남용으로 인해 문서에 대한 열람, 편집, 전달, 출력 과정에서에의 접근통제가 미흡한 취약점에 대응하여 문서별 통제권한을 부여하여 문서 열람, 문서 편집, 문서 출력 등을 수행하는 문서사용 통제 기능이 있다.

셋째, 문서 사용 후 미파기, 삭제된 문서복구 등을 통하여 불법적으로 문서를 유출하거나 불법적으로 사용하는 취약점에 대응하여 문서에 대한 접근권한 설정정보를 기반으로 하여 읽기 횟수, 출력 횟수, 유효기간 등이 초과되었을 경우에는 자동으로 보안문서를 완전 파기할 수 있는 기능이 있다. 다음으로는 문서가 한 부 필요해도 여러 부를 출력하는 등 프린터에 출력된 문서가 누군가에 의해 열람되거나 사라질 수 있으며, 복사기를 통하여 악의적으로 문서가 복사될 수 있는 취약점에 대응하여 프린터 및 복사기 사용에 대한 접근통제 및 복사내용 저장을 통한 감시 단어를 추출하는 기능이 있다.

넷째, 파일크기가 매우 크고, 다양한 파일형식과 응용 프로그램 사이의 유기적인 상호연동, 프로세스를 구성하는 다단계 협업 그리고 다양한 사내 및 사외 조직이 참여하는 특징을 가지고 있는 도면 및 프로그램 소스 파일 자체에 대한 취약점에 대응하여 도면 및 프로그램 소스 파일 자체를 접근통제 하는 기능이 있다.

3) 데이터베이스 보안

데이터베이스는 조직에서 필요한 정보를 체계적으로 축적하여 그 조직 내의 사용자에게 필요한 정보를 제공하는 정보서비스의 핵심에 해당하며, 데이터베이스에 의한 해킹이나 내부 사용자에 의한 유출은 조직의 신뢰성에 심각한 손상을 입혀 신뢰성에 심각한 손상은 물론 금전적인 피해까지도 이어질 수 있다. 데이트베이스 보안은 데이터베이스 활동모니터링 방식과 암호화 방식이 대표적이다.

(1) 데이터 활동모니터링

데이터베이스 활동모니터링이란 데이터베이스에 저장되어 있는 데이터 및 정보에 대해 인가되지 않은 접근, 의도적인 정보의 변경이나 파괴 및 데이터의 일관성을 저해하는 우발적인 사고 등으로부터 데이터베이스를 감시하고 외부의 접근을 탐지 및 통제하는 IT 보안기술을 말한다.

데이터베이스 운영상의 편의성을 위하여 웹 어플리케이션 서버를 통하여 데이터베이스 서버에서 접속하는 모든 사용자들이 업무별 공용의 ID를 사용하고, 데이터베이스에 대한 접근권한을 가지고 있는 관리자 및 사용자가 어플리케이션 서버를 통한 접근방법으로 네트워크를 통하여 실수 또는 악의적으로 중요 정보를 유출할 수 있는 취약점에 대응하여 데이터베이스 접속 통제기술과 데이터베이스 권한 통제기술, 그리고 표준화된 중요 SQL 결재 관리 기능이 있다. 먼저 데이터베이스 접속 통제기능은 사용자 IP 주소, 사용자 ID, 사용자 응용 프로그램, 컴퓨터 이름, 접속 시간대별로 세분화하여 데이터베이스로의 접근을 통제하는 기능이다. 다음으로 데이터베이스 권한 통제기능은 사용자 IP 주소, 사용자 ID, 사용자 응용 프로그램, 컴퓨터 이름, 접속 시간대별로 세분화하고, 추가적으로 SQL 질의문, 테이블 및 필드에 대한 권한을 통제하는 기능이다. 마지막으로 표준화된 중요 SQL 결재 관리 기능은 관리자가 실행해야 하는 중요하고 위험한 SQL 질의문에 대하여 상급자의 결제에 의해서만 통제하는 기능이다.

그 외에 데이터베이스에 대한 접근권한을 가지고 있는 관리자 및 사용자가 네트워크를 거치지 않고 서버 앞에서 콘솔을 통하여 키보드로 로그인하여 사용하여 데이터베이스 서버에 직접 접속함으로써 실수 또는 악의적으로 중요정보를 유출할 수 있는 취약점에 대응하여 모든 SQL 질의문에 대하여 로그를 남기고 향후 감사를 위한 이력관리 기능이 있다. 그리고 웹 어플리케이션 서버를 통하여 데이터베이스에 접근하는 경우, 데이터베이스 보안기술은 어느 클라이언트가 접속하였는지 알 수가 없기 때문에, 사용자 단위에 접근통제가 아닌 웹 어플리케이션 단위의 접근통제를 수행하는 기능이 있다.

(2) 데이터베이스 암호화

데이터베이스 암호화는 데이터를 암호화하여 저장하고 필요시 암호화된 데이터를 복구하여 조회·변경하고, 다시 암호화하여 저장하는 IT 보안기술을 말한다. 데이터베이스에 저장되어 있는 데이터 및 정보에 대해 인가되지 않은 접근, 의도적인 정보의 변경이나 파괴 및 데이터의 일관성을 저해하는 우발적인 사고 등으로부터 데이터를 보호하며, 만일의 데이터 유출에도 중요 정보의 악용을 막기 위해서는 데이터를 암호화하는 것이 가장 안전하고 확실한 방법이다. 서버에 에이전트를 설치하거나 데이터베이스 내부에 API(Application Program Interface)를 설치하는 소프트웨어방식과 서버 외부에 별도의 암호화 장비를 설치하여 시스템의 과부하를 감소시키는 하드웨어방식이 있다.

데이터베이스 암호화의 취약점에 대응하여 데이터베이스에 대한 접근권한을 가지고 있는 관리자 및 사용자가 실수 또는 악의적으로 중요 정보를 유출할 수 있는 취약점에 대응하여 암호화 칼럼에 비정상적이고 지속적인 데이터 유출시도가 발생하면, 로그 기록으로 이를 확인하여 해당 세션을 차단하여 불법적인 접근시도를 차단할 수 있는 기능이 있다. 하지만, 데이터베이스를 암호화하는 경우, 인덱스 자체도 암호화되어 데이터 검색속도가 저하되며, 대용량 테이블을 암(복)호화할 경우 장시간이 소요되어 서비스 중단이 발생될 수 있다.

4) 네트워크 보안

(1) 웹 방화벽

웹을 통한 개인정보 유출사고가 발생하면서 웹 방화벽에 관심이 증가하게 되었으며, 웹을 통한 정보보안 사고를 경험해본 사람들은 웹 방화벽을 주요 보안솔루션으로 인식하고 있다. 2010년 초 수천만 건의 개인정보유출 사건이 발생했을 때, 피해를 당한 업체들이 웹 방화벽과 데이터베이스 보안 솔루션 등이 없었기 때문인 것으로 생각하면서 웹 방화벽의 중요성은 더욱 커졌으며, 웹 방화벽이 웹 보안을 위한 필수 장비로 인식되고 있다.

(2) 침입방지시스템(Intrusion Prevention System, IPS)

방화벽과 더불어 네트워크 보안을 위한 필수 솔루션으로 꼽히는 것은 바로 침입방지시스템이다. 침입방지시스템은 날로 증가하는 유해 트래픽과 악성 침해, 각종 애플리케이션의 취약점 공격으로부터 정보자원을 보호하기 위해 도입되었으며, 분산컴퓨팅 한경에서 분산서비스 방해공격에 대응하기 위해 적용되고 있다. 클라우드 컴퓨팅의 대두와 보안강화에 대한 요구를 수용하기 위해 관리와 통제가 용이한 중앙집중형 데이터센터 통합이 이어지면서도 침입방지시스템이 주목을 받고 있다.

분산 컴퓨팅에서 다시 중앙집중형 데이터센터 통합이 각광받는 이유는 관리 편의성의 향상, 보안강화 등의 이슈 때문이다. 분산된 IT 환경은 관리자의 어려움을 가중시키고 운영비용의 상승 뿐 아니라 관리를 위한 과도한 시간 투자로 비효율을 가져오며, 생산성을 저하시킨다. 또한 보안적인 측면에서도 중앙 집중적으로 데이터와 트래픽을 관리하는 것이 더욱 유리하다.

(3) 통합보안시스템(United Threat Management, UTM)

방화벽, 침입탐지시스템, 가상사설망, 바이러스 백신 소프트웨어와 같은 보안 솔루션을 각각 독립적으로 운영해왔지만 최근 복합기능의 보안솔루션을 선택하는 추세로 발전하고 있다. 통합보안시스템은 이러한 다기능, 고성능의 보안기능을 단일 프로그램 형태로 구성하여 관리의 복잡성을 최소화 하는 통합보안 기능을 제공한다. 특히 대형 사이트에서 복잡해지는 보안기기에 대한 관리의 어려움과 성능적인 이슈를 복합적으로 처리하여 비용절감과 관리의 편리성 등을 제공할 수 있는 이점이 있다.

(4) IT 보안관제

IT 보안관제란 보안정책위반 또는 침입으로부터 시스템과 네트워크 자원의 손상을 막기 위해 관제가 필요한 모든 시스템을 실시간으로 모니터링하여 즉각 대응, 관리할 수 있도록 전문 보안업체가 해당인력, 프로세스, 기술 및 전문지식을 제공하고 고객은 자신의 핵심 역량에 집중할 수 있도록 하는 행위를 말한다.

IT 보안관제의 주요기능은 크게 사이버 공격정보 수집기능과 보안관제 지원 기능으로 나뉜다. 사이버 공격정보 수집기능에는 침입차단, 침입탐지, 침입방지, 웹 방화벽, 분산서비스 방해공격(Distributed Denial of Service, DDoS) 방지, 바이러스 월, Secure OS, 통합보안관리 에이전트, 홈페이지 모니터링, 악성도메인 모니터링, 공격이벤트 분석, 비정상 트래픽 분석, 추이 분석, 취약점 분석 지원, 위협관리, 통합 데이터베이스 관리, 종합분석 기능 등이 있다. 보안관제 지원 기능에는 침해사고 관리, 공격정보 분석, 원격지원, 예·경보발령, 통합백업, 성능관리, 유해 IP관리, 공개 사이버 보안정보 수집, 정보공유 기능이 있다.

사이버 공격정보 수집기능 중 핵심기능인 침입차단 기능은 IP와 포트 정보를 기준으로 네트워크의 접근을 허용·차단하는 기능이며, 사이버 공격정보 수집기능 중 다른 주요기능인 침입탐지 기능은 네트워크상의 모든 트래픽 패킷을 수집하여 공격 징후를 실시간 탐지 및 대응하는 기능이다.

보안관제 지원기능 중 핵심기능인 침해사고 관리기능은 공격시간, 공격자, 공격대상, 피해현황, 대응결과 등 일련의 사고 처리과정을 데이터베이스화하여 기록하는 기능이다. 보안관제 지원기능 중 다른 주요기능으로는 예·경보발령 기능이 있는데, 이 기능은 긴급 상황·보안조치 내용 등을 산하·유관기관에 전파하는 기능으로 SMS·이메일·팩스 등 가용한 유·무선 통신수단을 이용하여 예·경보를 통보하고 이력을 관리한다.

(5) 콘텐츠 모니터링/필터링

콘텐츠 모니터링과 필터링은 데이터와 콘텐츠의 부적절한 사용을 발견하는 기능을 제공하는 IT 보안기술을 말한다. 특정 응용 프로그램과 관련 비즈니스 규칙에 근거하여 모니터링하며, 네트워크상에서 민감한 정보의 부적절한 이동을 탐지할 수 있다. 특권 사용자의 활동을 모니터링하기 위해서는 많은 양의 감사로그가 필요하지 않으나 응용 프로그램 사용자가 수행하는 트랜잭션 수준의 활동을 모니터링하기 위해서는 많은 양의 감사로그가 생성되어야 하고, 모니터링의 결과를 분석하고 보고하는 데에 많은 추가적 노력이 소요된다. 다양한 경로를 통하여 내

· 외부 조직으로 정보가 유출되는 취약점에 대응하여 전체 세션의 관점에서 외부로 향하는 네트워크 트래픽에 대한 패킷 추출 기술, 보안정책 또는 규칙에 의해 특정 콘텐츠 사용을 탐지, 차단, 통제하기 위해 구문 분석(Linguistic Analysis) 수행하는 기능이 있다. 구분 분석이란 단순 키워드 매칭 기술을 넘어, 문서 전체 매칭 및 기계 학습을 통한 패턴분석 기술을 말한다.

(6) 네트워크 접근제어

네트워크 접근제어란 사용자가 단말기를 통해 네트워크에 접속하는 단계에서부터 단말기의 보안 상태를 점검하여 보안정책에 부합하지 않는 단말기에 대해 격리·치료·접속·허용 등 일련의 과정을 통해 가입자 단말기와 내부 네트워크를 보호하는 IT 보안기술을 말한다. 즉, 검역기반의 네트워크 접근통제로 기업 내부 보안을 최상의 상태로 유지하는 보안기술이다.

네트워크 접근제어 기술은 통제 방법에 따라 세 가지 기능으로 구분할 수 있다. 우선, Switch(802.1x) 기반의 네트워크 접근통제 기능은 단말기에 에이전트를 설치하여 인증을 수행하고 접속권한을 정의하는 서버와 통신하여 이를 스위치 포트에 접속을 허용하는 기능이다. 다음으로, Appliance 기반의 네트워크 접근통제 기능은 네트워크에 위치하는 장치들을 통해 내부 네트워크의 자산정보를 수집하고 네트워크 접근제어 기능을 수행한다. 마지막으로, Host 기반의 네트워크 접근통제 기능은 에이전트와 서버와의 통신으로만 접속권한을 부여하고, 이를 바탕으로 모든 접근통제를 에이전트에서 수행하는 기능이다. 그 외에 업무 특성상 다양한 형태의 정보처리 장치(device, access point, agent, application)가 원격으로 접속을 요구하여 이에 대한 통제가 어렵기 때문에 정책 유효성 확인기능(원격의 컴퓨터가 적정한 보안수준(rule)을 만족(healthy)하는지 검사(Integrity), 원격 컴퓨터가 건강한 정도에 따라 컴퓨터의 네트워크 접속을 제한하고, 컴퓨터가 건강해지도록 필요한 업데이트를 제공(Enforcement))이 있다. 그리고 조직의 규정에 따라 적정한 보안수준을 만족한 컴퓨터에서 사용자가 실행하는 악의적인 프로그램의 동작 및 악의적인 행동을 차단하고, 조직의 보안정책 변경이나 컴퓨터의 건강 정도 변경에 따라 실시간으로 네트워크 접속을 통제할 수 있도록 다른 보안시스템과의 연계한 통합적인 보안기능이 있다.

5) 기반시설 침해 대응

기반시설 침해기술은 국가 및 산업의 중요기반시설을 제어하는 원격통합감시제어시스템(Supervisory Control And Data Acquisition, SCADA)을 대상으로 IT보안위협을 가하는 웜(WORM)이다. SCADA 시스템은 대개 생산공정을 감시하고 제어하는 데 사용되는 대규모 소프트웨어 패키지와 플랜트 상태를 감시하고 제어하기 위해 산업체에서 사용되는 시스템이다. 스카다 시스템은 플랜트 설비와는 대개 프로그램 로직 제어기(Programmable Logic Controller)를 통해 연결된다. 세부적으로 스틱스넷은 초기에는 독일 지멘스사의 산업자동화 제어시스템을 공격목표로 제작되었으며, 점차적으로 다양한 산업자동화 제어시스템을 공격 목표로 업데이트되고 있다. 스틱스넷은 원자력, 전기, 철강, 반도체, 화학 등의 주요 산업기반시설의 제어시스템에 침투해 일으키는 악성코드를 입력해 시스템을 마비시킬 수 있다.

스틱스넷의 감염경로는 크게 이동저장매체 전파방식, 네트워크 전파방식 등으로 나뉜다. 첫번째, 이동저장장치 전파방식은 2010년 7월에 MS에서 발표되었던 악의적으로 조작된 연결파일(LNK, PIF 파일)을 통해 원격 코드를 사용자의 권한으로 실행할 수 있는 전파방식으로, 이 방식은 '제어판 바로가기'의 아이콘을 탐색기에 보여주는 과정에서의 부적절한 모듈 로드로 인해 발생한다. 이로 인해 사용자가 탐색기나 유사 커맨드 프로그램 등을 이용해 바로가기 아이콘을 로딩하는 순간 대상파일로 지정된 파일이 사용자 권한으로 로드되는 취약점이 발생한다. 스틱스넷은 이동식 저장매체인 USB를 통한 전파과정에서 자동실행파일(Autorun.inf)을 통한 감염과 더불어 연결파일의 취약점을 이용한 감염을 모두 이용한다. 두 번째, 네트워크 전파방식은 시스템 내의 공유 폴더, 공유프린터, 그리고 윈도서버의 취약점을 이용한 전파방식이 있다.

이러한 형태의 공격에 대비하기 위하여 핵심시스템을 외부망과 분리시켜 독립적인 망을 구성 운용하는 '망분리기술'을 적용할 수 있다.

6) 지능 지속형 침해 대응

지능 지속형 침해(Advanced Persistent Threat, APT)는 "다양한 IT 기술과 방식들을 이용해 조직적으로 경제적이거나 정치적인 목적을 위해 다양한 보안 위협들을 생산해 지속적으로 특정대상에게 공격을 가하는 일련의 행위"로 정의된다. 과거 IT 보안위협은 해커들이 방화벽을 침입하여 시스템을 무력화시키거나 정보를 취득해 가는 경우가 대다수였다. 그러나 이러한 취약점을 방어하기 위한 대응기술이 발전되면서 APT 기술을 이용하여 핵심 시스템에 접근하기 시작했다. 네트워크 보안담당자와 신뢰를 쌓아 전화나 이메일을 통해 정보를 취득하거나 정보의 가치를 몰라 무심코 유출되도록 유도하는 것 등이 대표적인 방법이다. APT 공격의 대상이 되는 것은 정보기관, 사회 기관 산업시설, 정보통신기업, 금융기관 등이다. 공격자들은 이들 대상으로부터 정치적인 행동 또는 경제적 이익을 확보할 수 있는 정보 탈취를 목적으로 하고 있다. 이러한 형태의 공격에 대하여 다양한 매체를 대상으로 엔드포인트 보안(End Point Security) 기술, 접근권한 관리기술, 중요 정보 암호화 및 정보유출 방지 기술(Data Leakage Prevention) 등을 적용할 수 있다.

제 6 부

항공보안 정책 관련

22장 법적 · 제도적 · 기술적 발전방안

1. 서론

항공보안은 항공안전과 더불어 항공운송산업의 성공에 있어 반드시 확보되어야 할 선행요건임과 동시에, 민간항공정책 수립에 있어 가장 중요시 되어야 할 필수적인 고려사항이라고 볼 수 있다. 특히, 항공보안정책은 글로벌 항공보안정책에 부합되어야 하므로 ICAO 등 주요 국제기구 및 주요 항공보안 선진국의 정책방향과 그 지향점이 일치되어야 한다는 것은 자명한 사실이다. 이와 더불어, 항공보안 분야는 보안검색 기술 등 첨단 기술에 매우 의존하는 분야이다. 따라서, 본 장에서는 ICAO의 정책방향을 살펴보고 이에 기초하여 우리의 항공보안 법·제도·기술적 발전방안에 대해 논하고자 한다.

2. 항공보안의 법 · 제도적 발전방안

1) ICAO의 정책방향

ICAO의 항공보안정책은 전 세계 각 체약국의 보안정책 수립과 이행에 근간이 된다. 따라서 항공보안정책의 발전방안 수립에 있어 ICAO 항공보안 정책동향 파악은 선행되어야 한다.

최근 ICAO는 2012년 9월에 열린 ICAO 고위급 항공보안회의(High-Level Conference on Aviation Security, HLCAS)를 통하여 미래 항공보안 분야 정책기조를 마련하여 각 체약국에 합의안을 도출하였다. HLCAS는 2002년 2월 9.11관련 장관급 항공보안회의 이후 10년 만에 전 체약국이 참석하는 고위급회의로서, 新항공보안 정책에 대한 논의를 목적으로 132개 체약국 대표단 및 ICAO, 국제항공운송협회(International Air Transport Association, IATA), 국제공항협회(Airports Council International, ACI) 등 23개 국제기구 관계자들이 참석하였다. 이 회의에서는 기타 항공보안 관련 논의사항을 제외한 총 8개의 의제가 심도있게 논의되었다. 8개의 의제는 1) 세계 위험 정황 보고(Risk Context Statement, RCS), 2) 항공화물보안 강화(Enhancing air cargo security), 3) 내부자 위협 대응(Combating the insider threat), 4) 항공보안평가(Universal Security Audit Programme, USAP) 방식의 변화, 5) 역량강화 및 기술지원(Capacity-building and technical assistance), 6) 항공보안 지속가능성 확보(Ensuring the sustainability of aviation security measures - equivalence), 7) 기계판독여행문서·사전승객정보시스템 이행(The role of the Machine Readable Travel Document(MRTD) Programme, Advanced Passenger Information(API) and Passenger Name Record(PNR)), 마지막으로 8) 검색기술 개발 혁신(Driving technology developments and innovation)이다. 이 중 항공보안 법·제도 발전방안과 관련된 분야를 7가지 정도로 나누어 살펴보면 다음과 같다.

(1) 세계 위험 정황 보고

RCS는 ICAO 보안정책의 핵심기조인 위험기반(risk-based) 보안정책에 근거하여 여러 보안위협들을 실질적인 발생가능성(likelihood), 취약성(vulnerability), 영향력(consequence)을 토대로 각 보안위협별로 위협수준과 위험상황에 대해 기술한 문서이다. 세계 위험 정황 보고의 취지는 보안위협별로 서로 상이한 위험수준의 이해를 통해 보다 실질적이고 위험수준이 높은 보안위협에 보안자원을 집중하는 것이라고 볼 수 있다. 즉, 위험기반 보안정책의 핵심은 각 보안위협에 대해 위험수준 파악이 선행되어야 함을 의미한다.

(2) 항공화물보안 강화

항공화물보안 강화는 기존의 보안정책이 여객보안에 집중되었다는 측면에서 보았을 때 비교적 새로운 보안위협요소라 할 수 있다. HLCAS에서는 항공화물보안수준을 유지하면서 간소화(facilitation)할 수 있는 방안 마련이 시급히 필요함을 확인하였으며, 이러한 대책의 통일되고 일관성 있는 적용이 글로벌 항공화물 및 우편공급망의 보안을 강화하고 글로벌 경제무역을 촉진하는데 매우 중요한 것임을 공감하였다. 이를 위하여 항공화물 및 우편물 보안에 관한 핵심원칙 6개가 제시되었다. 주요 핵심원칙을 크게 세 가지로 나누어 살펴보면 첫째, 보다 강력하고 지속가능하며, 탄력적인 항공화물 보안시스템의 필요성과 항공화물과 우편물에 적용될 최소 보안수준과 국제적 기준에 관한 정의에 관한 요구이다. 둘째, 항공화물 및 우편물의 출발지점, 환승, 통과지점 등 전체 공급망(supply chain) 관점에서의 접근방법이 필요하다는 것이다. 셋째, 항공화물 및 우편물 공급망을 불법방해행위(unlawful interference)로부터 보호하기 위한 국제적 협력, 기술적 지원, 그리고 역량 개발의 필요성에 대한 요구이다.

(3) 내부자 위협 대응

내부자 위협 대응은 공항을 비롯한 전체 항공운송시스템 종사자의 발생가능한 불법행위의 대응에 관한 것이다. 내부자 위협 대응의 핵심 정책기조는 기존의 내부자에 대한 보안검색 예외 단서를 삭제함으로써, 보호구역 출입통제를 이전보다 더욱 강화하고자 하는 것이다. 즉, 내부자 보안검색은 예외없이 100% 달성되어야 한다는 것으로서, 기존의 국제규정에 제시되었던 무작위성(randomness), 예측불가성(unpredictability), 일정비율검색(proportional screening)의 가능성을 배제한 것이다.

(4) 항공보안평가 방식의 변화

ICAO는 2002년부터 항공보안평가를 수행 중에 있으며, 제1차 평가 주기는 '02년~'07년, 2차 평가 주기는 '08년~'13년이다. 이 기간 동안 시행되었던 평가방식은 일률적인 정기 방문평가나 서류평가방식으로서 ICAO는 2013년 이후 항공보안평가-상시모니터링방식(Universal Security Audit Programme - Continuous Monitoring Approach, USAP-CMA)으로 전환을 승인하였다. 따라서 항공보안평가는 기존의 주기적인 평가방법이 아닌 상시평가체제로 전환되면서 ICAO는 이를 통하여 각 체약국의 보안강화를 각 체약국에 간접적으로 요구하고 있는 것이다.

(5) 항공보안 지속가능성 확보

ICAO는 항공보안 강화 노력에도 불구하고, 지속적 보안 위협, 새로운 테러양상, 항공보안평가에서 나타난 보안 취약성 등으로 '항공보안 지속가능성 확보'를 중요 정책 방향으로 추진하고 있다. 또한, 현재 각국 정부·산업계·국제기구 등은 한정된 자원과 비용을 효율적으로 활용하면서 글로벌 항공보안을 확보할 수 있는 방안 모색에 노력하고 있다. '지속가능한 항공보안'이란 '한정된 시간'내에 '책임

있는 보안당국'이 '유용한 수단'을 활용하여 불법방해행위(unlawful interference)를 '탐지·방지·대응·회복'하는 것을 의미한다. ICAO는 다음과 같은 지속가능성 확보방안 -1) 위험수준별 차별적 보안대책 적용, 2) 보안수단을 유연하게 적용하며 보안 결과달성에 초점을 두는 결과지향적(outcome-based) 보안대책, 3) 현 보안대책의 강화·완화·변경 등의 변화 필요성 지속적 검토, 4) 우수사례·교육·인적 자원 등을 활용한 보안기술 최적화, 5) 출발지 보안확보를 통해 보안조치 재적용 최소화 및 국가 간 유사성 확보를 통해 효율성을 제고하는 One-Stop Security 및 상호인정, 6) 국가·지역별 보안적용범위·요건의 통일성 확보- 을 제시하였다.

(6) 기계판독여행문서·사전승객정보시스템 이행

사전승객정보는 항공사에서 출도착지 출입국 심사당국 등으로 전송되는 여객정보로서 비행정보 및 여권 등 개별승객정보를 포함한다. 사전승객정보 시스템은 출입국 심사 시 테러분자 등 위험인물 식별과 저지를 가능하게 함으로써 항공보안에 크게 기여하고 있다. HLCAS는 항공보안강화를 위해 사전승객정보시스템 도입이 필요하며, 시스템의 통일성 결여가 항공운송산업에 부정적 영향을 미치고 데이터 사용의 효율성을 감소시킨다는 점에 동의하였다. 따라서 전 세계적 통일적 적용을 위해 사전승객 표준데이터 요구사항을 표준화하고 데이터의 전자교환을 위한 표준포맷을 수용하도록 각 체약국에 요청하였다. 승객명기록은 항공사의 상세 승객예약기록으로 비정상적 일정·중복예약·지불방식·청구서정보·연락처·상용고객정보·여행사정보 등의 의심스러운 여행패턴을 찾아냄으로써 위험인물 식별·조사·통제가 가능하다.

(7) 검색기술 개발 혁신

'10년 제37차 ICAO 총회에서는 총기류·폭발물 등 금지물품 탐지를 위하여 현대기술을 활용하도록 권장하였으며, 'ICAO 종합항공보안전략'은 보안정책·대책 이행을 위해 새롭고 혁신적인 방안인 선진기술을 마련토록 요구하였다. 특히, 항공보안의 간소화 차원에서 액체·분무·겔류(LAGs, Liquids, Aerosols and Gels)의 운송제한 완화를 위해 지속적으로 노력하고 있다. LAGs 운송제한은 '06년 액체폭발물을 이용한 런던발 항공기 폭파기도 사건을 계기로 도입되어, 현재 검색장비의 첨단화·고도화를 통한 효과적인 LAGs 검색을 수행함으로써 LAGs 위협과 운송제한을 동시에 완화시키고 이를 통하여 항공보안의 간소화를 달성하는 보안정책의 기조로 변화하고 있다. 이러한 국제적 항공보안정책의 변화에 발맞추어 보안·검색장비의 개발·혁신 및 발전은 필수적이다.

2) 법·제도적 발전방안

앞 절에서 전술한 ICAO 정책동향과 항공보안 주요 선진국의 정책동향은 글로벌 항공보안강화의 측면에서 그 의미를 같이 한다고 볼 수 있다. 이러한 정책동향으로부터 미래 항공보안의 법·제도적 발전방안에 대해 고찰해 보기로 한다.

첫째, 항공보안의 위험기반 접근법에 적용에 대한 필요성이다. 위험기반 접근법은 한정된 보안자원을 실제 위험수준이 높은 보안위협에 효율적으로 활용한다는 의미이다. 이 접근법은 상대적으로 위험수준이 낮은 보안위협에 대해서는 일괄적인 보안수단 및 검색 적용을 지양하고 보안흐름의 간소화를 이루며 여분의 보안자원을 고위험 보안위협에 집중하는 접근법이라 할 수 있다. 이 방법은 사전적 보안관리 측면에서 매우 중요한 수단이다. 위험기반 접근법을 법·제도적 측면에서 뒷받침하기 위하여 우선 각 보안위협에 대해 실질적인 위험수준이 정확히 측정·평가되어야 한다. 이를 위해 사전 보안프로파일링 등의 과학적 기법 및 기술의 확대 적용을 위한 제도적 방안이 뒷받침 될 필요가 있으며 지속적인 위험수준의 평가와 그 결과는 국가적·지역적으로 공유되어야 한다.

둘째, 항공화물보안 강화에 대한 법·제도적 방안 마련이다. 최근 항공화물 보안수준에 대해 국제기구 및 주요 선진국들은 그 취약성을 인지하고 있으며 이에 따른 항공화물 보안성 강화를 위한 제도적 방안을 마련 중이다. 특히, 근래에 유럽과 미국을 중심으로 자국으로 입국하는 항공화물에 대한 보안강화대책을 마련하여 가까운 미래에 시행 예정으로 있으며 이에 맞추어 다른 국가들은 자체 대응책을 마련 중에 있다. 항공화물보안은 물류 간소화의 측면과 밀접하게 연관이 되어 있으며 과도한 화물보안수준 강화는 물류 흐름을 지체시킬 수 있는 원인이 될 수 있다는 사실을 간과하면 안 된다. 따라서 화물보안강화와 물류 흐름을 동시에 고려할 수 있는 정책개발이 필요하다. 많은 보안선진국에서 시행 중인 상용화주(Known Shipper)제도는 적재 전 포장 등으로 인한 화물보안검색의 한계를 운송·포장 전 보안검색을 실시함으로써 적정한 보안수준을 확보하고 물류 지체를 최소화

할 수 있는 좋은 정책적 대안이 될 수 있다. 따라서 정책 입안 시 항공화물 보안수준확보와 물류흐름을 동시에 고려할 수 있는 정책적 대안과 이를 뒷받침 할 수 있는 법·제도가 수반되어야 한다.

셋째, 지속가능한 항공보안정책의 개발이다. 지속가능한 항공보안은 한정된 자원과 비용을 효율적으로 사용하면서 목표 보안수준을 확보하는 것을 의미한다. 이를 위하여 위험수준별 차별적 보안대책 적용 방안 마련과 동시에 유연하게 보안검색을 적용하여 중복검색을 지양하고 보안운영 전반에 걸쳐 효율성을 확보하는 정책 수립이 필요하다.

넷째, 지속적인 보안검색 기술 개발이다. 항공보안은 보안검색 기술수준에 매우 의존하는 분야로서 보안검색 장비의 기술수준이 성공적인 항공보안 달성에 중요한 열쇠가 된다. 따라서 날로 다양해지며 진화하는 불법방해행위에 대응하기 위해 지속적으로 기술개발이 이루어져야 하며 정책적으로 이를 활성화하며 뒷받침 할 수 있는 제도적 방안이 수립되어야 한다.

3. 항공보안의 기술적 발전방안

1) 해외 항공보안장비 기술동향

ICAO는 항공보안 업무 매뉴얼인 Doc 8973에 항공보안장비를『민간항공 및 시설에 대한 불법 방해행위 예방 및 탐지를 위하여 개별 장치 또는 시스템의 일부로서 사용되는 특수 장치』로 정의하고 있다. Doc 8973 중 항공보안검색 및 보안장비 운영규정은 Regulation 11.3 Part에 자세히 기술되어 있다. ICAO는 유효성능장비에 대한 국가 간에 공개하고 있으며, 해당리스트는 장비별 구성이 아닌 검색대상별(Cabin Baggae, Hold Baggage, Liquid, Mail, Passenger, Shoes)로 구분하여 목록화 하고 있다.

국제항공운송협회(IATA)는 보안장비 관련 최우선 추진정책으로 데이터와 위험관리, 효율적 기술을 통한 보안장비 기술업그레이드를 주장하며 미래보안검색기술, 고위험화물관리, 효율적 항공보안관리, 액체류 검색 등을 규정하고 있다. <표 22－1>은 이 중 보안장비와 관련된 정책의 예이다.

• 표 22-1 IATA 보안장비관련 정책의 예

Checkpoint of the Future (미래 보안검색)	보다 지속적이고, 효율적이며 효과적인 보안검색 절차를 위한 신기술 적용 보안검색장비의 개발
SCREENING OF LIQUIDS AND GELS (LAGs) (액체류 검색)	승객편의를 해치지 않는 범위에서 액체류 검색을 위한 장비의 개발 및 업그레이드

공항운영협의회(ACI)는 자체 보안정책 핸드북 7장(ACI Policy Handbook Chapter 7)을 통해 공항보안관련 정책을 권고하고 있으며 Chapter 7은 총 16개의 절로 구성되어 있으며 이 중 보안장비와 관련된 내용은 15절의 신기술(New Technology)로 내용은 <표 22-2>와 같다.

• 표 22-2 ACI의 장비관련 정책

· 수제작 폭탄(Home-made explosive)을 검색할 수 있는 장비를 개발해야 한다.
· 정부는 정보를 공유하고 폭발물 탐지기술 및 기타 강화된 검색장비 기술을 위한 연구개발에 노력해야 한다.
· 공항 및 상용항공사업자는 당국의 규정을 준수하고 정부의 장비기술 관련 연구개발 사업에 참여하여야 한다.

유럽은 EU의 출범과 함께 항공분야도 EU주도의 규정(EU Regulation)을 통한 통일된 프레임워크에 따라 진행되고 있으며 그 중 항공보안장비는 EU Regulation을 기본으로 1955년 ICAO 유럽항공운송협력회의를 통해 설립된 유럽민간항공위원회(European Civil Aviation Conference, ECAC)가 주도적인 역할을 하고 있다.

유럽민간항공위원회(ECAC)는 『Extract from ECAC Work Programme 2013－2015』를 통해 ECAC의 보안검색 및 장비관련 기구의 목표와 목적을 <표 22-3>과 같이 정의하고 있다.

• 표 22-3 ECAC 항공보안장비 관련 정책

ECAC-Extract from ECAC Work Programme 2013-2015			
목표	위협과 위험에 기반한 항공보안	목적	위협기반 항공보안 조치 이행
	현재와 급작스런 위협에 대비한 보안장비의 개발 및 운용		1) ECAC-CEP(장비인증)의 개발과 이행 확인 2) 유럽 전 공항에 최소한 CEP 최소적합기준 장비의 배치
	유럽연합 통일된 보안조치와 효율적이고 효과적인 장비의 개발 추구		1) ICAO Annex17과 EU/EC 규정 Part2와의 일관화 2) 체약국의 보안조치 이행 3) 보안 효율성 증대방법 개발
	비ECAC 회원국과의 협조		비유럽국가와의 파트너십 구축
	유럽 항공보안 표준완성을 위한 회원국의 노력		1) ECAC Doc 이행 2) ECAC 지원

ECAC는 항공보안장비에 대해 유럽표준(EU Standard)을 정해 기술개발과 보안환경 등을 고려하여 표준(Standard)과 기능(Type)으로 구분하여 운영하고 있으며, Standard는 장비의 기술진화별로 Standard 1부터 현재 Standard 4까지 운용 및 권고, Standard별 장비의 기능을 type으로 분류하여 구성하고 있다. 예로서 일반 재래식 엑스레이를 Standard 1이라면 Standard 3은 현재 유럽기준 기술개발을 진행 중인 액체류 및 폭발물탐지가 가능한 여객용 EDS장비를 말하며 Type은 그 기능별 차이를 의미한다. 또한 EU Regulation을 통해 장비 운용에 대한 통일된 프레임 워크를 권고하고 있다. 장비관련 EU의 규정은 최근 규정인 '(EU)No.185/2010'과 개정인 2011에 규정되어 있다.

TSA는 2001년 9.11테러 및 2009년 액체폭탄테러 미수사건, 2010년 예멘발 미국행 항공기 화물칸 내 프린터토너를 가장한 폭발물 탐지 그리고 최근 알카에다의 천을 액체폭발물에 적신 후 건조시키거나 인체에 폭발물을 이식하는 자살폭탄 등 현재의 보안기술로 검색하기 어려운 액체폭탄제조 정보 등 미국을 겨냥한 폭발물 테러에 심각한 경계를 나타내고 있다. 또한 이러한 폭발물 테러 방지를 위해 위탁수하물의 경우 폭발물 탐지장비 및 여객의 경우 은닉흉기 및 폭발물 탐지를 위한 전신검색기(body scanner)운용을 주도하고 있다. 전신검색기의 경우 최근에는 개인사생활보호에 심각한 문제점을 드러내고 있는 엑스레이 방식을 모두 폐기하고 밀리미터파 방식의 장비로 교체를 발표하였으나 밀리미터파 방식의 방사선 노출이 엑스레이방식의 그것보다 심각하다는 연구결과도 발표되는 등 양 장비 모두 문제점을 안고 있는 것으로 알려졌다. 참고로, 최근에는 사생활 보호를 위해 이미지를 피검색자 본인의 신체투영이 아닌 마네킹이미지를 형상화하여 은닉무기 및 의심물질을 나타내는 기기가 개발되기도 했다. 또한 TSA는 폭발물의 자국 반입 및 테러방지를 위해 미국행 외국항공사에 대한 TSA 규정인 MSP(Model of Security Program)에 EDS와 ETD 용어의 정의를 TSA인증장비로 규정하고 있어 자국으로 운항하는 항공기 여객 및 화물에 대한 검색을 자국정부의 인증 장비를 사용하도록 하고 있다.

2) 기술적 발전방안

본 절에서는 전술한 해외의 항공보안장비 기술동향으로부터 현재 국내 보안장비 기술의 발전방안에 대해 논하기로 한다.

현재 순수 국내기술로 개발된 항공보안장비는 금속탐지기, 폭발물 흔적탐지기, 액체폭발물탐지기 등이나. 이 중 금속탐지기를 제외한 장비는 국내 공항에서 운용되지 않고 있다. 국내 장비 제작사들은 교정·사법기관·군부대 등 보안장비 필요장소에 꾸준히 제작한 장비를 납품하고 있지만, 장비의 성능인증을 위한 국내 인증제도가 없는 상황에서 공항납품은 현실적으로 불가능하며 TSA, ECAC 등의 인증은 장비제작국의 인증이 없는 상황에서 획득하기가 대단히 어려운 상황이다. 또한 장비인증제도 미비로 인한 국내공항은 물론 해외공항 판로확보가 어려워 제작사들은 의료용, 산업으로 개발된 장비를 공항용으로 개량하거나 기술개발하려는 동기부여 자체가 어려운 상황이다. 현재 전 세계 항공보안장비 시장을 장악하고 있는 소수의 해외 제작사들은 자사의 장비판매 및 유지보수에 따른 이윤확보 등에 따라 신규제작사의 진입을 막거나 신규장비의 개발 및 인증을 막기 위한 로비가 심각한 상태이다. 또한 장비제작사를 보유한 국가정부 또한 자국산업육성 및 보호를 위해 타국제품에 대한 인증 및 자국공항 도입, 운용을 기피하는 상태로 국내장비제작사의 경우도 이러한 이유로 해외시장 진출에 어려움을 겪고 있다. 국내 보안장비 제작사는 군수물품개발사 등을 제외하곤 대부분이 영세한 상태로 신규장비개발을 위한 혁신적인 투자 등을 기대하기에는 무리가 있으며 판로가 없는 상황에서 이윤추구라는 기업의 목적상 불가능한 일이다.

항공보안장비산업은 국제기준 및 성능인증이 필수불가결한 요소이며 현 단계에서는 국가차원의 항공보안장비 인증제도마련이 무엇보다 필요하며 일본이나 중국의 경우처럼 일정 성능기준을 통과한 자국 제작장비에 대해선 국내선 공항 등에 현장 운용하는 등 국내장비 활성화를 위한 정부의 지원 또한 대단히 중요한 시점이다. 현재 주요 국제기구 및 국가의 보안장비관련 정책은 변화하고 있다. 검색요원의 눈에 의지하던 재래식 엑스레이에서 폭발물 등을 자동탐지하고 경고할 수 있는 첨단 EDS 및 LEDS 장비의 개발과 현장운용이 보편화 되었으며 금속탐지에 의지하던 여객신체검색에서 밀리미터파를 활용한 전신검색, 신발검색기 등 첨단 장비가 공항에서 운용되고 있다. 국내 장비산업은 아직 해외 유수의 장비와의 기술력차이가 분명히 있으며, 장비정책 또한 국내인증도 존재하지 않는 등 국내 항공보안장비 산업은 불모지나 다름없다. 그러나 공항 외 기타 현장에서 운용되는 국내제작 장비들과 제작사가 있으며, 기반여건이 마련된다면 기술력을 활용하여 공항보안장비로 개량하거나 신규개발이 가능하다고 판단되며 이에 대한 국가 차원의 정책적 뒷받침이 필요하다.

23장 항공보안 전문인력 양성

1. 서론

민간항공보안에서 가장 중요한 요소는 보안에 중대한 결정을 내리는 운영자와 실무자이다. 인적요소는 항공보안의 유효성 및 효율성을 증진시키기 위한 필수적 요소이고 이는 민간항공보안운영자의 모든 측면에 적용되어야 한다. 본 장에서는 현재 우리나라의 항공보안 전문인력 교육 및 운용현황에 대해 살펴보고 지속가능한 항공보안수준 확보를 위한 전문인력 양성방안에 대해 논하기로 한다.

2. 항공보안 전문인력 양성 및 운용현황

현재 항공보안 전문인력 구분에 대한 구체적으로 명시한 법률적 규정은 없으나, ICAO 부속서 17과 항공보안 매뉴얼 Doc. 8973과 우리의 '항공보안법', '항공안전 및 보안에 관한 세부운영지침', '국가민간항공보안 수준관리지침' 및 '국가민간항공보안 교육훈련지침' 등에서 규정하고 있다. 항공안전 및 보안의 측면에서 항공보안 인력이라 함은 항공 전 분야에 걸친 인력이라고 해도 틀리지 않다. '국가민간항공보안 교육훈련지침'에 의하면 다음의 항공보안 인력에 대한 교육훈련을 명시하고 있다.

- 공항보안책임자 또는 공항보안감독자
- 항공사보안책임자 또는 항공사보안감독자
- 보안검색감독자 또는 항공경비감독자
- 항공보안교관 및 사내보안교관
- 보안검색요원
- 항공경비요원
- 항공기승무원

- 화물보안 업무요원
- 폭발물처리요원
- 폭발물 위협분석관
- 항공교통관제사
- 탑승수속 담당 직원
- 공항운영자 및 항공운송사업자의 전화 접수자 및 안내요원
- 공항운영자의 보안 유관 부서의 장 또는 이와 동등한 직급을 가진 자
- 항공운송사업자의 보안 유관 부서의 장 및 중간관리자
- 공항운영자 및 항공운송사업자의 중간관리자급
- 화물터미널운영자의 각 부서의 장 또는 이와 동등한 직급을 가진 자
- 기내식 시설 운영자 각 부서의 장 또는 이와 동등한 직급을 가진 자
- 지상조업체 조직 내의 각 부서의 장 또는 이와 동등한 직급을 가진 자
- 급유시설 조직 내의 각 부서의 장 또는 이와 동등한 직급을 가진 자
- 공항 및 항공기 청소업체의 각 부서의 장 또는 이와 동등한 직급을 가진 자
- 공항운영자의 공항 운영 관련 근무 직원
- 승객운송 직원, 항공기 정비사
- 승객과 위탁수하물의 일치여부 확인 직원 및 위탁수하물 수송허가 직원
- 항공운송사업자의 총기류 등 무기류 운송 접수 담당 직원
- 화물터미널 운영 요원
- 기내식 요원, 지상조업체 직원, 급유업체 요원, 공항지역 및 항공기 청소요원
- 이동지역 안전관리자
- 공항운영자, 항공운송사업자 등 일반 직원
- 항공안전보안장비 유지보수요원

그렇지만 협의의 항공보안 측면에서 항공보안 전문인력을 구분하면 일반적으로 보안검색요원과 항공경비요원으로 구분한다. 보안검색요원은 공항운영자의 위탁을 받아 승객과 수하물에 대한 보안검색을 실시하는 보안검색요원과 감독자, 항공사의 항공화물에 대한 보안검색을 실시하는 보안검색요원과 감독자가 있고, 항공경비요원에는 공항 내 공항시설과 항공사의 중요시설 및 항공기를 보호하고, 보

호구역 내 출입 통제업무를 담당하는 청원경찰과 특수경비원으로 구분할 수 있다.

1) 항공보안 전문인력 교육

항공보안 전문인력에 대한 교육은 초기교육, 직무교육 및 정기교육으로 구분된다. 초기교육은 항공보안 관련 신규 채용자 또는 최초 임명자 등에게 직무를 부여하기 이전에 직무와 관련한 기본적인 지식과 기량을 전수하기 위한 교육을 의미하며, 직무교육은 초기교육을 이수한 자를 대상으로 업무의 시범 및 관찰과 실제 업무의 수행을 통하여 받는 교육, 그리고, 정기교육은 소관 업무 내용의 변경 또는 추가와 신기술의 도입 등에 따라 필요한 지식과 기량을 전수하기 위하여 정기적으로 실시하는 교육으로 정의된다. 현재 우리나라의 '국가민간항공 교육훈련지침'에는 모든 항공보안 인력들에 대한 교육시간 및 내용 등이 규정되어 있다. 이 중 보안검색요원과 항공경비요원의 교육에 대한 규정은 다음과 같다.

(1) 보안검색요원의 교육

보안검색요원의 초기교육은 최소 40시간 이상의 교육기간으로 편성되며 교관요건은 ① ICAO 감독자 과정 이수자, ② 보안검색요원 초기교육 과정 이수자, ③ 항공보안 경력 2년 이상이며 항공보안 전반에 관한 지식과 경험을 갖춘 자 중 최소 한 가지 이상의 요건을 갖춘 자이다. 보안검색요원 초기교육 최소 포함내용은 다음과 같다.

- 항공보안의 목적
- 보안검색관련 법적 근거 및 검색원 권한
- 국가, 공항 및 항공사 보안 조직
- 공항보안현황: 공항배치도, 검색대 위치, 보호구역 설정 등
- 항공보안위협 관련 현황
- 보안검색업무: 검색이유 및 목적, 검색요원임무 및 승객대응방법
- 승객, 휴대물, 위탁수하물 보안검색 관련 규정 및 절차
- 위해물품 식별 요령
- X－ray 장비 및 폭발물 탐지시스템의 운영 및 장비 테스트 지식
- 문형금속탐지기, 휴대형 금속 탐지기, 신체 물리적 수색 등을 이용한 승객

보안검색
- 휴대물에 대한 물리적 검색방법
- 특수승객 검색: VIP, 외교요원, 보안요원, 어린이, 전기카트 사용자, 장애인 등
- 특수물품에 대한 검색: 종교물품, 외교행랑, 서류, 전자장비 등에 대한 검색 방법
- 비상사태시 경보, 통보 절차
- 검색업무에 필요한 영어 및 예절교육
- 검색요원에 대한 인적요소 관련 사항
- 「항공위험물운송기술기준」에서 정한 보안검색요원이 받아야 할 기본교육

보안검색요원의 직무교육은 최소 80시간 이상의 교육기간으로 편성되며 교관요건은 보안검색과정 및 감독자 과정을 수료하고, 검색 경험을 갖춘 감독자 또는 이에 준하는 자격을 갖춘 자이다. 보안검색요원 직무교육 최소 포함내용은 다음과 같다.

- 검색장비 사용방법
- 위험물 및 위해물품 식별방법
- 승객 신체 및 휴대물품 보안검색 방법
- 비정상 상황의 보안검색
- 위탁수하물, 화물, 우편물 등에 대한 보안검색 방법
- 상주직원 및 물품 보안검색 방법
- 수 검색방법
- 위해물품 적발시 행동 및 처리절차
- 위해물품 적발시 해당지역 폐쇄조치 및 승객대피방법

보안검색요원의 정기교육은 연 1회 8시간 이상의 교육기간으로 편성되며 교관요건은 ① ICAO 항공보안 기초과정 이수자, ② 보안검색요원 초기교육 과정이수자, ③ 항공보안 경력 2년 이상이며 항공보안 전반에 관한 지식과 경험을 갖춘 자 중 최소 한 가지 이상의 요건을 갖춘 자이다. 보안검색요원 정기교육 최소 포

함내용은 다음과 같다.

- 관련 법 및 규정 변경사항
- 항공보안 관련 새로운 위협
- 위협상황에 대한 정보 및 보안 위해물품
- 보안관련 사고·사례 분석
- 기본 검색 절차 및 기법 반복
- 미신고 항공위험물 인지 및 승객·승무원에 관한 규정 등

(2) 항공경비요원의 교육

항공경비요원의 초기교육은 최소 30시간 이상의 교육기간으로 편성되며 교관 요건은 ① ICAO 기초 과정 이수자, ② 항공경비요원 초기교육 과정이수자, ③ 항공보안 경력 2년 이상이며 항공보안 전반에 관한 지식과 경험을 갖춘 자 중 최소 한 가지 이상의 요건을 갖춘 자이다. 항공경비요원 초기교육 최소 포함내용은 다음과 같다.

- 항공보안의 목적
- 관련 법령 및 항공경비요원 권한
- 국가, 공항 및 항공사 보안 조직
- 공항 및 항공사 보안 시행계획 및 절차 관련 부분
- 공항보안현황: 공항배치도, 검색대 위치, 보호구역 설정 등
- 항공보안위협 관련 현황
- 위법자들이 사용하는 보안대책 및 절차 회피방법
- 공항 출입통제: 출입통제 시스템 사용방법, 보호구역 구분, 출입증 종류 및 확인 방법, 접근통제 방법
- 초소근무, 순찰방법
- 수상한 자 발견요령 및 질문 방법, 체포요령
- 인원 및 물품, 차량 수색요령, 건물수색
- 폭발물 및 위해물품 인지 및 수상한 물건 발견시 조치
- 보안장비 사용방법 및 유지 보수 요청 방법
- 문형금속탐지기, 휴대형금속탐지기, 수검색, X-ray(필요시) 등을 이용한

보안검색 방법

- 공항 내 정상 및 비상시 통신
- 항공기 경비 및 출입통제업무
- 우발계획에 의한 대처방법
- 군중통제 기법
- 사고관리 경보절차, 사고보고 기록관리 등
- 분쟁해결 기법
- 항공경비요원에 대한 인적요소 관련사항

항공경비요원의 직무교육은 최소 24시간 이상의 교육기간으로 편성되며 교관요건은 항공경비요원 초기과정을 수료하고 항공경비요원을 갖춘 관리자급 항공경비 감독자급 또는 이에 준하는 자격을 갖춘 자이다. 항공경비요원 직무교육 최소 포함내용은 다음과 같다.

- 검색대, 초소배치
- 검색장비 사용방법
- 신체 및 휴대물품 보안검색 방법
- 위해물품 식별방법 적발시 행동 및 처리절차
- 보안강화시 보안검색
- 수 검색방법
- 폭발물 적발시 해당지역 폐쇄조치 및 주변지역대피방법
- 현장순찰

항공경비요원의 정기교육은 연 1회 8시간 이상의 교육기간으로 편성되며 교관요건은 ① ICAO 항공보안 기초과정 이수자, ② 항공경비요원 초기교육 과정이수자, ③ 항공보안 경력 2년 이상이며 항공보안 전반에 관한 지식과 경험을 갖춘 자 중 최소 한 가지 이상의 요건을 갖춘 자이다. 항공경비요원 정기교육 최소 포함내용은 다음과 같다.

- 항공보안관련 법령내용
- 보안절차관련 변경사항

- 항공테러유형 및 새로 입수된 위험 정보 전파
- 보안사고 사례·분석
- 보고절차
- 최신 위해물품
- 변경된 보안 통제절차 등
- 항공보안 인적요소
- 기본 검색절차 및 기법 반복

2) 항공보안 전문인력 운용현황

항공보안 전문인력은 지속적인 항공보안 수준 확보 측면에서 국가 정책적으로 매우 중요하게 다루어져야 한다. 미국 등 주요 항공보안 선진국의 경우, 항공보안의 업무 중요도를 감안하여 국가가 직접 운용하는 형태를 띠고 있는 데 반해, 우리나라는 대부분 국내 주요공항의 위탁형태로 인력을 운용 중에 있다. 최근 ICAO 정책기조 중 내부자 위협(insider threat)이 강조되고 있는데 그 이유 중 하나는 항공보안을 담당하는 내부자의 위협이 그만큼 중대한 사안이라는 것을 대변한다. 즉 항공보안 전문인력의 처우가 안정되어 있지 못한다면, 외부 보안 위협주체와 결속력이 높아질 수 있다는 의미로 볼 수 있다. 이런 측면에서, 우리나라의 항공보안 검색요원과 경비요원의 운용방향에 대해 정부, 공항운영자, 위탁사업자들과 발전적 방향에 대해 심도있는 논의가 필요한 시점이다.

우리나라 항공보안 검색요원 현황 2010년 기준으로 살펴보면, 인천공항을 비롯한 국내 전체공항에 감독인원 82명, 검색요원 1,257명, 환승검색에 감독인원 8명, 검색요원 227명, 그리고 화물검색에 223명 등 총 감독인원 90명과 검색요원 1,707명이 종사하고 있다. 항공보안 경비요원은 청원경찰이 534명, 특수경비원이 1,643명, 나머지 국적항공사와 화물청사 등에 327명이 종사하고 있다. 국내 주요공항의 경비보안요원 평균 근속현황은 1년 미만이 15.4%, 1년~5년이 63.3%, 5년 이상이 28.5%이다. 검색요원의 이직률은 12.2%, 월평균 1.02%, 화물검색요원은 연평균 28.96%, 월평균 2.41%로 다른 직종에 비해 매우 높은 편이다.

3. 항공보안 전문인력 양성방안

항공보안 전문인력은 항공보안 성공에 가장 중요한 부분으로 항공보안의 마지막은 결국 인적요소에 의해 크게 좌우된다. 따라서 항공보안 전문인력 양성에 있어 가장 중요한 부분은 보안인력의 전문성 강화 측면과 보안현장에서의 안정적 처우개선이라고 볼 수 있다.

1) 항공보안 인력 전문성 강화

ICAO는 보안인력의 전문성 강화를 위해 항공보안 매뉴얼 Doc. 8973에 보안인력에 대한 인증(certification)제도를 규정하고 있다. 인증이 요구되는 보안인력은 보안검색요원, 항공보안교관, 국가 점검관·평가관, 보안관리자이다. 인증 및 역량평가는 항공보안 인력 전문화를 위한 필수적인 것으로 역량평가는 인증절차를 뒷받침하고 적합한 항공보안기준을 보장해야 하는 목표하에 지속적이고, 신뢰성 있는 방식으로 달성되어야 한다. 보안인력 인증은 담당 업무를 수행할 수 있는 능력이 정부 및 감독기관에 의해 정해진 허용수준에 도달하는지에 대해 알 수 있는 공식적인 평가이자 확인 절차라고 볼 수 있다. 또한 ICAO는 제37차 ICAO 총회에서 항공보안평가(universal security audit programme, USAP)의 성공적 이행을 위해 평가관의 일정수준 이상의 전문성 확보의 중요성을 강조하였다. ICAO는 향후 USAP활동에 '필요한 경우, 평가관 훈련 과정'을 포함하도록 하였으며 이와 관련하여 평가관별 수준차이 감소를 위해 평가관의 자격·인증 및 정기적인 교육제공에 관한 지침 개발의 필요성이 제기되었다. 따라서 현재 우리나라 보안검색요원의 신분 불안으로 인한 높은 이직률과 전문성 유지가 곤란한 문제가 있는 만큼, 이의 보완을 위해 보안검색요원의 초기인증 및 정기인증제도 도입에 대한 적극적 검토가 필요하다. 또한 보안검색요원 등 현장의 항공보안 전문인력의 전문화를 위하여 항공보안 평가관 및 기타 교관의 전문성 확보를 위한 프로그램 개발이 필요하다.

2) 항공보안 전문인력 처우 개선

항공보안 인력의 처우 개선은 여러 측면에서 많은 이득을 가져다 준다. 보안인력의 전문화 관점에서 전문인력의 처우가 개선된다면 이직률의 저하가 예상되며 무엇보다도 전문화에 대한 현장요원의 동기부여를 줄 수 있으며 결과적으로 국가 항공보안 수준 상승 및 전문화에 대한 효과를 기대할 수 있다.

24장 항공보안장비 인증제도

1. 서론

항공보안장비 인증제도는 지속가능한 보안장비 개발에 앞서 필수적으로 기반이 되어야 하는 정책이다. 항공보안분야는 특히 보안장비의 성능에 많은 영향을 받는 분야이다. 따라서 주요 선진국은 자국만의 인증제도를 유지하고 있으며 이로 인해 보안장비기술개발을 주도하고 있다. 본 장에서는 항공보안장비 인증제도에 대해 살펴보고 국내 인증제도 도입방안에 대해 논하기로 한다.

2. 항공보안장비 인증제도 도입방안

1) 해외 인증제도

미국의 항공보안장비 인증은 TSA가 담당하고 있다. TSA의 장비인증은 Certified(공인)의 개념이 아닌 Qualified(자격)의 개념으로 볼 수 있다. ECAC인증이 ECAC 지정회원국에 마련된 인증사무소에서 Lab 테스트 및 현장 시험을 통해 ECAC인증을 부여하는 것과는 달리 TSA에는 유사한 테스트를 진행을 하지만 해당제품이 'TSA에서 보증한다'의 개념이 아닌 '공항 보안장비로 사용할 수 있는 성능기준을 충족하였다(자격이 있다)'가 더 근접한 용어라고 할 수 있다. TSA는 해당 계약에 TSA의 판단의 적합장비임을 알리는 것이지 구매를 의미하지는 않으며, TSA는 미국 내 공항에 해당 LIST에 있는 장비를 구매하도록 권유한다는 TSA의 TSA인증에 대한 설명이 이를 뒷받침해 준다고 할 수 있다. TSA에서는 적합장비를 권고하고 문제시 책임은 공항에게 부여하고 있다. TSA는 인증의 단계를 Qualified(권고장비), Approved(사용하되 문제시 공항에서 책임), Grandfather(구형장비로 비사용 권고) 의 세 가지로 구분하여 권고하고 있다.

TSA의 인증절차는 <표 24－1>과 같다. 미국 외 장비의 TSA인증은 TSA의 지정 대리인을 통해 진행하게 되며 TSA는 개별장비의 인증요청시 해당 장비 제작

국가의 개입을 금하고 있어 장비인증은 오로지 제작사의 몫이라 할 수 있다. TSA 인증은 국제표준(Global Standard) 인증이 아니기 때문에 그 인증항목 및 기술기준은 공유되지 않으며, 앞서 기술한 바와 같이 보안장비의 특성상 그 내용은 대외비로 하고 있다.

• 표 24-1 TSA 인증절차

1) 장비의 인증을 요하는 社는 TSA에 제품에 대한 5장의 백서를 제출한다.

2) NJ, Atlantic City Airport의 Transport Security Laboratory(교통보안실험실)에 2대의 장비를 제출해야 한다.

2~4주 검증진행

3) 시험을 통과한 장비는 TSA의 운영시험평가를 진행한다.

1주의 교육/여러 공항에서 30~60일 운영시험

4) 모든 운영시험을 통과한 제품이 TSA인증 장비 목록에 등록된다.

5) 피인증업체는 해당 정부의 지원 없이 장비의 제출 등 해당 인증 기간 동안 인증에 필요한 비용 등을 지원해야 한다.

6) 인증완료 후 해당 기업에 장비입찰 제안서 요청자격이 있음을 통지 및 인증리스트에 등록한다.

유럽은 ECAC가 인증을 담당하고 있다. ECAC는 TSA처럼 개별 국가의 국가기관이 아닌 유럽전체를 아우르는 국제기구에서 발급하는 인증으로 TSA와 달리 Certified(공인)인증의 개념이라 할 수 있다. 미 TSA도 ECAC의 인증제품은 성능이 인증된 제품으로 상호 인정하고 있다. 물론 ECAC 인증도 국제표준인증은 아닌 관계로 보안된 접근을 통한 인증요구 제작사와 체약국 멤버십 보유자에 한해 관련 정보를 열람할 수 있다. ECAC인증은 CEP(Common Evaluation Process for Security Equipment, 보안장비 평가절차)에 의해 진행되며 테스트는 ECAC 체약국 중 지정된 기관에서 진행되고 인증은 EDS, LEDS, Body Scanner 위주로 진행되며 업데이트 파일을 통해 제작사와 장비명, 고지일자, EU Standard와 Type을 누구나 열람해 볼 수 있다. 또한 TSA 인증과 마찬가지로 국가와 지역을 불문하고 장비 제작사라면 인증신청을 할 수 있다.

ECAC는 웹사이트를 통해 보안장비평가관련 업데이트 및 관련소식을 공지하고 있는데 2013년 4월 19일자로는 최근 이슈가 되고 있는 Type D LEDS에 대한 테스트가 가능함을 알리고 있으며 주요 인증장비인 EDS, LEDS, Body Scanner 인증제품을 열람할 수 있다. 다만, ECAC의 인증품일지라도 장비의 사용은 각 체약국 항공보안당국이 결정하게 함으로써 그 권고의 의미가 크다고 할 수 있다.

유럽 ECAC 인증절차는 '공통평가절차(Common Evaluation Process, CEP)'에 따라 수행된다. CEP는 ① 유럽연합 내 항공 보안검색 장비에 대한 표준화된 승인 절차 부재 및 다양한 보안 표준 및 보안 장비의 유럽연합 내 일관된 보안 수준의 부재, ② 모든 회원국이 장비의 사양/표준 부합 여부를 검증/테스트할 수 있는 것이 아니며, 제조업체 데이터시트에 의존할 수밖에 없는 상황, ③ 각 회원국이 해당 국가별 테스트 방법론을 통해 보안 수준 설정이 필요하였으며, ④ 장비제작사의 경우 표준화된 성능이 존재하지 않아 제작 장비가 다른 당국/회원국에서 받아들여지지 않는 문제 등의 배경으로부터 탄생되었다. ECAC 인증절차는 <그림 24-1>과 같다.

그림 24-1 ECAC 인증절차(공통평가절차)

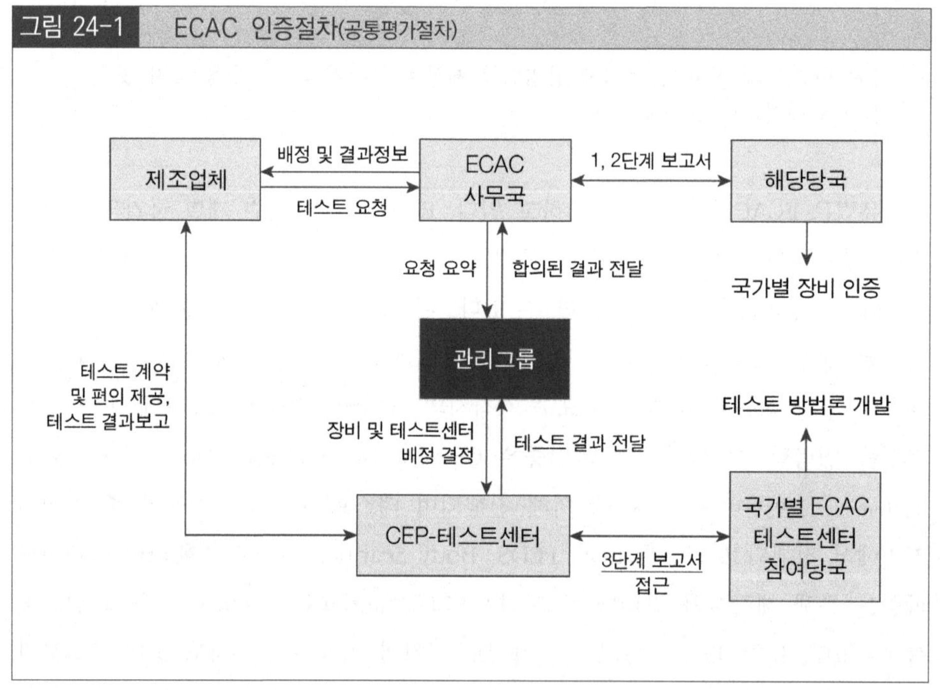

2) 인증제도 도입방안

인증이란 제품 등과 같은 평가대상이 정해진 표준이나 기술규정 등에 적합하다는 평가를 제3자에게 받음으로써 그 사용 및 출하가 가능하다는 것을 입증하는 행위를 의미한다. 항공보안장비의 경우 장비의 성능, 규격이 여객 및 화물을 검색하는데 적합하다는 것을 의미한다. 국내 외 규정상 소수의 장비를 제외하고 국가공인 인증을 요구하고 있다.

항공보안장비의 인증을 위해서 먼저 고려해야 할 요소는 현재 TSA나 ECAC등 해당분야의 권위있는 인증이 국제표준인증인지의 여부이다. 국제표준인증은 WTO의 ISO Guide 65에 따라 표준인증절차와 기술기준을 적용하여 체결국 간 인증은 상호 인정하는 제도이다. 그러나 TSA 및 ECAC의 인증은 국제표준인증은 아니며 국가 및 기구의 형식승인이라 볼 수 있다. 형식승인제도란 국가 간 국제표준이 아닌 각종 공산품의 안전성과 사용편리성을 확보하기 위해 국가가 인정한 시험기관의 승인을 받아야만 판매가 가능하도록 하는 제도를 말하며 형식승인제도는 대부분의 국가에서 운영하고 있는 제도이며 이와 반대는 자가인증제도가 있다. 자가인증제도란 자동차의 경우 제작사가 제품의 결함을 확인하고 소비자보호를 위해 자가인증(리콜) 등을 실시하는 제도를 말한다.

제품의 인증은 국가 간 표준화 된 규격 및 기준에 따라 진행하는(국제표준, Global Standardization)과 국가별로 별도의 형식승인제도에 따른 방법으로 구분할 수 있다. 항공보안장비의 권위있는 공인인증인 TSA와 ECAC인증은 국제표준인증이 아니며, 국가 및 기구의 형식승인제도로 볼 수 있다. 현재 우리나라에 필요한 항공보안장비에 대한 국가성능인증제도 구축을 위해서는 형식승인제도를 취함이 타당하다 판단된다. 국가성능인증제도 구축 후 국제표준 및 표준기구가 없는 보안장비 시장에서 양 기관, 기구와의 상호인증이 반드시 필요하다 할 수 있다. 국가 간 장비의 상호인증은 '국가 간 상호인정협정 MRA(Mutual Recognition Arrangement)'를 통해 진행할 수 있다. 물론 이 협정은 양국 간 충분한 이해와 협의가 진행이 되어야 한다는 전제를 안고 있다. MRA의 협정에 따라 국가 간 항공보안장비의 성능기준 및 규격을 상호 공개하고 상호 성능 등을 인정할 수 있게 됨에 따라, 국내인증장비 해외수출 및 공항적용시 TSA나 ECAC 인증장비와 같은 수준의 평가를 받게 될 것이다. MRA는 국가 간 협정이기 때문에 TSA나 ECAC 등과 MRA를 협정하기 위해서는 국가 간 상호협의가 무엇보다도 중요하다는 것은 자명하다.

25장 항공보안산업의 비즈니스 모델

1. 서론

항공보안산업은 그 특성상 기술수준이 매우 높고 부가가치가 매우 높은 분야이다. 또한 다양화되는 보안위험에 대해 지속적인 대응기술이 필요하므로 산업의 역동성 또한 매우 높은 분야이다. 본 장에서는 세계 보안장비 현황과 시장동향을 살펴보고 미래 항공보안산업 발전방향에 대해 살펴보기로 한다.

2. 항공보안산업 현황

현재 항공보안장비 산업분야에서는 유럽, 미국 등 소수 개발업체들이 시장을 독점하고 있는 형국이다. 본 절에서는 주요 항공보안장비 제작국의 보안장비 개발현황과 우리나라의 항공보안장비 현황을 살펴보기로 한다.

1) 해외 항공보안장비 개발현황

북미, 유럽지역의 항공보안장비는 전세계 장비시장의 대부분을 차지한다고 해도 과언은 아니며 이중 미국의 라피스켄(Rapiscan), L3 커뮤니케이션, 스미스-하이만디텍션(smith & Heimann), 모포디텍션(morpho Detection) 등이 장비개발 등 전반적인 시장을 이끌고 있으며 전 세계 다수의 공항에서 해당장비를 운용 중이다. 라피스켄의 경우 모회사인 OSI시스템 시절부터 약 35년동안 보안검색장비, 의료용 검사기 등을 개발·생산했으며, 스미스디텍션의 경우도 스미스그룹 산하의 전문 검색장비사로 약 17년동안 해당분야 장비 제작 중이며 모포디텍션의 경우도 프랑스 사프란그룹의 계열사로 현재 세계 보안장비시장을 선도하고 있는 등 북미, 유럽지역의 보안장비제작사들 대부분은 역사나 제작·개발경험이 풍부하고 모 그룹 등의 계열사로 제작사 규모도 무시할 수 없는 상황이다. 북미, 유럽지역 장비제작사의 시장현황은 <표 25-1>과 같다.

• 표 25-1 북미, 유럽지역 장비제작사의 시장현황

제작사명	주요사업분야	납품처	제작국가 및 기타
라피스켄 (Rapiscan)	· Baggage and Parcel Inspection · Cargo and Vehicle Inspection · Hold Baggage Screening · People Screening · Radiation Detection · Trace Detection · Industrial and Mining · Rapiscan Screening Solutions · Research and Development	· Aviation · Critical Infrastructure · Customs and Border Protection · Defense · Event Security · Law Enforcement · Ports	· 미국 · 모 그룹 OSI 시스템은 1978년부터 분야기술개발 및 제작 · 라피스켄은 1993년부터 사업시작
스미스-하이만 디텍션 (Smith & Heimann)	· Biological Agents Detection · Cargo & Vehicle Inspection · Chemical Agents Detection · Chemical Identification · Integrated Systems · Explosives Detection(Liquids) · Explosives/Narcotics Trace Detection · People Screening Systems · Radiation Detection · Security Checkpoint Solutions · X-ray Inspection	· Transportation Security · Critical Infrastructure · Ports & Borders · Emergency Responders · Military	· 영국(UK) · 1997년부터 사업(스미스 디텍션) · 독일 유명장비 제작사인 Heimann사 인수 후 사명을 스미스 & 하이만 디텍션으로 개명
L3 커뮤니케이션	· ADVANCED PEOPLE SCREENING · CARGO SCREENING SYSTEMS · EXPLOSIVES DETECTION SYSTEMS · EXPLOSIVES TRACE DETECTION · METAL DETECTORS · X-RAY SYSTEMS	· Transportation Security · Ports & Borders · Military	· 미국 · 1997년부터 사업 · 국내를 포함한 9개 해외지사(호주, 캐나다, 덴마크, 독일, 이탈리아, 한국, 노르웨이, UAE, 영국 등)
모포디텍션 (Morpho)	· CTX Explosives Detection · XRD Explosives Detection · Trace Detection	· Transportation · Military · Ports and Borders	· 프랑스 · 세계 31개국

	· X-Ray	· Emergency Responders · Critical Infrastructure · Corrections · Drug Interdiction · Hospitality · Venue Security	지사운영 (국내는 없음)
오토클리어 (Auto Clear)	· X-ray Inspection · Metal Detection · Trace Detection · Backscatter	· Military · Customs and Borders · VIP/Event Security · Transportation · Mail and Shipping · Law Enforcement · Corrections · Government · Critical Infrastructure · First Responders · Schools	· 미국
AI (American Innovation bomb detection)	· Computerized X-Ray Inspection Systems · Mobile X Ray Inspection Systems · Explosives Detection		· 미국

각 제작사들은 엑스레이 검색기부터 폭발물 탐지기까지 전 분야에 걸쳐 다양한 제품을 출시하고 공항 및 기타 보안검색이 필요한 분야에 납품 중이다. 현재까지 파악된 장비별 제작현황은 다음과 같다.

• 표 25-2 엑스레이 검색기(AT급 엑스레이 포함)

장비명	제작사 및 모델명	성능	비고
화물 엑스레이 검색기	L3 Security & Detection Systems PX™ 15.17-MV 200	- TSA Air Cargo 인증 - DfT Air Cargo 준수 - Transport Canada 인증 - 스키드 및 팔렛트 적재 화물 검색 - 폭발물, 무기, 마약, 허위신고품 탐지 - Multiview 검색	
엑스레이 검색기	Morpho Detection HRX 500™	소형 수하물 검색	
AT급 엑스레이	Rapiscan 620DV	고체 액체 폭발물, 마약 자동 탐지 ECAC, DfT, STAC의 Type C Standard 2 Liquid Explosive Detection Systems(LEDS) 승인 및 인증 /TSA AT, DfT Advanced Cabin Baggage 승인/TSA Air Cargo 인증 Transport of Canada 인증	
	Smith Detection HI-SCAN 7555aTiX	- 폭발물 자동 탐지 - ECAC Doc. 30, Part 2에 따른 LAGs 자동 탐지 - Standard 2 LEDs Type C 성능 충족	

• 표 25-3 금속탐지기

장비명	제작사 및 모델명	성능	비고
문형금속 탐지기	L3 SDS Protocol™ PD 6500i	EU Standard 2 준수	
	Rapiscan Metor 6M	금속탐지기능	
	Smith Detection HI-PE MZ	금속탐지기능 FAA "3-Gun-Test" 준수 EC 규정 및 EMC 국제 기준 만족	
휴대용금속 탐지기	Rapiscan Metor 28	금속탐지기능	
	Smith Detection PD140 V/VR	금속탐지기능	

• 표 25-4 폭발물 탐지기

장비명	제작사 및 모델명	성능	비고
EDS	L3 SDS eXaminer® SX	- TSA 인증 - EU Standard 3 CEP 승인 - STAC 승인 - CT 기술을 이용 3D 이미지 구현	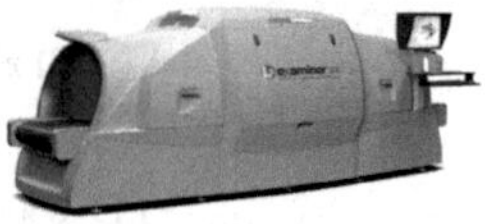
EDS	L3 SDS eXaminer® 3DX	- TSA 인증 - EU Standard 3 CEP 승인 - Transport Canada 승인 - CT 기술을 이용 3D 이미지 구현	
EDS	SAFRAN XRD 3500™	폭발물 탐지 기능	
EDS	SAFRAN CTX 5500 DS™	TSA 인증	

• 표 25-5 폭발물 흔적탐지기

장비명	제작사 및 모델명	성능	비고
ETD	L3 SDS Explosives Trace Detection	DfT 승인	

ETD	Rapiscan HE50		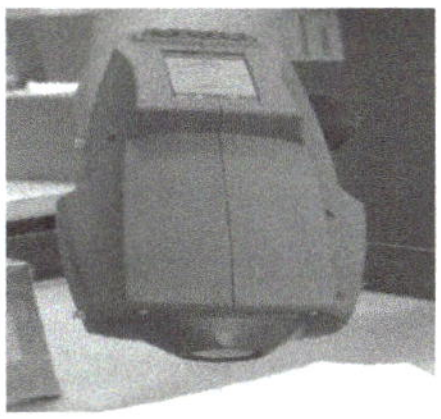
	Smiths Detection MULTI-MODE THREAT DETECTOR	폭발물, 마약, 독극물 탐지	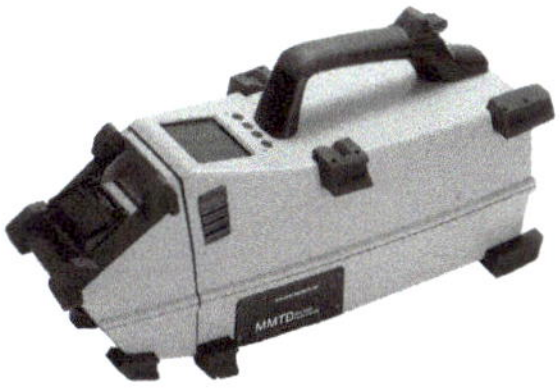

• 표 25-6 액체류 탐지기

장비명	제작사 및 모델명	성능	비고
LEDS	Smiths Detection RespondeR BLS	액체성분 분석기능	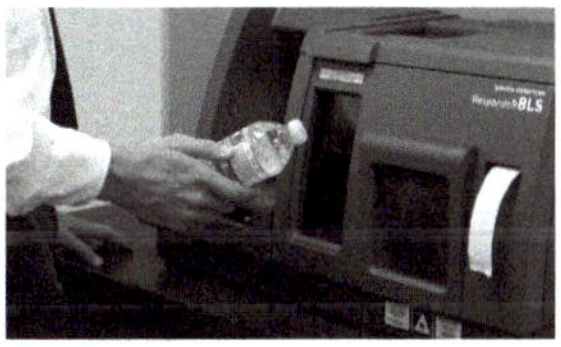

• 표 25-7 신발검색기

장비명	제작사 및 모델명	성능	비고
신발검색기	IDO Security /Magshoe	금속탐지기술방식 /TSA 인증	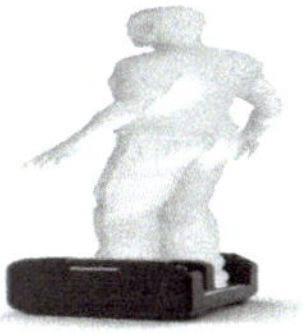

• 표 25-8 전신검색기

장비명	제작사 및 모델명	성능	비고
Body Scanner	L3 SDS ProVision® 2	EU checkpoint 승인 MMW 사용 검색	
	Rapiscan Secure 1000 SP	TSA 인증 X-ray 사용	
	Smiths Detection eqo	ECAC Standard 2 승인 MMW 사용 검색	

2) 국내 항공보안장비 개발현황

우리나라의 항공보안장비 개발역사는 주요 선진국에 비해 비교적 짧다고 볼 수 있지만, 향후 우리나라의 기술력을 기반으로 발전의 여지가 매우 큰 분야이다. 우리나라는 1980년 한국공항공사의 전신인 한국공항공단이 설립되었고 1980년 8월 국제선운항이 시작되면서 경찰관할의 공항업무가 공단으로 이관되었다. 당시 대인검색장비로는 Mark3, 위탁수하물 검색장비로는 Bendix－500, 600형이 있었으며 문형금속탐지기로 Design－500, 43형, 휴대용금속탐지기로는 Caratter가 사용되었다. 당시 보안검색장비는 낮은 수준의 반도체 기술로 방사선발생장치에 형광막, 거울, 흑백적외선 카메라를 이용해서 실시간 영상을 판독요원이 판독하는 방식이었으나 당시 1982년 코스타리카 국회의원의 위탁수하물 내 권총을 적발하는 등 당시엔 상당한 위력을 발휘하였다. 이후 1985년 향상된 반도체기술을 적용한 System－2라는 장비로 교체, 제2청사에는 System－V가 설치되었고 문형탐지기는 JIS－88이 개발되어 88서울올림픽당시 국내독자개발 장비가 배치되었다. 이후 1986년 노후장비 교체시기에는 독일의 BIS CW 900A와 Linescan－105 등이 도입되어 엑스레이 검색에 처음으로 칼라장비가 설치되었다. 물질의 밀도를 이용하여 폭발물을 탐지하는 Linescan105－EScan, Heimann－7555, Rap527DV, Zscan－7 및 FAA에서 인정한 정밀검색장비인 ctx－9000과 ETD장비가 사용되었다. 이후 인천공항개항과 함께 휴대용 금속탐지기로는 JI89, 문형금속탐지기로는 PMD2를, 휴대수하물 엑스레이는 Linescan－105, 위탁수하물 검색기로는 ZScan－7 및 CTX－9000장비가 설치되었으며 폭발물 탐지기로 Iontrack, Ionscan 400B 등이 설치되었다.

• 표 25-9 국내보안장비 종류별 개발 및 운영현황

장비명	제작사 및 모델명	성능	비고
엑스레이 검색기 (CT포함)	엠피스엑스선/ AXIS 7260	· ISO9001:2000인증을 받은 비파괴 검사 장치로서 유물 검사 등에 쓰이며 공항 검색용 개량도 가능	
	테크벨리/ IMT160CT, TVX 160CT	· 가로, 세로 500×500mm까지의 검사대상을 720view 기준 5분안에 고속스캔이 가능한 컴퓨터 단층촬영 검색 장비	

	쎄크/ X-eye6200, X-eye6300	· 가로, 세로 330×250mm 두께 3.0mm의 대상을 초당 최대 1200sp mm 검사하는 검색 장비	
휴대용 금속탐지기	제원 시큐리티/ PC130, PC150	· 가로, 두께, 세로 55×35×405mm 무게 290g의 휴대가 가능한 금속 탐지 검색 장비	
	에스코스/ ESH-10, TZ-20V, AD15	· 가로, 두께, 세로 77×375×26mm 무게 220g의 휴대가 가능한 금속 탐지 검색 장비 및 건물의 벽면, 천장, 바닥 등에 은닉된 금속 물체를 탐지하는 검색 장비	
문형 금속탐지기	제원시큐리티/ PC12000, PC130000, PC130000s	· 가로, 세로 750×2000mm의 통과 구역을 33존으로 나누어 정교한 탐지로 금속을 탐지하는 검색 장비	
	에스코스/ ESW-618	· 가로, 세로 750×2000의 통과 구역을 18개존으로 나누어 금속을 탐지하는 장비	

액체폭발물 탐지기	인텍텔레콤/ MEGASCAN, SCAN-R2	· 가로, 세로, 두께 70×453×55mm, 무게 555g의 휴대용 장치로 2초 이내 실시간으로 금속 및 액체를 탐지하는 검색 장비	
폭발물 흔적탐지기	IMS테크/ IONAB	· 양/음 이온 두 가지 모드 검출 · 5초 이내 탐지 · 분리형으로 휴대성 강화 · 방사능 제로	

국내보안장비 제작은 전술한 바와 같이 1988년 서울 올림픽을 계기로 장비 개발붐이 일기도 했었지만 이후 시장성 및 경제성 문제로 특히 엑스레이검색기의 경우, 공항용 검색장비 개발사는 전무한 상황이며 다만, 의료용·산업용 엑스레이 및 CT기술력을 확보한 업체가 소수 있으며 그 외 금속탐지기 및 폭발물 흔적탐지기 개발사의 경우는 교정기관이나 경호기관 등에 제품을 납품하는 현실이다. <표 25-9>는 의료용, 산업용 엑스레이 장비를 포함한 검색(검사)장비의 개발 및 운영현황이다.

국내제작 항공보안장비의 경우 현재 공항에 적용할 수 있을 만큼의 기술력 및 완성도를 확보하고 있는 장비는 휴대용금속탐지기와 ETD, 액체탐지기 정도로 볼 수 있으며 재래식 엑스레이 장비의 경우는 공항용으로의 개량은 가능해보이지만 향후 보안검색은 국제사회의 흐름에 따라 엑스레이에서 EDS장비로의 교체 추세로 볼 때 큰 의미는 없다고 판단된다.

3. 항공보안산업의 미래 및 발전방향

항공보안산업의 미래를 예측하기 위해 현재 주요 선진국의 항공보안장비 법령 및 규정에 대해 고찰해 볼 필요가 있다. 그 이유는 항공보안산업의 특성상 다수의 수요처가 존재하지 않고 주요 항공보안 선진국의 항공보안장비 정책에 따라 항공보안장비 개발의 큰 방향이 결정되기 때문이다.

1) 미국의 항공보안장비 규정

미국 TSA의 항공보안장비 관련 법령 및 규정(이하 규정)은 과거 미연방항공청(FAA) 시기부터 마련된 규정을 TSA 출범이후 시기까지 업데이트 하여 고시하고 있다. 접근할 수 있는 정보를 통해 습득한 TSA의 장비 운용규정은 금속탐지기, 엑스선검색기, 폭발물탐지기이며 그 규정은 <표 25-10>과 같다.

• 표 25-10 TSA 장비운영 규정(일부)

1544.209 금속탐지장비의 사용

(a) 만일 특정 보안프로그램하에 특별하게 인가되어 있지 않다면, 어떤 항공기운용자도 미국 내에서 금속탐지장비를 사용할 수 없으며 미국 외에서 항공기 운영자의 통제하에 승객을 대상으로 금속탐지장비를 사용할 수 없다. 어떠한 항공기 운영자도 이 장비를 금속탐지장비의 보안프로그램에 상반되게 사용될 수 없다.

(b) 금속탐지장비는 TSA의 측정기준을 반드시 만족하여야 한다.

1544.211 엑스레이 시스템의 사용

(a) TSA 승인이 요구됨. 만일 특정 보안프로그램하에 특별하게 인가되어 있지 않다면, 어떤 항공기운용자도 미국 내에서 엑스레이장비를 사용할 수 없으며 미국 외에서 항공기 운영자의 통제하에 휴대수하물 또는 위탁수하물을 대상으로 엑스레이장비를 사용할 수 없다. 어떠한 항공기 운영자도 이 장비를 엑스레이 장비의 보안프로그램에 상반되게 사용될 수 없다. 만일, 항공기 운영자가 다음을 제시할 수 있다면, 특정 보안프로그램하에서 TSA는 휴대수하물 또는 위탁수하물 검색을 위한 엑스레이 시스템의 사용을 승인한다.

(1) 엑스레이 시스템이 FDA[180]의 검색용 캐비넷 엑스레이 시스템의 표준을 만족할 때,

(2) 방사선안전과 엑스레이 시스템의 효율적 사용 및 무기, 폭발물 인지

등의 교육을 포함한 검색요원의 교육훈련 프로그램이 수립되었을 때,

(3) 엑스레이 시스템이 ASTM[181] 표준 규정된 step wedge(시편)를 이용한 이미지 요구조건을 만족하고 세션(g)에 포함된 표준을 만족할 때

(b) 연간방사선조사. 이전 12개월 동안 성능표준의 만족여부를 보여주는 방사선조사가 수행되지 않았다면, 어떤 항공기 운영자도 엑스레이시스템을 사용할 수 없다.

(c) 설치 혹은 이동 후 방사선조사. 검색지점에 설치된 후 또는 이동 후에 성능표준의 만족여부를 보여주는 방사선조사가 수행되지 않았다면, 어떤 항공기 운영자도 엑스레이 시스템을 사용할 수 없다. 엑스레이 시스템이 휴대용으로 제작되었고 항공기 운영자가 성능변경 없이 이동할 수 있다는 사실을 보여줄 때, 해당 엑스레이 시스템에 의한 검색은 허용되지 않는다.

(d) 결점공지 및 변경주문. 만일, FDA가 TSA에게 시스템 결점/실패가 유전적 피해를 포함한 중요한 인적피해위험을 발생하지 않는다고 제시하지 않았을 경우, 어떤 항공기 운영자도 FDA가 발행한 결점공지 및 변경주문에 부합되지 않는 엑스레이 시스템을 사용할 수 없다.

(e) 촬영 장비와 필름의 안내판과 조사. (1) 항공기 운영자는 화물검색시 검색대의 눈에 잘 띄는 장소에 '항공기 운영자나 TSA는 화물검색시 엑스선 장비를 사용한다'는 안내판(sign)이 걸려있다는 것을 확인해야 한다

(3) 안내판은 개인들에게 엑스선에 의해 조사되는 물품에 대해 알려야 하며 수하물 및 검색 진행 시 가능한 사유물이 조사되기 전 모든 엑스선, 고속필름 등을 제거해 줄 것을 당부해야 한다. 이러한 안내판은 또한 개인들이 엑스선 시스템에 노출되지 않고 검색된다는 점을 알려야 한다. 만약 엑스선 시스템이 조사 중 어떠한 처리 가능한 사유물 혹은 수하물에 일 밀리뢴트겐 이상을 노출한다면 안내판은 개인들에게 조사 전 필름이나 모든 종류의 물품을 제거하도록 당부해야 한다.

(4) 이러한 여객의 별도 요청이 있다면, 촬영 장비와 필름 패키지는 엑스선 시스템에 노출 없이 조사되어야 한다.

(a) 설치나 이동 이후 방사선 조사 확인. 각각의 항공기 운영자들은 최소한 본 섹션의 문단 (b)나 (b)에 의해 가장 최근의 방사능 조사의 결과 복사물

을 보관해야 하고 다음의 장소의 각각의 TSA의 요청이 있을 때 조사를 위한 사용이 가능해야 한다.

(5) 엑스선 시스템의 운용장소

(g) 실질법적 지정. (ASTM) 기준에 의해 "보안구역에서의 금지된 물품에 대한 방사선 장비 이온화의 사용과 설계" 기준은 국립문서기록보관소(NARA)에서 확인할 수 있다. 더불어 ASTM 기준은 미국 재료 시험 협회를 통해 확인할 수 있다.

(h) 의무 시간 제한. 각각의 항공기 운영자들은 보안 프로그램에 규정된 엑스선 운영자 의무 시간 제한을 준수해야 한다.

1544.213 폭발물 탐지 시스템의 사용

폭발물 탐지 시스템의 사용. 만약 TSA가 항공기 운영자 보안 프로그램의 개정에 따른 추가사항을 요청한다면 각 항공기 운영자는 TSA가 승인한 국제선 수하물에 대한 폭발물 탐지 시스템 사용 보안 프로그램을 실행해야 한다.

TSA의 규정 중 주목할 만한 사항은 금속, 엑스선, 폭발물 탐지장비 모두 내외항사를 불문하고 TSA의 인증 장비(엑스선장비의 경우 FDA기준만족장비는 허가)를 사용하도록 하는 것이며, '항공교통보안강령'(Aviation and Transportation Security Act, ATSA)를 통해 2002년 12월 31일부터 위탁수하물은 전면 EDS검색을 하도록 하고 있다. 앞서 제1절에서 살펴본 바와 같이 MSP라는 외항사 보안규정(Model of Security Program, MSP)을 통해서는 ETD, EDS 등 폭발물 관련 장비의 정의 또한 TSA 승인장비로 규정하는 등 전 세계 국가 중에서 항공테러위협을 가장 심각하게 우려하고 있는 미국정부의 대표적인 정책기조라고 할 수 있다.

2) 유럽의 항공보안장비 규정

유럽은 EU의 출범과 함께 항공분야도 EU주도의 규정(EU Regulation)을 통한 통일된 프레임워크에 따라 진행되고 있으며 그 중 항공보안장비는 EU Regulation

180 FDA(Food and Drug Administration), 미국 식품의약품안전국.

181 ASTM(American Society for Testing and Material, 미국시험재료협회): 표준시험방법 등 130여개 분야에 여섯 가지 표준(Standard)을 개발보급하는 협회.

을 기본으로 1955년 ICAO 유럽항공운송협력회의를 통해 설립된 유럽민간항공위원회(European Civil Aviation Conference, ECAC)가 주도적인 역할을 하고 있다. ECAC는 항공보안장비에 대해 유럽표준(EU Standard)을 정해 기술개발과 보안환경 등을 고려하여 표준(Standard)과 기능(Type)으로 구분하여 운영하고 있으며, Standard는 장비의 기술진화별로 Standard 1부터 현재 Standard 4까지 운용 및 권고, Standard별 장비의 기능을 type으로 분류하여 구성하고 있다. 예를 들면 일반재래식 엑스레이를 Standard 1이라면 Standard 3은 현재 유럽기준 기술개발을 진행중인 액체류 및 폭발물탐지가 가능한 여객용 EDS장비를 말하며 Type은 그 기능별 차이를 의미한다.

• 표 25-11 ECAC 장비 구분의 예

장비설명	장비
Easy and inexpensive enhancement of an entire X-ray fleet to EU LEDS Standard2 Type C : 조작이 쉽고 EU 표준2 타입C 제품들 중 저렴한 LEDS(액체폭발물탐지장비) 겸용 엑스레이장비	

구분	장비의 특징 (LEDS; Liquid Explosive Detector System)
TYPE A	직접 액체류 개봉 후 확인
TYPE B	액체류에 외부접촉을 통해 확인
TYPE C	X-ray 방식으로 다른 물품과 분리하여 확인
TYPE D	별도 분리없이 EDS 방식으로 확인

ECAC는 EU Regulation을 통해 장비 운용에 대한 통일된 프레임 워크를 권고하고 있다. 장비관련 EU의 규정은 최근규정인 (EU) No.185/2010과 개정인 2011에 나타나 있다. <표 25−12>는 185/2010 그리고 2011 중 항공보안장비 관련 규정이다.

• 표 25-12 ECAC의 장비 운용규정(일부)

4.1 승객검색
4.1.1.1 검색 전, 여객의 코트와 자켓은 탈의되어야 하며 휴대물품과 동일하게 검색되어야 한다.
4.1.1.2 승객은 다음 수단에 의해 검색되어야 한다:
(a) 수검색 또는
(b) 문형금속탐지기
검색자가 승객이 금지품목 소유여부에 대해 결정을 내리지 못할 때는, 제한구역으로의 승객 접근은 거부되어야 하며 검색자가 만족할 때까지 재검색 되어야 한다.
4.1.1.4 문형금속탐지기의 경보가 울렸을 때는 경보음의 원인은 해결되어야 한다.
4.1.1.5 휴대용금속탐지기는 오직 검색의 보조수단으로만 사용되어야 한다. 이 장비는 수검색을 대체할 수 없다.
4.1.2 휴대수하물 검색
4.1.2.1 검색 전, 휴대용 컴퓨터와 대형 전기아이템은 휴대수하물에서 분리되어 검색되어야 한다.
4.1.2.2 검색 전, 검색장비가 수하물에 포함된 액체류를 검색할 수 있는 능력이 없다면, 액체류는 수하물과 분리되어야 하고 분리검색이 되어야 한다. 액체류가 수하물에서 분리되었을 때, 승객은 다음을 제시하여야 한다:
(a) 100밀리리터 미만의 개별 용기에 들어있는 모든 액체류와 1리터 미만의 투명용기(재밀폐가 가능한)에 들어있는 액체류
(b) 기타 분리된 액체류
4.1.2.3 휴대수하물은 다음의 방법으로 검색되어야 한다:
(a) 수검색 또는
(b) 엑스레이 장비

(c) EDS 장비

검색자가 승객이 금지품목 소유여부에 대해 결정을 내리지 못할 때는, 보안구역으로의 승객 접근은 거부되어야 하며 검색자가 만족할 때까지 재검색되어야 한다.

4.1.2.4 휴대수하물의 수검색은 그 내용물을 포함한 수하물의 전면체크를 통하여 금지품목이 포함되지 않았다는 확신을 줄 수 있어야 한다.

4.1.2.5 엑스레이 또는 EDS 장비가 사용될 때, 각 이미지는 검색자에 현시되어야 한다.

4.1.2.6 엑스레이 또는 EDS 장비가 사용될 때, 모든 알람경보는 검색자의 만족을 얻을 때까지 해결되어야 하며 모든 금지품목이 보안구역과 항공기에 탑재되지 않았다는 사실을 확인해야 한다.

4.1.2.7 엑스레이 또는 EDS 장비가 사용될 때, 어떤 아이템의 밀도가 수하물의 내용물검색기준과 맞지 않는다고 판단될 때는, 해당 아이템은 수하물에서 분리되어야 한다. 수하물은 재검색되어야 하며 그 수하물의 내용물은 분리되어 재검색되어야 한다.

4.1.2.8 대형 전자제품을 포함한 가방은 아이템이 가방에서 제거 후 재검색되어야 하며, 전자제품은 분리하여 검색하여야 한다.

4.1.2.9 탐지견과 ETD는 오직 보조검색 수단으로 사용될 수 있다.

4.1.3 액체류 검색

4.1.3.1 액체류는 다음의 방법으로 검색되어야 한다:

(a) 엑스레이 장비

(b) EDS 장비

(c) ETD 장비

(d) 화학반응 테스트스트립

(e) 비개봉 액체 스캐너

5. 위탁수하물

5.1 위탁수하물 검색

5.1.1 다음 방법이 개별적 혹은 조합되어 검색되어야 한다.

(a) 수검색

(b) 엑스레이 검색

(c) EDS 장비

(d) ETD 장비

검색자가 승객이 금지품목 소유여부에 대해 결정을 내리지 못할 때는, 제한구역으로의 승객 접근은 거부되어야 하며 검색자가 만족할 때까지 재검색되어야 한다.

결론적으로 장비의 운용규정은 ICAO나 TSA 그리고 ECAC 모두 일반적인 내용을 규정하고 있으며 액체폭발물 등 EDS장비와 폭발물의 흔적을 찾을 수 있는 ETD장비의 중요성을 나타내고 있다.

3) 항공보안산업의 미래 및 발전방향

항공보안산업은 그 특성상 더욱 다양하고 치밀해지는 테러위험 등에 대응하여 발전할 수밖에 없다. 항공보안 분야의 미래 시장동향을 국내 시장과 해외 시장으로 나누어 살펴보면 다음과 같다.

(1) 미래의 국내 보안장비 시장

국내공항의 경우 인천, 김포, 제주, 김해 공항이 연 성장률이 5-11% 증가추세에 있으나, 나머지 공항의 경우는 최대 12%까지 감소하는 성향을 보이고 있으며 전반적으로 인천공항을 비롯한 국내의 국제공항들의 성장률이 두드러진다. 반면 나머지 국내공항들의 경우 KTX 등 육로 교통의 발전에 따른 영향으로 시장이 감소하는 추세이다. 항공보안검색에 대한 해외 기준 강화 및 이에 따른 보안검색장비 제조사들의 신제품들이 지속적으로 출시되면서 공항의 구매 수요가 지속적으로 유지될 것으로 예측되며, 2D 검색장비의 경우 AT 기능을 도입한 장비로의 교체, 3D 검색장비의 경우 2017년까지 EDS급으로의 전면 교체 규정 등이 꾸준한 구매 수요를 유지하게 하는 원동력이 될 것이다. 특히 7년에서 10년 주기로 노후화 장비에 대한 교체 시장이 있어 완만하지만 안정적인 성장이 기대된다.

그림 25-1 국내 공항 및 항공보안 장비 시장 조사

Rank	Airport	Location	2011	2012	Annual Growth
1	Incheon international airport	seoul/incheon	17.55	19.5	11.5%
2	Gimpo international airport	seoul	9.25	9.7	4.94%
3	Jeju international airport	Jeju	8.6	9.2	7.22%
4	Gimhae international airport	Busan	4.35	4.6	5.11%
5	Gwangju airport	Gwangju	0.7	0.7	0.31%
6	Cheongju international airport	Cheongju	0.65	0.65	-2.15%
7	Daegu international airport	Daegu	0.6	0.55	-5.76%
8	Yeosu airport	Yeosu	0.3	0.3	0.76%
9	Ulsan airport	Ulsan	0.3	0.25	-12.62%
10	Pohang airport	Pohang	0.15	0.15	0.83%
11	Gunsan airport	Gunsan	0.1	0.1	-6.57%
12	Sacheon airport	Sacheon/Jeju	0.05	0.05	-3.69%
Total			**42.6**	**45.8**	

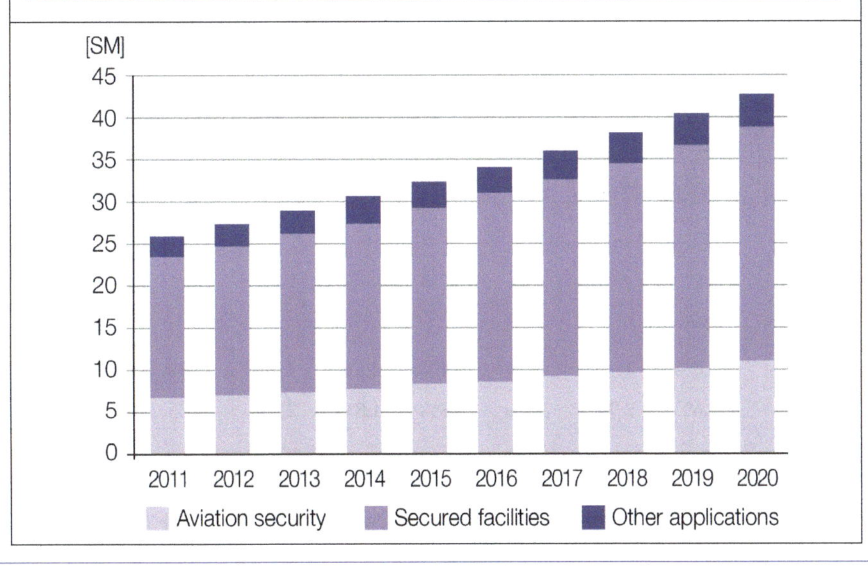

(2) 미래의 해외 보안장비 시장

항공보안검색장비 시장은 미국을 중심으로(전체시장의 30~40% 수준) 시장이 형성되어 있으며, 아시아 지역이 다른 지역에 비해 두드러진 성장을 보이고 있으며, 특히 중국의 경우 전체 시장 평균성장률의(4.5%) 약 두 배의 성장이(9.1%) 예상되는 시장이다. 중국 시장의 성장은 타 국가 대비 높은 인구의 영향도 있지만 국가 차원의 빠른 경제 성장에 기인한 것으로 예측되고 있다. L3 communication, RAPISCAN, Smith 등 미국, 유럽 중심의 소수의 해외 제조사들이 ECAC, TSA 인증을 기반으로 하여 전체 시장을 선점하고 있으며, 중국에서 항공보안검색장비의 국산화에 성공하여 시장 진입을 진행 중에 있다.

• 표 25-13　주요국 보안장비 시장 예측

	2012	2013	2014	2015	2016	2017	2018	2019	2020
U.S.	-0.5%	-2.5%	-2.5%	-2.5%	-2.5%	-3.0%	5.0%	10.0%	12.0%
Canada	3.0%	3.0%	1.0%	0.0%	0.0%	0.0%	4.0%	9.0%	10.0%
Mexico & Brazil	10.0%	11.0%	13.0%	17.0%	-20.0%	-12.0%	5.0%	6.0%	7.0%
U.K., Germany, France, Spain and Italy	3.7%	3.5%	3.3%	2.5%	2.0%	2.5%	5.0%	7.0%	8.0%
Turkey, Israel, Saudi Arabia, UAE & Qatar	9.0%	8.0%	10.0%	8.0%	9.0%	10.0%	5.0%	2.0%	0.0%
China	12.0%	11.0%	10.5%	10.0%	9.5%	9.0%	8.5%	8.3%	7.8%
Japan	0.5%	-0.2%	0.3%	0.5%	1.1%	1.3%	3.4%	4.0%	5.0%
India, South korea, Indonesia & Australia	5.0%	5.3%	5.7%	6.0%	6.2%	6.5%	8.0%	10.0%	11.0%
R.O.W.	4.0%	4.2%	4.3%	4.4%	4.6%	4.7%	5.0%	5.1%	5.2%
Total	**3.6%**	**2.9%**	**3.3%**	**3.5%**	**1.8%**	**2.6%**	**5.6%**	**7.0%**	**7.6%**

결론적으로, 미래 항공보안시장 규모는 지속적으로 성장할 것으로 예측되며, 이에 따라 항공보안기술 개발 또한 지속적인 발전을 이룰 것이라고 예측된다. 특

히, 미래에는 테러위협 및 기술이 더욱 더 고도화, 다양화 될 것으로 예측되며 항공보안검색 기술도 이에 대응하는 방향으로 발전할 것이다. 우리나라의 경우 IT등 기반기술이 매우 잘 갖추어져 있어 향후 충분한 발전 원동력은 가지고 있다고 판단된다. 다만, 국가인증제도의 수립 및 상호인정 등 보안장비 시장 활성화에 대한 국가적 차원의 지원이 반드시 수반되어야 할 것이다.

참 고 문 헌

Donald G. Firesmith, Common Concepts Underlying Safety, Security, and Survivability Engineering, Pittsburgh, PA: Carnegie Mellon University, 2003.

G.A.Res. 2131, (1965).

G.A.Res. 2625, (1970).

ICAO Annex 17, Chapter 1. Definition.

Joseph A. Demkin, 「Security Planning and Design」, WILEY, 2000.

P. W. Tate (1997), Report on the Security Industry Training: Case Study of an Emerging Industry, Perth, Western Australian Government Publishing.

Paul Wilkinson and Brian M. Jenkins, Aviation Terrorism and Security(Portland, OR: Frank Cass, 1999)

Price, jeffrey C. MA and Forrest, Jeffrey S.PhD. Practical Aviation Security : Predicting and Preventing Future Threats, 2014.

Rod O' Donnell, "A Critique of the Threshold Concept Hypothesis and an Application in Economics," Working Paper presented to School of Finance and Economics at University of Technology, 2010.

Sweet, Kathleen M. Aviation and Airport Security: Terrorism and Safety Concerns, second Edition, 2011.

U.S.C. Title 22, § 2656f(d).

고광남 · 소대섭 공저, 「항공보안론」

국가민간항공보안 교육훈련지침.

국제지역연구 제16권 제4호.

국토교통부 예규 제74호 「공항에서의 폭발물 등에 관한 처리기준」.

국토교통부, 국가항공보안계획.

김두현 외, (2002), 「민간경비론」, 백산.

김두현, (2002), 「경호학개론」, 백산.

김종복, (2002), "미국 항공보안법 소개", 「한국항공우주법학회지」 제15호.

김철환, (2004), 「항공안전보안개론」, 대왕사.

김철환, 「항공안전보안개론」.

김한택, (1989), "국제법상 항공범죄의 규제에 관한 연구", 박사학위논문.

두산동아, (2013), 「두산백과」, 두산동아출판사.

문경환 · 이창무, (2013), 「경찰정보학」, 박영사.

미 9.11테러 진상위원회 보고서, 2004.

미대통령훈령 16호(HSPD: Homeland Security Presidential Directive).

박원화, (1997년 개정판), 「항공법」, 명지출판사.
소대섭 · 고광남 공저, (2006), 「항공보안론」, 백산출판사.
송효경, 「최신항공법」, 동명사.
이강석, (2007), "세계 각국의 항공보안 관련 법 및 정책 연구", 「항공진흥」 제45호.
이창무, (2006), "우리나라 민간경비 급성장의 동인(동인)분석" , 한국정책과학학회보 제10권 제3호.
이창무, (2009), 「패러독스 범죄학」, 메디치.
이창무 · 김민지, (2013), 「산업보안이론」, 서울: 법문사.
이태규, (2012), 「항공우주공학용어사전」, 새녘출판사.
정태황, (2001), 「기계경비개론」, 백산.
정태황, (2002), 「경호실무론」, 백산.
정태황, (2009), "RFID의 보안업무 적용환경과 적용방안에 관한 연구", 한국경호경비학회지, 제21호.
조대진, (2005), 「RFID 이론과 응용」, 홍릉과학출판사.
조만희, (2012), "폭발물테러와 항공보안 활동에 관한 연구" , 「항공진흥」, 제58호.
천정이 · 신태섭, (2011), "미국의 대테러 항공보안 전략에서 얻은 시사점 연구, -미국 TSA 점검 대비 및 항공보안 계획 보완" , 「한국항공경영학회 2011년 추계학술발표대회 발표논문집」, 2011.
최선태, (2009), 「21세기 산업보안론」, 진영사.
최재현 · 정재한, (2013), "미국의 항공보안 프로파일링 제도의 변화에 관한 연구" .
한국산업보안연구학회, (2012), 「산업보안학」, 박영사.
홍순길 · 김칠영 · 양한모 · 신홍균, 「항공법 이론과 실무」, 한국항공대학교출판부.
홍순길 · 신홍균, 「신국제항공우주법강의」.
홍순길 · 이강빈 · 김선이 · 황호원 · 김종복, (2013), 「신국제항공우주법」, 동명사.
황호원 · 박진경, "최근 민간항공테러방지를 위한 국제민간항공조약의 동향에 관한 연구", 한국항공경영학회지, 제9권 3호, 2011
황호원, "국제항공테러방지 북경협약(2010)에 관한 연구", 항공우주법학회지, 제25권, 제2호, 2012.12.

영 문 색 인

국 문 색 인

(ㅅ)

(ㅇ)

공저자 약력

[대표 저자] 이 강 석

현, 한서대학교 항공교통물류학부 교수

[저서 및 연구논문]

신항공법정해(동명사, 공저)

국제항공기구론(한국항공대학교출판부, 공저)

항공산업론(대왕사 공저)

"항공안전이 항공이용자 행동에 미치는 영향," 2000.

"한·미 항공보안 관련 법규의 비교연구," 2001.

"The Impact of Aviation Safety on the Consumer's Behavior," 2001.

"The Economic Impact of the Open Skies Agreement Between Singapore and USA," 2002.

"공항민영화와 공항인증제도의 조화를 통한 공항운영의 효율화," 2003.

"외국의 항공법 체계비교를 통한 국내항공법 개정변화 추이," 2004.

"항공안전 협력을 위한 국가, 조직, 직업문화의 조화," 2004.

"항공안전감독관 제도의 적용에 관한 연구," 2005.

"MCJ를 이용한 공항 서비스 품질지수 평가에 관한 연구," 2005.

"국내항공법의 장애물 관리규정 연구," 2006.

"주요국가의 항공보안관련 법 및 제도 변화 연구," 2006.

"인천국제공항의 MCT향상을 통한 환승율 제고의 탐색적 연구," 2007.

"공항운영 민간위탁방안 연구," 2008.

"저비용 항공사의 항공안전 향상에 관한 연구," 2009.

"주요국가의 항공사고 분류체계에 관한 연구," 2010.

"항공선진국의 항공보안 환경변화 비교 연구," 2011.

"국가공역체계내에서 군용 무인항공기 비행규칙에 관한 연구," 2014.

김 준 혁

현, 한국교통연구원 항공교통본부 부연구위원

[저서 및 연구논문]

"An Agent-based Model for Airline Evolution, Competition, and Airport Congestion," 2005.

"Fuel Management in Air Transportation: The Fuel Tankering Optimization Model," 2006.

"운항의 정규성과 항공기 정비를 고려한 항공기 주별 기종할당 문제," 2007.

"항공기 운항계획에 관한 연구," 2008.

"A Two-leveled Multi-objective Symbiotic Evolutionary Algorithm for the Hub and Spoke Location Problem," 2009.

"급유비용 차별하의 항공기 급유 최적화 모형," 2009.

"ICAO 전략의제 대응연구," 2012.

"항공보안장비 성능기준 개선 및 국내개발 활성화 방안," 2013.

"항공화물 환적 시 보안성 연계방안에 대한 연구," 2013.
"항공교통흐름관리 기반의 효율적 공역 활용방안," 2013.
"Aviation System Block Upgrades(ASBU) 국내 적용을 위한 기본 기획연구," 2013.
"차세대 여객 휴대수하물 보안검색 기술개발," 2014.
"공역 수용량 산정 연구," 2014.
"항공정책기본계획 수립연구," 2014.
"제5차 성능기반항행(PBN) 전환 연구," 2014.

이 창 무

현, 중앙대학교 산업보안학과 교수
[저서 및 연구논문]
크라임 이펙트(위즈덤 하우스)
경찰정보학(박영사)
산업보안이론(법문사, 공저)
산업보안학(박영사, 공저)
"A Study on Security Strategy in ICT Convergence Environment," 2014.
"Factors affecting likelihood of hiring private investigators (PI): Citizens' traits and attitudes toward police and PI," 2014.
"The Strategic Measures for the Industrial Security of Small and Medium Business(SMB)," 2014.
"Criminal Profiling and Industrial Security," 2014.

정 태 황

현, 한서대학교 경호비서학과 교수
[저서 및 연구논문]
산업보안학(박영사, 공저)
산업기술보호론(법문사, 공저)
기계경비개론(백산출판사)
경호장비의 이해(백산출판사)
경호실무론(백산출판사)
"RFID의 보안업무 적용환경과 적용방안에 관한 연구," 2009.
"기계경비시스템의 기술변화추세와 개발전망," 2009.
"산업기술보호 관리실태 및 발전방안에 관한 연구," 2010.
"기계경비의 발전적 대응방안에 관한 연구," 2010.
"국가중요시설 안전관리 강화방안," 2011.
"시설보안의 지원환경요인 분석," 2012.
"기계경비의 오경보 관리방안," 2012.
"시설보안 운영수준 향상방안," 2012.

"국회시설보안 향상방안," 2013.
"물리적 보안시스템 운용수준 분석," 2014.

황 호 원
현, 한국항공대학교 항공교통물류우주법학부 교수
[저서 및 연구논문]
신국제항공우주법(동명사, 공저)
"포스트모더니즘 정신과 청계천 복원사업," 2004.
"항공형법에서의 과실책임에 관한 연구," 2005
"원인에 있어서 불법한 행위," 2005
"비행시간산정에 관한 연구," 2005.
"공항보안요원의 법적지위에 관한 연구," 2006.
"항공보안에서의 프로파일링시스템에 관한 연구," 2007.
"중국관광객 유치 전략에 관한 연구," 2008.
"항공사고에서의 과실이론," 2008.
"사전여행객 정보시스템(APIS)의 효율적 활용 방안 연구," 2009.
"항공기조류충돌사고에 대한 효과적인 대응방안에 관한 연구," 2009.
"항공보안위기관리 방안 연구," 2009.
"국내외 항공테러와 최근 위협동향," 2009.
"국가중요시설에 대한 위협분석과 처리절차에 관한 연구," 2009.
"항공분야 기후변화 대응 현황," 2009.
"공항보안발전에 관한 연구," 2010.
"항공안전및보안에관한법률에 있어서 항공범죄에 관한 연구," 2010.
"항공에서 부주의 또는 무모한 운항형태에 관한 연구," 2010.
"국제항공테러방지를 위한 북경협약에 관한 연구," 2010.
"항공교통에서의 신뢰의 원칙," 2011.
"항공기 감항증명제도에 대한 고찰," 2011.
"최근 민간항공테러방지를 위한 국제민간항공조약의 동향에 관한 연구," 2011.
"법수사학의 필요성과 발전적 적용에 관한 연구," 2011.
"국제항공조약의 전시적용 법리와 쟁점," 2011.
"항공법규에서의 승무원 피로관리기준 도입방안에 관한 연구," 2012.
"항공권 초과예약의 법률적 문제에 관한 연구," 2012.
"ICAO국제항공안전정책 패러다임의 변화분석과 우리나라 신국제항공안전정책 검토," 2013.
"중국항공산업 현황 및 전망에 관한 연구," 2014.
"미국 민간항공보안법규정에 대한 고찰," 2014.
"판결문의 법수사학적 연구 필요성," 2014.

항공보안학

초판발행 2015년 2월 23일
중판발행 2024년 3월 25일

지은이 한국항공보안학회
펴낸이 안종만 · 안상준

편 집 배근하
기획/마케팅 조성호
표지디자인 홍실비아
제 작 고철민 · 조영환

펴낸곳 (주) 박영사
서울특별시 금천구 가산디지털2로 53 한라시그마밸리 210호(가산동)
등록 1959. 3. 11. 제300-1959-1호(倫)
전 화 02)733-6771
f a x 02)736-4818
e-mail pys@pybook.co.kr
homepage www.pybook.co.kr
ISBN 979-11-303-0136-5 93350

정 가 25,000원